普通高等教育“十二五”规划教材

模拟电子技术基础

主　编　艾延宝
副主编　季厌浮　李　娜
参　编　房俊杰　宋婀娜　王国新
主　审　赵金宪

机 械 工 业 出 版 社

本书由多年从事模拟电子技术教学和研究工作的教师编写完成。本书精心组织，精选内容，注重知识的基础性、结构的系统性，强调面向实用。

全书共分9章，包括半导体二极管、晶体管及其基本放大电路、场效应晶体管放大电路、多级放大电路、模拟集成电路、反馈放大电路、信号处理和信号产生电路、功率放大电路、直流稳压电路。每章附有小结和相关内容的习题。附录介绍了PSpice软件，以帮助学生提高分析电路和设计电路的能力。

本书可以作为高等院校自动化、电子信息工程、电气工程、通信工程、测控技术与仪器、计算机等专业的理论课教材，也可供其他从事电子技术工作的工程技术人员参考。

本书配有免费电子课件，欢迎选用本书作教材的老师登录www.cmpedu.com注册下载或发邮件到xufan666@163.com索取。

图书在版编目（CIP）数据

模拟电子技术基础/艾延宝主编，—北京：机械工业出版社，2012.12（2020.1重印）
普通高等教育“十二五”规划教材
ISBN 978-7-111-39996-4

Ⅰ.①模… Ⅱ.①艾… Ⅲ.①模拟电路-电子技术-高等学校-教材 Ⅳ.①TN710

中国版本图书馆CIP数据核字（2012）第301076号

机械工业出版社（北京市百万庄大街22号 邮政编码100037）
策划编辑：徐 凡 责任编辑：徐 凡
版式设计：霍永明 责任校对：李锦莉
封面设计：张 静 责任印制：常天培
北京九州迅驰传媒文化有限公司印刷
2020年1月第1版·第4次印刷
184mm×260mm·15印张·368千字
标准书号：ISBN 978-7-111-39996-4
定价：28.00元

电话服务 网络服务
客服电话：010-88361066 机 工 官 网：www.cmpbook.com
010-88379833 机 工 官 博：weibo.com/cmp1952
010-68326294 金 书 网：www.golden-book.com
封底无防伪标均为盗版 机工教育服务网：www.cmpedu.com

前　　言

本书是依据教育部教学指导委员会颁布的课程教学基本要求编写的。全书分为 9 章。第 1 章介绍半导体二极管，第 2 章介绍晶体管及其基本放大电路，第 3 章介绍场效应晶体管放大电路，第 4 章介绍多级放大电路，第 5 章介绍模拟集成电路，第 6 章介绍反馈放大电路，第 7 章介绍信号处理和信号产生电路，第 8 章介绍功率放大电路，第 9 章介绍直流稳压电路。除此之外，在附录中介绍了 PSpice 开发软件。

本书编写过程中，在注重基础的同时，吸收了很多新教材中的新思想、新理论和新技术，较好地处理了实用性和先进性之间的关系，可满足“应用型本科学生”的培养目标。本书具有以下特点：

（1）内容精炼，注重实用。

（2）理论与实际紧密结合。在理论分析的同时，引入实用电路，解决实际问题，提高学生学习兴趣。

（3）基础与系统并重。强调对基本知识点的覆盖，降低了知识点的难度与深度，有利于学生的学习和掌握；同时也强调“模拟电子技术”知识的系统性，还介绍了模拟电路设计的先进方法和手段。

本书第 1、4 章由房俊杰编写，第 2、3 章由艾延宝编写，第 5 章的 5.1、5.2、5.3 节由王国新、宋娴娜编，第 5 章的 5.4 节和第 6、7 章由李娜编写，第 8、9 章由季厌浮编写，附录部分由房俊杰编写。艾延宝任主编，负责全书的整体规划与统稿工作。赵金宪教授任主审，对本书的编写提出了宝贵的意见，在此向他表示衷心的感谢。

由于水平有限，书中难免会有疏漏和不足之处，希望广大读者予以批评指正。

本书配有免费电子课件，欢迎选用本书作教材的老师登录 www.cmpedu.com 注册下载或发邮件到 xufan666@163.com 索取。

编　者

目　　录

第 1 章　半导体二极管

引言

半导体二极管（简称二极管）是用半导体材料制成的，是广泛应用于电子设备的最简单的半导体器件。二极管的内部结构示意如图 1-1 所示。

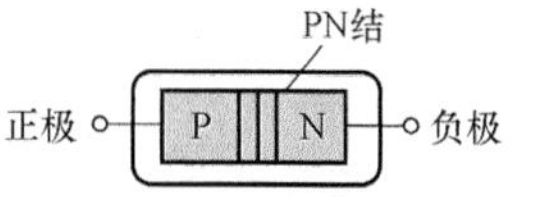

二极管的核心部分是 PN 结。PN 结是 P 型半导体和 N 型半导体的接触面附近的区域。PN 结由外壳保护起来并引出两个极，就构成了二极管。其中一个极和 P 型半导体相连接，称为正极或阳极，另一个极和 N 型半导体相连接，称为负极或阴极。那什么是 PN 结？什么是 N 型半导体和 P 型半导体？二极管的工作原理是什么？流过二极管的电流和加在二极管两端的电压的关系如何？二极管有什么用途？这些都是本章要回答的问题。

PN结

正极　P　N　负极

图 1-1　二极管的内部结构示意

本章首先介绍半导体物理知识，讲解本征半导体、N 型半导体、P 型半导体。然后讲解 PN 结的形成和工作原理、伏安特性，实际二极管常见结构、伏安特性和基本应用，以及二极管电路的分析方法等。

1.1　半导体物理知识

自然界中的物质，按其导电能力分类，可以分成三大类：导体、绝缘体和半导体。电阻率低于 $10^{-3}\Omega\cdot cm$ 的物质称为导体，电阻率高于 $10^{9}\Omega\cdot cm$ 的物质称为绝缘体，导电能力介于导体和绝缘体之间，称为半导体。最常见的半导体材料是硅，其次是锗，还有一些化合物如砷化镓等也是半导体。本书着重讨论硅和锗的特性。

硅在元素周期表中的序号是 14，原子核外有 14 个电子，它的价电子是 4 个。锗在元素周期表中的序号是 32，原子核外有 32 个电子，而它的最外层电子数也是 4 个，即也有 4 个价电子。因此可以用同一个模型来表示硅和锗原子。

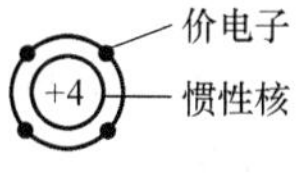

价电子

+4

惯性核

图 1-2　简化模型

图 1-2 所示为硅和锗原子的简化模型，此模型分成两部分，一部分是价电子，另一部分是惯性核。惯性核是指硅和锗原子除了价电子以外的部分。很明显，惯性核应具有 4 个正电荷。

1.1.1　本征半导体

本征半导体是纯净的半导体单晶。在单晶中，半导体内原子按晶格排列得非常整齐。硅或锗的单晶在热力学温度为零度时，即 $T=0K$ 时的平面结构示意如图 1-3 所示。

从图 1-3 中可以看出，当温度为 0K 时，硅和锗的每个原子都以共价键的形式和它周围的原子结合并相互作用。

当温度升高时，有些原子中的价电子获得足够的能量，可以克服共价键的束缚，跑到晶格中，成为可以在晶格中自由运动的自由电子，而在原共价键中出现一个空位，称为空穴。

因此，只要产生一个自由电子，必然对应一个空穴，即自由电子和空穴成对出现，称为电子-空穴对。温度越高，产生的电子-空穴对就越多。这种产生电子-空穴对的过程，称为本征激发，如图 1-4 所示。

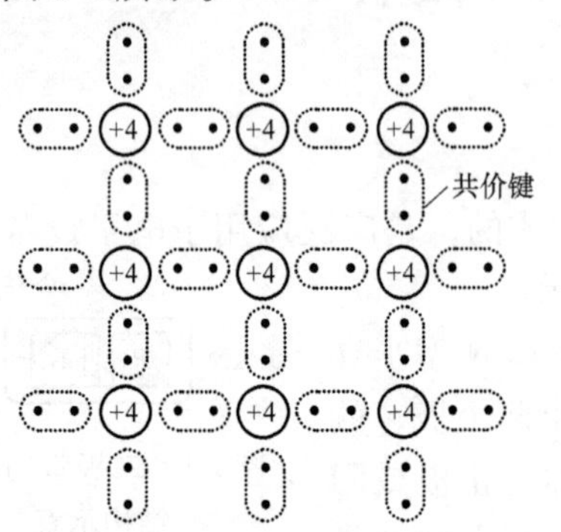

图 1-3 单晶结构平面示意

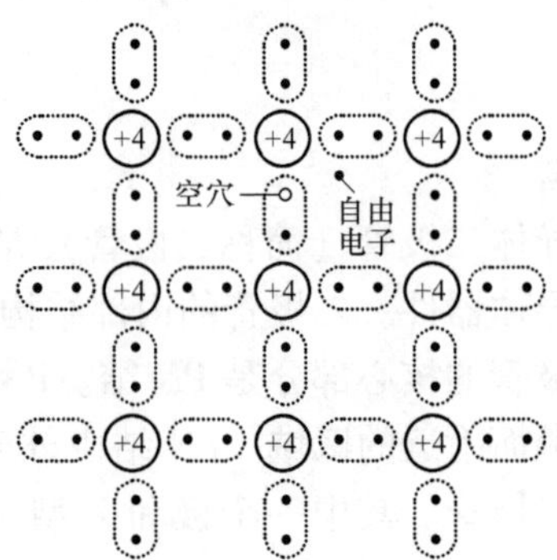

图 1-4 本征激发

自由电子可以在晶格中运动，它是带负电的粒子，它的运动可以产生电流；空穴也可以运动，如果其他共价键中的电子移动到某一空穴所在的共价键中，填补了空位，就相当于空穴移动了位置。如图 1-5 所示，共价键 A 中的电子填补了共价键中 B 的空位，共价键 A 中就会出现空位，也就是空穴从 B 移动到 A，自由电子从 A 移动到 B。空穴的运动方向和自由电子的运动方向相反，因此可以把空穴的运动看作是一种带正电粒子的运动。空穴运动产生电流的方向和电流的方向相同。自由电子和空穴都称为载流子。

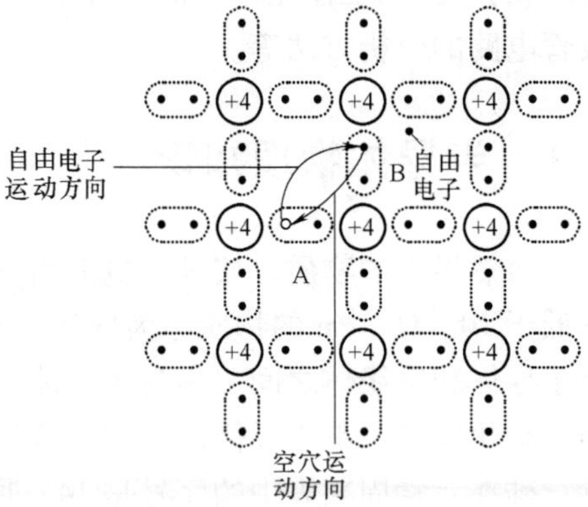

图 1-5 空穴的移动

本征激发的实质是，当温度升高时，价电子获得足够的能量，挣脱共价键的束缚而成为自由电子。

在本征半导体中，与本征激发同时存在的一种现象称为复合。复合是指自由电子放出能量又回来填补空穴的过程。当自由电子和空穴发生复合时，一个电子-空穴对就消失了。显然，激发使电子-空穴对增加，而复合又使电子-空穴对减少。在一定温度下，本征半导体内的激发和复合达到动态平衡，即电子浓度和空穴浓度相等，而且是一个定值。通常，将本征半导体材料单位体积内的载流子的多少称为本征载流子浓度，其大小可以用下面的公式表示：

$$n_i = p_i = AT^{\frac{3}{2}} e^{\frac{-E_{q0}}{2kT}} \tag{1-1}$$

式中，n_i 表示本征半导体中自由电子的浓度；p_i 表示本征半导体中空穴的浓度；A 是和半导体材料有关的常数，硅材料为 $3.88 \times 10^{16} cm^{-3} K^{-3/2}$，锗材料为 $1.76 \times 10^{16} cm^{-3} K^{-3/2}$；$E_{q0}$ 为 0K 时半导体材料的带隙能量，硅材料的 E_{q0} 为 1.207eV，锗材料为 0.785eV；T 为热力学温度（K）；k 为玻耳兹曼常数，$k = 8.63 \times 10^{-5} eV/K$。

由式（1-1）可以看出，本征载流子浓度和温度有关，当温度一定时，对于固定的一块半导体材料，本征载流子浓度是一定的；温度升高，本征载流子浓度增加，也就是说，温度升高时半导体材料的导电能力增强。

由于本征半导体中，空穴和自由电子是成对出现的，因此整块本征半导体还是呈电中性的。

1.1.2　杂质半导体

通过式（1-1）可知，在室温27℃（300K）下，硅材料的本征载流子浓度为1.5×10^{10} cm^{-3}而硅材料的原子密度$5\times10^{22}cm^{-3}$，所以只有$1/(3.3\times10^{12})$，即3万亿分之一的原子由于本征激发产生了电子-空穴对，因此本征半导体的导电能力很弱；另外，在一定温度下，给定的本征半导体材料的载流子浓度是一个定值，它的导电能力也不能被人为控制。为了提高半导体材料的导电能力，并且实现人为控制半导体材料的导电性，可以采用掺杂技术。

所谓掺杂，就是将半导体材料中掺入一定量的杂质元素。一般，掺入的杂质元素的浓度既要远大于本征载流子的浓度，又要远小于材料的原子密度，以使杂质原子零星地分布于半导体材料的晶格中。

掺杂的半导体材料称为杂质半导体。杂质半导体分为两种，一种是N型半导体，一种是P型半导体。

1. N型半导体

如果在半导体材料硅、锗中掺入五价元素，就能制成N型半导体。用于掺杂的常见的五价元素有磷和砷。图1-6所示为N型半导体结构示意。

图1-6中，因为杂质原子是五价的，所以杂质的原子有五个价电子，其中四个价电子和周围的半导体材料原子中的价电子组成共价键，而余下的一个价电子很容易挣脱杂质原子的束缚，成为自由电子。理论和实验表明，在室温下，晶格中所有的杂质原子都能释放出一个自由电子，这种杂质称为施主杂质。由于这个自由电子不是共价键中的电子，所以没有空穴产生。杂质原子由于释放出一个电子而变成正离子，而这个正离子是束缚在晶格中，不能像载流子那样运动。杂质原子带正电而自由电子带负电，所以整块半导体还是呈电中性的。

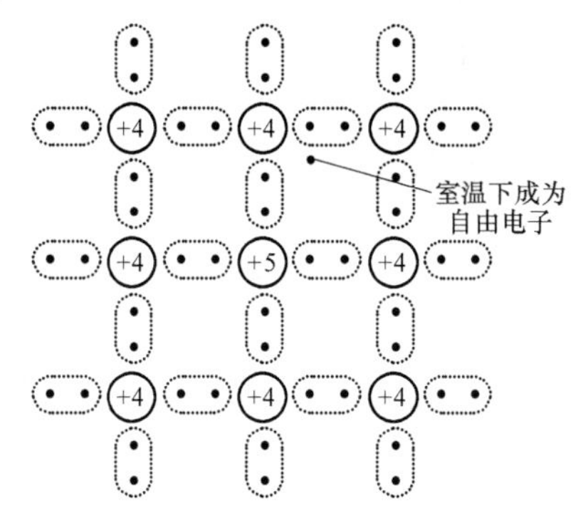

图1-6　N型半导体结构示意

由以上分析可知，施主杂质掺入半导体材料中，半导体中的自由电子浓度大大增加。此时空穴的浓度比相同温度下的本征半导体中的浓度还要小，这是因为自由电子浓度增加后，加大了空穴与自由电子复合的机会。也就是说在这种半导体中，自由电子的浓度很大而空穴的浓度很小。因此，这种半导体中，自由电子是多数载流子（多子）；空穴是少数载流子（少子）。由于这种半导体中的多子是电子，而电子带负电，故这种半导体称为N型半导体。

在室温情况下，N型半导体中的每一个施主杂质原子都能提供一个自由电子。虽然此时N型半导体内仍然存在着由本征激发而产生的自由电子，但是，由于掺杂浓度远远大于由本征激发而产生的载流子的浓度，自由电子主要由掺入的施主杂质产生，因此，N型半导体的自由电子的浓度可以认为近似等于掺杂浓度。如果用N_d表示掺入的施主杂质浓度，则N型半导体的多子浓度（电子浓度）n_{n0}表示为

$$n_{n0}\approx N_d \tag{1-2}$$

由半导体物理中的热平衡条件可知，在温度一定时，半导体内的自由电子浓度 n_0 和空穴浓度 p_0 的乘积为本征载流子的浓度 n_i 和 p_i 的乘积，可由下式表示：

$$n_0p_0 = n_ip_i = n_i^2 \tag{1-3}$$

由热平衡条件，可以求出 N 型半导体中少子的浓度 P_{n0}

$$P_{n0} \approx \frac{n_i^2}{N_d} \tag{1-4}$$

2. P 型半导体

如果在半导体材料硅、锗中掺入三价元素，就能制成 P 型半导体。用于掺杂的常见三价元素是硼。图 1-7 所示为 P 型半导体结构示意。

图 1-7 中，因为硼原子是三价的，所以它和周围半导体材料的原子中的价电子组成共价键时，缺少一个电子。理论和实验表明，在室温下，晶格中所有的硼原子都能获得半导体材料原子中的一个价电子而变成负离子，这个负离子是束缚在晶格中的，它不能像载流子那样运动。而给硼原子提供电子的那个原子的共价键中就出现了一个空穴。因此，一个硼原子就对应一个空穴的出现。因为硼原子接受一个电子变为负离子，所以称这种杂质半导体为 P 型半导体。掺杂元素硼称为受主杂质。

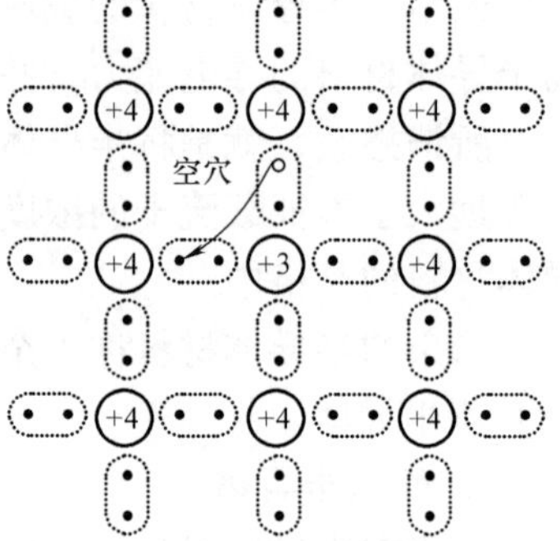

图 1-7 P 型半导体结构示意

如果用 N_a 表示掺入受主杂质浓度，则 P 型半导体的多子浓度 p_{p0} 表示为

$$p_{p0} \approx N_a \tag{1-5}$$

P 型半导体的少子浓度为

$$n_{p0} \approx \frac{n_i^2}{N_a} \tag{1-6}$$

由式（1-2）~式（1-6）可以看出，无论是 N 型半导体还是 P 型半导体，多子的浓度都可以由掺杂浓度来控制，因此可以认为，杂质半导体的多子浓度只和掺杂浓度有关而和温度无关；少子浓度与 n_i^2 有关，因此少子浓度和温度有关，当温度升高时，少子浓度会增加。

1.2 PN 结

所谓 PN 结就是 P 型半导体和 N 型半导体相互接触的区域。从 1.1 节讲述 P 型半导体和 N 型半导体时已经知道，实际上在一块半导体单晶上利用杂质补偿技术就能够做出两种类型的半导体区域。例如，在一块半导体单晶的一定区域中掺入施主杂质，使这个区域成为 N 型区，然后再在这个 N 型区中选一个较小的区域掺入比原施主杂质浓度还要高的受主杂质，生成一个 P 型区（一般 P 型区的净掺杂浓度是 N 型区的掺杂浓度的 10 ~ 100 倍），这样一个 PN 结就形成了。P 型区和 N 型区的净掺杂浓度不同时，称为不对称 PN 结。若 P 型区掺杂浓度高，写作 P^+ 型区，可以用 P^+N 表示不对称 PN 结。一般半导体器件中的 PN 结都是不对称 PN 结。

1.2.1 热平衡状态下的 PN 结

如上所述，可以用杂质补偿技术在一块半导体单晶上同时生成两个相互连接的区域，即

N型区和P型区。P型区中多子是空穴，而空穴在N型区内是少子，因此在P型区和N型区的接触面附近，存在着载流子浓度差。载流子浓度差会引起载流子由浓度高的地方流向浓度低的地方，这种由于浓度差而引起的载流子的运动，称为扩散。扩散运动而产生的电流称为扩散电流。由于P型区空穴的浓度大于N型区空穴的浓度，因此P型区的空穴就向N型区扩散；同样，N型区的电子是多子，P型区的电子是少子，因此电子从N型区向P型区扩散，如图1-8所示。

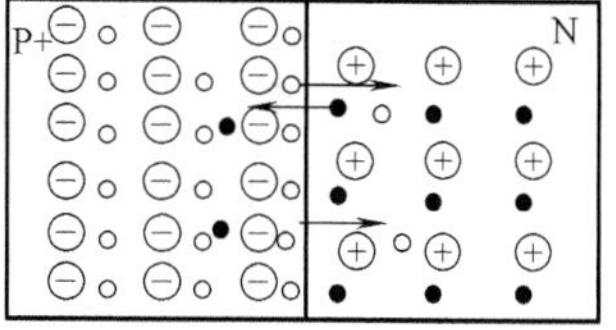

图1-8 载流子扩散示意

由图1-8可知，P型区的空穴向N型区扩散，当空穴到N型区后，就成为N型区的少子，很容易被N型区内的多子——电子复合。因此，在接触面附近，剩下了受主杂质的负离子，这些负离子被束缚在晶格中，不能自由移动。同样道理，N型区的多子——电子扩散到P型区，在接触面附近留下了施主杂质的正离子，这样形成了所谓的空间电荷区，如图1-9所示。在空间电荷区内，多数载流子已经扩散到对方并被复合掉了，或者说消耗尽了，因此空间电荷区又称为耗尽层。

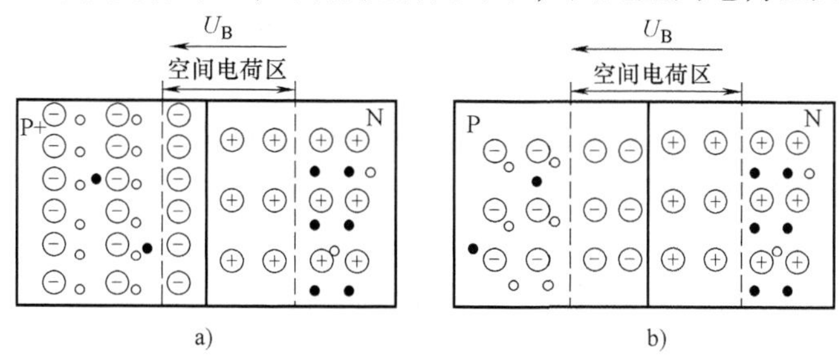

图1-9 空间电荷区示意
a）不对称PN结 b）对称PN结

由于空间电荷区内有带正电的施主杂质离子和带负电的受主杂质离子，即一边是正电荷，另一边是负电荷，因此存在电场，称为内建电场。内建电场只在空间电荷区内存在，电力线从正电荷出发，终止于负电荷，而空间电荷区以外的P型区域和N型区域还是呈电中性的。由于空间电荷区存在的内建电场对多子的扩散起到了阻碍的作用，P型区的多子——空穴就不太容易扩散到N型区了，而N型区的多子——电子也不太容易扩散到P型区，也就是内建电场对多子的扩散有阻挡作用，因此空间电荷区又称为阻挡区或阻挡层。

内建电场对多子的扩散有阻挡作用，但少子在内建电场的作用下会产生运动。这种载流子在内建电场的作用下而产生的定向运动称为漂移。由载流子因漂移而产生的电流称为漂移电流。P型区的少子——电子，在内建电场的作用下会向N型区漂移，同样，N型区的少子——空穴，也向P型区漂移。由于在PN结中多子的扩散运动方向正好和少子的漂移运动方向相反，因此当温度一定时，扩散运动和漂移运动会达到动态平衡状态。

1.2.2 PN结的伏安特性

以上讲解的是没有加任何电压时的热平衡状态下的PN结。但是PN结在使用过程中都是要加电压的，有可能加正向电压（P型区接电源的正极，N型区接电源的负极），也有可能加反向电压（N型区接电源的正极，P型区接电源的负极），或者加正、反向交替变化的交流电压。下面讨论PN结的电流和加在它两端的电压的关系，即PN结的伏安特性。

1. PN结的正向特性

如图1-10所示，PN结加上了正向电压，即P型区接电源的正极，N型区接电源的负极，也称正向偏置。

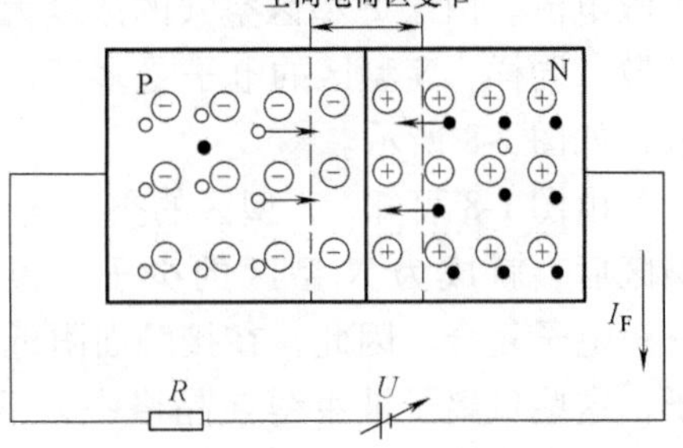

图1-10 PN结正向电压示意

空间电荷区的载流子极少，它的电阻很高，而中性区内有大量的载流子，中性区的电阻很小，所以电源电压U几乎都加到空间电荷区上了。在空间电荷区中，U所形成的电场方向和原内建电场的方向相反，此时空间电荷区的宽度变窄。PN结未加电压时处于热平衡状态，多子的扩散和少子的漂移处于动平衡状态。PN结加正向电压之后，空间电荷区变窄，空间电荷区两端电位差变小，此时P型区的多子——空穴向N型区扩散，N型区的少子——空穴在电场力的作用下向P型区漂移，但是，从P型区扩散到N型区的空穴数量大于从N型区漂移到P型区的空穴数量，所以有一定数量的空穴由P型区净注入到N型区。这些净注入的空穴到了N型区就成了N型区的少子。由于空穴不断注入N型区，使得在N型区的边缘处少子的浓度升高，因此少子要向浓度低的地方扩散。只要外加正向电压U是稳定的，空穴就会不断地注入到N型区，并且使N型区的少子浓度有一个稳定的分布，最终形成正向电流I_F。显然，外加的正向电压越高，PN结的正向电流I_F就越大。外加的正向电压称为正向偏置电压。

2. PN结的反向特性

当PN结加上反向电压时，P型区与电源负极相连，N型区与电源的正极连接，也称反向偏置。此时电源电压在空间电荷区内产生的电场方向和内建电场的方向相同，使空间电荷区变宽。因为空间电荷区变宽，多子的扩散很难进行，但是有利于少子的漂移，如图1-11所示。因此，N型区的少子——空穴只要到达空间电荷区的边缘，就很快被电场拉到P型区。同样，P型区的少子——自由电子只要运动到空间电荷区边缘，就被空间电荷区的电场拉到N型区。因此只要U的值大于0.1V以上，空间电荷区就基本上没有多子的扩散电流，只有少子的漂移电流了。N型区少子——空穴向P型区漂移，P型区少子——自由电子向N型区漂移，两漂移电流方向相同，因此总的漂移电流等于空穴的漂移电流加上自由电子的漂移电流，这就是PN结的反向电流I_R。

反向电流I_R很小，因为它是由少子的运动形成的，而无论是P型区还是N型区少子浓度都很小，当外加反向电压U增加时，反向电流也增加。但是，当外加反向电压增加到0.1V以上时，反向电流基本上就不再增加了。因为此时几乎全部少子都参与了形成反向电流的定向移动，这时的反向电流称为反向饱和电流，用I_S表示。

一般硅PN结的反向饱和电流I_S的值在10^{-15} ~ 10^{-9}A之间，锗PN结的反向饱和电流I_S的值在10^{-9} ~ 10^{-6}A之间。反向饱和电流与少子的浓度有关，而少子的浓度和温度有关，因此，反向饱和电流也和温度有关，温度越高，反向饱和电流越大。

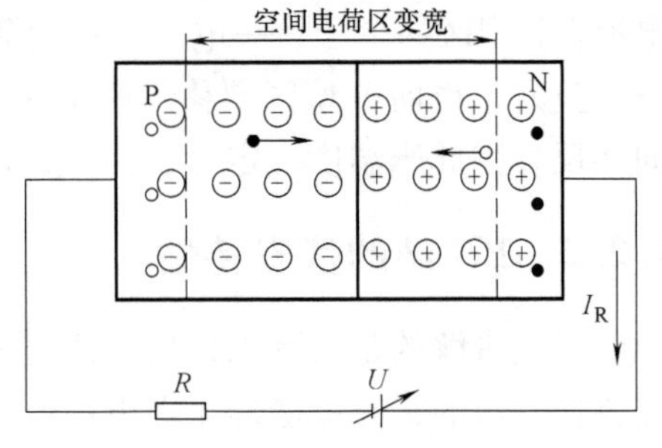

图1-11 PN结加反向偏置电压示意

3. PN结的伏安特性表达式

如上所述，当PN结加正向电压时，就会产生正向电流 I_F；当PN结加反向电压时，就会产生反向电流 I_R。理论和实践都可以证明，PN结的电流和电压的关系式可以用下式表示：

$$I = I_S\left(e^{\frac{U}{nU_T}} - 1\right) \tag{1-7}$$

式中，I_S 为PN结的反向饱和电流；U_T 为温度的电压当量，温室时 $U_T = 0.026V$；n 为理想因数，一般 $1 \leqslant n \leqslant 2$，和PN结的尺寸、材料及通过PN结的电流有关。

式（1-7）中，n 实际上是考虑了空间电荷区内部电子和空穴的复合而加上的一个修正系数，当电流非常小时，n 取2，一般情况下，n 取1，因此，今后如果没有特殊说明，都将 n 取为1，即

$$I = I_S\left(e^{\frac{U}{U_T}} - 1\right) \tag{1-8}$$

例1-1 已知一个硅PN结在室温下 $I_S = 10^{-10}A$，求 $U = +0.6V$ 和 $U = -0.6V$ 时的PN结电流。

解：当 $U = +0.6V$ 时，产生的是正向电流 I_F。所以有

$$I_F = I_S\left(e^{\frac{U}{U_T}} - 1\right) = 10^{-10}\left(e^{\frac{0.6}{0.026}} - 1\right)A = 10^{-10}(1.05\times10^{10} - 1)A \approx 1.05A$$

当 $U = -0.6V$ 时，产生的是反向电流 I_R。所以有

$$I_R = I_S\left(e^{\frac{U}{U_T}} - 1\right) = 10^{-10}\left(e^{\frac{-0.6}{0.026}} - 1\right)A = 10^{-10}(9.5\times10^{-11} - 1)A \approx -10^{-10}A$$

从上例的计算过程可以看出，当所加正向电压 U 远大于 U_T 时，式（1-8）中的1可以忽略不计，$I_F = I_S e^{\frac{U}{U_T}}$，即当正向电压增加时，正向电流按指数规律增加。因此，为避免PN结因电流过大而烧毁，PN结上所加的正向电压必须小于内建电压。而反向电压和PN结所加的反向电压的大小几乎无关，故称该电流为反向饱和电流。这里强调一下，反向饱和电流随温度的增加而增加。

4. PN结的击穿

反向电流和反向电压无关是有条件的，条件是PN结上所加的反向电压不能太大。如果反向电压加得太大，PN结的反向电流会突然猛增，这种现象称为“击穿”。

如果在PN结发生击穿时不采取措施限制反向电流的增长，PN结会因电流太大而烧毁，这种击穿称为热击穿。热击穿是不可逆击穿，故在PN结中应避免热击穿。

另一种击穿是可逆的，如果采取一定的措施使PN结在击穿区的电流不做无限制的增加，则PN结不会损坏，称为可逆击穿。可逆击穿有两种，一种称为雪崩击穿，一种称为齐纳击穿。

一般雪崩击穿发生在掺杂浓度比较低的PN结中。当反向电压加得比较大时，空间电荷区的宽度较大，载流子通过空间电荷区，能获得足够大的动能。这种具有足够动能的载流子在运动中会和空间电荷区的原子相碰撞，使原子中的价电子由于获得能量而脱离原子的束缚而成为自由电子，这就产生了电子-空穴对。这些电子和空穴又可以在电场中加速而获得足够大的动能，再去和空间电荷区的原子相碰撞，空间电荷区的载流子急剧增加，使PN结反向电流急剧增加而产生了击穿。由于这种载流子增加的过程和雪崩相似因此称为雪崩击穿。

齐纳击穿发生在掺杂浓度比较高的 PN 结中。因为掺杂浓度比较高，空间电荷区很薄，PN 结上加较高的反向电压时，空间电荷区的电场强度就足够大。该电场能使空间电荷区内的原子中的价电子摆脱原子的束缚，而产生电子-空穴对，空间电荷区内的载流子急剧增加，反向电流急剧增加，使 PN 结产生了击穿。一般的 PN 结掺杂浓度没有那么高，所以电击穿多数是雪崩击穿。

以上两种电击穿的过程是可逆的，在 PN 结两端的反向电压降低后，PN 结仍可恢复原来状态。但它有一个前提条件，就是反向电流和反向电压的乘积不超过 PN 结容许的耗散功率。若超过了，就会因热量散发不出去而使 PN 结温度上升，直到过热而烧毁，这时就成为热击穿了。

热击穿必须尽量避免，而电击穿则可为人们所利用（如稳压管）。

5. PN 结的温度特性

由 PN 结的伏安特性表达式可以看出，I_S 和 U_T 均与温度有关，因此 PN 结的伏安特性也和温度有关。如图 1-12 所示，当温度升高时，伏安特性如图 1-12 中虚线所示。

从图 1-12 中可以看出，当温度升高时，PN 结的伏安特性曲线向左移动。也就是说，当温度升高时，要使 PN 结中的正向电流为一个定值，所需要施加的正向电压就要减小。一般温度每升高 1°C，正向电压减小 2 ~2. 5mV。

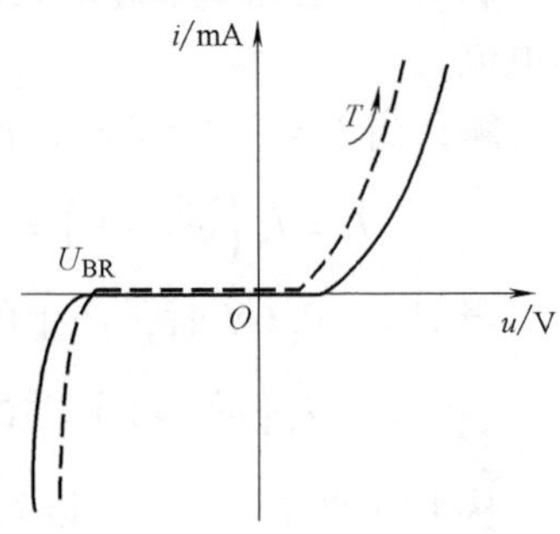

图 1-12 PN 结的温度特性

6. PN 结的电容特性

若 PN 结两端加上随时间变化的电压时，PN 结还会显示出电容特性。PN 结电容有两种类型：一种称为势垒电容，用 C_B 表示；另一种称为扩散电容，用 C_D 表示。

(1) 势垒电容

由以上讨论可知，PN 结两端加的电压变化时，PN 结的空间电荷区宽度就改变，空间电荷区内杂质离子的数量就会改变，这一效果很像电容的充电和放电。尤其当 PN 结所加的反向电压变化时，这一效果更明显，因为此时空间电荷区的宽度的变化比较大。一般 PN 结的势垒电容是非线性的。空间电荷区的电荷与电压的关系如图 1-13 所示。

(2) 扩散电容

当 PN 结加正向电压时，会有多数载流子注入，因此在空间电荷区以外的中性区附近，就形成了一定的少子分布。当正向电压变化时，这种少子分布也随之改变，如图 1-14 所示。

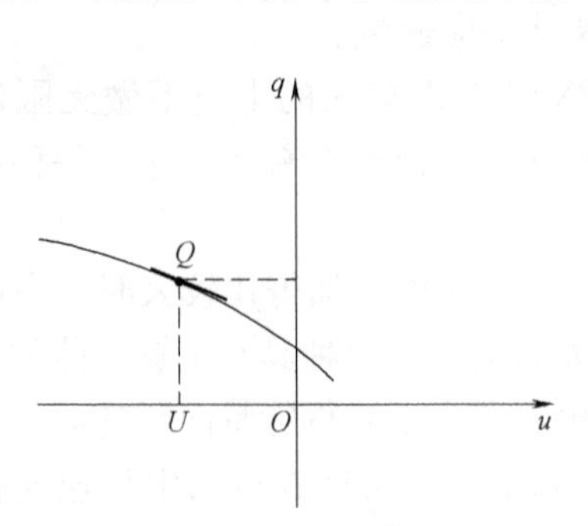

图 1-13 空间电荷区的电荷与电压的关系

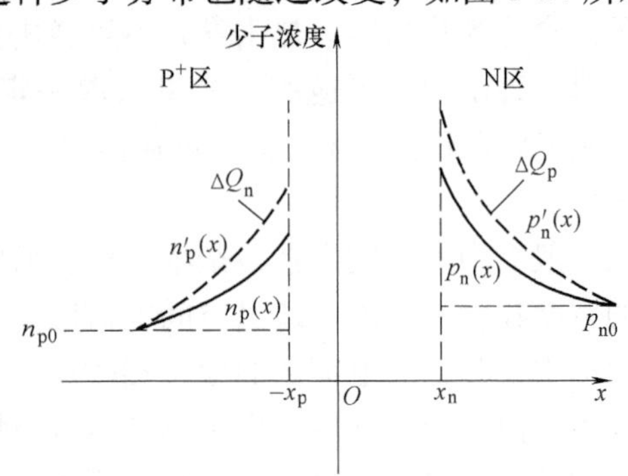

图 1-14 PN 结正向电压变化时的少子浓度分布

N 型区的 x_n 处的少子的浓度最高，由于扩散形成的少子分布曲线为 $p_n(x)$。如果 PN 结上的正向电压增加，少子浓度分布曲线会变化，如图 1-14 中的 $p_n'(x)$，则少子的电荷量分别增加了 $\Delta Q_p = p_n'(x) - p_n(x)$，电荷量变化可等效为一个电容效应。

PN 结的结电容 $C_j = C_B + C_D$，当 PN 结加正向电压时，以扩散电容 C_D 为主，即 $C_j \approx C_D$；当 PN 结加反向电压时，$C_j \approx C_B$。

【思考题】

1. 空间电荷区是由自由电子、空穴还是由施主杂质离子、受主杂质离子构成？空间电荷区又称为耗尽层、耗尽区或阻挡层、势垒区，为什么？
2. 如需使 PN 结处于正向偏置，外接电压的极性如何确定？
3. PN 结处于反向偏置时，空间电荷区的宽度是增加还是减小，为什么？
4. PN 结的单向导电性在什么外部条件下才能显示出来？
5. PN 结的电容效应是怎么产生的？

1.3 实际二极管

二极管按 PN 结面积的大小分类，可以分成点接触型二极管、面接触型二极管和平面二极管。点接触型二极管的 PN 结面积小，而面接触型二极管的 PN 结面积较大。

1.3.1 二极管的几种常见结构

二极管的常见结构主要有三种，点接触型二极管、面接触型二极管和平面二极管，如图 1-15 所示（图中正极也称为阳极，负极也称为阴极）。

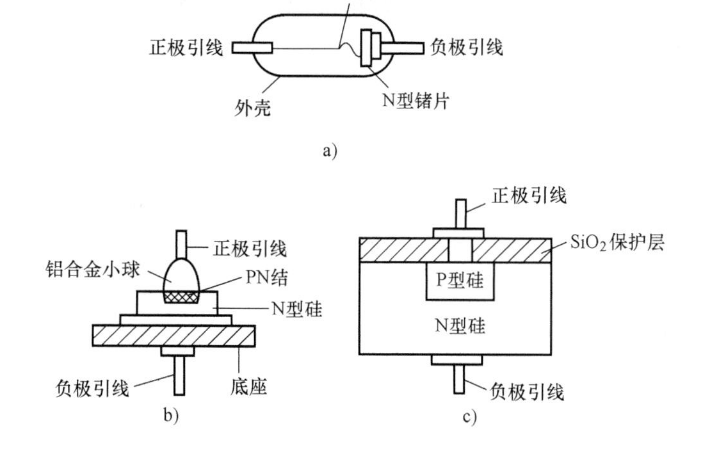

图 1-15 二极管的常见结构

a）点接触型二极管 b）面接触型二极管 c）平面二极管

点接触型二极管是由一根金属丝经过特殊工艺与半导体表面相接形成 PN 结。结面积小，不能通过较大电流，但其结电容较小，一般在 1pF 以下，工作频率可达 100MHz 以上，适用于高频电路和小功率整流。

面接触型二极管采用合金法工艺制成的。结面积大，能够流过较大的电流，但其结电容大，只能在较低频率下工作，一般仅作为整流管使用。

平面二极管是采用扩散法制成的。结面积较大的可用于大功率整流，结面积小的可作为脉冲数字电路中的开关管。

1.3.2　实际二极管的伏安特性

以上讨论的 PN 结伏安特性，是针对理想化的 PN 结讨论的。在讨论过程中认为中性区的体电阻为零，中性区和引线之间的接触电阻也为零，因此认为电压 U 全部加到了空间电荷区上。但是，实际二极管的中性区存在体电阻，中性区和引线之间存在接触电阻，这些电阻的存在使实际二极管的正向伏安特性和理想的 PN 结伏安特性略有不同，当正向电压相同时，实际二极管的正向电流要小些，如图 1-16 所示。

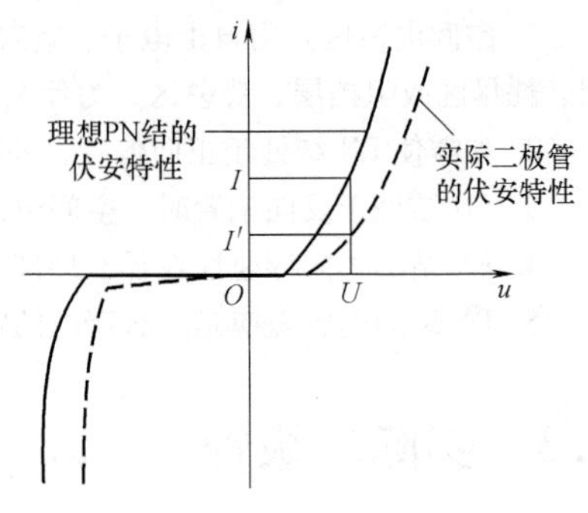

图 1-16　实际二极管和理想 PN 结的伏安特性比较

另外，实际二极管在制造过程中 PN 结不可避免地会产生表面污染，使反向电流有较大增加。由于表面污染的存在，反向电流也不再与反向电压无关了，实际二极管的反向电流随着反向电压的增加而略有增加。

【思考题】

1. 为什么说在使用二极管时，应特别注意不要超过最大整流电流和最高反向工作电压？
2. 如何用万用表的“Ω”挡来辨别一只二极管的正、负两极？
3. 比较硅、锗两种二极管的性能。在工程实践中，为什么硅二极管应用得较普遍？
4. 在二极管电路中，其他条件不变，温度升高时，二极管的电流将会产生怎样的变化趋势？硅二极管和锗二极管哪种受温度影响更大？

1.4　二极管的模型、参数、分析方法和基本应用

二极管是一个非线性器件，即二极管的各项参数会随电流和电压的改变而变化。二极管的特点是，对应不同的工作点，它的直流电阻和交流电阻都不相同。

如图 1-17 所示，两个不同的工作点 Q_1、Q_2，它们的直流电阻等于从原点分别到 Q_1、Q_2 连线的直线斜率的倒数，很显然，这两点的直流电阻不同，即 $R_1=U_1/I_1$，$R_2=U_2/I_2$。Q_1、Q_2 两点交流电阻为 $r_1=\left.\frac{\mathrm{d}u}{\mathrm{d}i}\right|_{Q_1}$，$r_2=\left.\frac{\mathrm{d}u}{\mathrm{d}i}\right|_{Q_2}$，它们分别等于 Q_1、Q_2 处切线斜率的倒数，同样，这两点的交流电阻（或称为小信号微变电阻）也不同。因此，如果非常精确地研究非线性器件组成的电路是很复杂的，而且实际上也没有必要，因为二极管的工作还受电路中其他元器件的影响。所以，在工程计算中，往往根据不同的分析要求，而采用不同的简化模型。

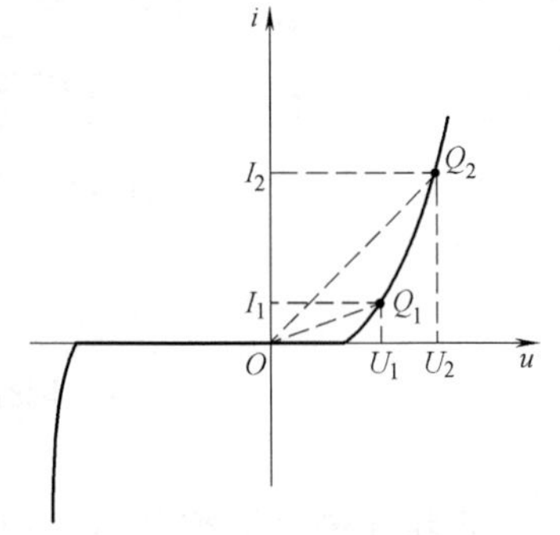

图 1-17　二极管的直流电阻和交流电阻

1.4.1　二极管的开关模型及应用

由于二极管加正向电压时，电流和电压呈指数关系，电压增加时电流很快增大，而反向电流很小，可忽略，即二极管加反向电压时可以看成关断，电流等于零，因此在工程上可以将二极管当作开关使用。当二极管有电流流过时，认为其压降为零；当二极管加反向电压时，认为其电流为零，反向电压加于二极管两端。二极管的图形符号和开关模型如图 1-18 所示。

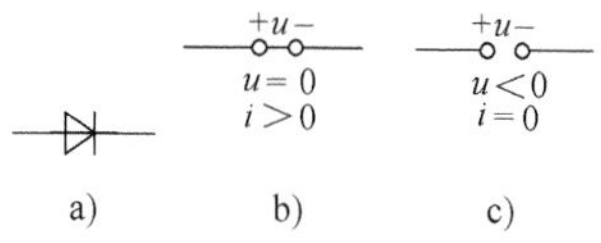

图 1-18　二极管的开关模型
a）图形符号　b）正向偏置时的等效电路
c）反向偏置时的等效电路

二极管开关模型常用在整流电路的分析中，如半波整流电路。需要注意的是，在整流电路中，一般输入电压的幅值比较大，因此二极管导通时的正向压降（只有零点几伏）完全可以忽略，故可以使用二极管的开关模型。

例 1-2　图 1-19 所示为正弦半波整流电路，输入电压为 $u_i = 50\sin\omega t$，试说明输出电压。

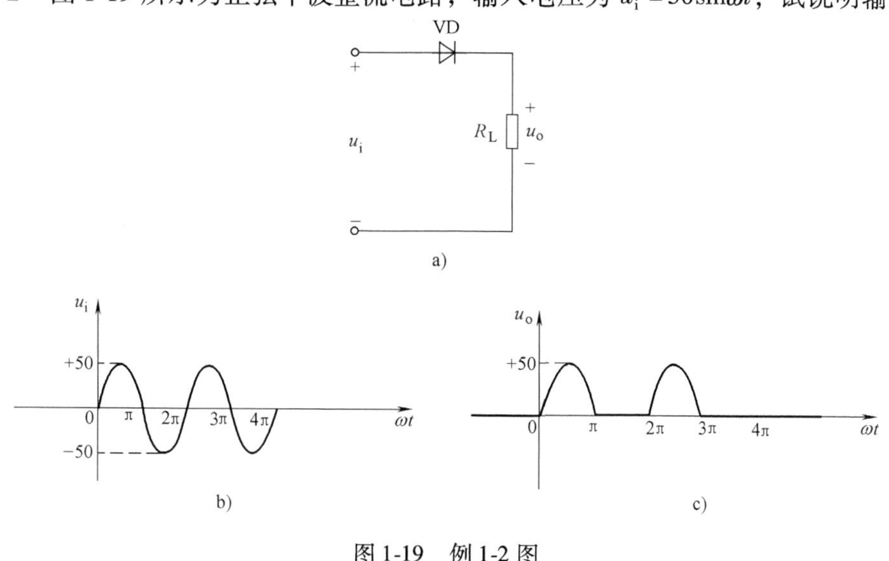

图 1-19　例 1-2 图
a）电路　b）输入波形　c）输出波形

解：当输入电压为正半周时，二极管导通，而且二极管上的压降为零，因此输出电压 $u_o = u_i$；当输入电压是负半周时，二极管截止，电路中电流为零，因此 $u_o = 0$。

1.4.2　二极管的恒压模型及应用

有些情况下，二极管的正向导通电压不能忽略，可以将二极管的伏安特性简化为如图 1-20 所示折线。

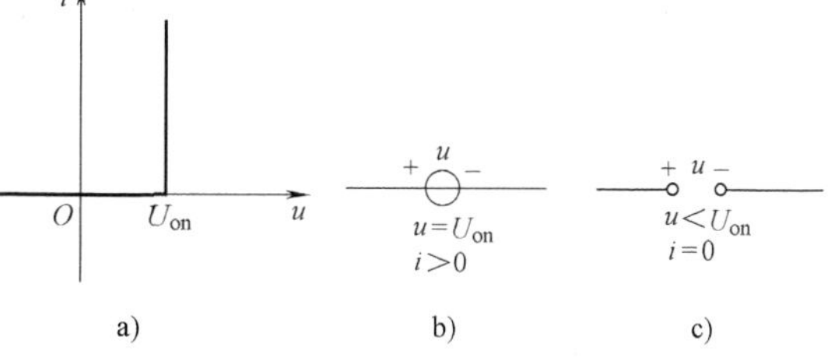

图 1-20　恒压模型
a）简化的伏安特性　b）$u > U_{on}$时等效电路
c）$u < U_{on}$时的等效电路

在有些电路中，输入输出电压幅值不太大，因此二极管的导通压降不可忽略，那么就要使用二极管的恒压模型。比如分析限幅电路或削波电路时，就常用二极管的恒压模型。

例 1-3 图 1-21 所示为一个简单的二极管削波电路，试说明输出波形。

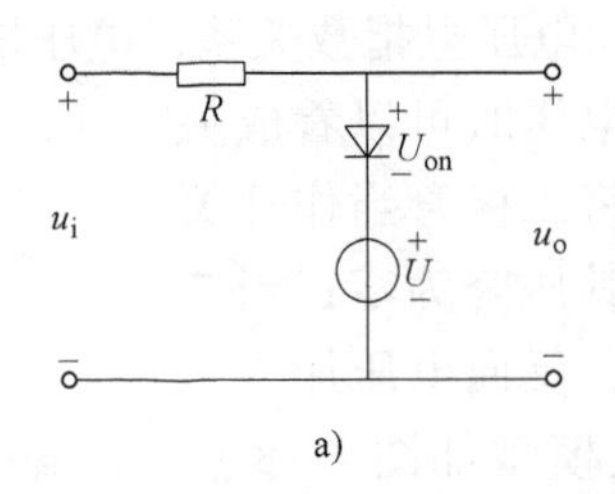

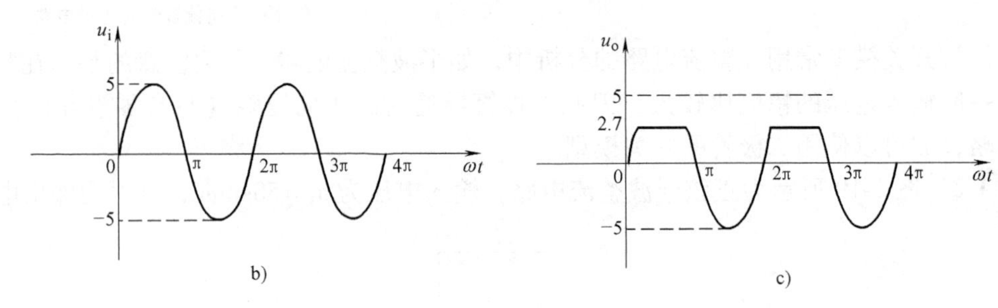

图 1-21 例 1-3 图

a）削波电路 b）输入电压波形 c）输出电压波形

解：若电路中的电阻 R 很小，则电阻 R 上的压降可以忽略不计。输入电压为一个正弦波，$u_i = 5\sin\omega t$V，电源 $U = 2$V，二极管的导通压降为 0.7V。当输入电压为正半周，并且幅值大于 2V 时，二极管导通。二极管导通后电路可等效为图 1-20b 中的 $i > 0$ 的电路，因此输出的电压 $u_o = U_{on} + U = (0.7 + 2)\text{V} = 2.7\text{V}$。当输入电压幅值小于 2V 时，二极管截止，电路可等效为图 1-20c 的 $i = 0$ 的电路，$u_o = u_i$。因此，整个电路的输出波形如图 1-21c 所示。二极管的限幅电路的形式很多，常用于波形的整形和电平的移动。

1.4.3 二极管的小信号模型

前面已经强调过，二极管是非线性器件。但是，如果二极管在小信号（一般信号的峰-峰值小于 5.2mV 时，即称其为小信号）状态下，二极管的伏安特性在工作范围内变化很小，可以将二极管的伏安特性在工作点附近近似看成直线，因此二极管这一非线性器件就可以用线性器件来替代，这就是二极管的小信号模型，如图 1-22 所示。图中，工作点为 Q 点，二极管上加的交流信号电压的峰-峰值 ΔU 很小，不大于 5.2mV，因此二极管的伏安曲线可以近似用 Q 点的切线来代替，这样就把非线性器件看成了线性器件。

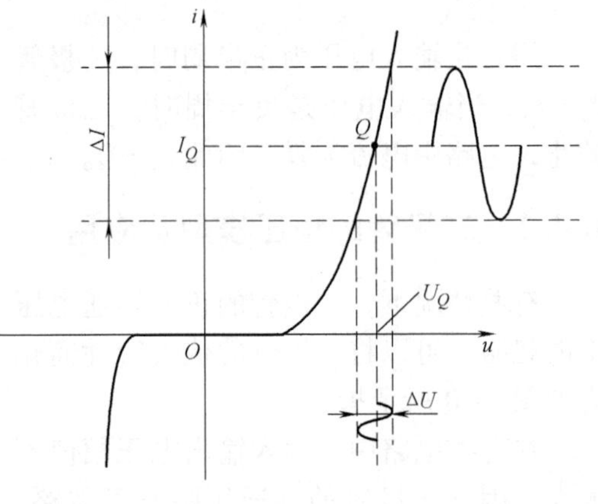

图 1-22 二极管小信号模型

由二极管的伏安特性表达式可以推导出 Q

点的交流小信号电阻 r_j 的表达式为

$$\frac{1}{r_j}=\frac{\partial I}{\partial U}\bigg|_Q=\frac{\partial\left[I_S\left(e^{\frac{u}{U_T}}-1\right)\right]}{\partial U}\bigg|_{U=U_Q}=\frac{I_S e^{\frac{U_Q}{U_T}}}{U_T}=\frac{I_Q+I_S}{U_T} \tag{1-9}$$

可见，r_j 和 I_Q 有关，也就是 Q 点不同，二极管的交流小信号电阻也不同。另外若考虑到 Q 点的结电容 C_j、二极管中性区体电阻及其导线与中性区的接触电阻 r_s，则二极管正向偏置时的小信号等效电路如图1-23所示。在实际使用中，r_s 很小，有时候可以忽略。当信号频率较低时（一般频率低于200kHz的信号都可以认为是低频信号），C_j 也可以看成开路，这样等效电路就更简化了，只剩下体电阻 r_j。

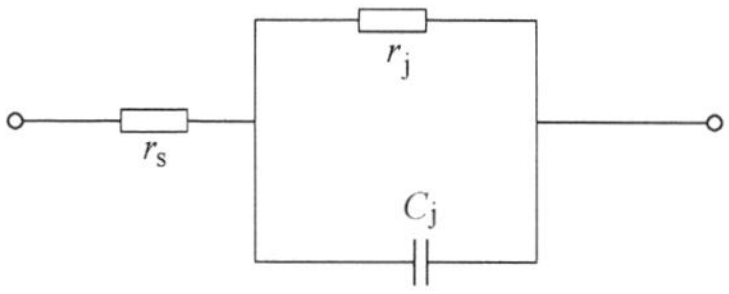

图1-23 小信号等效电路

如果工作点不同，二极管小信号等效电路中的参数就不同，因此在决定小信号等效电路元件参数之前，必须首先确定工作点，即静态工作点。求静态工作点处的参数就是求出 I_Q 和 U_Q。

1.5 二极管电路的分析方法

目前常用的电子电路的分析方法有三种：第一种是图解法，第二种是解析法或称为近似估算法，第三种是计算机辅助分析法。本书主要讲解前两种方法。

当对交、直流工作状态进行分析时，电路中既有直流量，又有交流量，本书采用字母和下标大小写的不同对一些物理量加以区别和表示。例如，直流量字母和下标大写，如 U_I、I_I；交流量字母和下标小写，如 u_i，i_i；混合量（交流量和直流量的叠加值或混合值）字母小写下标大写，如 u_I、i_B；有效值字母大写下标小写，如 U_i、I_i 等。

1.5.1 图解法

所谓图解法，就是利用器件的伏安特性曲线和电路组成的各种特性曲线，通过作图的方法求解电路问题。

二极管在小信号情况下工作时，在工作点附近可以将二极管看成线性器件。对线性电路可以使用叠加定理，即可以将电路的直流工作状态和交流工作状态分开讨论，然后进行线性叠加。

第一步，对直流工作状态进行分析。考虑直流工作状态时，假设交流信号为零，即将电路中的交流信号电压源短路、交流信号电流源开路。这样处理后所画出的电路称为原电路的直流通路。利用直流通路可以求出静态工作点。

第二步，对交流工作状态进行分析，此时首先要画出交流通路来。将电路中的直流电压源短路、直流电流源开路，就可以画出原电路的交流通路来。通过交流通路可以分析电路的交流工作指标。

在图1-24所示的二极管电路中，U_S 是直流电源，u_s 是交流信号源，下面分析电路交流信号的工作范围。

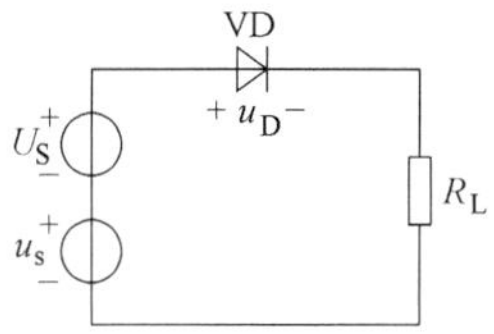

图1-24 二极管电路

首先讨论直流工作状态，画出直流通路，如图1-25a所示。

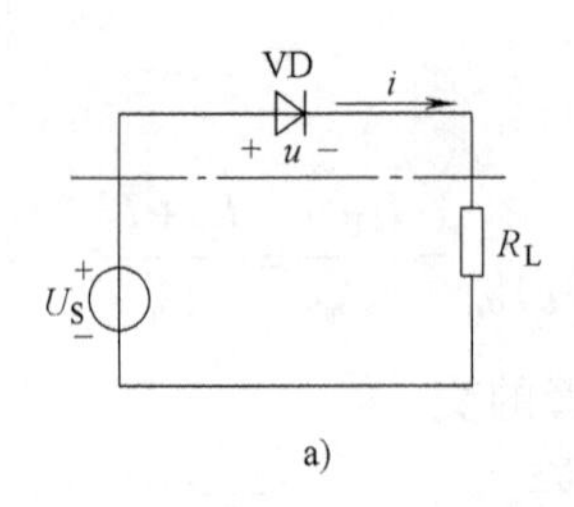

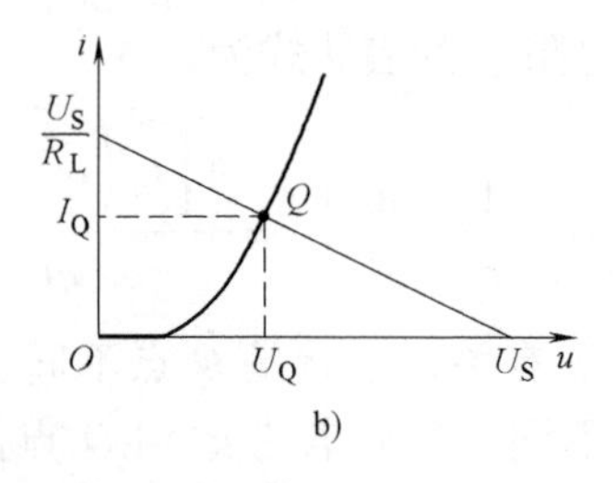

图 1-25　图 1-24 电路的直流通路和静态工作点

a）直流通路　b）静态工作点

在图 1-25a 中用点划线将直流通路分成了两个部分。一部分是二极管，它的正向伏安特性已经给出（实际应用中的二极管的伏安特性是可以测出的），因此二极管的伏安特性是已知的。另一部分电路由 R_L 和电源 U_S 组成，显然它是一个线性电路，它的伏安特性曲线是一条直线。由图 1-25a 可以看出，二极管中的电流和 R_L 中的电流应该相等，而线性电路部分的端电压就是二极管两端的电压，所以只要做出线性电路部分的伏安特性，找出它和二极管伏安特性的交点（这个交点就是静态工作点），通过这个点就可以确定电路的电压和电流，如图 1-25b 所示。

线性电路部分的伏安特性方程为

$$i = -\frac{u}{R_L} + \frac{U_S}{R_L} \tag{1-10}$$

它为一直线方程。两点确定一条直线，如果能找出两个特殊点，这条直线就可以定下来。将这条直线画在二极管伏安特性的同一坐标中，就可以找到直线和二极管伏安特性的交点，即静态工作点。

线性方程中，当 $i=0$ 时，端电压 $u=U_S$，确定一个点；当 $u=0$ 时，$i=U_S/R_L$，可以确定另一点。连接这两点，做出直线，这直线和二极管的伏安特性相交于 Q 点，Q 点就是工作点。这时可以读出对应的 U_Q 和 I_Q。这条直线的斜率是 $-1/R_L$，只和 R_L 有关，通常称 R_L 为负载电阻，因此这条直线称为直流负载线。

求出静态工作点后，再考虑交流工作情况。首先画出图 1-24 所示二极管电路的交流通路，如图 1-26 所示，考虑到交流信号叠加在静态工作点上，因此可以通过图解法，求解交流信号的工作范围。

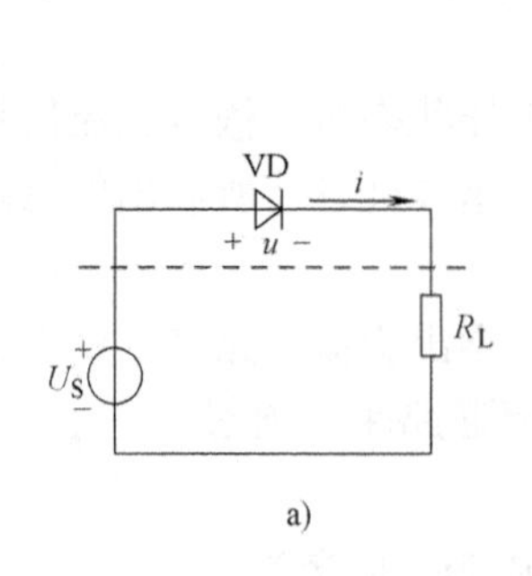

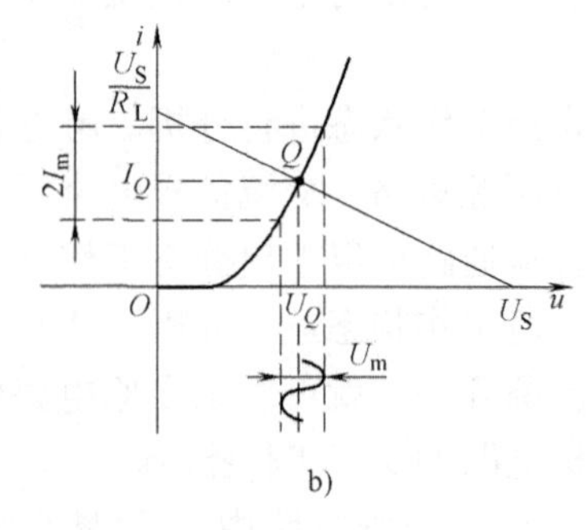

图 1-26　用图解法求交流工作范围

a）交流通路　b）交流工作范围

1.5.2 解析法

在工程计算中，经常使用解析法（或称近似估算法）。这种方法是利用电子器件的电路模型将电路化简（在直流通路中利用器件的直流参数化简电路；在交流通路中利用器件的交流参数化简电路），然后通过计算的方法求解电路的各项指标。

解析法求解电路指标时，一般也分两个步骤：一是直流分析；二是交流分析。直流分析时要做出电路的直流通路，分析出静态工作点；交流分析要做出电路的交流通路或交流等效电路，分析出电路的各项交流指标。

下面用解析法分析图 1-24 所示电路中二极管的静态工作点和负载电阻上的交流小信号峰值。

首先做出图 1-24 所示电路的直流通路，求二极管的静态工作点 U_Q 和 I_Q。

一般对硅二极管，导通电压 U_{on} 估算值为 0.7V；对锗二极管，导通电压 U_{on} 估算为 0.3V。在图 1-25a 所示的直流通路中，二极管的静态工作点为

$$U_Q = U_{on}$$

可以得出电路的静态电流为

$$I_Q = \frac{U_S - U_{on}}{R_L} \tag{1-11}$$

二极管的静态工作点确定后，二极管在工作点附近的小信号交流电阻 r_j 可以根据式（1-9）求出，因此可以画出图 1-24 所示电路的交流小信号等效电路，如图 1-27 所示。

由图 1-27 很容易求出电路的各项交流指标和负载电阻上的交流小信号峰值。

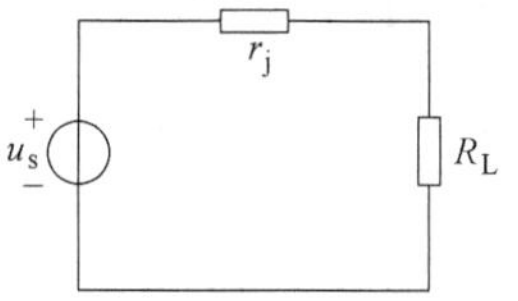

图 1-27 交流小信号等效电路

图解法和解析法并不是孤立的，它们可以综合起来使用，这样，既利用了图解法的直观性，又利用了解析法的准确性。

例 1-4 二极管电路和二极管的伏安特性如图 1-28 所示，$U_S = 1.5V$，$u_s = 2\sin\omega t mV$，频率 $f = 1kHz$，$R_L = 0.5k\Omega$。用图解法求二极管的静态工作点电流 I_Q，画出对应的小信号等效电路，用解析法求出交流电流的峰值。

解：（1）静态分析。先把 u_s 短路，画出直流通路，如图 1-29 所示。

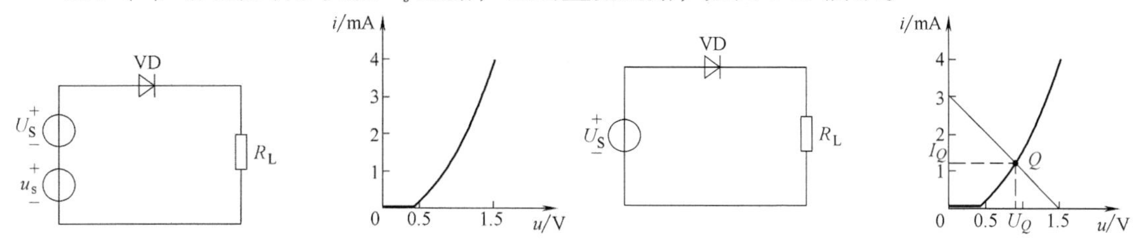

图 1-28 例 1-4 图

图 1-29 图解法求静态工作点

可以求出负载线在横轴的交点是 1.5V，在纵轴的交点为

$$U_S/R_L = 1.5/0.5mA = 3mA$$

负载线和二极管的伏安特性曲线的交点为静态工作点，从图 1-29 中读出：

$$I_Q = 1.4\text{mA}$$
$$U_Q = 0.75\text{V}$$

(2) 交流分析。下面用解析法进行交流分析。

为了画出交流通路来，首先要解出二极管工作点处的交流电阻，即

$$r_j = \frac{U_T}{I_Q} = \frac{26}{1.4}\Omega = 18.75\Omega$$

可画出图 1-28 所示电路的小信号等效电路，如图 1-27 所示。交流电流的峰值为

$$I_m = \frac{U_m}{r_j + R_L} = \frac{2}{18.75 + 500}\text{A} = 3.86\text{mA}$$

因此电路中的交流电流为

$$i = I_m \sin\omega t = 3.86\sin\omega t\text{mA}$$

1.6 二极管的主要参数

在实际应用中选择适当的二极管对电路的设计很重要。不同用途的二极管有不同的结构，有不同的参数；不同用途的二极管对二极管参数的要求也不相同。二极管的主要参数如下：

1）最大整流电流：二极管的最大整流电流是指在规定的测试温度下，二极管允许通过的最大平均电流。二极管在正常工作时，平均工作电流不应超过此值，否则会损坏二极管。

2）最大反向峰值电压：最大反向峰值电压是二极管在工作时允许承受的最大反向电压。

3）最大正向浪涌电流：最大正向浪涌电流是二极管允许流过的过量的正向电流，表示二极管承受非正常工作电流（浪涌电流不是经常出现，只是偶然出现）的能力。一般测试时，规定一个 50Hz 的浪涌电流。

4）反向电流：指二极管在未击穿时的反向电流，一般规定在室温 25°C 时进行测试。

5）反向恢复时间：当二极管两端电压从正向电压变为反向电压时，理想情况是电流能瞬时截止，但是实际是要延迟一段时间，这段延迟时间就称为反向恢复时间。

不同用途的二极管对各种参数的要求不同，表 1-1 和表 1-2 列出了二极管的参数，以供参考。

表 1-1 2AP1、2AP7 检波二极管（点接触型锗管，在电子设备中作检波和小电流整流用）

参数 / 型号	最大整流电流 /mA	最高反向工作电压(峰值)/V	反向击穿电压(反向电流为 400μA)/V	正向电流(正向电压为 1V) /mA	反向电流(反向电压分别为 10V、100V)/μA	最高工作频率 /MHz	极间电容 /pF
2AP1	16	2	≥40	≥2.5	≤250	150	≤1
2AP7	12	100	≥150	≥5.0	≤25	150	≤1

表 1-2 2CZ52、2CZ57 系列整流二极管（用于电子设备的整流电路中）

参数 / 型号	最大整流电流/mA	最高反向工作电压(峰值)/V	最高反向工作电压下的反向电流(25℃)/μA	正向压降(平均值)(25℃)/V	最高工作频率/kHz
2CZ52A ~ 2CZ52X	0.1	25, 50, 100, 200, 300, 400, 500, 600, 700, 800, 900, 1000, 1200, 1400, 1600, 1800, 2000, 2200, 2400, 2600, 2800, 3000	5	≤1	3
2CZ54A ~ 2CZ54X	0.5		10	≤1	3
2CZ57A ~ 2CZ57X	5		20	≤0.8	3

【思考题】

1. 静态工作点和工作点的区别？
2. 如何理解“二极管可以通交流”的现象？

1.7 其他类型的二极管

二极管的种类很多，除了前面介绍的普通二极管和整流二极管外，还有利用特殊工艺制造的具有各种不同用途的二极管，如稳压管（齐纳二极管）、光敏二极管、发光二极管等。

1.7.1 稳压管

前面已经提到了二极管加反向偏置电压时，如果反向电压达到 U_{BR}，则二极管会产生击穿。击穿时反向电流迅速增加，但此时二极管两端的电压变化很小。稳压管就是根据PN结的这一特性，经特殊工艺制造的。稳压管又称齐纳二极管。使用稳压管可以提供一个较为固定的稳定电压。

稳压管的图形符号和伏安特性如图1-30所示。

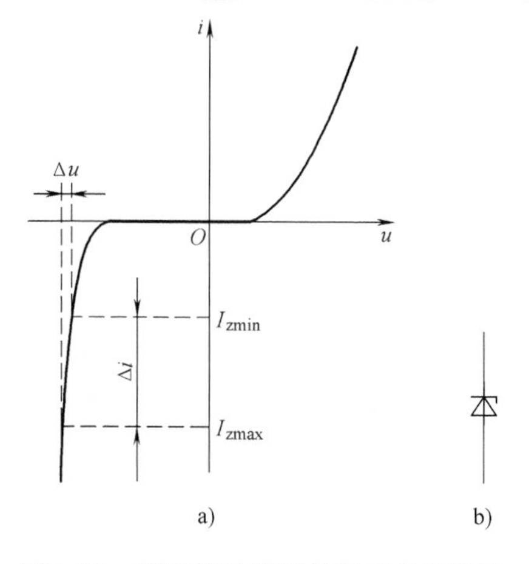

图1-30 稳压管的图形符号和伏安特性
a）伏安特性 b）图形符号

由图1-30可知，稳压管在伏安特性的击穿区电流变化很大，而稳压管上的电压变化很小。稳压管的图形符号如图1-30b所示。

稳压管工作时，应加上反向击穿电压，流过稳压管的电流是反向电流，在击穿区的反向电流较大，因此稳压管在击穿区的交流电阻很小，大约为几欧姆到几十欧姆，有时可以近似为零。使用稳压管时，一定要有限流电阻，否则稳压管会因电流过大而发生热击穿。

图1-31所示为一个典型的由稳压管和电阻组成的稳压电路。

在图1-31中，R 为限流电阻，VS为稳压管，R_L 为负载电阻。当输入电压 U_i 变化时，电路可以经过一个自动调节的过程使负载电阻上的电压（输出电压 U_o）基本不变。若假定 U_i 升高，则有以下的调节过程：

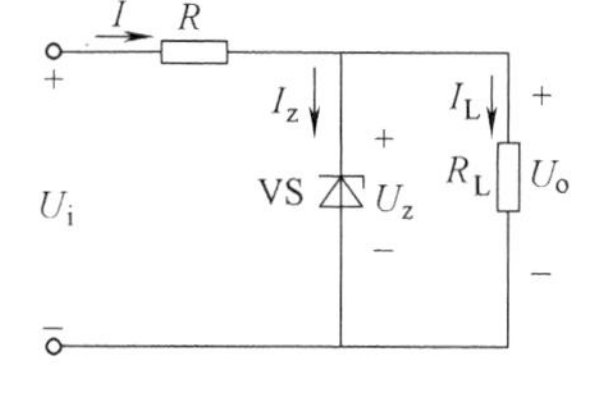

图1-31 稳压电路

U_i 上升使输出电压 U_o 有上升的趋势，使稳压管VS上的反向电压升高，稳压管的电流 I_z 迅速增加，这时 R 上的电流增加，使 R 上的压降增加，因 $U_o=U_i-U_R$，U_o 有下降趋势，故 U_o 基本不变。此电路工作的实质是将输入电压的变化转化为电阻 R 上电压变化，而使输出电压变化不大。

要使电路正常工作，稳压管的电流要限制在一定的范围之内，即在 I_{zmin} 和 I_{zmax} 之间（稳压管电流小于最小电流值时，不能起到稳压作用；稳压管电流大于最大值时，稳压管有可能烧毁）。稳压管工作时的管耗一定要确保小于额定值。

对图1-31可以写出两个特殊情况下的表达式：当负载电流最小（即 $I_L=I_{Lmin}$）且输入

电压最大（即 $U_i=U_{imax}$）时，I_z 最大，即 $I_z=I_{zmax}$；当负载电流最大（即 $I_L=I_{Lmax}$）且输入电压最小（即 $U_i=U_{imin}$）时，I_z 最小，即 $I_z=I_{zmin}$。

在这两种情况下 R 的表达式分别如下：

I_z 最大时

$$R=\frac{U_{imax}-U_z}{I_{zmax}+I_{Lmin}} \tag{1-12}$$

I_z 最小时

$$R=\frac{U_{imin}-U_z}{I_{zmin}+I_{Lmax}} \tag{1-13}$$

一般 I_{zmin} 取值为 $0.1I_{zmax}$（若元件参数中提供了具体值，需参考具体值），因此式（1-13）可以写为

$$R=\frac{U_{imin}-U_z}{0.1I_{zmax}+I_{Lmax}} \tag{1-14}$$

式（1-12）和式（1-14）相等，因此有

$$\frac{U_{imax}-U_z}{I_{zmax}+I_{Lmin}}=\frac{U_{imin}-U_z}{0.1I_{zmax}+I_{Lmax}} \tag{1-15}$$

式（1-15）可以确定使用稳压管的最大工作电流 I_{zmax}，从而可以选用合适功率的稳压管。

例 1-5 设计一个由稳压管组成的稳压电路，保证负载能得到 6V 的稳定电压。负载电流的变化范围是 0～100mA，输入电压变化范围是 9～11V。

解：设计电路如图 1-32 所示。

题目要求负载得到 6V 的稳定电压，因此选稳压值为 6V 的稳压管，由式（1-15）可求出稳压管的最大工作电流

$$\frac{U_{imax}-U_z}{I_{zmax}+I_{Lmin}}=\frac{U_{imin}-U_z}{0.1I_{zmax}+I_{Lmax}}$$

即

$$\frac{11-6}{I_{zmax}+0}=\frac{9-6}{0.1I_{zmax}+100}$$

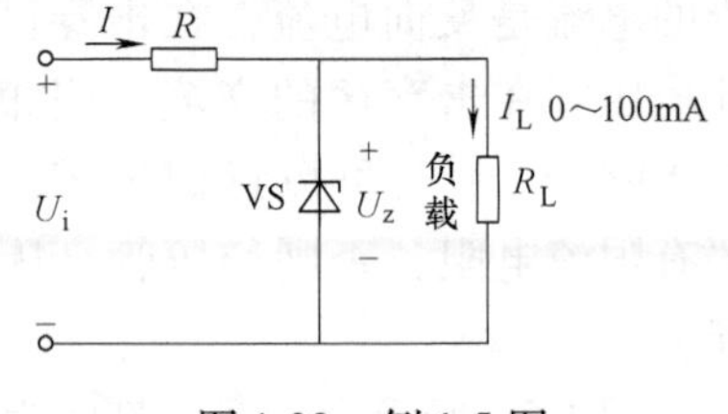

图 1-32 例 1-5 图

可以求出 $I_{zmax}=200\text{mA}$。

因此，稳压管的最大管耗是 $P_{zmax}=I_{zmax}U_z=0.2\times6\text{W}=1.2\text{W}$。

一般在电路设计中都要留有余地，因此要选 I_{zmax} 和 P_{zmax} 均比计算值大的稳压管。限流电阻用式（1-12）可以求出

$$R=\frac{U_{imax}-U_z}{I_{zmax}+I_{Lmin}}=\frac{11-6}{0.2+0}\Omega=25\Omega$$

稳压管的参数有稳定电压、稳定电流、最大管耗等。稳压管的参数举例见表 1-3。

表 1-3 稳压管的参数

型　号	稳定电压/V	稳定电流/mA	最大管耗/W	温度系数/(%/℃)
2CW11	3.2～4.5	10～55	0.25	−0.05～+0.03
2DW7	5.8～6.6	10～30	0.20	+0.05

1.7.2 光敏二极管

光敏二极管是可以将光信号转换成电信号的一种二极管。光敏二极管是在一块低掺杂的P型半导体表面生成一层很薄的N型半导体，形成一个面积较大的PN结，并在管壳上开一个透明窗口，能接收外部的光照。光敏二极管工作时，PN结加反向偏置电压。光照可以使空间电荷区内产生大量的电子-空穴对，在反向偏置电压的作用下，形成较大的反向电流。光敏二极管的图形符号和伏安特性如图1-33所示。

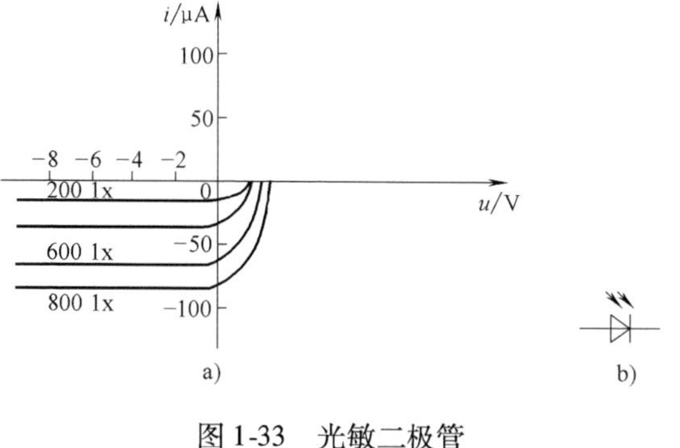

图1-33 光敏二极管
a）伏安特性 b）图形符号

从图1-33中可以看出，光敏二极管的反向电流（当反向偏置电压足够大时）和光照度近似成正比关系。一般，光照度每增加1lx，反向电流就增加约0.1μA。

太阳电池和光敏二极管的构造相同，只不过它的PN结面积要比光敏二极管大得多。太阳电池工作时不加偏压，工作原理和光敏二极管相同。

1.7.3 发光二极管

发光二极管（Light-Emitting Diode，LED）是将电信号转换为光信号的器件。发光二极管工作时应加正向偏置电压。当PN结加正向电压时，由于多子的注入，使N型区和P型区在空间电荷区附近出现非平衡少子，这些非平衡少子就要扩散，在扩散的过程中和中性区内的多子复合。复合的过程中有能量放出，即发射出光子。

发光二极管是化合物半导体材料制成的，如砷化镓或磷砷化镓等材料。由于这些材料的结构不同，因而在电子和空穴复合时放出的光子的能量就不同，光波波长和发出光的颜色也不同，这可以制成不同颜色的发光二极管。

发光二极管所需要的正向偏置电压要比一般硅二极管的高。发光二极管的正向工作电压需要一点几伏到二点几伏。发光强度和发光二极管的工作电流有关，一般发光二极管的工作电流为10～20mA。

发光二极管的图形符号如图1-34所示。

图1-34 发光二极管图形符号

发光二极管也可以制成数字显示器。七段LED显示器就是利用发光二极管制成的，如图1-35所示。

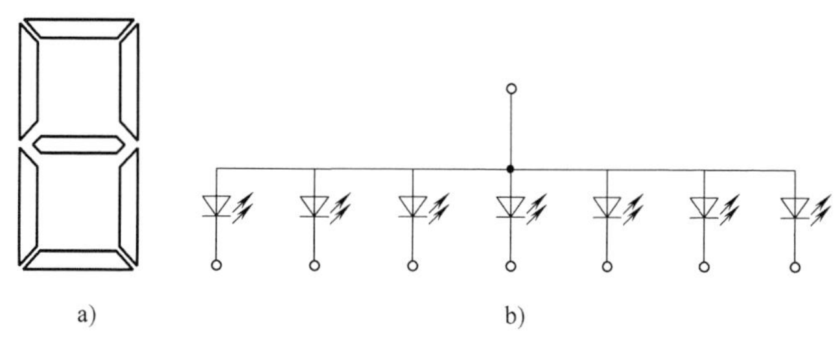

图1-35 七段LED显示器
a）七段LED显示器 b）共阳极电路

所有的发光二极管的阳极连接在一起，称为共阳极显示器。工作时所有发光二极管的阳极都接高电平，若需要哪个二极管发光，在电路中就要使对应的那个二极管的阴极接低电平；发光二极管的阴极连接在一起构成共阴极显示器。工作时所有发光二极管的阴极接低电平，若需要哪个二极管发光，则对应的那个二极管的阳极接高电平。

*1.7.4 光隔离器件

光隔离器件如图 1-36 所示。

光隔离器是由发光二极管 VL_1 和光敏二极管 VL_2 组成的。器件的输入端和输出端都是电信号，但是这两个电信号被隔离，即没有任何电路连接线的连接。当输入端加电信号时，使发光二极管 VL_1 发光，即将电信号转换成光信号。VL_1 发出的光照到光敏二极管 VL_2 上，VL_2 又把光信号变成了电信号输出。这样就实现了输入端和输出端的电隔离。

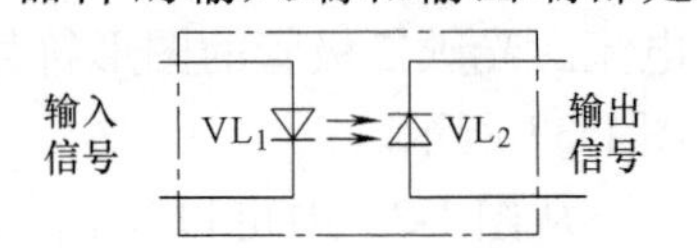

图 1-36 光电隔离器件

*1.7.5 变容二极管

由前面的讨论可知，PN 结加反向电压时反向电流很小，反向电阻很大，二极管可以看成开路。上述结论只适用于低频信号，如果二极管工作在高频信号情况下，电阻可以看成开路，但必须考虑 PN 结电容。

当 PN 结加反向电压时，PN 结电容由势垒电容形成。图 1-37a 所示为势垒电容和外加电压的关系曲线，从中可以看出，PN 结电压变化时，它的结电容就变化。用这一特性可以制成变容二极管。变容二极管的图形符号如图 1-37b 所示。

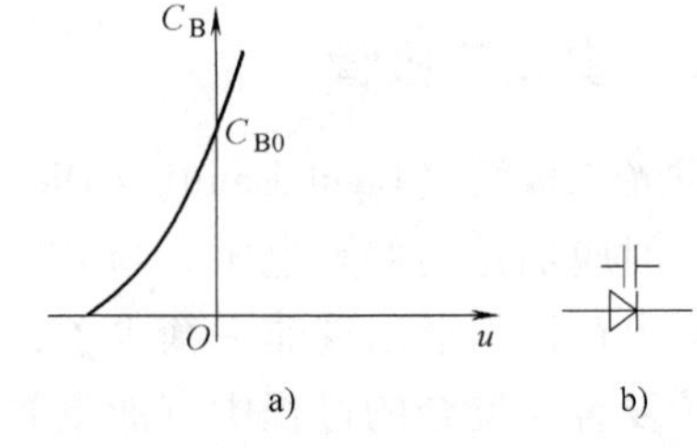

图 1-37 变容二极管势垒电容和外加电压的关系曲线及其图形符号

a) C_B 随外加电压变化的关系曲线

b) 图形符号

*1.7.6 肖特基二极管

肖特基二极管是利用金属（如金属铝、金、钼和钛等）与 N 型半导体接触在交界面形成势垒的二极管。因此，肖特基二极管也称为金属-半导体结二极管或表面势垒二极管。图 1-38a 是肖特基二极管的图形符号，阳极连接金属，阴极连接 N 型半导体。特性曲线如图 1-38b 所示。

肖特基二极管的 U—I 特性和普通 PN 结非常相似，但与一般二极管相比，肖特基二极管有两个重要特点：

1）由于制作原理不同，肖特基二极管是一种多载流子导电器件，不存在少数载流子在 PN 结附近积累和消散的过程，所以电容效应非常小，工作速度非常快，特别适合在高频和开关状态下应用。

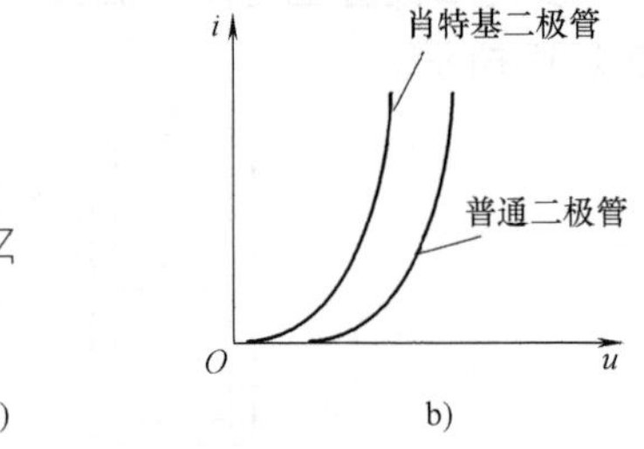

图 1-38 肖特基二极管的图形符号及特性曲线

a）图形符号 b）特性曲线

2）由于肖特基二极管的耗尽层只存在于 N 型半导体一侧（金属是良好的导体，阻挡层（势垒区）全部落在半导体一侧），相对较薄，故其正向导通门限电压和正向压降都比 PN 结二极管低（约低0.2V）。

但是，也由于肖特基二极管的耗尽层较薄，所以反向击穿电压比较低，大多不高于60V，最高仅约100V，而且反向漏电流比 PN 结二极管大。

小　　结

1. 杂质半导体有两类，一类是 N 型半导体，另一类是 P 型半导体。杂质半导体掺杂浓度既要远大于对应的本征载流子浓度，又要远远小于半导体的原子密度。本征半导体中掺入五价元素就形成 N 型半导体，N 型半导体的多数载流子是电子，少数载流子是空穴；本征半导体中掺入三价元素就形成 P 型半导体，P 型半导体的多子是空穴，少子是电子。由于本征载流子浓度和温度有关，因此少子浓度随温度升高而增加，当温度高到一定程度时，少子浓度可能比掺杂浓度还要高，这时，杂质半导体的特点就不存在了，又可以将这种半导体看成本征半导体了。

2. 载流子的运动分为两种：一种是漂移运动；另一种是扩散运动。在电场的作用下，载流子的运动为漂移运动，载流子的漂移运动产生漂移电流。在浓度差的作用下，载流子的运动称为扩散运动，载流子的扩散运动产生扩散电流。

3. 当温度一定时，PN 结处于动态平衡，多子的扩散量等于少子的漂移量，因此，空间电荷区宽度一定，内建电位差为一个定值，$U_B = \frac{kT}{q}\ln\left(\frac{N_a N_d}{n_i^2}\right)$。当温度升高时，$U_B$ 下降。PN 结的伏安特性是非线性的，它的表达式为 $I = I_S(e^{\frac{U}{nU_T}} - 1)$。PN 结加正向电压时，$I_F$ 与 U 近似呈指数关系；PN 结加反向电压时，反向电流和反向电压无关，$I_R = -I_S$。当 PN 结上的反向电压大于 U_{BR}时，PN 结击穿。PN 结的击穿特性可以用来稳压。当温度升高时，PN 结伏安特性的正向特性左移；反向饱和电流 I_S 增大；击穿电压 U_{BR}可能是负温度系数（对应于齐纳击穿），也可能是正温度系数（对应于雪崩击穿）。PN 结电容 $C_j = C_B + C_D$，当 PN 结加正向电压时，以扩散电容 C_D 为主，即 $C_j = C_D$；当 PN 结加反向电压时，$C_j = C_B$。

4. 根据分析要求、工作条件不同，二极管电路可以使用不同的二极管模型。二极管模型有三种：开关模型、恒压模型和小信号等效模型。电子电路的分析方法主要有图解法和解析法。作直流分析时要用直流通路，直流分析的目的主要是求解直流工作点（静态工作点）。作交流分析时要用交流通路或交流等效电路，交流分析的目的是求解电路的各项交流指标。不同的电路交流指标的类型不同，要具体分析。利用二极管可以构成整流电路、限幅电路（或削波电路）等。不同用途的二极管，制造工艺也不相同，因此要根据不同的用途来选择不同的二极管。例如，整流电路中要用整流二极管；逻辑电路中要使用开关二极管。

5. 其他类型的二极管有：稳压管、光敏二极管、发光二极管、光隔离器件和变容二极管。光敏二极管可以将光信号转换为电信号，工作时 PN 结加反向偏置电压。发光二极管可以将电信号转换成光信号，工作时加正向偏置电压。光隔离器件由一个发光二极管和一个光敏二极管组成。可以对输入和输出信号进行电隔离。变容二极管常在高频条件下工作。反向偏置使用时，结电容的变化就是势垒电容 C_B 的变化。

习　题

1-1　选择合适的答案填入空格。

（1）在本征半导体中加入________元素可形成N型半导体，加入________元素可形成P型半导体。

A. 五价　　B. 四价　　C. 三价

（2）当温度升高时，二极管的反向饱和电流将________。

A. 增大　　B. 不变　　C. 减小

1-2　自由电子导电和空穴导电有什么区别？空穴电流是不是由自由电子递补空穴所形成的？

1-3　杂质半导体中的多数载流子和少数载流子是怎样产生的？为什么杂质半导体中少数载流子的浓度比本征载流子的浓度小？

1-4　N型半导体的自由电子多于空穴，而P型半导体中的空穴多于自由电子，是否N型半导体带负电，而P型半导体带正电？

1-5　把一个1.5V的干电池直接接到（正向接法）二极管的两端，会发生什么问题？

1-6　图1-39中，设二极管为理想二极管，即导通时压降为零，截止时电阻为无穷大。电路中的U_{i1}、U_{i2}、U_{i3}均可能为0V或3V，试求U_{i1}、U_{i2}、U_{i3}在不同电压组合情况下的输出电压U_o。

1-7　图1-40中，二极管导通电压为0.6V，反向饱和电流为0mA，计算流过二极管的电流和输出电压。

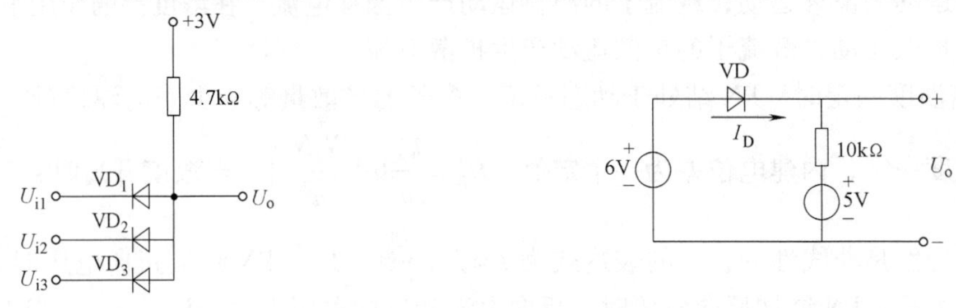

图1-39　题1-6图　　图1-40　题1-7图

1-8　如图1-41所示，设二极管是理想二极管，判断二极管是导通还是截止，并求U_o。

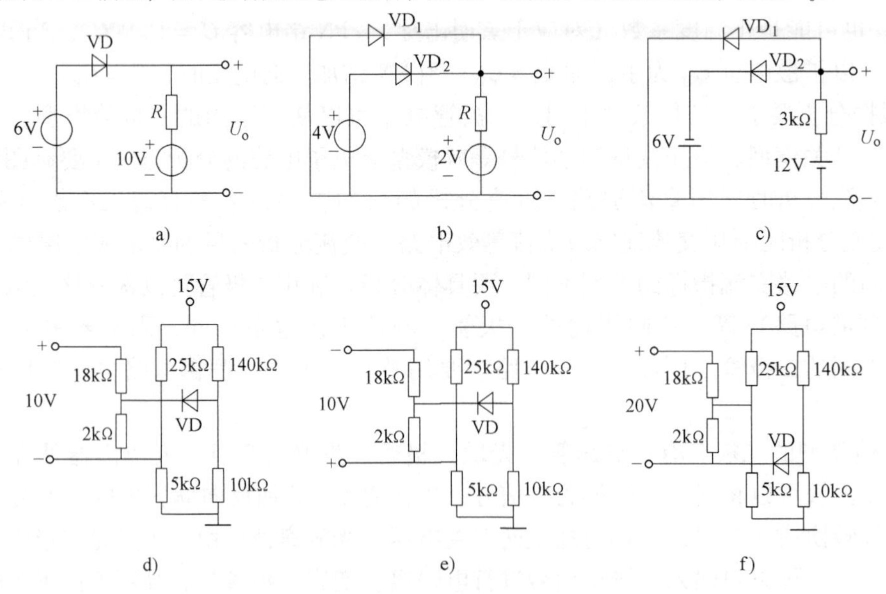

图1-41　题1-8图

1-9　在图1-42所示电路中，二极管的导通压降为0.7V，$u_i=6\sin\omega t$V，试画出输出电压u_o的波形。

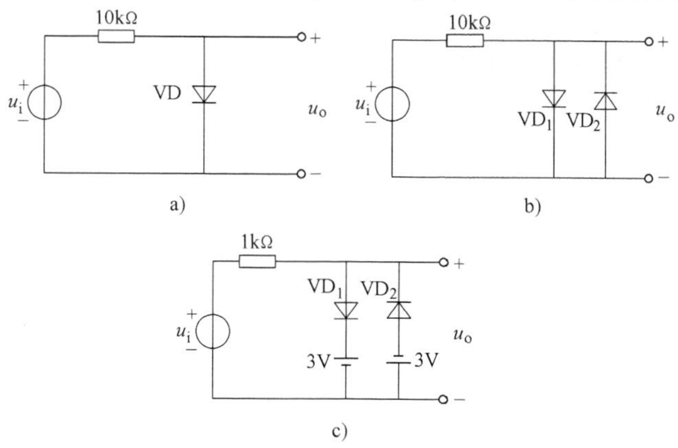

图1-42　题1-9图

1-10　电路如图1-43所示，电源u_s是正弦电压，二极管为理想二极管，试绘出负载R_L两端的电压波形。

1-11　电路如图1-44a所示，u_i的波形如图1-44b所示，试画出输出电压u_o的波形。假设二极管为理想二极管，即导通时压降为零，截止时电阻为无穷大。

1-12　电路如图1-45所示，已知$u_i=10\sin\omega t$，$U=5$V，画出u_o的波形。

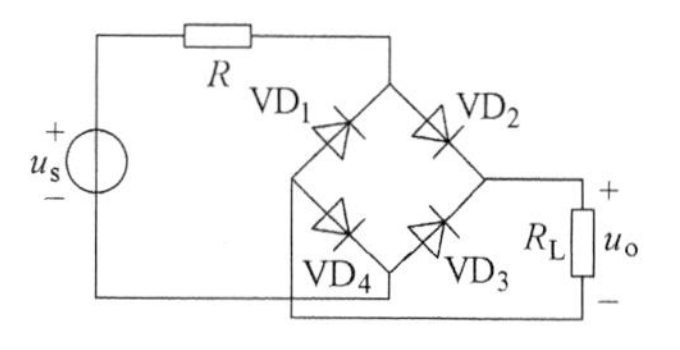

图1-43　题1-10图

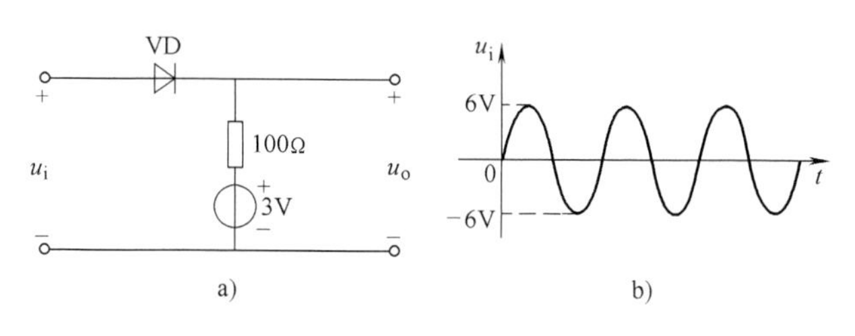

图1-44　题1-11图

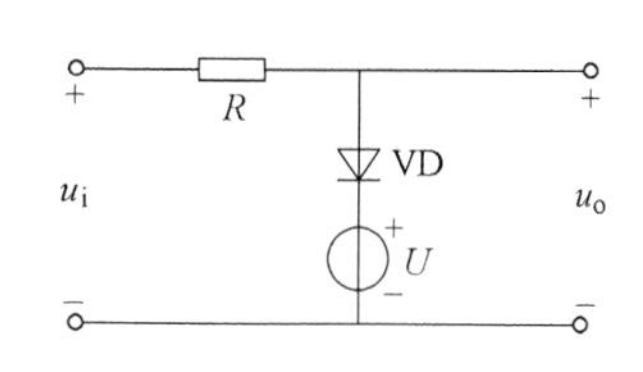

图1-45　题1-12图

1-13　电路如图1-46a、b所示，设二极管为理想二极管，已知u_i的波形如图1-46c所示，分别画出图1-46a、b中u_o的波形。

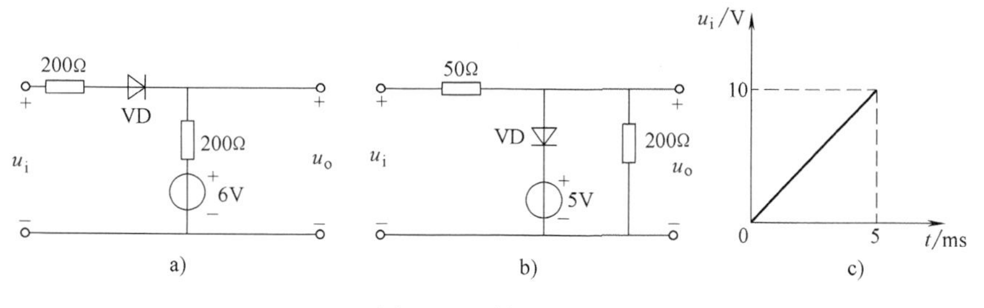

图1-46　题1-13图

1-14　电路如图1-47所示，VD为二极管，$U_{DD}=2U$，$R=1\text{k}\Omega$，正弦信号$u_s=50\sin(2\pi\times50)$mV。

（1）静态（即$u_s=0$）时，求二极管中静态电流和u_o的静态电压；

（2）动态时，求二极管中的交流电流振幅和 u_o 的交流电压振幅；

（3）求输出电压 u_o 的总量。

1-15　已知图 1-48 所示电路中，稳压管的稳定电压 $U_z=6V$，$R=1k\Omega$，最小稳定电流 $I_{zmin}=5mA$，最大稳定电流 $I_{zmax}=25mA$，$R_L=500\Omega$。

（1）分别计算 U_i 为 10V、15V、35V 三种情况下输出电压 U_o 的值；

（2）若 $U_i=35V$ 时负载开路，则会出现什么现象？为什么？

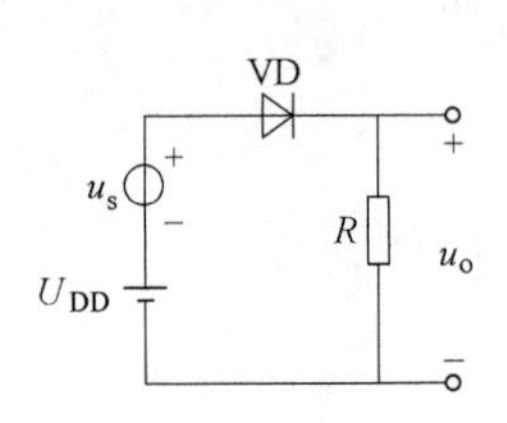

图 1-47　题 1-14 图

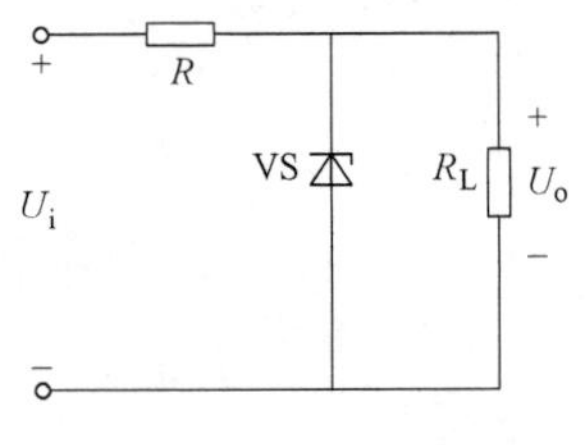

图 1-48　题 1-15 图

1-16　在图 1-48 所示电路中，U_i 的变化范围在 14.5 ~ 15V，稳压管正常工作的电流变化范围是 5 ~ 20mA，$U_z=12V$，求：

（1）断开 R_L，限流电阻的最小值。

（2）$R=120\Omega$，负载 R_L 的取值范围。

（3）稳压管的最大耗散功率。

1-17　电路如图 1-49 所示，所有稳压管均为硅管，且稳定电压 $U_z=8V$，设 $u_i=15\sin\omega t V$，试绘出 u_o 的波形。

1-18　电路如图 1-50 所示，稳压管 VS_1 和 VS_2 的稳定电压分别为 5V 和 7V，其正向电压可忽略不计，则 U_o 的值为多少？

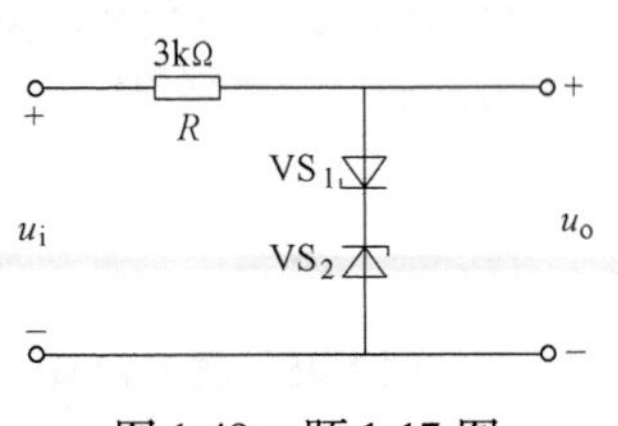

图 1-49　题 1-17 图

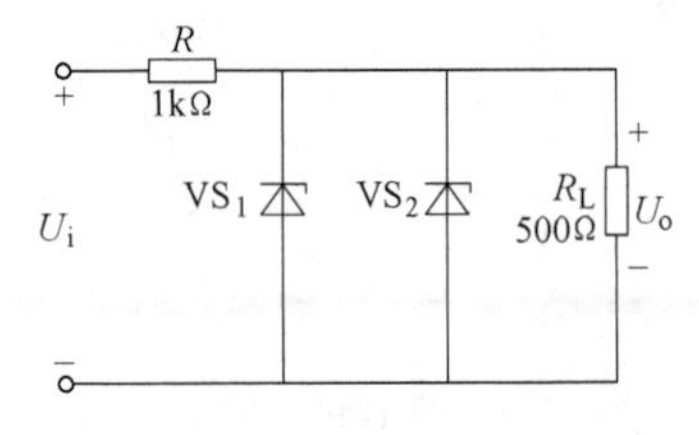

图 1-50　题 1-18 图

1-19　在图 1-51 中，$U_i=20V$，$R_1=900\Omega$，$R_2=1100\Omega$。稳压管 VS 的稳压值 $U_z=10V$，最大稳定电流 $I_{zmax}=8mA$。试求稳压管中通过的电流 I_z，是否超过 I_{zmax}，如果超过，怎么办？

1-20　设图 1-52 中二极管具有理想特性（正向导通电压等于零，反向电流等于零），电阻 R 为 10Ω。电源电压 U 为 3V。问：电流 I 等于多少？若电源 U 反接，电流 I 又等于多少？

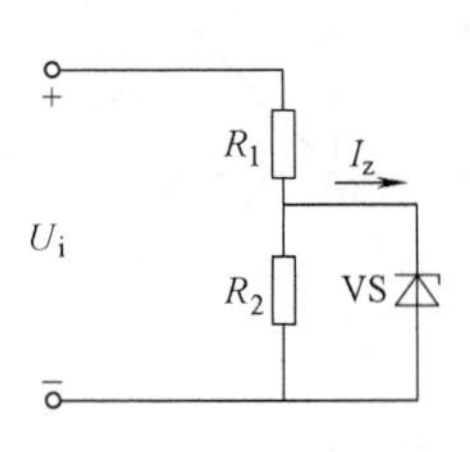

图 1-51　题 1-19 图

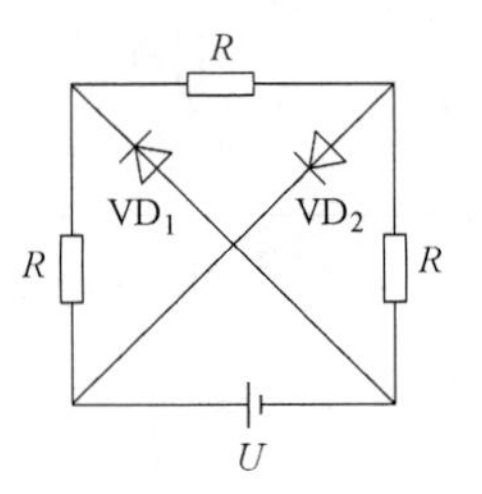

图 1-52　题 1-20 图

1-21　在图 1-53 中，发光二极管导通电压 $U_D = 1.5V$，正向电流在 5 ~ 15mA 时才能正常工作。试问：

（1）图中二极管是否能够发光？

（2）若要二极管能正常发光，R 的取值范围是多少？

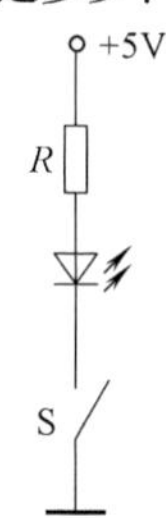

图 1-53　题 1-21 图

第 2 章　晶体管及其基本放大电路

引言

1947 年，美国的贝尔实验室成功研制出了世界上的第一只晶体管，这是半导体器件发展的重大飞跃，具有划时代的意义。问世以来作为构成电子线路的最重要的核心器件之一，得到了广泛地应用和发展。本章着重研究的晶体管（BJT）是半导体三极管的一种类型，这种管子工作时，由于它有空穴和电子两种载流子参与导电，故称为双极型，又被称为双极型晶体管、晶体三极管等。

晶体管是一种电流控制型器件，在满足外部电压条件下，能实现电流和电压的控制与放大作用。

晶体管有三种基本放大电路，即共发射极放大电路、共集电极放大电路和共基极放大电路。放大电路的分析包括静态工作点的估算和动态性能分析两个方面。

2.1　晶体管

晶体管的种类很多，按照材料分，有硅管和锗管；按照工作频率分，有高频管和低频管；按照功率分，有小、中、大功率晶体管等。从外形上看，晶体管都有三个电极，常见的几种晶体管的外形如图 2-1 所示。图 2-1a 和图 2-1b 所示为小功率晶体管，图 2-1c 所示为中功率晶体管，图 2-1d 所示为大功率晶体管。

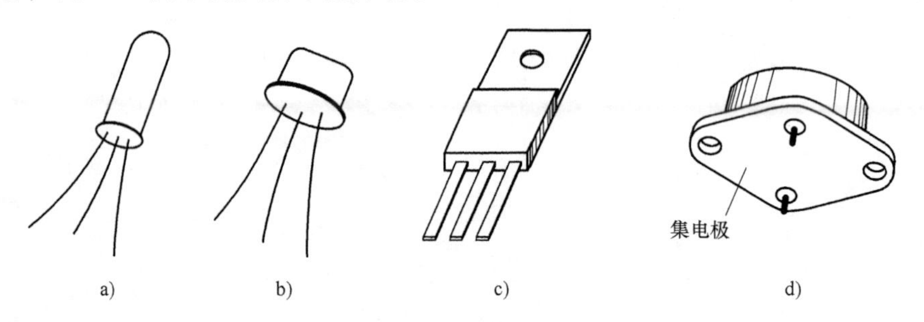

图 2-1　几种晶体管的外形
a)、b）小功率晶体管　c）中功率晶体管　d）大功率晶体管

2.1.1　晶体管的结构

晶体管按照结构不同，可分为两种类型：NPN 型和 PNP 型。

图 2-2a 所示为 NPN 型晶体管的结构。它是在同一个硅片上制造出三个掺杂区域，形成了两个 PN 结，称之为 NPN 型晶体管。

由图 2-2a 可见，这三个杂质区，由下至上分别称为集电区、基区和发射区。虽然发射区和集电区都是 N 型材料，但晶体管的制造工艺的特点是：发射区的掺杂浓度比集电区的掺杂浓度高；基区很薄且掺杂浓度低；在几何尺寸上，集电区的面积比发射区大。这些特点是保证晶体管具有电流放大作用的内部条件。

发射区和基区之间的 PN 结称为发射结（J_e），集电区和基区之间的 PN 结称为集电结（J_c）。从三个区各引出一个电极，分别叫做集电极 c、基极 b 和发射极 e。

图 2-2b 所示为 NPN 型晶体管的图形符号，箭头方向表示发射结正偏时发射极电流的实际方向。

同样，PNP 型晶体管也是由两个 PN 结、三层杂质区构成的，不过中间是 N 型半导体，两边是 P 型半导体，结构和图形符号如图 2-2c、d 所示。

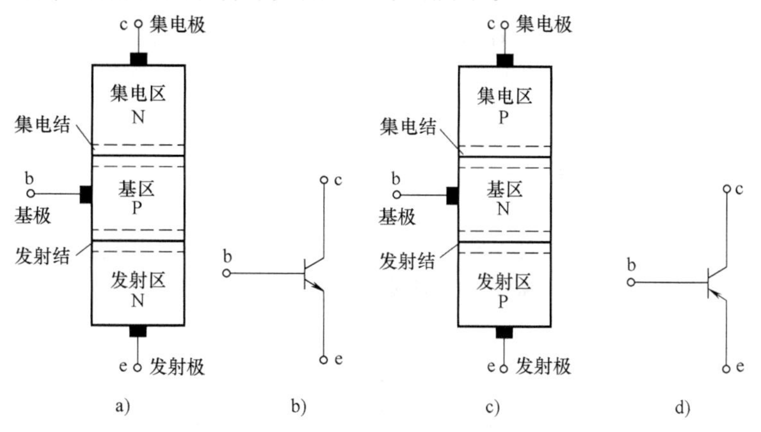

图 2-2　晶体管的结构和图形符号

a）NPN 型晶体管的结构　b）NPN 型晶体管的图形符号　c）PNP 型晶体管的结构　d）PNP 型晶体管的图形符号

本节以硅材料 NPN 型晶体管为例讲述晶体管的放大作用、特性曲线和主要参数。

2.1.2　晶体管的放大原理

放大是对模拟信号最基本的处理。晶体管作为放大电路的核心器件，它能够控制能量的转换，将输入的任何微小变化不失真地放大输出。

1. 晶体管处于放大的外部条件

要想使晶体管具有放大作用，除了具备上述的内部条件外，还需要具备适当的外部条件：要求晶体管的三个电极之间的偏置电压应保证发射结正向偏置，集电结反向偏置。因此，对于 NPN 型晶体管来说，要求 $U_B > U_E$，$U_C >> U_B$；而对于 PNP 型晶体管来说，则要求 $U_E > U_B$，$U_B >> U_C$。

2. 晶体管内部载流子的传输过程

（1）发射区向基区注入电子（又称扩散）

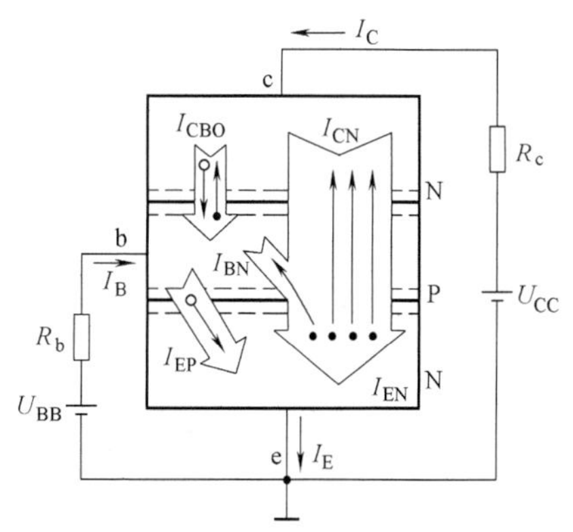

图 2-3　晶体管中的载流子的运动

晶体管中的载流子的运动如图 2-3 所示，由于发射结外加正向电压，发射区就会有大量的自由电子（多子）向基区注入（扩散），形成发射极电子电流 I_{EN}；基区的空穴（多子）向发射区注入，形成空穴注入电流 I_{EP}。两电流之和就构成发射极电流，即 I_E =

$I_{EN}+I_{EP}$。因为发射区相对基区是重掺杂，基区空穴浓度远低于发射区的电子浓度，所以满足 $I_{EN}>>I_{EP}$，I_{EP}可忽略不计。因此，发射极电流 $I_E\approx I_{EN}$，其方向与电子注入方向相反。

（2）电子在基区的扩散和复合

发射区注入基区的电子即成为基区中的非平衡电子，这些非平衡电子会在基区靠近发射结的边界累积，在发射结处浓度最大，而在集电结处浓度最小（因集电结反偏，电子浓度近似为零）。因此，在基区中形成了非平衡电子的浓度差。在该浓度差作用下，注入基区的电子将继续向集电结扩散。在扩散过程中，非平衡电子会与基区中的空穴相遇，使部分电子因复合而失去，形成基区复合电流 I_{BN}。为了补充因复合而消失的空穴，基极电源 U_{BB}不断从基区拉走价电子，即向基区提供新的空穴，形成基极电流 I_B。因此，I_{BN}是基极电流 I_B 的主要部分。但由于基区很薄且空穴浓度又低，所以被复合的电子数极少，故 I_{BN}很小，而绝大部分电子都能扩散到发射结边缘。

（3）集电区收集扩散过来的电子

由于集电结反偏，在结内形成了较强的电场，有利于结外边界处少子的漂移。因而，使扩散到集电结边沿的电子在该电场作用下漂移到集电区，形成集电区的收集电流 I_{CN}。该电流是构成集电极电流 I_C 的主要部分。此外，集电区的少子（空穴）和基区本身的少子（电子）在结电场的作用下，向对方漂移形成集电结反向饱和电流 I_{CBO}，并流过集电极和基极支路，它是构成 I_C、I_B 的另一部分电流。该电流是由热激发的少子形成的，数值很小。这个电流对放大没有贡献，而且受温度的影响很大，容易使管子工作不稳定，所以在制造过程中要尽量减小 I_{CBO}。

由以上分析可知，晶体管内有两种载流子参与导电，故称为双极型晶体管。

3. 电流分配关系

集电极电流 I_C 由两部分组成：I_{CN}和 I_{CBO}。前者是由发射区发射的电子被集电极收集后形成的，后者是由集电区和基区的少数载流子漂移运动形成的，称为反向饱和电流。于是有

$$I_C=I_{CN}+I_{CBO}\approx I_{CN} \tag{2-1}$$

发射极电流 I_E 也由两部分组成：I_{EN}和 I_{EP}。I_{EN}为发射区发射的电子所形成的电流，I_{EP}是由基区向发射区扩散的空穴所形成的电流。因为发射区是重掺杂，所以 I_{EP}可忽略不计，即 $I_E\approx I_{EN}$。I_{EN}又分成两部分，主要部分是 I_{CN}，极少部分是 I_{BN}。I_{BN}是电子在基区与空穴复合时所形成的电流，基区空穴是由电源 U_{BB}提供的，故它是基极电流的一部分。即

$$I_E\approx I_{EN}=I_{BN}+I_{CN} \tag{2-2}$$

基极电流 I_B 是 I_{BO}与 I_{CBO}之差，即

$$I_B=I_{BN}-I_{CBO}\approx I_{BN} \tag{2-3}$$

发射结发射的电子大部分被集电结收集，形成集电极电流，即 $I_{CN}>>I_{BN}$。常用 $\overline{\alpha}$ 来表示共基极电流放大倍数，即

$$I_C=\overline{\alpha}I_E \tag{2-4}$$

根据基尔霍夫电流定律（KCL），$I_E=I_B+I_C$。因此，基极电流可表示为发射极电流的其余部分，即

$$I_B=(1-\overline{\alpha})I_E \tag{2-5}$$

由此可导出集电极与基极之间的电流关系

$$\frac{I_C}{I_B}=\frac{\overline{\alpha}I_E}{(1-\overline{\alpha})I_E}=\frac{\overline{\alpha}}{1-\overline{\alpha}}=\overline{\beta} \tag{2-6}$$

式（2-6）中的$\overline{\beta}$称为晶体管共发射极直流电流放大倍数。式（2-6）也反映了放大偏置时晶体管的基极对发射极电流的控制作用，利用这一性质可以实现晶体管的放大作用。

2.1.3 晶体管的共发射极特性曲线

晶体管的输入特性和输出特性曲线描述各电极之间电压、电流的关系，用于对晶体管的性能、参数和晶体管电路的分析估算。

1. 输入特性曲线

输入特性曲线描述管压降 U_{CE}一定的情况下，基极电流 i_B 与发射结压降 u_{BE}之间的函数关系，即

$$i_B=f(u_{BE})\mid_{U_{CE}=\text{常数}} \tag{2-7}$$

当 $U_{CE}=0V$ 时，相当于集电极与发射极短路，即发射结与集电结并联。因此，输入特性曲线与 PN 结的伏安特性相似，呈指数关系，如图 2-4 所示 $U_{CE}=0V$ 的那条曲线。

当 U_{CE}增大时，曲线将右移，如图 2-4 中标注 $U_{CE}=0.5V$ 和 $U_{CE}\geqslant 1V$ 的曲线。这是因为，由发射区注入基区的非平衡少子有一部分越过基区和集电结形成集电极电流 i_C，使得在基区参与复合运动的非平衡少子随 U_{CE}的增大（即集电结反向电压的增大）而减小；因此，要获得同样的 i_B，就必须加大 u_{BE}，使发射区向基区注入更多的电子。

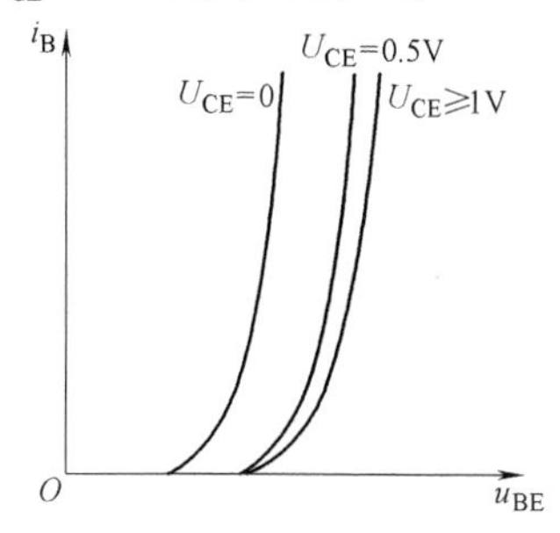

图 2-4 晶体管的输入特性曲线

实际上，对于确定的 U_{BE}，当 U_{CE}增大到一定值以后，集电结的电场已足够强，可以将发射区注入基区的绝大部分非平衡少子都收集到集电区，因而再增大 U_{CE}，i_C 也不可能明显增大了，也就是说，i_B 已基本不变，即 U_{CE}超过一定数值后，曲线不再明显右移而基本重合。因此，对于小功率晶体管，可以用 U_{CE}大于 1V 的任何一条曲线来近似 U_{CE}大于 1V 的所有曲线。

2. 输出特性曲线

输出特性曲线描述基极电流 I_B 为一常数时 i_C 与 u_{CE}之间的函数关系，即

$$i_C=f(u_{CE})\mid_{I_B=\text{常数}} \tag{2-8}$$

对于每一个确定的 i_B，都有一条曲线，所以输出特性是一族曲线，如图 2-5 所示。对于某一条曲线，当 u_{CE}从 0 逐渐增大时，集电结电场随之增强，收集基区非平衡电子的能力逐渐增强，因而 i_C 也逐渐增大。而当 u_{CE}增大到一定数值时，集电结电场足以将基区非平衡电子的绝大部分收集到集电区来，u_{CE}再增大 i_C 也不能随之明显增大，曲线基本平行于横轴，即 i_C 几乎仅仅决定于 i_B。

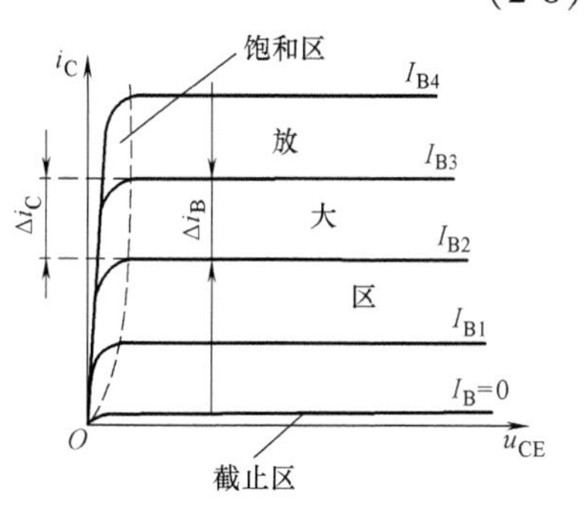

图 2-5 晶体管的输出特性曲线

从输出特性曲线看，晶体管有三个工作区域：

1）截止区：其特征是发射结电压小于开启电压且集

电结反向偏置。此时管子的外部电压为 $u_{BE}<U_{on}$ 且 $u_{CE}\geqslant u_{BE}$。此时 $I_B=0$，而 $i_C\leqslant i_{CEO}$。由于小功率硅晶体管的 $i_{CEO}\leqslant 1\mu A$，锗管的 i_{CEO} 小于几十微安，因此在近似分析中可以认为晶体管截止时的 $i_C\approx 0$。

2）放大区：其特征是发射结正向偏置（$u_{BE}>U_{on}$）且集电结反向偏置。此时管子的外部电压为 $u_{BE}>U_{on}$ 且 $u_{CE}\geqslant u_{BE}$。此时 i_C 几乎仅仅取决于 i_B，而与 u_{CE} 无关，表现出 i_B 对 i_C 的控制作用，即所谓的放大作用。在理想情况下，当 i_B 按等差变化时，输出特性是一族横轴的等距离平行线。

3）饱和区：其特征是发射结与集电结均处于正向偏置。此时管子的外部电压为 $u_{BE}>U_{on}$ 且 $u_{CE}<u_{BE}$。此时，i_C 不仅与 i_B 有关，而且明显随 u_{CE} 增大而增大，$i_C<\bar{\beta}i_B$。在实际电路中，若管子的 u_{BE} 增大时，i_B 随之增大，但 i_C 增大不多或基本不变，这说明管子进入了饱和区。对于小功率晶体管，可以认为当 $u_{CE}=u_{BE}$，也就是 $u_{CB}=0$ 时，管子进入临界状态，即管子进入临界饱和状态或临界放大状态。

在模拟电路中，绝大多数情况下就保证管子工作在放大状态下；而在数字电路中往往让管子工作在截止或饱和状态下，把管子作为开关来使用。

2.1.4 晶体管的主要参数

晶体管的参数是用来表征管子性能优劣和适应范围的，它是选用晶体管的依据。了解这些参数，对合理使用和充分利用晶体管达到设计电路的经济性和可靠性是十分必要的。这里只介绍在近似分析中最主要的参数，它们均可在半导体器件手册中查到。

晶体管的参数可分为性能参数和极限参数两大类。值得注意的是，由于制造工艺的离散性，即使同一型号规格的晶体管，参数也不完全相同。

1. 电流放大倍数

1）共发射极电流放大倍数：前已讨论，根据工作状态的不同，在直流和交流两种情况下，共发射极电流放大倍数分别用符号 $\bar{\beta}$ 和 β 表示。$\bar{\beta}$ 有时用 h_{FE} 来代表，β 有时用 h_{fe} 来代表。

2）共基极电流放大倍数：共基极直流电流放大倍数为

$$\bar{\alpha}=I_C/I_E \tag{2-9}$$

则共基极交流电流放大倍数为

$$\alpha=\Delta i_C/\Delta i_E \tag{2-10}$$

由式（2-6）可推导出 α 与 β 的关系式

$$\beta=\frac{\alpha}{1-\alpha}\text{或}\ \alpha=\frac{\beta}{1+\beta} \tag{2-11}$$

近似分析中可认为 $\beta=\bar{\beta}$，$\alpha=\bar{\alpha}$。

2. 极间反向电流

1）发射极开路时集电结的反向饱和电流 I_{CBO}：一般情况下，温度每升高 10℃，I_{CBO} 增加约一倍。反之，当温度降低时，I_{CBO} 减小。

2）基极开路时集电极与发射极间的穿透电流 I_{CEO}：$I_{CEO}=(1+\bar{\beta})I_{CBO}$。

同一型号的管子反向电流越小性能越稳定。选用管子时，I_{CBO} 与 I_{CEO} 应尽量小。硅管比锗管的极间反向电流小 2～3 个数量级，因此温度稳定性也比锗管好。

3. 特征频率 f_T

由于晶体管中PN结结电容的存在，晶体管的交流电流放大倍数是所加信号频率的函数。信号频率高到一定程度时，集电极电流与基极电流之比不但数值下降，且产生相移。使电流放大系数的数值下降到1的信号频率称为特征频率 f_T。

4. 极限参数

极限参数是指为使晶体管安全工作，对它的电压、电流和功率损耗的限制。

1）集电极最大允许电流 I_{CM}：I_{CM} 是指晶体管的参数变化不超过允许值时集电极允许的最大电流。当电流超过 I_{CM} 时，管子性能将显著下降，甚至有烧坏管子的可能。

2）反向击穿电压：晶体管的某一电极开路时，另外两个电极间所允许加的最高反向电压称为极间反向击穿电压，超过此值时管子会发生击穿现象。下面是各种击穿电压的定义：

发射极开路时集电极-基极间的反向击穿电压 $U_{(BR)CBO}$：这是集电结所允许加的最高反向电压。

基极开路时集电极-发射极间的反向击穿电压 $U_{(BR)CEO}$：此时集电结承受反向电压。

集电极开路时发射极-基极间的反向击穿电压 $U_{(BR)EBO}$：这是发射结所允许加的最高反向电压。

对于不同型号的管子，$U_{(BR)CBO}$ 为几十伏到上千伏，$U_{(BR)CEO}$ 小于 $U_{(BR)CBO}$。而 $U_{(BR)EBO}$ 只有1V以下到几伏。

3）最大集电极耗散功率 P_{CM}：P_{CM} 表示集电结上允许损耗功率的最大值，超过此值就会使管子性能变坏或烧毁。集电极损耗的功率

$$P_{CM} = i_C u_{CE} \tag{2-12}$$

由式（2-12）可在输出特性上画出管子的允许功率损耗线，如图2-6所示。P_{CM} 值与环境温度有关，温度越高，则 P_{CM} 值越小。因此，晶体管在使用时受到环境温度的限制，硅管的上限温度达150℃，而锗管则低得多，约70℃。

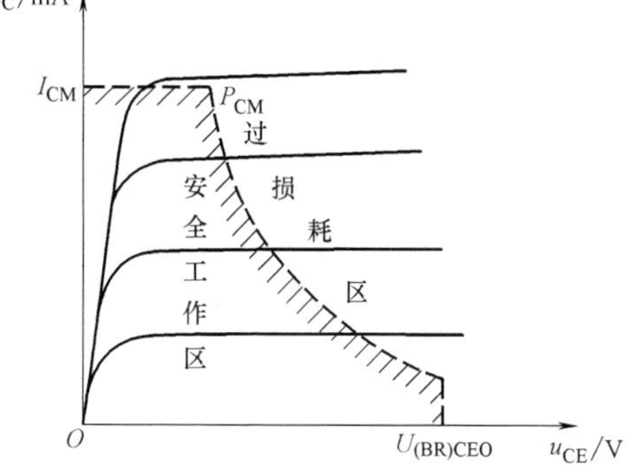

图2-6 晶体管的允许功率损耗线

例2-1 现已测得某电路中几只NPN型晶体管三个极的直流电压，见表2-1，各晶体管基极-发射极间开启电压 U_{on} 均为0.5V。

表2-1 例2-1中各晶体管电极直流电压

晶体管	VT_1	VT_2	VT_3	VT_4
基极直流电压 U_B/V	0.7	1	-1	0
发射极直流电压 U_E/V	0	0.3	-1.7	0
集电极直流电压 U_C/V	5	0.7	0	15
工作状态				

解： 在电子电路中，可以通过测试晶体管各极的直流电压来判断晶体管的工作状态。对于NPN型晶体管，当基极-发射极间电压 $u_{BE} < U_{on}$ 时，管子截止；当 $u_{BE} > U_{on}$ 且管压降 $u_{CE} \geq$

u_{BE}时，管子处于放大状态；当$u_{BE}>U_{on}$且管压降$u_{CE}\leqslant u_{BE}$时，管子处于饱和状态。硅管的U_{on}约为0.5V，锗管的U_{on}约为0.1V。对于PNP型晶体管，可类比NPN型晶体管总结规律。

根据上述规律可知，VT_1处于放大状态，因为$U_{BE}=0.7V$且$U_{CE}=5V$，$U_{CE}>U_{BE}$；VT_2处于饱和状态，因为$U_{BE}=0.7V$，且$U_{CE}=U_C-U_E=0.4V$，$U_{CE}\leqslant U_{BE}$；VT_3处于放大状态，分析过程同VT_1；VT_4处于截止状态，因为$U_{BE}=0V<U_{on}$。

将分析结果填入表2-2。

表2-2 例2-1中各晶体管的工作状态

晶体管	VT_1	VT_2	VT_3	VT_4
工作状态	放大	饱和	放大	截止

例2-2 在一个单管放大电路中，参数见表2-3，请选用一只管子，并简述理由。已知三只管子的参数，且电源电压为30V。

表2-3 例2-2的各晶体管的参数

晶体管参数	VT_1	VT_2	VT_3
$I_{CBO}/\mu A$	0.01	0.1	0.05
U_{CEO}/V	50	50	20
β	15	100	100

解：VT_1管虽然I_{CBO}很小，即温度稳定性好，但β很小，放大能力差，故不宜选用。VT_3管虽然I_{CBO}较小且β较大，但因U_{CEO}仅为20V，小于工作电源电压30V，在工作过程中容易被击穿，故不能选用。综合考虑只有选用VT_2最合适。

2.1.5 光敏晶体管

光敏晶体管依据光照的强度来控制集电极电流的大小，其功能可等效为一只光敏二极管与一只晶体管相连，并仅引出集电极与发射极，如图2-7a所示。其图形符号如图2-7b所示，常见外形如图2-7c所示。

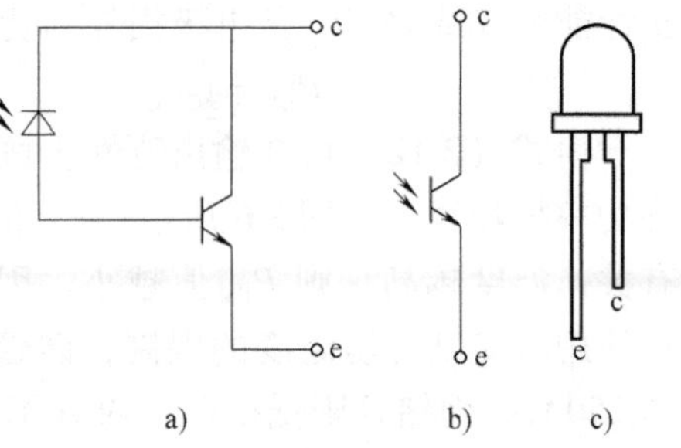

图2-7 光敏晶体管的等效电路、图形符号和外形
a）等效电路 b）图形符号 c）外形

使用光敏晶体管时，也应特别注意其反向击穿电压、最高工作电压，最大集电极功耗等极限参数。

【思考题】

1. 一只NPN型晶体管具有e、b、c三个电极，能否将e、c两电极交换使用？为什么？
2. 为使NPN型晶体管和PNP型晶体管工作在放大状态，应分别在外部加什么样的电压？
3. 在实验中应用什么方法判断晶体管的工作状态？
4. 为什么说少数载流子的数目虽少，但却是影响二极管、晶体管温度稳定性的主要因素？
5. 为什么晶体管有工作频率的限制？

2.2　共发射极晶体管放大电路

在实践中，晶体管放大电路的用途是非常广泛的，它能够利用晶体管的基极电流来控制集电极电流的作用，来达到放大的目的。晶体管放大电路就是利用晶体管的这种特性来组成的，下面以共发射极接法为例来说明。

2.2.1　电路结构

基本共发射极晶体管放大电路如图 2-8 所示，它是阻容耦合的单管共发射极晶体管放大电路（图中为习惯画法）。外加信号从基极和发射极输入，经放大后由集电极和发射极输出。电路中各元器件的作用如下：

1）VT 为放大管，起电流放大作用，是放大电路的核心部件。

2）U_{CC}为晶体管基极和集电极提供偏置电压，使晶体管工作在放大状态。

3）R_b 为基极的偏置电阻，它和 U_{CC}为基极提供一个合适的偏置电流。R_b 的取值一般在几十千欧至几百千欧。

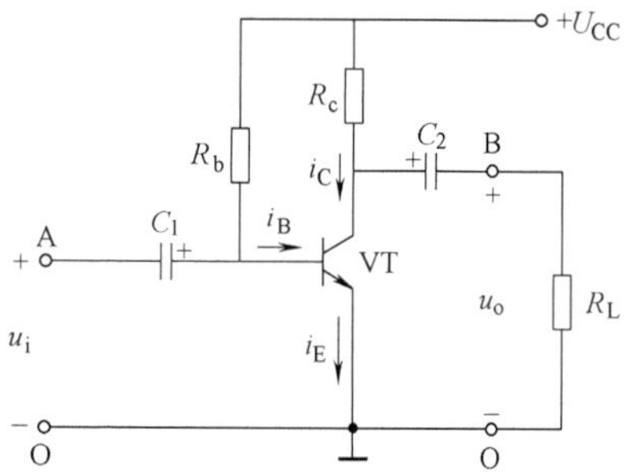

图 2-8　基本共发射极晶体管放大电路

4）R_c 为集电极负载电阻，它的作用是将集电极电流变化转化为集射极间的电压变化，这个变化的电压就是放大器的输出电压。即通过 R_c 把晶体管的电流放大作用转换成电压放大作用。R_c 的取值一般在几十千欧至几百千欧。

5）C_1、C_2 分别为输入和输出耦合电容。它们能使交流信号顺利通过，同时隔断信号源和输入端、晶体管的集电极和负载之间的直流通路，避免相互影响而改变各自的工作状态。C_1、C_2 的容量比较大，一般是几微法至几十微法的电解电容，连接时应该注意它们的极性。

2.2.2　工作原理

如图 2-8 所示，待放大的输入信号 u_i 从电路的 A、O 两点（称为放大电路的输入端）输入，放大电路的输出信号 u_o 由 B、O 两点（称为放大电路的输出端）输出。输入的交流信号 u_i 通过电容 C_1 加到晶体管的发射结，变化的 u_i 产生变化的基极电流 i_b，使基极的总电流 i_B 发生变化；集电极电流 i_C 也随之产生变化，并在集电极电阻 R_c 上产生压降 $i_C R_c$，集电极电压 $u_{CE} = U_{CC} - i_C R_c$，通过 C_2 耦合，输出电压 u_o。如果电路参数选择适当，则 u_o 的变化幅度将比 u_i 的变化幅度大很多倍，由此说明晶体管对 u_i 进行了放大。

从 $u_{CE} = U_{CC} - i_C R_c$ 中可以看出，i_C 增大时，u_{CE}反而减小。电路中，u_{BE}、i_B、i_C 和 u_{CE}都是随 u_i 的变化而变化，它们变化的作用顺序如下：

$$u_i \rightarrow u_{BE} \rightarrow i_B \rightarrow i_C \rightarrow u_{CE}$$

从上面的分析可知，放大作用实际是利用晶体管的基极对集电极的控制作用来实现的。即在输入端加上一个能量较小的信号，通过晶体管的基极电流去控制流过集电极电路的电流，从而将直流电源 U_{CC}的能量转换为所需要的形式供给负载。因此，放大器是一种能量控制器件。

2.2.3 主要技术指标

为了衡量晶体管放大电路的性能，可以用若干技术指标来表示。常用的技术指标主要有增益、输入阻抗、输出阻抗、频率响应和带宽以及非线性失真等。今后将结合具体电路逐步加以讨论。

2.3 晶体管放大电路的基本分析方法

晶体管放大电路的分析主要包含两个部分：

静态分析，又称直流分析，用于求出电路的直流工作状态，即基极直流电流 I_B、集电极直流电流 I_C、集电极与发射极之间的直流电压 u_{CE}。

动态分析，又称交流分析，用于求出电压放大倍数 $\dot{A}_u$、输入电阻 R_i、输出电阻 R_o 三项性能指标。

2.3.1 晶体管放大电路的静态分析

静态工作点，又称直流工作点，简称 Q 点。它可以用解析法近似估算，也可用图解法求解。

1. 解析法

首先画出放大电路的直流通路。由于电容对直流相当于开路，所以在计算图 2-8 的 Q 点时，只需考虑 U_{CC}、R_b、R_c 及晶体管组成的直流通路。图 2-1 的直流通路如图 2-9a 所示。

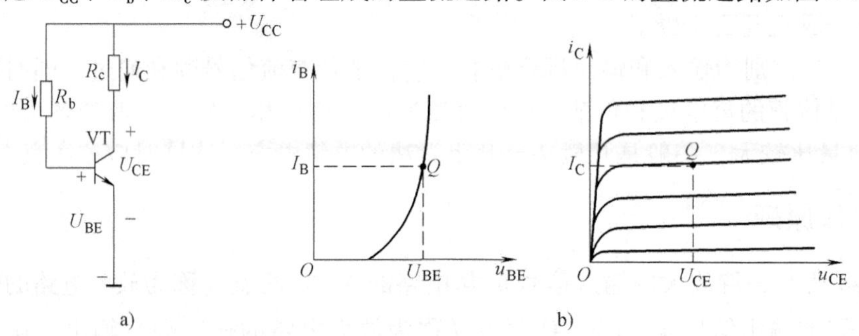

图 2-9 基本共发射极晶体管放大电路的直流通路和静态工作点

a）直流通路 b）静态工作点

由图 2-9a 得

$$I_B = \frac{U_{CC} - U_{BE}}{R_b} \tag{2-13}$$

式（2-13）中，U_{BE}为晶体管导通时基极-发射极之间的压降。晶体管导通时 U_{BE}变化很小，可视为常数。

一般，硅管的 U_{BE}为 0.6 ~ 0.8V，常取 0.7V；锗管的 U_{BE}为 0.1 ~ 0.3V，常取 0.2V。式（2-13）可近似为

$$I_B \approx \frac{U_{CC}}{R_b} \tag{2-14}$$

根据晶体管工作在放大区的各极电流关系，可求出静态工作点的集电极电流

$$I_C = \beta I_B \tag{2-15}$$

再根据集电极输出回路，可求出 U_{CE}

$$U_{CE} = U_{CC} - I_C R_c \tag{2-16}$$

至此，静态工作点的电流、电压都已经估算出来了，在输入、输出特性曲线上表示如图 2-9b 所示。

例 2-3　在图 2-8 所示的放大电路中，已知 $U_{CC}=12V$，$R_b=300k\Omega$，$R_c=4k\Omega$，晶体管的放大系数 $\beta=37.5$。求放大电路的静态工作点。

解：由式（2-13）得

$$I_B = \frac{U_{CC}-U_{BE}}{R_b} = \frac{12V-0.7V}{300k\Omega} \approx 0.04mA = 40\mu A$$

由式（2-15）得

$$I_C = \beta I_B = 37.5 \times 0.04mA = 1.5mA$$

由式（2-16）得

$$U_{CE} = U_{CC} - I_C R_c = 12V - 1.5mA \times 4k\Omega = 6V$$

2. 图解法

由于晶体管是非线性器件，可以用图解法求静态工作点。晶体管的电流、电压关系可用其输入特性曲线和输出特性曲线表示，因此可以在其特性曲线上，直接用作图的方法来确定静态工作点。利用图解法确定静态工作点的步骤如下：

（1）作直流负载线

图 2-8 的输出回路如图 2-10a 所示。它由两部分组成：非线性部分——晶体管，线性部分——电源 U_{CC} 和 R_c 组成的外部电路。因为电路的线性部分和非线性部分实际上是串联在一起构成一个电路整体，所以 i_C 和 u_{CE} 既要满足晶体管的伏安关系，即 $i_C = f(u_{CE})|_{I_B=常数}$，又要满足外部电路的关系，即

$$u_{CE} = U_{CC} - i_C R_c \tag{2-17}$$

式（2-17）表示一条直线。这条直线与横轴的交点为 $M(U_{CC}, 0)$，与纵轴的交点为 $N(0, U_{CC}/R_c)$，如图 2-10b 所示，其斜率是 $-1/R_c$，是由集电极负载电阻 R_c 决定的。由于讨论的都是静态工作情况，电路中的电压、电流都是直流量，所以直线 MN 称为直流负载线。

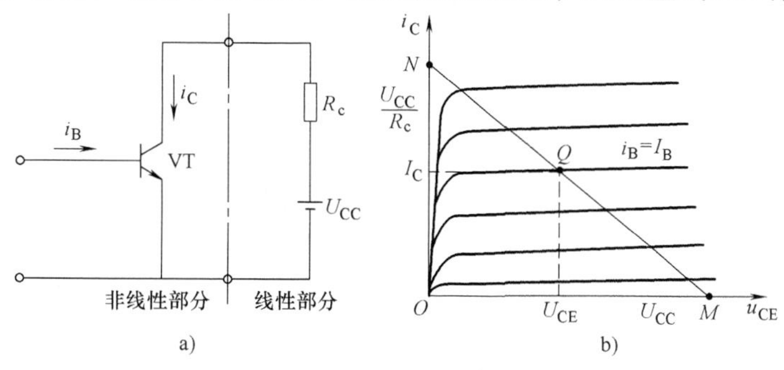

图 2-10　静态工作情况图解

a）输出回路　b）静态工作点

（2）求静态工作点

直流负载线与 $i_B=I_B$ 对应的那条输出特性曲线的交点 Q，就是静态工作点，如图 2-10b 所示。

例 2-4 在例 2-3 中晶体管的输出特性曲线如图 2-11 所示。试用图解法求放大电路的静态工作点。

解：首先写出直流负载方程

$$u_{CE}=U_{CC}-i_C R_c$$

令 $i_C=0$，则 $u_{CE}=U_{CC}=12V$，得 M 点（12，0）；又令 $u_{CE}=0$，则 $i_C=U_{CC}/R_c=12V/4k\Omega=3mA$，得 N 点（0，3）。然后连接 MN 两点得直流负载线，与 $i_B=I_B=40\mu A$ 的一条直线相交，其交点就是静态工作点。从曲线处查 $I_B=40\mu A$，$I_C=1.5mA$，$U_{CE}=6V$。与例 2-3 用的解析法所得到的结果相同。

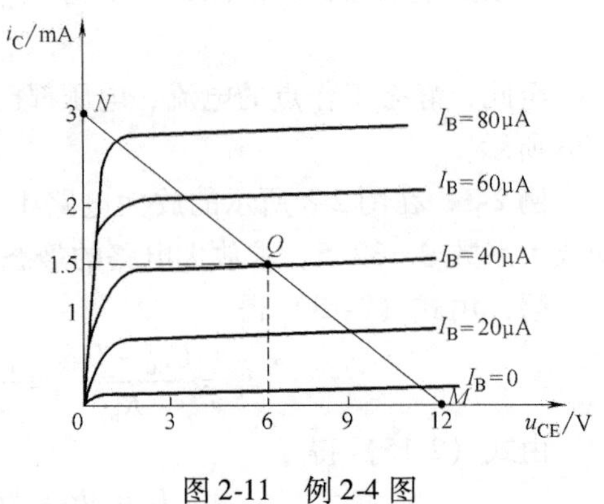

图 2-11 例 2-4 图

3. 电路参数对静态工作点的影响

由上面的分析可知，静态工作点 Q 是输出回路的直流负载线与 $i_B=I_B$ 所对应的一条输出特性曲线的交点。直流负载方程

$$u_{CE}=U_{CC}-i_C R_c$$

又 i_B 的计算式为

$$i_B=I_B=\frac{U_{CC}-U_{BE}}{R_b}$$

因此，只要改变 R_b、R_c 或 U_{CC} 就可以改变晶体管的静态工作点 Q。在实际调试中，主要通过改变电阻 R_b 来改变静态工作点，而很少通过改变 R_c 或 U_{CC} 来改变静态工作点。

2.3.2 晶体管放大电路的动态分析

这一节主要讨论当输入端接入输入信号 u_i 时电路的工作状态。因为加入了输入信号 u_i，输入电流 i_B 不会静止不动，而是变化的，晶体管的工作状态也将来回移动，故将加入交流信号时的状态称为动态。在动态时，放大电路在输入电压信号 u_i 和直流电源 U_{CC} 的共同作用下工作，既有直流分量，又有交流分量，形成了交、直流共存于同一电路中的情况。晶体管各极的电流和各极间的电压都在静态的基础上叠加了一个随输入信号 u_i 作相应变化的交流分量。

1. 图解法分析动态特性

应用图解法，一般应画出对应于输入波形时的输出电流和输出电压波形以及放大电路的交流通路，用放大电路的交流通路（交流电流流过的路径）来分析放大电路中的各个交流变化的规律及动态性能。由放大电路画出其交流通路的原则是：①由于在交流通路中只考虑交流电压的作用，直流电源的内阻很小，将它作短路处理；②耦合电容和旁路电容等容量足够大，对交流量可视为短路。

下面通过举例来说明用图解法分析晶体管放大电路的动态特性步骤。

（1）根据输入 u_i，在输入特性曲线上求 i_B 的波形在例 2-4 中，设 $R_L=4k\Omega$，放大电路的输入电压 $u_i=20\sin\omega t mV$。当它加到放大电路的输入端后，晶体管的基极和发射极之间的电压 u_{BE}就是在原有的直流电压 U_{BE}的基础上叠加一个交流 $u_i(u_{be})$，即 $u_{BE}=U_{BE}+u_i$，如图 2-12 所示的曲线①。根据 u_i 的变化规律画出 i_B 的波形，如图 2-12 所示的曲线②。基极电流 i_B 在 60μA 与 20μA 之间变化，i_b 在 I_B 的基础上按正弦规律变化，即

$$i_B=I_B+i_{bm}\sin\omega t \tag{2-18}$$

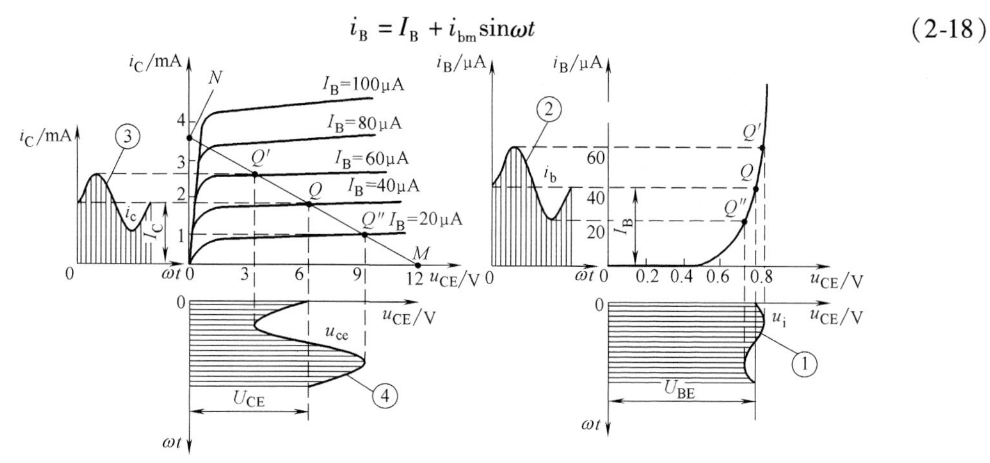

图 2-12　图解法分析动态工作状况

（2）作交流负载线

类似前面所讲静态时的图解分析过程，在动态时，放大电路的输出回路 i_C 和 u_{CE}既要满足晶体管的伏安关系——输出特性 $i_C=f(u_{CE})|_{I_B=常数}$，又要满足外部电路的伏安关系。

由两条伏安曲线的交点，便可以确定动态时的 i_C 和 u_{CE}。在图 2-8 所示的电路中，由于放大电路都在动态时，晶体管各极电流和各极间的电压都在静态值的基础上叠加一个交流分量，因此有

$$i_C=I_C+i_c \tag{2-19}$$

$$u_{CE}=U_{CE}+u_{ce} \tag{2-20}$$

由图 2-8 的交流通路得

$$u_{ce}=-i_cR_L'=-(i_C-I_C)R_L' \tag{2-21}$$

式中，R_L'称为放大电路的交流负载电阻，$R_L'=R_C/\!/R_L$。

将式(2-21)代入式(2-20)，则有

$$u_{CE}=U_{CE}-(i_C-I_C)R_L'=U_{CE}+I_CR_L'-i_CR_L' \tag{2-22}$$

式（2-22）便是共发射极晶体管放大电路在动态时，在输出端接有负载的情况下，输出回路外部电路的电压 u_{CE}与电流 i_C 的关系式。在直流工作点已经确定的情况下，$U_{CE}+I_CR_L'$就是一个常量，可见式（2-22）与直流负载线方程式（2-17）相似，也是直线方程。其直线斜率为 $-1/R_L'$，由交流负载电阻 R_L'决定，故该直线称为交流负载线，式（2-22）也称为交流负载线方程式。显见，当 i_B 变动时，i_C 和 u_{CE}的变化轨迹在交流负载线上。由于交流负载线必然通过静态工作点 Q，因此作交流负载线时，不必像做交流负载线那样确定两个点，而只要另确定一个点即可。

交流负载线的作法是，令 $i_C=0$，根据式（2-22）有 $u_{CE}=U_{CE}+I_CR_L'$，于是在坐标横轴

(u_{CE}) 取点 C，C 点的坐标为 ($u_{CE}=U_{CE}+I_CR_L'$，$i_C=0$)，将 C 点与静态工作点 Q 相连并延长至纵轴 (i_C 轴) 交于 D 点，则 CD 即为交流负载线，如图 2-13 所示。直线 CD 的斜率为 $-1/R_L'$，故交流负载线比直流负载线陡一些。

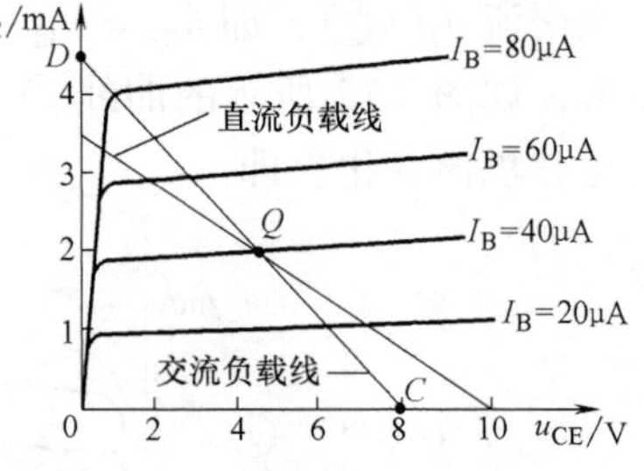

图 2-13 交流负载线和直流负载线

(3) 根据输出特性曲线和交流负载线作 i_C 和 u_{CE} 的波形

i_B 是在 I_B 的基础上按照正弦规律变化，故交流负载线与输出特性曲线的交点，即动态工作点，也随之改变。如图 2-12 所示，由 Q 点→Q'点→Q 点→Q''点→Q 点。根据动态工作点的轨迹可画出 i_C 和 u_{CE}的波形，如图 2-5 所示的曲线③、④。由于晶体管的工作段（$Q'\sim Q''$段）位于输出特性曲线的水平部分（线性区），因此 i_C 和 u_{CE}在 I_C 和 U_{CE}的基础上也按正弦规律变化。即

$$i_C=I_C+i_c=I_C+I_{cm}\sin\omega t \tag{2-23}$$

$$u_{CE}=U_{CE}+u_{ce}=U_{CE}+U_{cem}\sin(\omega t-180°) \tag{2-24}$$

则放大电路的输出电压

$$u_o=u_{ce}=U_{cem}\sin(\omega t-180°) \tag{2-25}$$

2. 晶体管的小信号等效电路分析法

晶体管放大电路是非线性电路，一般不能采用分析线性电路的分析方法来进行分析。但是，在一定条件下，将晶体管用一个线性模型代替后，非线性电路就转化为线性电路。

根据前面对晶体管放大电路的图解法分析可知，当输入信号很小时，晶体管的动态工作点可以认为是在线性范围内活动，这时晶体管的各极交流电压、电流关系就可以近似认为是线性关系，从而把晶体管线性化，用一个小信号模型来代替。

(1) 输入回路的模型

如图 2-14a 所示，晶体管输入特性曲线中，当输入交流信号很小时，可将静态工作点 Q 附近的一段曲线当作直线。因此，u_{CE}为常量时，输入电压的变化量 Δu_{BE}（即交流量 u_{be}）与输入电流的变化量 Δi_B（即交流量 i_b）之比是一个常数，可用 r_{be}表示。即

$$r_{be}=\left.\frac{\Delta u_{BE}}{\Delta i_B}\right|_{u_{CE}=常数}=\left.\frac{u_{be}}{i_b}\right|_{u_{CE}=常数}$$

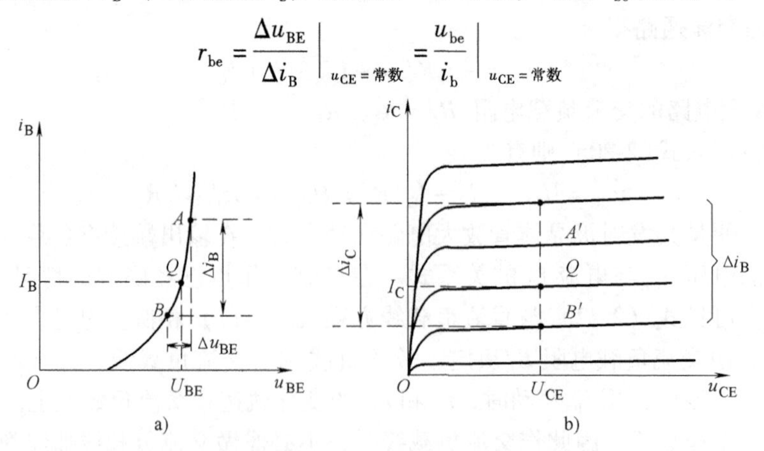

图 2-14 晶体管的小信号模型参数的求法

a) 输入特性 b) 输出特性

r_{be}称为晶体管输出端交流短路时的输入电阻（也常用h_{ie}表示），其值与晶体管的静态工作点 Q 有关。工程上 r_{be}可用下面的公式估算：

$$r_{be}=r_{bb'}+(1+\beta)r_e \tag{2-26}$$

式中，$r_{bb'}$为晶体管的基区体电阻，对于低频小功率管，$r_{bb'}$为 200Ω 左右；r_e 为发射结电阻，根据 PN 结的伏安特性，可导出 $r_e=U_T(\mathrm{mV})/I_E(\mathrm{mA})$；$U_T$ 为温度的电压当量，前已述及在室温（300K）时，其值约为 26mV。这样式（2-26）可写成

$$r_{be}=200\Omega+(1+\beta)\frac{26\mathrm{mV}}{I_E(\mathrm{mA})} \tag{2-27}$$

应当注意，实验表明，I_E 过小或过大时，用式（2-27）计算 r_{be}将会产生较大的误差。

这样，对于交流信号来说，图 2-15a 所示晶体管 b-e 之间可用一个线性电阻 r_{be}来等效，如图 2-15b 所示。注意：r_{be}是动态电阻，只能用于计算交流量；$U_{BE}=0.7$V 是静态参数，只能用于计算直流量，两者不要混淆。

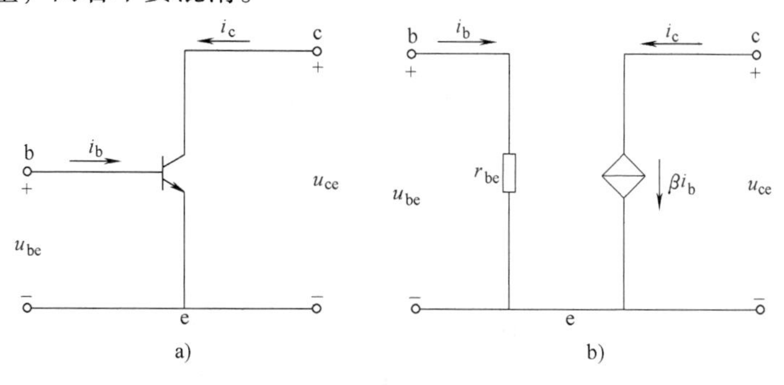

图 2-15 晶体管的小信号模型

a）晶体管电路 b）小信号模型

（2）输出回路的模型

由图 2-14b 可见，在放大区，晶体管的输出特性可近似看成一组与横轴平行的直线，当 u_{CE}为常数时，集电极输出电流 i_C 的变化量 Δi_C（即交流量 i_c）与输入基极电流的变化量 Δi_B（即交流量 i_b）之比为常数，即

$$\beta=\left.\frac{\Delta i_C}{\Delta i_B}\right|_{u_{CE}=\text{常数}}=\left.\frac{i_c}{i_b}\right|_{u_{CE}=\text{常数}} \tag{2-28}$$

β 是晶体管输出端交流短路时的电流放大倍数。这说明晶体管处于放大状态时，集电极-发射极之间可用一个受控电流源 βi_b 表示，如图 2-15b 所示。该受控电流源是一个大小受 i_b 控制的电流源，其大小和方向都是由 i_b 来决定的。

这样晶体管处于小信号放大状态时，它的小信号模型（也称 H 参数简化电路模型）如图 2-15b 所示。这是把晶体管特性线性化后的线性电路模型，可用来分析计算晶体管电路的小信号交流特性，从而可使复杂的电路计算大为简单。

关于小信号模型还有几点需要指出：①在小信号模型中未考虑晶体管的结电容影响，故它适用于较低频率信号；②小信号模型是晶体管的 Q 点设置在晶体管特性曲线的线性区、且输入信号足够小的条件下引出的，若信号比较大，但非线性失真不严重，或要求计算精度不高，仍可使用小信号模型；③小信号模型只能用来进行晶体管放大电路的动态分析，不能用来计算静态工作点；④上述的小信号模型不仅适用于 NPN 管，也适用于 PNP 管，而不必

改变电压、电流的参考方向。

3. 用小信号模型法分析共发射极晶体管放大电路

分析的步骤如下：首先必须对电路进行直流分析，求出 Q 点的各极直流电压和电流，然后画出简化小信号模型电路，最后计算电压放大倍数 $\dot{A}_u$、输入电阻 R_i 和输出电阻 R_o。

例 2-5 试用小信号模型法计算图 2-16 所示放大电路的电压放大倍数 $\dot{A}_u$、输入电阻 R_i、输出电阻 R_o 和源电压放大倍数 $\dot{A}_{us}$。已知 $U_{CC}=12V$，晶体管为硅管，$\beta=40$，电容 C_1 和 C_2 足够大，其他参数已在电路图中标出。

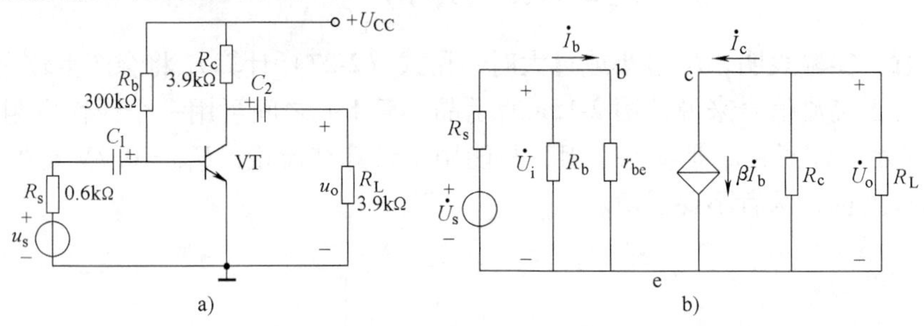

图 2-16 例 2-5 图

a）电路 b）小信号模型

解：为了计算 r_{be}，需先求 I_E。据图 2-16 可知：

$$I_B=\frac{U_{CC}-U_{BE}}{R_b}=\frac{12V-0.7V}{300k\Omega}=38\mu A$$

$$I_E\approx I_C=\beta I_B=40\times0.38mA=1.52mA$$

$$r_{be}=200\Omega+(1+\beta)\frac{26mV}{1.52}=1k\Omega$$

画出小信号模型，如图 2-16b 所示。得电压放大倍数

$$\dot{A}_u=\frac{\dot{U}_o}{\dot{U}_i}=\frac{-\beta\dot{I}_bR_L'}{\dot{I}_br_{be}}=\frac{-\beta R_L'}{r_{be}} \tag{2-29}$$

式中，负号表示输入和输出电压相位相反。

将 $R_L'=R_L//R_c$ 代入式（2-29），得

$$\dot{A}_u=\frac{-\beta R_L'}{r_{be}}=\frac{-\beta(R_c//R_L)}{r_{be}}=-40\times\frac{3.9\times3.9}{3.9+3.9}=-78$$

输入电阻为

$$R_i=R_b//r_{be} \tag{2-30}$$

代入参数得

$$R_i=R_b//r_{be}=\frac{300\times1}{300+1}k\Omega\approx1k\Omega$$

输出电阻为

$$R_o=R_c \tag{2-31}$$

代入参数得

$$R_o=R_c=3.9k\Omega$$

电源电压放大倍数

$$\dot{A}_{us} = \dot{A}_u \frac{R_i}{R_i + R_s} \tag{2-32}$$

代入参数得源电压放大倍数

$$\dot{A}_{us} = \dot{A}_u \frac{R_i}{R_i + R_s} = -78 \times \frac{1\text{k}\Omega}{1\text{k}\Omega + 0.6\text{k}\Omega} = -48.8$$

【思考题】

1. 放大电路的直流负载线和交流负载线的概念有何不同？二者什么情况下是重合的？
2. 如何确定放大电路的最大动态范围？如何设置 Q 点才能使动态范围最大？
3. 单级晶体管电路中若将 NPN 管换成 PNP 管，有哪些元件的连接需要改变？若 NPN 管组成的基本共发射极放大电路输入为正弦波，输出波形出现底部失真，则该失真属于何种失真，应如何调节 R_b？
4. 如何画出晶体管放大电路的 H 参数小信号等效电路？

2.4　晶体管放大电路的静态工作点稳定问题

前面已经指出，合适的静态工作点是晶体管处于正常放大工作状态的前提和保证，而且放大电路的电压放大倍数、输入电阻、输出电阻和输出动态范围等性能指标，与静态工作点的位置密切相关。因此，能否保持静态工作点的稳定，是能否保证放大电路稳定工作的关键。但是，在实际工作中，由于温度的变化、晶体管的更换、电路元器件的老化和电源电压的波动等原因，都可能导致静态工作点不稳定，其中最主要的是温度变化的影响。下面着重研究温度变化对静态工作点的影响，并介绍能稳定静态工作点的放大电路。

2.4.1　温度对静态工作点的影响

1. 温度对反向饱和电流 I_{CEO} 的影响

集电结反向饱和电流 I_{CBO} 是集电区和基区的少子在集电结反向电压的作用下形成的漂移电流，对温度十分敏感。温度每升高 10°C 时，I_{CBO} 增大一倍左右。而穿透电流 $I_{CEO}=(1+\beta)I_{CBO}$，故 I_{CEO} 向上平移，使晶体管的输出特性曲线整体上移，如图 2-17 所示。

2. 温度对电流放大倍数 β 的影响

由于温度的升高，加快了注入基区的载流子的运动速度，使基区中电子与空穴复合的机会减少，故 β 增大。实验证明，温度每升高 1°C，β 约增大 0.5% ~ 1.0%。β 的增大表现为输出特性各条曲线间隔的增大。

3. 温度对发射结电压 U_{BE} 的影响

当温度升高时，载流子运动加剧，发射结导通电压将减小。所以，对应于同样大小的 I_B，U_{BE} 将减小，晶体管的输入特

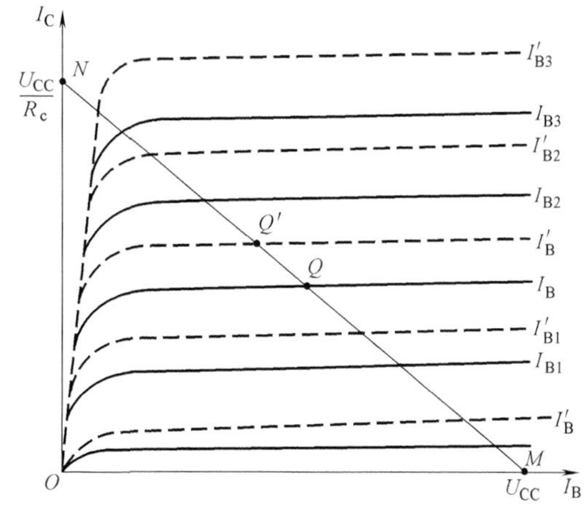

图 2-17　温度对 Q 点的影响

注：实线为 20°C 时的特性曲线；虚线为 50°C 时的特性曲线。

性曲线平行地向左移动。U_{BE}随温度变化的规律与二极管正向压降随温度变化规律一样，即温度每升高1°C，U_{BE}约减少2.5mV。在固定偏流式的共发射极晶体管放大电路（见图2-9a）中，已知$I_B=\dfrac{U_{CC}-U_{BE}}{R_b}$。由该式可以看出，当温度升高使$U_{BE}$减小时，意味着$I_B$增大，$I_C$也将增大。

综上所述，温度升高对I_{CEO}、β、U_{BE}的影响都将使I_C增加，静态工作点上升；温度下降时则相反。因此，固定偏流式放大电路虽然结构简单，调试方便，但本身没有自动调节Q点的能力，温度稳定性较差，故这种结构的电路应用不多。下面介绍的基极分压式发射极偏置晶体管放大电路是应用最广的工作点稳定电路。

2.4.2 基极分压式发射极偏置晶体管放大电路

基极分压式发射极偏置晶体管放大电路如图2-18所示。

1. 电路的基本特点

1）利用R_{b1}和R_{b2}分压来固定基极电位U_B。由图2-18可得

$$I_1=I_2+I_B$$

当电路满足条件$I_2>>I_B$时，则

$$I_1\approx I_2=\frac{U_{CC}}{R_{b1}+R_{b2}}$$

$$U_B=I_2R_{b2}=\frac{U_{CC}}{R_{b1}+R_{b2}}R_{b2}$$

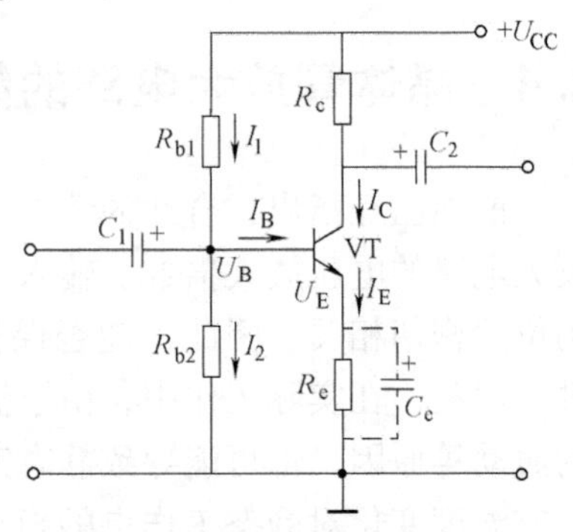

图2-18 基极分压式发射极偏置晶体管放大电路

由以上推导可知，只要电阻R_{b1}、R_{b2}适当小，就可使$I_2>>I_B$，从而使U_B的电位不变。U_B的电位由电源U_{CC}和分压电阻R_{b1}、R_{b2}决定，而与晶体管的参数无关，使得U_B不随温度的变化而变化。

2）利用发射极电阻R_e产生发射极电位U_E，以反馈控制输入回路，自动调整工作点，使I_B基本不变。

因为

$$U_{BE}=U_B-U_E=U_B-I_ER_e$$

$$I_C\approx I_E=\frac{U_B-U_{BE}}{R_e}$$

当

$$U_B>>U_{BE}\text{时}$$

可得

$$I_C\approx I_E\approx\frac{U_B}{R_e}$$

已知U_B不变，所以R_e固定不变时，I_C、I_E也不变。

由上可知，只要满足$I_2>>I_B$，$U_B>>U_{BE}$这两个条件，则U_B、I_C、I_E均与晶体管参数无关，不受温度变化的影响，静态工作点得以保持不变。在估算时，一般选取如下：

硅管：$I_2=(5\sim10)I_B$；$U_B=3\sim5V$；

锗管：$I_2=(10\sim20)I_B$；$U_B=1\sim3V$。

电路稳定静态工作点的物理过程如下：

$$t(℃)\uparrow\rightarrow I_C\uparrow\rightarrow I_E\uparrow\rightarrow U_E\uparrow\rightarrow U_{BE}\downarrow\rightarrow I_B\downarrow\rightarrow I_C\downarrow$$

R_e 越大，稳定性能越好。但是 R_e 越大，必须使 U_E 增大。当 U_{CC} 为某一定值时，管压降 U_{CE} 就会减小，影响放大电路的正常工作，故应兼顾几个方面的要求。在小电流情况下 R_e 为几百欧到几千欧；在大电流情况下，R_e 为几欧到几十欧。实际使用时，常在 R_e 上并联一个大容量的电解电容 C_e，如图 2-18 中虚线所示。电容 C_e 对直流可看成开路，不影响静态工作点；对交流信号起短路作用，可避免因交流信号在 R_e 上产生压降而降低其电压放大倍数的缺点。C_e 称为发射极旁路电容。

2. 静态工作点

因 $I_2>>I_B$，故先算 I_B 比较困难，一般是从计算 U_B 入手。将图 2-18 中的电容 C_1、C_2 开路，即可得到对应的直流通路，如图 2-19 所示。

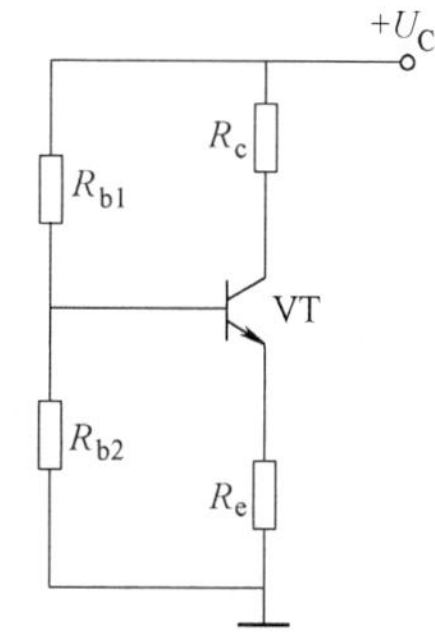

图 2-19　基极分压式发射极偏置晶体管放大电路的直流通路

由直流通路可作如下计算：

$$U_B=I_2R_{b2}=\frac{U_{CC}}{R_{b1}+R_{b2}}R_{b2}$$

$$I_C\approx I_E=\frac{U_B-U_{BE}}{R_e}$$

即可得

$$I_B=\frac{I_C}{\beta}$$

$$U_{CE}=U_{CC}-I_CR_c-I_ER_e\approx U_{CC}-I_C(R_c+R_e)$$

3. 放大电路的动态分析

若接入旁路电容 C_e，则图 2-18 放大电路的小信号模型等效电路如图 2-20a 所示。由图可知

$$\dot{A}_u=\frac{\dot{U}_o}{\dot{U}_i}=\frac{-\beta\dot{I}_bR_L'}{\dot{I}_br_{be}}=\frac{-\beta R_L'}{r_{be}}\qquad R_L'=R_L//R_c，\ R_i=R_{b1}//R_{b2}//r_{be}$$

由于 $R_{b1}>>r_{be}$、$R_{b2}>>r_{be}$，所以

$$R_i=r_{be}$$

$$R_o\approx R_c$$

若不接旁路电容，则不接 C_e 的小信号模型等效电路如图 2-20b 所示。由图可知

$$\dot{A}_u=\frac{\dot{U}_o}{\dot{U}_i}=\frac{-\beta\dot{I}_bR_L'}{\dot{I}_b[r_{be}+(1+\beta)R_e]}=\frac{-\beta R_L'}{r_{be}+(1+\beta)R_e}$$

在图 2-20b 中，先计算出

$$R_i'=r_{be}+(1+\beta)R_e$$

故输入电阻

$$R_i=R_i'//R_{b1}//R_{b2}$$

输出电阻

$$R_o \approx R_c$$

由以上计算公式很容易看出，旁路电容 C_e 是否接入电路，不会影响输出电阻的大小，但会影响电压放大倍数和输入电阻的数值。即不接旁路电容 C_e 时，电压放大倍数下降了，但提高了放大电路的输入电阻；接入旁路电容 C_e 时，其电压放大倍数、输入电阻与基本共发射极晶体管放大电路相同。

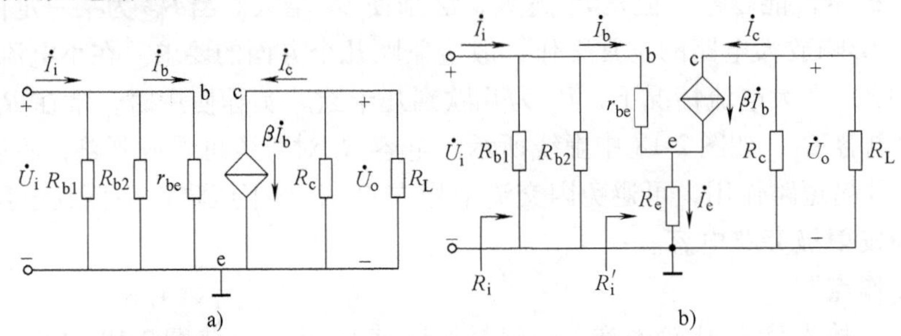

图 2-20 小信号模型等效电路

a）图 2-18 的小信号模型等效电路 b）不接 C_e 小信号模型等效电路

例 2-6 在图 2-18 所示的基极分压式发射极偏置晶体管放大电路中，已知晶体管的 $\beta=50$，$R_{b2}=20\text{k}\Omega$，$R_{b1}=50\text{k}\Omega$，$R_c=5\text{k}\Omega$，$R_e=2.7\text{k}\Omega$，$R_L=5\text{k}\Omega$，要求：

（1）估算电路静态工作点 Q；

（2）计算放大电路的 $\dot{A}_u$、R_i 和 R_o；

（3）如将放大电路的旁路电路 C_e 去掉，则放大电路的 $\dot{A}_u$、R_i 和 R_o 如何变化？

解：（1）估算 Q 点

$$U_B=\frac{U_{CC}}{R_{b1}+R_{b2}}R_{b2}=\frac{12\text{V}\times 20\text{k}\Omega}{20\text{k}\Omega+50\text{k}\Omega}\approx 3.4\text{V}$$

$$U_E=U_B-U_{BE}=3.4\text{V}-0.7\text{V}=2.7\text{V}$$

$$I_C\approx I_E\approx\frac{U_E}{R_e}=\frac{2.7\text{V}}{2.7\text{k}\Omega}=1\text{mA}$$

$$I_B=\frac{I_C}{\beta}=\frac{1\text{mA}}{50}=0.02\text{mA}=20\mu\text{A}$$

$$U_{CE}\approx U_{CC}-I_C(R_c+R_e)=12\text{V}-1\text{mA}(5\text{k}\Omega+2.7\text{k}\Omega)=4.3\text{V}$$

（2）计算 $\dot{A}_u$、R_i 和 R_o

$$r_{be}=200\Omega+(1+\beta)\frac{26\text{mV}}{I_E(\text{mA})}=200\Omega+(1+50)\frac{26\text{mV}}{1\text{mA}}=1.5\text{k}\Omega$$

$$\dot{A}_u=\frac{-\beta R_L'}{r_{be}}=\frac{-50\times\dfrac{5\text{k}\Omega\times 5\text{k}\Omega}{5\text{k}\Omega+5\text{k}\Omega}}{1.5\text{k}\Omega}=-83.3$$

$$R_i=r_{be}/\!/R_{b1}/\!/R_{b2}=1.36\text{k}\Omega$$

（3）去掉旁路电容 C_e 后

$$\dot{A}_u=\frac{-\beta R_L'}{r_{be}+(1+\beta)R_e}=\frac{-50\times\frac{5k\Omega\times5k\Omega}{5k\Omega+5k\Omega}}{1.5k\Omega+(1+50)\times2.7k\Omega}=-0.9$$

$$R_i=[r_{be}+(1+\beta)R_e]//R_{b1}//R_{b2}\approx13k\Omega$$

$$R_o=R_c=5k\Omega$$

【思考题】

1. 引起放大电路静态工作点不稳定的主要因素有哪些？
2. 稳定 Q 点的措施有哪些？在实际当中哪些方法比较方便有效？
3. 基极分压式发射极偏置晶体管放大电路稳定 Q 点的工作原理是什么？是否会因为 β 的分散性而影响 Q 点的稳定性？
4. 基极分压式偏置电路发射极所加旁路电容的作用是什么？

2.5 共集电极和共基极晶体管放大电路

根据输入和输出回路共同端的不同，放大电路有三种基本组态，除了上面讨论的共发射极晶体管放大电路外，还有共集电极和共基极两种晶体管放大电路。下面分别予以讨论。

2.5.1 共集电极晶体管放大电路

图 2-21a 所示为共集电极晶体管放大电路，图 2-21b、c 分别是它的直流通路和交流通路。由交流通路可见，负载电阻 R_L 接在晶体管发射极上，输入电压 u_i 加在基极和地即集电极之间，而输出电压 u_o 从发射极和集电极之间取出，所以集电极是输入、输出回路的共同端。因为 u_o 从发射极输出，所以共集电极晶体管放大电路又称为射极输出器。

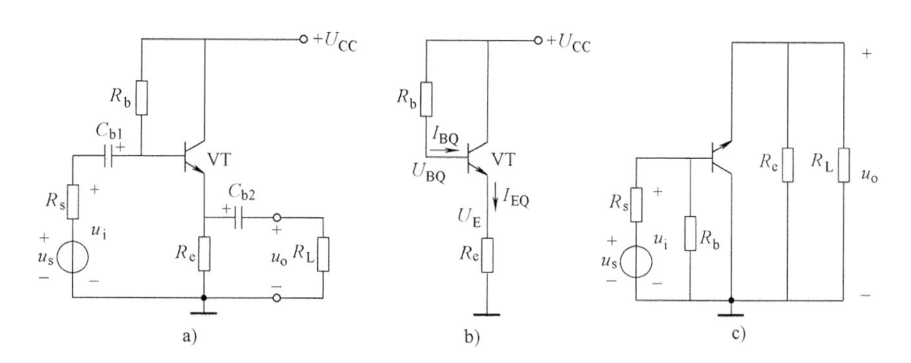

图 2-21 共集电极晶体管放大电路
a）电路 b）直流通路 c）交流通路

1. 静态分析

由图 2-21b 可知，由于电阻 R_e 对静态工作点的自动调节作用，该电路的 Q 点基本稳定。由直流通路可得

$$\begin{cases} I_B = \dfrac{U_{CC} - U_{BE}}{R_b + (1+\beta)R_e} \\ I_E \approx I_C = \beta I_B \\ U_{CE} = U_{CC} - I_E R_e \end{cases} \tag{2-33}$$

2. 动态分析

用晶体管的 H 参数小信号模型取代图 2-21c 中的晶体管，即可得到共集电极晶体管放大电路的小信号等效电路，如图 2-22 所示。

根据电压放大倍数 $\dot{A}_u$、输入电阻 R_i 的定义，可分别得到 $\dot{A}_u$、R_i 的表达式。

（1）电压放大倍数 $\dot{A}_u$

$$\dot{A}_u = \frac{u_o}{u_i} = \frac{(1+\beta)i_b R_L'}{i_b[r_{be} + (1+\beta)R_L']} = \frac{(1+\beta)R_L'}{r_{be} + (1+\beta)R_L'} \qquad R_L' = R_e /\!/ R_L \tag{2-34}$$

式（2-34）表明，电压放大倍数接近 1，但恒小于 1。输出电压 u_o 和输入电压 u_i 相位相同，具有跟随作用。

（2）输入电阻 R_i

$$R_i = \frac{u_i}{i_i} = \frac{u_i}{\dfrac{u_i}{R_b} + \dfrac{u_i}{r_{be} + (1+\beta)R_L'}} = R_b /\!/ [r_{be} + (1+\beta)R_L'] \tag{2-35}$$

通常 R_b 的阻值很大，同时$[r_{be} + (1+\beta)R_L']$也比共发射极晶体管放大电路的输入电阻大得多。因此，共集电极晶体管放大电路的输入电阻较高。

（3）输出电阻 R_o

计算输出电阻 R_o 的等效电路如图 2-23 所示。输出电阻按定义表示为

$$R_i = \frac{u_t}{i_t}\bigg|\, u_s = 0,\ R_L = \infty$$

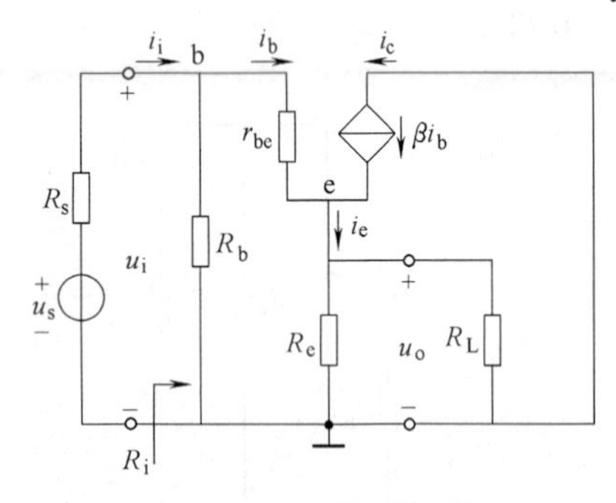

图 2-22　共集电极晶体管放大电路的小信号等效电路

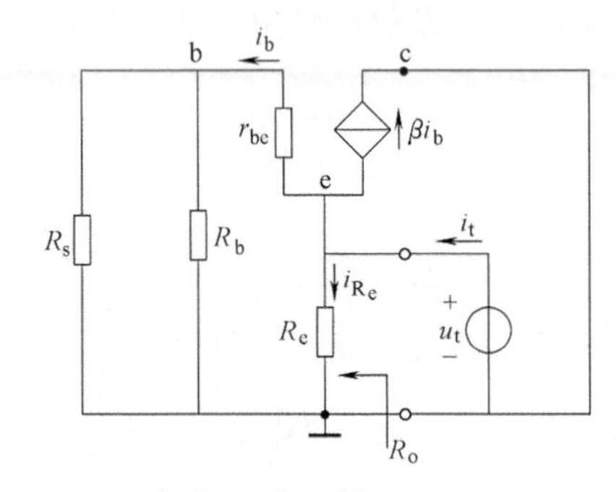

图 2-23　计算输出电阻 R_o 的等效电路

在测试电压 u_t 的作用下，相应的测试电流为

$$i_t = i_b + \beta i_b + i_{R_e} = u_t\left(\frac{1}{R_s' + r_{be}} + \beta\frac{1}{R_s' + r_{be}} + \frac{1}{R_e}\right) \qquad R_s' = R_s /\!/ R_b$$

由此可得输出电阻

$$R_o = R_e /\!/ \frac{R_s' + r_{be}}{1+\beta} \tag{2-36}$$

通常

$$R_e >> \frac{R_s' + r_{be}}{1+\beta}$$

所以

$$R_o \approx \frac{R_s' + r_{be}}{1+\beta}$$

可见共集电极晶体管放大电路的输出电阻是很低的，由此也说明它具有恒压输出特性。

综上所述，共集电极晶体管放大电路的特点是，电压放大倍数接近 1，输出电压和输入电压相位相同；输入电阻高，输出电阻低。

由于具有高输入电阻和低输出电阻的特点，因此共集电极晶体管放大电路的应用极为广泛。因为输入电阻高，它常被用作多级放大电路的输入级，这对高内阻的信号源更为有意义。另外，如果放大电路的输出电阻较低，则在负载接入后或当负载增大时，输出电阻的下降就较小，或者说它带负载能力较强，所以又可将它作多级放大电路的输出级。同时，利用共集电极晶体管放大电路的输入电阻高、输出电阻低的特点，将它作为多级放大电路的中间级，以隔离前后级之间的相互影响，在电路中起阻抗变换的作用，这时可称其为缓冲级。

放大器的输入信号一般都很微弱，因此常采用多级放大，才可在输出端获得必要的电压幅度或足够的功率，以推动负载工作。此外，多级放大电路的输入级或输出级也常采用共集电极晶体管放大电路以获得高输入电阻或低输出电阻，从而改善工作性能。

2.5.2　共基极晶体管放大电路

图 2-24a 所示为共基极晶体管放大电路，图 2-24b 是它的交流通路。由交流通路可见，负载电阻 R_L 接在晶体管集电极上，输入电压 u_i 加在发射极和基极之间，而输出电压 u_o 从集电极和基极之间取出，基极是输入、输出回路的共同端，所以称为共基极晶体管放大电路。图中，R_e 是发射极电阻，它的作用有两个：一是构成晶体管发射极的直流电流回路；二是将基极和发射极的交流电路隔开。因为晶体管的基极是交流接地的，如若晶体管的发射极也直接接地，发射极和基极就等电位，输入信号就无法加到晶体管的发射结上。

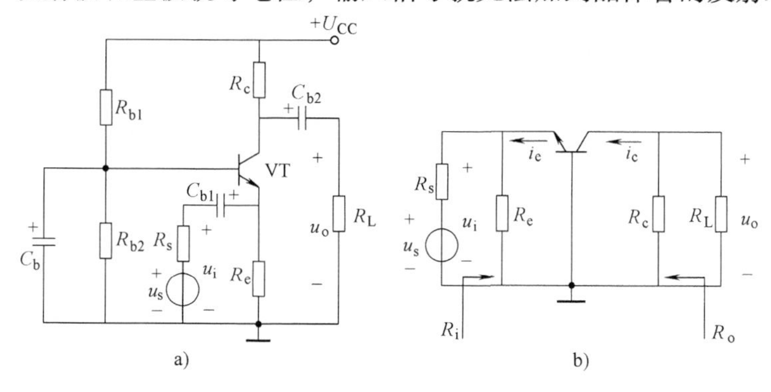

图 2-24　共基极晶体管放大电路
a）电路　b）交流通路

1. 静态分析

图 2-25 所示为共基极晶体管放大电路的直流通路。它与基极分压式发射极偏置晶体管放大电路的直流通路是一样的，因而 Q 点的求法相同。

2. 动态分析

用晶体管的 H 参数小信号模型取代图 2-24b 中的晶体管，即可得到共基极晶体管放大电路的小信号等效电路，如图 2-26 所示。

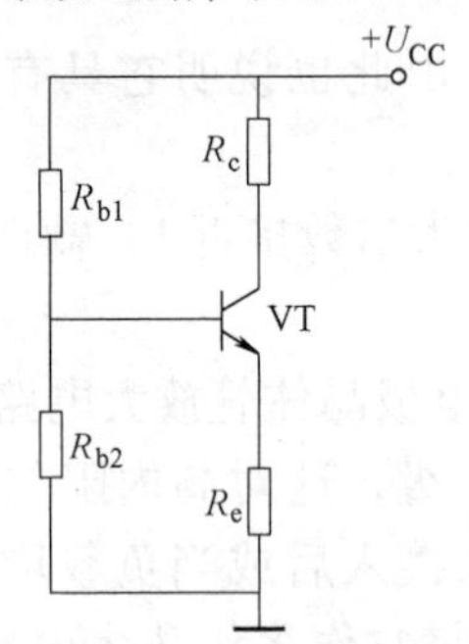

图 2-25　共基极晶体管放大电路的直流通路

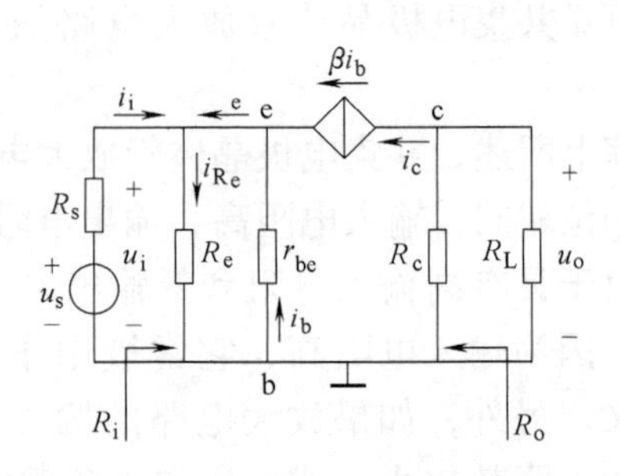

图 2-26　共基极晶体管放大电路的小信号等效电路

（1）电压放大倍数 $\dot{A}_u$

$$\dot{A}_u = \frac{u_o}{u_i} = \frac{-\beta i_b R_L'}{-i_b r_{be}} = \frac{\beta R_L'}{r_{be}} \qquad R_L' = R_c // R_L \tag{2-37}$$

式（2-37）表明，只要电路参数选择适当，共基极放大电路也具有电压放大作用，而且输出电压和输入电压相位相同。

（2）输入电阻 R_i

$$R_i = \frac{u_i}{i_i} = \frac{u_i}{\left[\dfrac{u_i}{R_e} - (1+\beta)\dfrac{-u_i}{r_{be}}\right]} = R_e \left\| \frac{r_{be}}{1+\beta} \right. \tag{2-38}$$

共基极晶体管放大电路的输入电阻远小于共发射极晶体管放大电路的输入电阻。

（3）输出电阻 R_o

由图 2-26 可以得出，共基极晶体管放大电路的输出电阻为

$$R_o \approx R_c \tag{2-39}$$

式（2-39）表明，共基极晶体管放大电路的输出电阻与共发射极晶体管放大电路的输出电阻相同。

2.5.3　晶体管放大电路三种组态的比较

1. 三种组态的判别

一般看输入信号加在晶体管的哪个电极，输出信号从哪个电极取出。共发射极晶体管放大电路中，信号由基极输入，集电极输出；共集电极晶体管放大电路中，信号由基极输入，发射极输出；共基极晶体管放大电路中，信号由发射极输入，集电极输出。

2. 三种组态的特点及用途

1）共发射极晶体管放大电路既能放大电流又能放大电压，输入电阻在三种组态中居中，输出电阻较大，频带较窄，适用于低频情况下，作多级放大电路的中间级。

2）共集电极晶体管放大电路只能放大电流不能放大电压，是三种组态中输入电阻最大、输出电阻最小的电路，并具有电压跟随的特点，频率特性好，常用于电压放大电路的输入级和输出级，在功率放大电路中也常采用。

3）共基极晶体管放大电路只能放大电压不能放大电流，输入电阻小，电压放大倍数和输出电阻与共发射极晶体管放大电路相当，是三种组态中高频特性最好的电路，常作为宽频带放大电路，在模拟集成电路中也兼有电位移动的功能。

【思考题】

1. 晶体管放大电路有哪几种组态？判断放大电路组态的基本方法是什么？
2. 三种组态的放大电路各有什么特点？各自的应用场合分别是什么？

小　　结

1. 晶体管是由两个 PN 结组成的有源器件，分 NPN 和 PNP 两种类型，它的三个引脚为别称为发射极 e、基极 b 和集电极 c。由于硅材料的热稳定性好，因而硅晶体管得到广泛应用。

2. 表征晶体管放大能力主要参数是共发射极电流放大倍数β。从输出特性上看，晶体管属于一种电流控制器件。

3. 通常分析放大电路的方法有两种：图解法和小信号模型分析法。前者主要用来确定静态工作点 Q 和分析放大电路的动态工作范围；后者主要用来计算动态指标，如 $\dot{A}_u$，R_i 和 R_o。

4. 晶体管组成的实际放大电路有共射、共集和共基三种基本组态，根据相应的电路输出量与输入量之间的大小和相位关系，分别将它们称为反相放大器、电压跟随器和电流跟随器。三种组态的晶体管都必须工作在发射结正偏，集电结反偏的状态。

5. 放大电路的静态工作点不稳定的原因主要受温度的影响。常用的稳定静态工作点的电路有发射极偏置电路等，它是利用了反馈原理来实现的。

习　　题

2-1　在图 2-27 所示晶体管放大电路中，已知晶体管两个电极的电流（单位为 mA）及方向如图所示。晶体管为________型（NPN，PNP），其中①为________极，②为________极，电流 I_2 = ________ mA，该管电流放大倍数 $\bar{\beta}$ = ________。

2-2　某电路如图 2-28 所示。晶体管 VT 为硅管，其 $\beta=20$。电路中的 $U_{CC}=24V$，$R_b=96k\Omega$，$R_c=R_e=2.4k\Omega$，电容 C_1、C_2、C_3 的电容量均足够大，正弦波输入信号的电压 u_i 的有效值为 1V。试求：

（1）输出电压 u_{o1}、u_{o2}的有效值；

（2）用内阻为 10kΩ 的交流电压表分别测量 u_{o1}、u_{o2}时，交流电压表的读数各为多少？

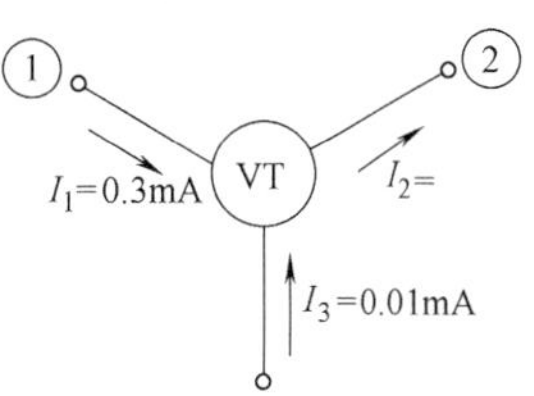

图 2-27　题 2-1 图

2-3　电路如图 2-29 所示，若输出电压波形出现底部削平的失真，问晶体管产生了截止失真还是饱和失真？为了减小失真应采取什么措施（增大或减小某元件参数）？

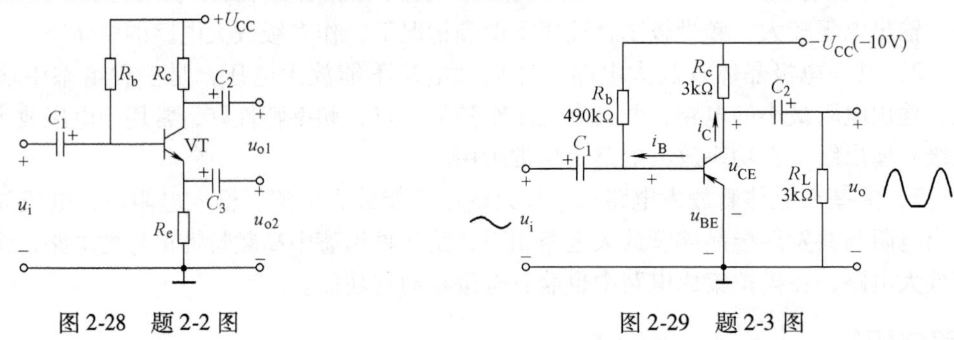

图 2-28　题 2-2 图　　　　图 2-29　题 2-3 图

2-4　放大电路如图 2-30a 所示，其晶体管的输出特性以及放大电路的交、直流负载线如图 2-30b 所示。试问：

（1）R_b、R_c、R_L 各为多少？

（2）将 R_L 电阻调大，对交、直流负载线会产生什么影响？

（3）若电路中其他参数不变，只将晶体管换一个 β 值小一半的管子，这时 I_B、I_C、U_{CE} 以及 $|\dot{A}_u|$ 将如何变化？

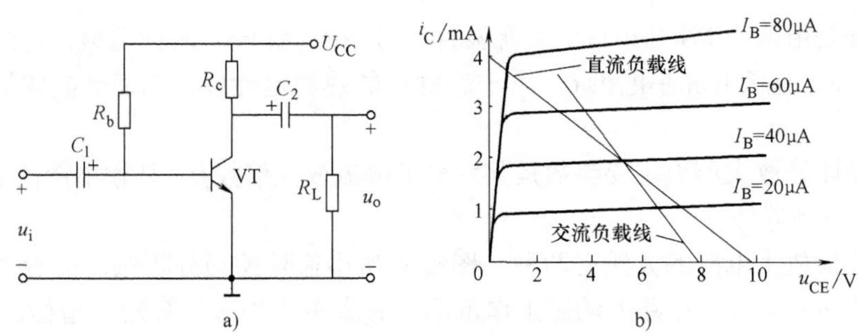

图 2-30　题 2-4 图

2-5　放大电路如图 2-31 所示，设 $U_{BE}=0.6\text{V}$，$\beta=40$。试求：

（1）画出直流通路并求静态值；

（2）画出交流通路和 H 参数等效电路；

（3）电压放大倍数；

（4）输入电阻和输出电阻。

2-6　图 2-32 所示的偏置电路中，热敏电阻 R_t 具有负温度系数，问能否起到稳定工作点的作用？

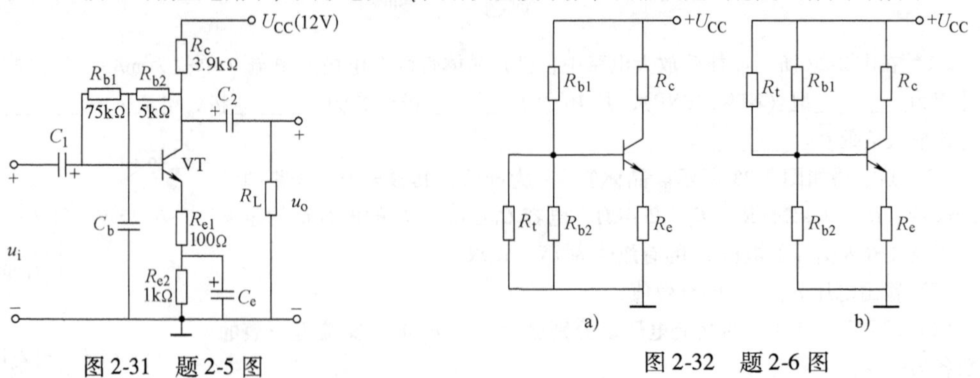

图 2-31　题 2-5 图　　　　图 2-32　题 2-6 图

2-7　分析图2-33所示电路对正弦交流信号有无放大作用。图中各电容对交流可视为短路。

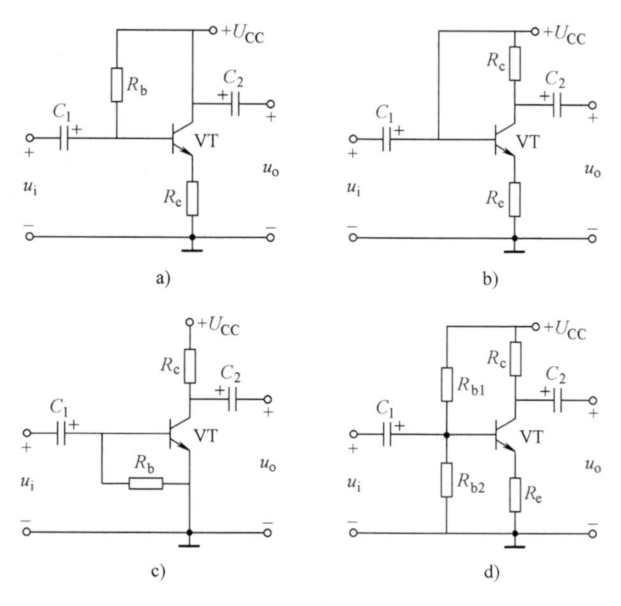

图2-33　题2-7图

2-8　单管放大电路及参数如图2-34所示，电容足够大，对交流信号可视为短路。

（1）估算电路的静态工作点（I_{BQ}、I_{CQ}、U_{CEQ}）；

（2）画出简化H参数交流等效模型；

（3）求电路的电压放大倍数、输入电阻和输出电阻；

（4）若更换了晶体管，其$\beta=100$，该电路的静态工作点、电压放大倍数、输入电阻和输出电阻会发生什么变化（增大，减小，基本不变）？

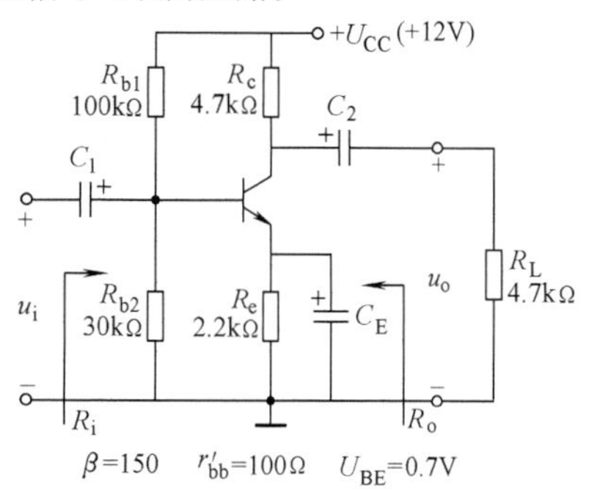

图2-34　题2-8图

2-9　画出图2-35所示电路的H参数等效电路，设电路中各电容容抗均可忽略，并注意标出电压、电流的正方向。

2-10　电路如图2-36所示，R_s、R_e、R_{b1}、R_{b2}、R_c、R_L、U_{CC}均已知，求静态工作点I_C、I_B、U_{CB}。

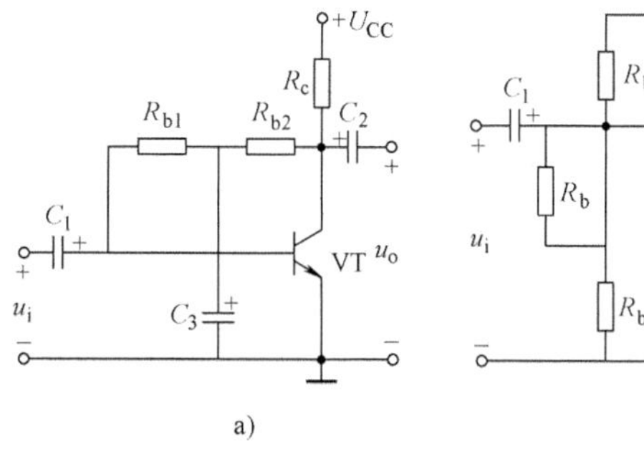

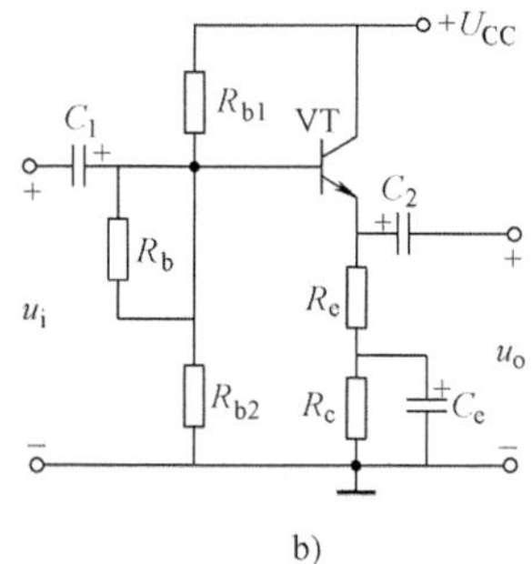

图2-35　题2-9图

2-11　电路如图2-37所示，晶体管的$\beta=80$，$r_{be}=1\text{k}\Omega$。

（1）求出Q点；

（2）分别求出 $R_L=\infty$ 和 $R_L=3k\Omega$ 时电路的 $\dot{A}_u$ 和 R_i；

（3）求出 R_o。

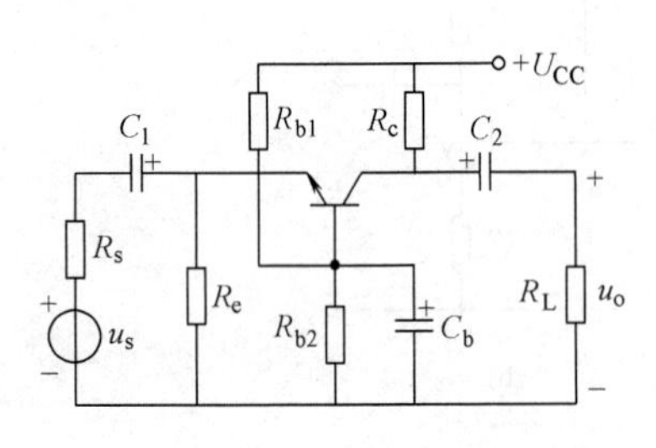

图 2-36 题 2-10 图

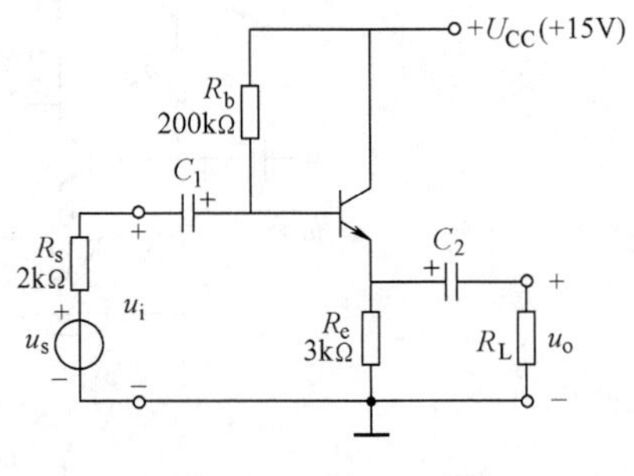

图 2-37 题 2-11 图

2-12 试比较并说明晶体管的三种基本放大电路特点。

第 3 章　场效应晶体管放大电路

引言

场效应晶体管（FET）是利用输入回路的电场效应来控制输出回路电流的一种半导体器件，并以此命名。由于它仅靠半导体中的多数载流子导电，又称单极型晶体管。场效应晶体管不但具备双极型晶体管体积小、重量轻、寿命长等优点，而且有输入回路的内阻高（$10^7 \sim 10^{12}\Omega$）、噪声低、热稳定性好、抗辐射能力强和制造工艺简单等优点，因而大大地扩展了它的应用范围，特别是在大规模和超大规模集成电路中得到了广泛的应用。

根据结构的不同，场效应晶体管可分为两大类：结型场效应晶体管（JFET）和金属-氧化物-半导体场效应晶体管（MOSFET）。

本章首先介绍各类场效应晶体管的结构、工作原理、特性曲线及参数，然后介绍场效应晶体管放大电路和各种放大器件电路性能的比较。

3.1　结型场效应晶体管

结型场效应晶体管是利用半导体内的电场效应进行工作的，也称为体内场效应器件。

3.1.1　结型场效应晶体管的结构和工作原理

1. 结构

结型场效应晶体管的结构示意如图 3-1a 所示。在一块 N 型半导体的两侧用扩散工艺形成两个高浓度的 P 型区（用 P^+ 表示），在 P^+ 型区和 N 型半导体的交界处形成两个 PN 结。把两个 P^+ 型区连接在一起引出一个电极，称为栅极 g，再在 N 型半导体的两端各引出一个电极，分别称为源极 s 和漏极 d。两个 PN 结中间的 N 型区是导电沟道，N 型区中的多子（电子）是参与导电的载流子，因此称为 N 沟道结型场效应晶体管。图 3-1b 是这种场效应晶体管的图形符号，其中箭头方向表示 PN 结正向偏置时栅极电流的方向。

按照类似的方法，在一块 P 型半导体的两侧分别制作两个高浓度掺杂 N 型区（用 N^+ 表示），再引出相应的电极，则形成 P 沟道结型场效应晶体管，其结构示意和图形符号如图 3-2 所示。

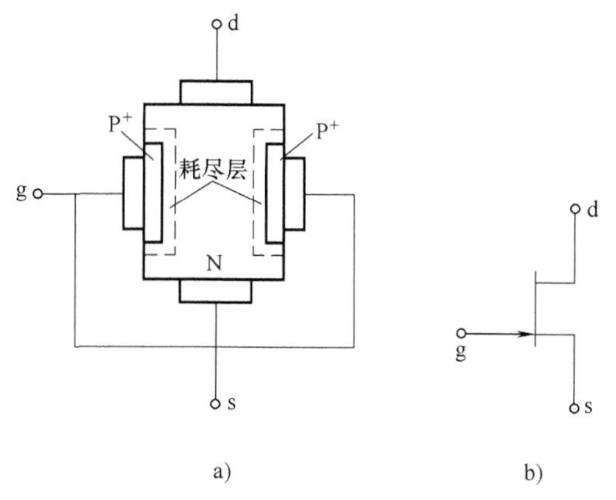

图 3-1　N 沟道结型场效应晶体管
a）结构示意　b）图形符号

2. 工作原理

下面以 N 沟道结型场效应晶体管为例，分析结型场效应晶体管的工作原理。

N 沟道结型场效应晶体管工作时，在栅极与源极间需加一负电压（$u_{GS}<0$），使栅极、沟

道间的 PN 结反偏，栅极电流 $i_G \approx 0$，场效应晶体管呈现高达 $10^7\Omega$ 以上的输入电阻；在漏源极间加一正电压（$u_{DS}>0$），使 N 沟道中的多数载流子（电子）在电场作用下由源极向漏极运动，形成电流 i_D。i_D 的大小受 u_{GS} 控制。因此，讨论结型场效应晶体管的工作原理就是讨论 u_{GS} 对 i_D 的控制作用和 u_{DS} 对 i_D 的影响。

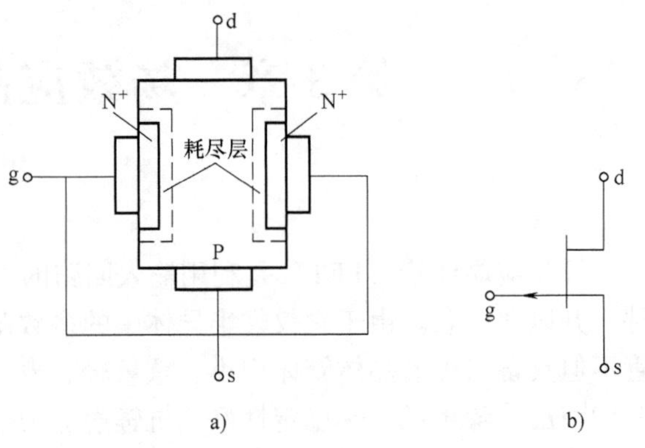

图 3-2 P 沟道结型场效应晶体管

a）结构示意 b）图形符号

（1）u_{GS} 对 i_D 的控制作用

为了讨论方便，先假设 $u_{DS}=0$。当 u_{GS} 由零向负值增大时，在反偏电压 u_{GS} 作用下，两个 PN 结的耗尽层（即空间电荷区）将加宽，使导电沟道变窄，沟道电阻增大，如图 3-3a、b 所示（由于 N 区掺杂浓度小于 P^+ 区，P^+ 区的耗尽层宽度较小，图中只画出了 N 区的耗尽层）。当 $|u_{GS}|$ 进一步增大到某一定值 $|U_P|$ 时，两侧耗尽层将在中间合拢，沟道全部被夹断，如图 3-3c 所示。此时漏源极间的电阻将趋于无穷大，相应的栅源电压称为夹断电压 U_P。

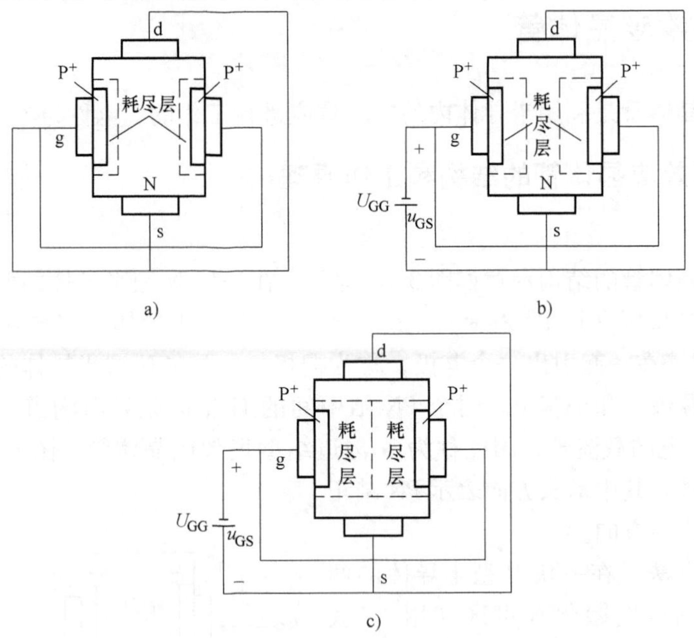

图 3-3 $u_{DS}=0$ 时，栅源电压 u_{GS} 改变对导电沟道的影响

a）$u_{GS}=0$ b）$U_P<u_{GS}<0$ 时 c）$u_{GS}\leqslant U_P$ 时

上述分析表明，改变 u_{GS} 的大小，可以有效地控制沟道电阻的大小。若在漏源极间加上固定的正向电压 u_{DS}，则由漏极流向源极的电流 i_D 将受 u_{GS} 的控制，$|u_{GS}|$ 增大时，沟道电阻增大，i_D 减小。

（2）u_{DS} 对 i_D 的影响

为简明起见，首先从 $u_{GS}=0$ 开始讨论。

当 $u_{DS}=0$ 时，沟道如图3-4a 所示，并有 $i_D=0$，这是容易理解的。但随着 u_{DS}逐渐增加，一方面沟道电场强度加大，有利于漏极电流 i_D 增加；另一方面，有了 u_{DS}，就在由源极经沟道到漏极组成的 N 型半导体区域中，产生了一个沿沟道的电位梯度。若源极为零电位，漏极电位为 $+u_{DS}$，则沟道区的电位差将从靠源端的零电位逐渐升高到靠近漏端的 u_{DS}。由于 N 沟道的电位从源端到漏端是逐渐升高的，所以在从源端到漏端的不同位置上，栅极与沟道之间的电位差是不相等的，离源极越远，电位差越大，加到该处 PN 结的反向电压也越大，耗尽层也越向 N 型半导体中心扩展，使靠近漏极处的导电沟道比靠近源极要窄，导电沟道呈楔形，如图 3-4b 所示。所以从这方面来说，增加 u_{DS}，又产生了阻碍漏极电流 i_D 提高的因素。但在 u_{DS}较小时，导电沟道靠近漏端区域仍较宽，这时阻碍的因素是次要的，故 i_D 随 u_{DS}升高几乎成正比地增大，构成如图 3-5a 所示曲线的上升段。

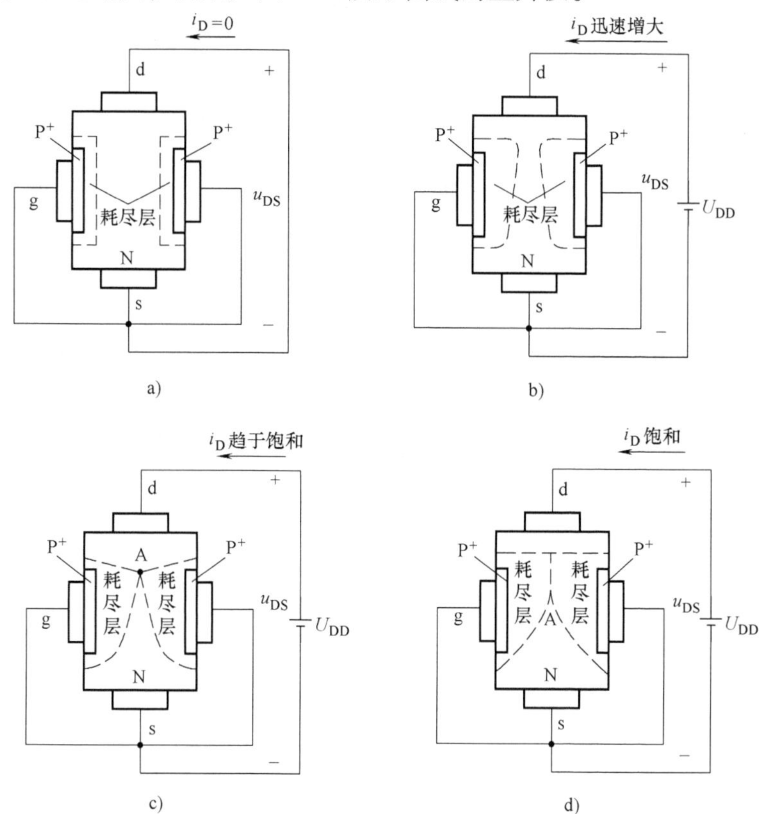

图 3-4　改变 u_{DS}时结型场效应晶体管导电沟道的变化

a）$u_{GS}=0$，$u_{DS}=0$ 时的情况　b）$u_{GS}=0$，$u_{DS}<|U_P|$时的情况　c）$u_{GS}=0$，$u_{DS}=|U_P|$时的情况

d）$u_{GS}=0$，$u_{DS}>|U_P|$时的情况

当 u_{DS}继续增加时，使漏栅间的电位差加大，靠近漏端电位差最大，耗尽层也最宽。当两耗尽层在 A 点相遇时（见图 3-4c），称为预夹断，此时，A 点耗尽层两边的电位差用夹断电压 U_P 来描述。由于 $u_{GS}=0$，故有 $u_{GD}=-u_{DS}=U_P$。当 $u_{GS}\neq 0$ 时，在预夹断点 A 处 U_P 与 u_{GS}、u_{DS}之间有如下关系：

$$u_{GD}=u_{GS}-u_{DS}=U_P \tag{3-1}$$

图 3-4c 所示的情况，对应于图 3-5a 中 i_D 达到了饱和漏极电流 I_{DSS}，I_{DSS}下标中的第二个 S 表示栅源极间短路的意思。

沟道一旦在 A 点预夹断后，随着 u_{DS}上升，夹断长度会略有增加，也即自 A 点向源极方向延伸。但由于夹断处场强也增大，仍能将电子拉过夹断区（实即耗尽层），形成漏极电流，这和 NPN 型晶体管在集电结反偏时仍能把电子拉过耗尽层基本上是相似的。在从源极到夹断处的沟道上，沟道内电场基本上不随 u_{DS}改变而变化。所以，i_D 基本上不随 u_{DS}增加而上升，漏极电流趋于饱和。

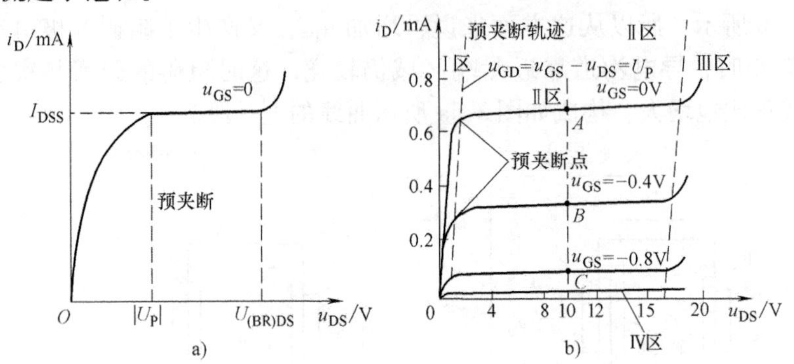

图 3-5　N 沟道结型场效应晶体管的输出特性

a）$u_{GS}=0$ 时　b）栅源电压 u_{GS}改变时

如果结型场效应晶体管栅源极间接一可调负电源，由于栅源电压越负，耗尽层越宽，沟道电阻就越大，相应的 i_D 就越小。因此，改变栅源电压 u_{GS}可得一族曲线，如图 3-5b 所示。由于每个管子的 U_P 为一定值，因此，从式（3-1）可知，预夹断点随 u_{GS}改变而变化，它在输出特性上的轨迹如图 3-5b 中左边第一条虚线所示。

综上分析，可得下述结论：

1）结型场效应晶体管栅极、沟道之间的 PN 结是反向偏置的，因此，其 $i_G\approx0$，输入电阻很高。

2）结型场效应晶体管是电压控制电流器件，i_D 受 u_{GS}控制。

3）预夹断前，i_D 与 u_{DS}呈近似线性关系；预夹断后，i_D 趋于饱和。

3.1.2　结型场效应晶体管的特性曲线及参数

1. 输出特性

结型场效应晶体管的输出特性是指在栅源电压 u_{GS}一定的情况下，漏极电流 i_D 与漏极电压 u_{DS}之间的关系，即

$$i_D=f(u_{DS})\big|_{u_{GS}=\text{常数}}$$

图 3-5b 所示为一 N 沟道结型场效应晶体管的输出特性。图中，管子的工作情况可分为三个区域，现分别加以讨论。

在Ⅰ区内，栅源电压越负，输出特性曲线斜率越小，漏源间的等效电阻越大。因此，在Ⅰ区中，结型场效应晶体管可看作一个受栅源电压 u_{GS}控制的可变电阻。故得名为可变电阻区。

Ⅱ区称为饱和区或恒流区，其物理过程已如前述。结型场效应晶体管用作放大电路时，

一般就工作在这个区域。所以Ⅱ区也称为线性放大区。

Ⅲ区的特点是，当 u_{DS} 增至一定的数值（如图3-5a中的 $U_{(BR)DS}$ 后），由于加到沟道中耗尽层的电压太高，电场很强，致使栅漏极间的PN结发生雪崩击穿，i_D 迅速上升，因此Ⅲ区称为击穿区。进入雪崩击穿后，管子不能正常工作，甚至很快烧毁。所以，结型场效应晶体管不允许工作在这个区域。

此外，当 $u_{GS} < U_P$ 时，$i_D = 0$ 称为截止区，图中为Ⅳ区。因此，也可认为输出特性有四个区。

2. 转移特性

电流控制器件晶体管的工作性能，是通过它的输入特性和输出特性及一些参数来反映的。结型场效应晶体管是电压控制器件，它除了用输出特性及一些参数来描述其性能外，由于栅极输入端基本上没有电流，故讨论它的输入特性是没有意义的，引入转移特性来描述。所谓转移特性是在一定漏源电压 u_{DS} 下，栅源电压 u_{GS} 对漏极电流 i_D 的控制特性，即

$$i_D = f(u_{GS})\big|_{u_{DS}=\text{常数}}$$

由于输出特性与转移特性都是反映结型场效应晶体管工作的同一物理过程，所以转移特性可以直接从输出特性上用作图法求出。例如，在图3-5b所示的输出特性中，作 $u_{DS} = 10\text{V}$ 的一条垂直线，此垂直线与各条输出特性曲线的交点分别为 A、B 和 C，将 A、B 和 C 各点相应的 i_D 及 u_{GS} 值画在 $i_D - u_{GS}$ 的直角坐标系中，就可得到转移特性 $i_D = f(u_{GS})\big|_{u_{DS}=10\text{V}}$，如图3-6a所示。

改变 u_{DS}，可得一族转移特性曲线。图3-6b所示为一族典型的转移特性曲线。从图3-6b可看出，当 u_{DS} 大于一定的数值后（在图3-6b中为5V），不同 u_{DS} 的转移特性是很接近的，这是因为在饱和区 i_D 几乎不随 u_{DS} 而变。在放大电路中，结型场效应晶体管一般工作在饱和区，而且 u_{DS} 总有一定数值，这时可认为转移特性重合为一条曲线，使分析得到简化。

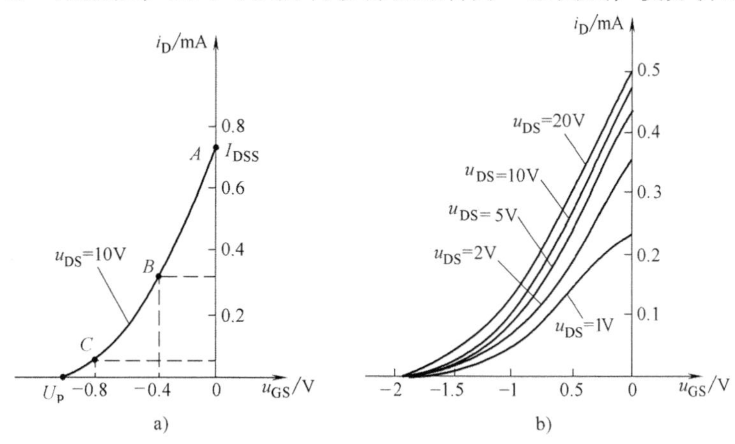

图3-6 N沟道结型场效应晶体管的转移特性

a）图3-5b中 $u_{DS} = 10\text{V}$ 的转移特性 b）典型的转移特性

实验表明，在 $U_P \leqslant u_{GS} \leqslant 0$ 范围内，即在饱和区内，i_D 随 u_{GS} 的增加（负数减少）近似按平方律上升，因而有

$$i_D = I_{DSS}\left(1 - \frac{u_{GS}}{U_P}\right)^2 \tag{3-2}$$

这样，只要给出 I_{DSS} 和 U_P 就可以把转移特性中的其他点近似计算出来。

3. 主要参数

1）夹断电压 U_P：由式（3-1）和图3-4c知，当 $u_{GS}=0$ 时，$-u_{DS}=U_P$。但实际测试时，通常令 u_{DS} 为某一固定值（如10V）、使 i_D 等于一个微小的电流（如 $50\mu A$）时，栅源极间所加的电压称为夹断电压。从物理意义上来说，这时相当于图3-4d中的夹断点延伸到靠近源极，达到全夹断状态。考虑到靠近源端纵向电位差接近于零，源端耗尽层两边的电位差可认为是 u_{GS}，所以此时有 $u_{GS}=U_P$。

2）饱和漏极电流 I_{DSS}：在 $u_{GS}=0$ 的情况下，当 $u_{DS}>|U_P|$ 时的漏极电流称为饱和漏极电流 I_{DSS}。通常令 $u_{DS}=10V$、$u_{GS}=0V$ 时测出的 i_D 就是 I_{DSS}。在转移特性上，就是 $u_{GS}=0$ 时的漏极电流，如图3-6a所示。

对于结型场效应晶体管来说，I_{DSS} 也是管子所能输出的最大电流。

3）直流输入电阻 R_{GS}：在漏源极间短路（$u_{DS}=0$）时，栅源电压 u_{GS} 与栅极电流 i_G 之比就是直流输入电阻 R_{GS}。

4）低频互导 g_m：在 u_{DS} 等于常数时，漏极电流的微变量和引起这个变化的栅源电压的微变量之比称为互导（也称跨导），即

$$g_m=\left.\frac{\partial i_D}{\partial u_{GS}}\right|_{U_{DS}} \tag{3-3}$$

互导反映了栅源电压对漏极电流的控制能力，它相当于转移特性上工作点的斜率。互导 g_m 是表征结型场效应晶体管放大能力的一个重要参数，单位为mS或μS。g_m 一般在十分之几至几毫西的范围内，特殊的可达100mS，甚至更高。值得注意的是，互导随管子的工作点不同而变，工作点越高，互导越大。它是结型场效应晶体管小信号建模的重要参数之一。

5）输出电阻 r_{ds}：输出电阻 r_{ds} 为

$$r_{ds}=\left.\frac{\partial u_{DS}}{\partial i_D}\right|_{U_{GS}} \tag{3-4}$$

输出电阻 r_{ds} 说明了 u_{DS} 对 i_D 的影响，是输出特性某一点上切线斜率的倒数。在饱和区（即线性放大区），i_D 随 u_{DS} 改变很小，因此 r_{ds} 的数值很大，一般在几十千欧到几百千欧之间。

6）最大耗散功率 P_{DM}：结型场效应晶体管的耗散功率等于 u_{DS} 和 i_D 的乘积，即 $P_{DM}=u_{DS}i_D$，这些耗散在管子中的功率将变为热能，使管子的温度升高。为了限制它的温度不要升得太高，就要限制它的耗散功率不能超过最大数值 P_{DM}。显然，P_{DM} 受管子最高工作温度的限制。

【思考题】

1. 为什么结型场效应晶体管的输入电阻比晶体管高得多？

2. 结型场效应晶体管的栅极与沟道间的PN结一般在作为放大器件工作时，能用正向偏置吗？晶体管的发射结呢？

3.2　MOS场效应晶体管

结型场效应晶体管的直流输入电阻虽然可以达到 $10^7\Omega$ 以上，但由于这个电阻从本质上

来说是PN结的反向电阻，PN结反向偏置，仍有反向饱和电流，这就限制了输入电阻的进一步提高。而且反向电流随温度变化，输入电阻会随温度升高而明显下降。与结型场效应晶体管不同，MOS场效应晶体管可以进一步提高输入电阻，免除温度对输入电阻的影响。同时从制造工艺方面看更便于高密度集成，更适于制造大规模和超大规模集成电路。

MOS场效应晶体管和结型场效应晶体管的不同之处在于它们的导电机构和电流控制原理不同。结型场效应晶体管是利用耗尽层的宽度改变导电沟道的宽窄来控制漏极电流；MOS场效应晶体管则是利用半导体表面的电场效应，由感应电荷的多少改变导电沟道来控制电流。

MOS场效应晶体管，简称MOS管，它也有N沟道和P沟道两类，其中每一类又可分为增强型和耗尽型两种。所谓耗尽型就是当$u_{GS}=0$时，存在导电沟道，$i_D\neq0$；所谓增强型就是当$u_{GS}=0$时，没有导电沟道，即$i_D=0$。例如，N沟道增强型，只有当$u_{GS}>0$时才有可能开始有i_D。

3.2.1　N沟道增强型MOS场效应晶体管

1. 结构

N沟道增强型MOS场效应晶体管的结构和图形符号如图3-7a、b所示。它以一块掺杂浓度较低、电阻率较高的P型硅半导体薄片作为衬底，利用扩散的方法在P型硅中形成两个高掺杂的N^+区。然后在P型硅表面生长一层很薄的二氧化硅绝缘层，并在二氧化硅的表面及N^+型区的表面上分别安置三个铝电极作为栅极g、源极s和漏极d，就成了N沟道增强型MOS场效应晶体管。

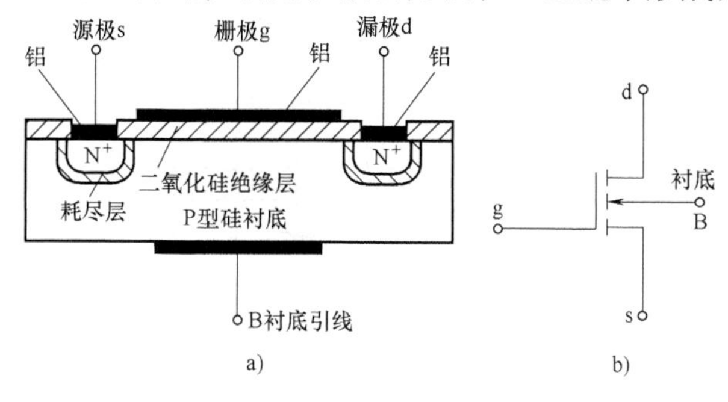

图3-7　N沟道增强型MOS场效应晶体管
a）结构　b）图形符号

由于栅极与源极、漏极均无电接触，故称绝缘栅极。图3-7b是N沟道增强型MOS场效应晶体管的图形符号。箭头方向表示由P（衬底）指向N（沟道）。对于P沟道MOS场效应晶体管，其箭头方向与上述相反。

2. 工作原理

N沟道增强型MOS场效应晶体管的工作原理如图3-8所示。在图3-8a中，MOS场效应晶体管工作时通常将衬底和源极接在一起。当栅源极间短接（即栅源电压$u_{GS}=0$）时，由于从源极到漏极之间有两个反向连接的PN结，因此不管u_{DS}的极性如何，其中总有一个PN结是反向偏置的。如果源极s与衬底相连且接电源U_{DD}负极，漏极接电源正极，则漏极和衬底间的PN结是反偏的，此时漏源之间的电阻很大，没有形成导电沟道，基本上没有电流流过，$i_D=0$。

如图3-8b所示，若在栅源极间加上正向电压（即$u_{GS}=U_{GG}$，$u_{DS}=0$），则栅极（铝层）和P型硅片相当于以二氧化硅为介质的平板电容器，在正的栅源电压作用下，介质中便产生了一个垂直于半导体表面的由栅极指向P型衬底的电场，这个电场是排斥空穴而吸引电子的，该电场使P型衬底中的空穴向下移动，电子向上移动。在u_{GS}较小时，首先在P型衬底的上表面形成由负离子构成的空间电荷区（耗尽层），它和PN结中的空间电荷区一样，也是高阻区，只不过它不是由载流子扩散形成的，而是在外加电场的作用下形成的。当栅源电压u_{GS}进一步增大时，电场也随着增强，会有更多的电子被吸引到栅极下的半导体表面，这些电子在P型衬底的表面形成了一个N型薄层，通常称为反型层，这个反型层实际上就组成了源漏极极间的N型导电沟道。由于它是由栅源正电压感应产生的，所以也称感生沟道。显然，栅源电压u_{GS}正得越多，感生沟道（反型层）将越厚，沟道电阻将越小。这种在$u_{GS}=0$时没有导电沟道，而必须依靠栅源电压的作用才形成感生沟道的场效应晶体管称为增强型场效应晶体管。图3-8b中的断开线即反映了增强型的特点。

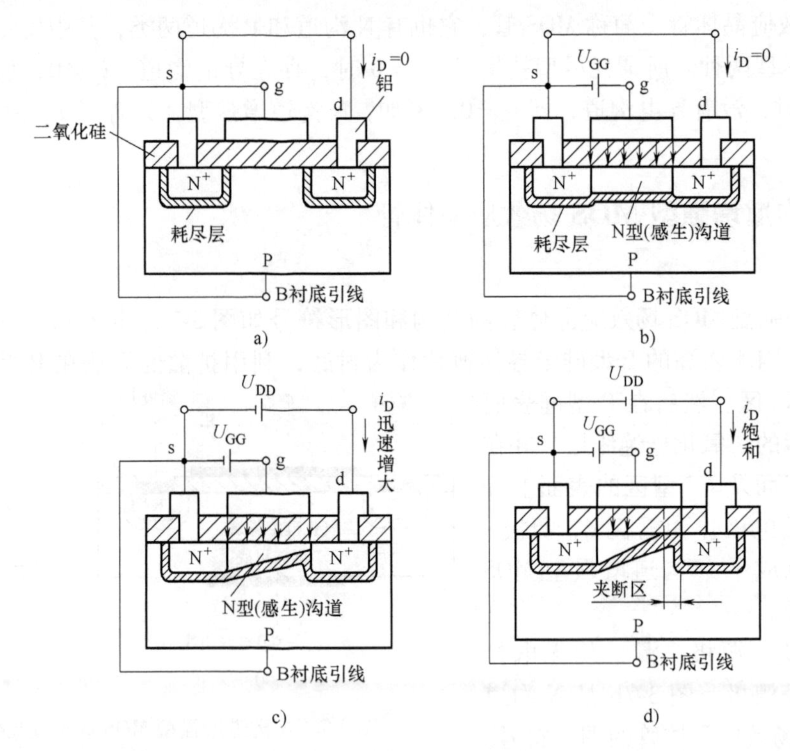

图3-8 N沟道增强型MOS场效应晶体管的工作原理

a）$u_{GS}=0$时，没有导电沟道 b）$u_{GS}\geqslant U_T$时，出现N型沟道 c）u_{DS}较小时，i_D迅速增大 d）u_{DS}较大出现夹断时，i_D趋于饱和

一旦出现了感生沟道，原来被P型衬底隔开的两个N^+型区（源区和漏区）就被感生沟道连在一起了。因此，在正的漏极电源U_{DD}作用下，将有漏极电流i_D产生。一般把在漏源电压作用下开始导电时的栅源电压叫做开启电压U_T。

如图3-8c所示，当$u_{GS}\geqslant U_T$，外加较小的u_{DS}时，漏极电流i_D将随u_{DS}上升迅速增大。但由于沟道存在电位梯度，因此沟道厚度是不均匀的：靠近源端厚，靠近漏端薄，即沟道呈楔形。当u_{DS}增大到一定数值（如$u_{GD}=u_{GS}-u_{DS}=U_T$）时，靠近漏端被夹断，u_{DS}继续增加，将形成一夹断区，夹断点向源极方向移动，如图3-8d所示。和结型场效应晶体管相类似，沟道被夹断后，u_{DS}上升，i_D趋于饱和。

3. 特性曲线

N沟道增强型MOS场效应晶体管的输出特性如图3-9a所示，图3-9b是它的转移特性。

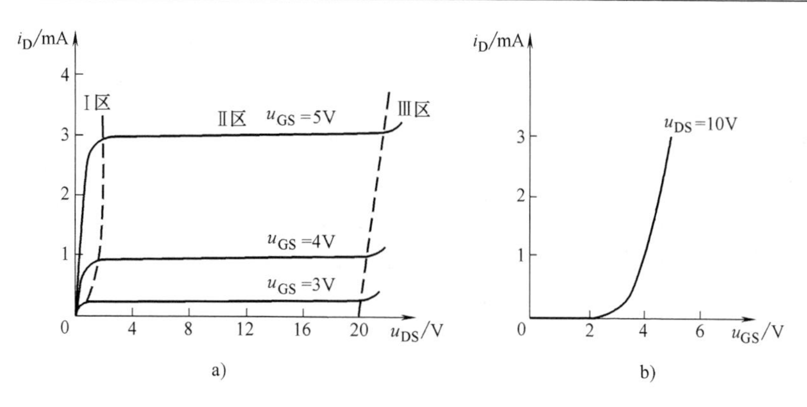

图3-9　N沟道增强型MOS场效应晶体管特性曲线
a）输出特性　b）转移特性

与结型场效应晶体管一样，图3-9a所示输出特性，同样可分为三个不同的区域：可变电阻区、恒流区和击穿区。

在恒流区内，N沟道增强型MOS场效应晶体管的 i_D 可近似地表示为

$$i_D = I_{D0}\left(\frac{u_{GS}}{U_T} - 1\right)^2 \qquad u_{GS} > U_T \tag{3-5}$$

式中，I_{D0}是 $u_{GS} = 2U_T$ 时的 i_D 值。

3.2.2　N沟道耗尽型MOS场效应晶体管

N沟道耗尽型MOS场效应晶体管的结构如图3-10所示。它与增强型NMOS场效应晶体管相比，不同之处是制造管子时在二氧化硅绝缘层中掺入了大量的正离子。这些正离子所形成的电场同样会在P型衬底表面感应出自由电子，形成反型层（即感生沟道）。即在没有栅源电压时，已经有了导电沟道，这时如果在漏源极间加上正向电压，就会有漏极电流。

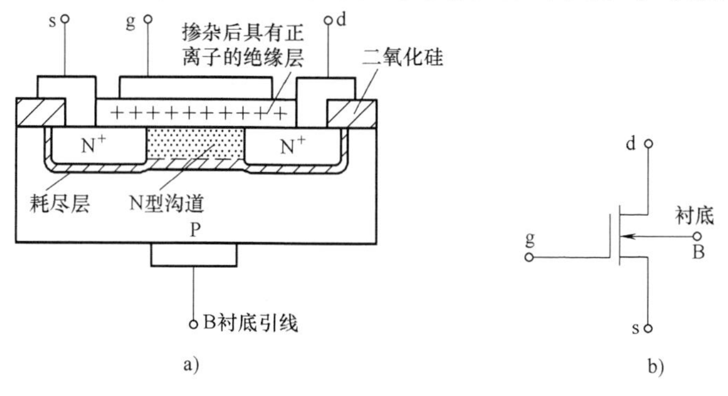

图3-10　N沟道耗尽型MOS场效应晶体管
a）结构　b）图形符号

如果在栅源极间加上正向电压，即 $u_{GS} > 0$，这时栅源电压所产生的电场与正离子产生的电场方向一致，使衬底中的电场强度增大，反型层变厚，沟道电阻减小，因而 i_D 增大。反之，如果加上负的栅源电压，即 $u_{GS} < 0$，这时栅源电压削弱了正离子所产生的电场，使反型层变薄、沟道电阻增大，i_D 将减小。当负的栅源电压达到一定数值时，它所产生的电场完全

抵消了正离子产生的电场，使反型层消失，沟道被夹断，漏极电流变为零。把使 $i_D=0$ 时的栅源电压称为夹断电压，用 U_P 表示。所不同的是，对于 N 沟道结型场效应晶体管，当 $u_{GS}>0$ 时，将使 PN 结处于正向偏置而产生较大的栅流，破坏了它对漏极电流 i_D 的控制作用。但是 N 沟道耗尽型 MOS 场效应晶体管在 $u_{GS}>0$ 时，由于绝缘层的存在，并不会产生 PN 结的正向电流，而是在沟道中感应出更多的负电荷。在 u_{DS}作用下，i_D 将具有更大的数值。这种 N 沟道耗尽型 MOS 场效应晶体管可以在正或负的栅源电压下工作，而且基本上无栅流，这是耗尽型 MOS 场效应晶体管的一个重要特点。

【思考题】

1. 为什么 MOS 场效应晶体管的输入电阻比结型场效应晶体管还高？

2. 同为耗尽型的 MOS 场效应晶体管（有 N 沟道和 P 沟道），与结型场效应晶体管相比，其结构工艺有什么特点？

3. 结型场效应晶体管与耗尽型 MOS 场效应晶体管同属于耗尽型，为什么结型场效应晶体管的 u_{GS}只能有一种极性，而耗尽型 MOS 场效应晶体管的 u_{GS}可以有两种极性？

3.3 场效应晶体管放大电路

场效应晶体管通过栅源极间电压 u_{GS}来控制漏极电流 i_D，因此，它和晶体管一样可以实现能量的控制，构成放大电路。由于栅源极间电阻可达 $10^7\sim10^{12}\Omega$，所以常作为高输入阻抗放大器的输入级。

3.3.1 场效应晶体管放大电路的三种组态

场效应晶体管的源极、栅极和漏极与晶体管的发射极、基极和集电极相对应，因此在组成放大电路时也有三种组态，即共源放大电路、共漏放大电路和共栅放大电路。由于共栅电路很少使用，本节只对共源和共漏两种放大电路进行分析。

3.3.2 场效应晶体管放大电路静态工作点的设置方法及分析估算

与晶体管放大电路一样，为了使电路正常放大，必须设置合适的静态工作点，以保证在信号的整个周期内场效应晶体管均工作在恒流区。下面以共源放大电路为例，说明设置 Q 点的几种方法。

1. 基本共源放大电路

图 3-11 所示基本共源放大电路采用的是 N 沟道增强型 MOS 场效应晶体管，为使它工作在恒流区，在输入回路加栅极电源 U_{GG}，U_{GG}应大于开启电压 U_T；在输出回路加漏极电源 U_{DD}，它一方面使漏源电压大于预夹断电压以保证管子工作在恒流区，另一方面作为负载的能源；R_d 将漏极电流 i_D 的变化转换成电压 u_{DS}的变化，从而实现电压放大。

令 $u_i=0$，由于栅源极间是绝缘的，故栅极电流为零，所以 $U_{GSQ}=U_{GG}$。如果已知场效应晶体管的输出特性曲线，那么首先在输出特性中找到 $U_{GS}=U_{GG}$的那条曲线（若没有，需测出该曲线），然后作负载线 $u_{DS}=U_{DD}-i_DR_d$。如图 3-12 所示，曲线与直线的交点就是 Q 点，读其坐标值即得 I_{DQ}和 U_{DSQ}。

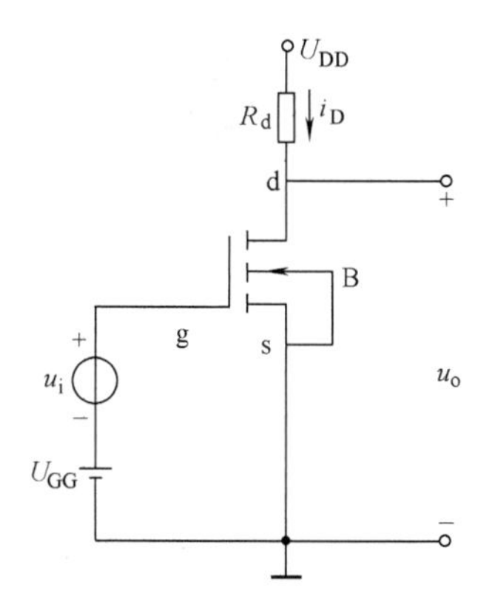

图 3-11　基本共源放大电路

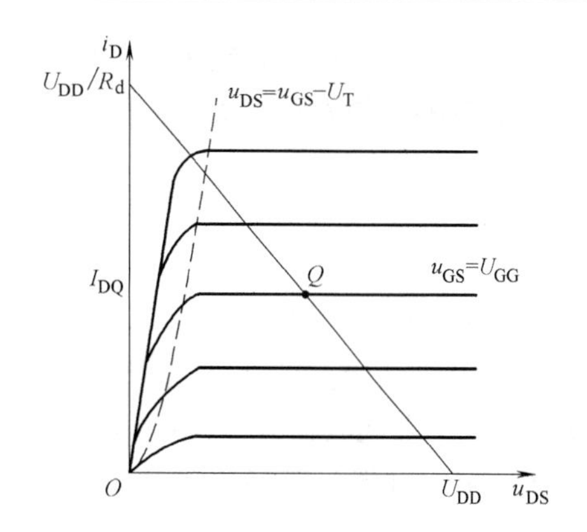

图 3-12　图解法求基本共源放大电路的 Q 点

当然，也可以利用 NMOS 场效应晶体管的电流方程，求出 I_{DQ}。因为

$$i_D = I_{D0}\left(\frac{u_{GS}}{U_T}-1\right)^2$$

所以，I_{DQ}和 U_{DSQ}分别为

$$I_{DQ} = I_{D0}\left(\frac{U_{GG}}{U_T}-1\right)^2 \tag{3-6}$$

$$U_{DSQ} = U_{DD} - I_{DQ}R_d \tag{3-7}$$

为了使信号源与放大电路“共地”，也为了采用单电源供电，在实用电路中多采用下面介绍的自给偏压电路和分压式偏置电路。

2. 自给偏压电路

图 3-13a 所示为 N 沟道结型场效应晶体管共源放大电路，也是典型的自给偏压电路。N 沟道结型场效应晶体管只有在栅源电压 $U_{GS}<0$ 时电路才能正常工作，那么图示电路中 U_{GS} 为什么会小于零呢?

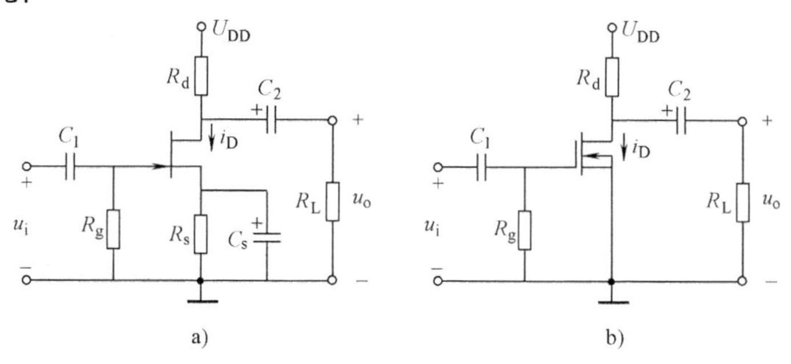

图 3-13　自给偏压共源放大电路

a）由 N 沟道结型场效应晶体管组成的电路　b）由 N 沟道耗尽型 MOS 场效应晶体管组成的电路

在静态时，由于场效应晶体管栅极电流为零，因而电阻 R_g 的电流为零，栅极电位 U_{GQ} 也就为零；而漏极电流 I_{DQ}流过源极电阻 R_s 必然产生电压，使源极电位 $U_{SQ}=I_{DQ}R_s$，因此，栅源极间静态电压

$$U_{GSQ} = U_{GQ} - U_{SQ} = -I_{DQ}R_s \tag{3-8}$$

可见，电路是靠源极电阻上的电压为栅源极提供一个负偏压的，故称为自给偏压。将式（3-8）与结型场效应晶体管的电流方程式（3-2）联立，即可解出 I_{DQ} 和 U_{DSQ} 如下：

$$I_{DQ} = I_{DSS}\left(1 - \frac{u_{GS}}{U_P}\right)^2 \tag{3-9}$$

$$U_{DSQ} = U_{DD} - I_{DQ}(R_d + R_s) \tag{3-10}$$

也可用图解法求解 Q 点。

图 3-13b 所示电路是自给偏压的一种特例，其 $U_{GSQ} = 0$。图中采用 N 沟道耗尽型 MOS 场效应晶体管，因此其栅源极间电压在小于零、等于零和大于零的一定范围内均能正常工作。求解 Q 点时，可先在转移特性上求得 $u_{GS} = 0$ 时的 i_D，即 I_{DQ}；然后利用式（3-7）求出管压降 U_{DSQ}。

3. 分压式偏置电路

图 3-14 所示为 N 沟道增强型 MOS 场效应晶体管构成的共源放大电路，它靠 R_{g1} 与 R_{g2} 对电源 U_{DD} 分压来设置偏压，故称分压式偏置电路。

静态时，由于栅极电流为零，所以电阻 R_{g3} 上的电流为零，栅极电位和源极电位分别为

$$U_{GQ} = U_A = \frac{R_{g1}}{R_{g1} + R_{g2}} U_{DD}$$

$$U_{SQ} = I_{DQ} R_s$$

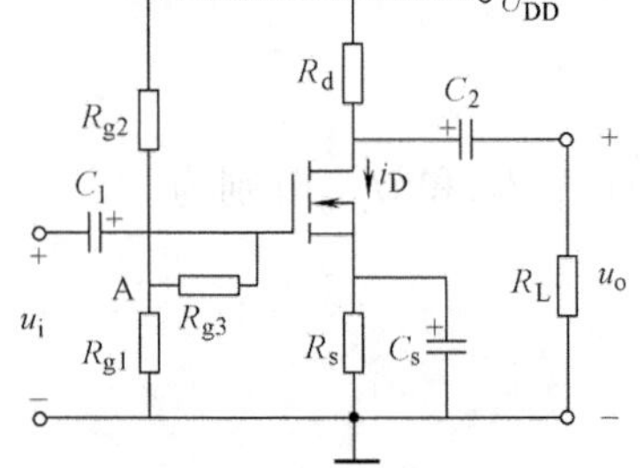

图 3-14 分压式偏置电路

因此，栅源电压

$$U_{GSQ} = U_{GQ} - U_{SQ} = \frac{R_{g1}}{R_{g1} + R_{g2}} U_{DD} - I_{DQ} R_s \tag{3-11}$$

NMOS 场效应晶体管的电流方程为

$$I_{DQ} = I_{D0}\left(\frac{U_{GSQ}}{U_T} - 1\right)^2 \tag{3-12}$$

式（3-11）与式（3-12）联立可得 I_{DQ} 和 U_{GSQ}，再利用式（3-10）可得管压降 U_{DSQ}。

电路中的 R_{g3} 可取值到几兆欧，以增大输入电阻。

3.3.3 场效应晶体管放大电路的动态分析

1. 场效应晶体管的低频小信号等效模型

利用 H 参数等效模型，将场效应晶体管看成一个二端口网络，栅极与源极之间看成输入端口，漏极与源极之间看成输出端口。以 N 沟道增强型 MOS 场效应晶体管为例，可以认为栅极电流为零，栅源极间只有电压存在。而漏极电流 i_D 是 u_{GS}、u_{DS} 的函数，即

$$i_D = f(u_{GS}, u_{DS})$$

研究动态信号作用时用全微分来表示

$$\mathrm{d}i_D = \left.\frac{\partial i_D}{\partial u_{GS}}\right|_{U_{DS}} \mathrm{d}u_{GS} + \left.\frac{\partial i_D}{\partial u_{DS}}\right|_{U_{GS}} \cdot \mathrm{d}u_{DS} \tag{3-13}$$

令式(3-13)中

$$\left.\frac{\partial i_D}{\partial u_{GS}}\right|_{U_{DS}} = g_m \tag{3-14}$$

$$\left.\frac{\partial i_{\mathrm{D}}}{\partial u_{\mathrm{DS}}}\right|_{U_{\mathrm{GS}}}=\frac{1}{r_{\mathrm{ds}}} \tag{3-15}$$

当信号幅值较小时，管子的电流、电压只在 Q 点附近变化，因此可以认为在 Q 点附近的特性是线性的，g_{m} 与 r_{ds} 近似为常数。用交流信号 $\dot{I}_{\mathrm{d}}$、$\dot{U}_{\mathrm{gs}}$ 和 $\dot{U}_{\mathrm{ds}}$ 取代变化量 $\mathrm{d}i_{\mathrm{D}}$、$\mathrm{d}u_{\mathrm{GS}}$ 和 $\mathrm{d}u_{\mathrm{DS}}$，式（3-13）可写成

$$\dot{I}_{\mathrm{d}}=g_{\mathrm{m}}\dot{U}_{\mathrm{gs}}+\frac{1}{r_{\mathrm{ds}}}\dot{U}_{\mathrm{ds}} \tag{3-16}$$

根据式（3-16）可构造出 MOS 场效应晶体管的低频小信号作用下的等效模型，如图 3-15 所示。输入回路栅源极间相当于开路；输出回路与晶体管的 H 参数等效模型相似，是一个电压 $\dot{U}_{\mathrm{gs}}$ 控制的电流源和一个电阻 r_{ds} 并联。

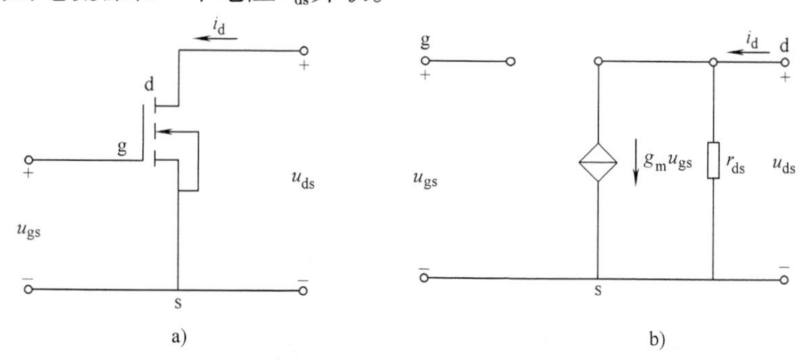

图 3-15　MOS 场效应晶体管的低频小信号作用下的等效模型

a）N 沟道增强型 MOS 场效应晶体管　b）交流等效模型

可以从场效应晶体管的转移特性和输出特性曲线上求出 g_{m} 和 r_{ds}，如图 3-16 所示。从转移特性可知，g_{m} 是 $U_{\mathrm{DS}}=U_{\mathrm{DSQ}}$ 那条转移特性曲线上 Q 点处的导数，即以 Q 点为切点的切线斜率。在小信号作用时可用切线来等效 Q 点附近的曲线。由于 g_{m} 是输出回路电流与输入回路电压之比，故称为跨导，其量纲是电导的量纲。

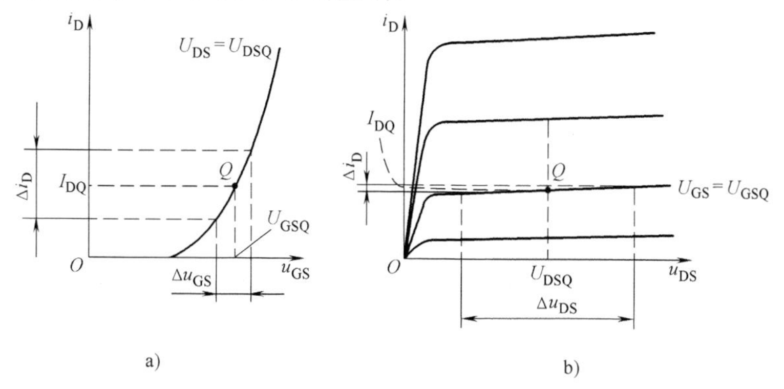

图 3-16　从特性曲线求解 g_{m} 和 r_{ds}

a）从转移特性曲线求解 g_{m}　b）从输出特性曲线求解 r_{ds}

从输出特性可知，r_{ds} 是 $U_{\mathrm{GS}}=U_{\mathrm{GSQ}}$ 这条输出特性曲线上 Q 点处斜率的倒数，它描述曲线上翘的程度，r_{ds} 越大，曲线越平。通常 r_{ds} 在几十千欧到几百千欧之间，如果外电路的电阻较小时，也可忽略 r_{ds} 中的电流，将输出回路只等效成一个受控电流源。

对 N 沟道增强型 MOS 场效应晶体管的电流方程式（3-5）求导可得出 g_{m} 的表达式

$$g_m = \frac{\partial i_D}{\partial u_{GS}}\bigg|_{U_{DS}} = \frac{2I_{D0}}{U_T}\left(\frac{u_{GS}}{U_T}-1\right)\bigg|_{U_{DS}} = \frac{2}{U_T}\sqrt{I_{D0}i_D}$$

在小信号作用时，可用I_{DQ}来近似i_D，得出

$$g_m \approx \frac{2}{U_T}\sqrt{I_{D0}I_{DQ}} \tag{3-17}$$

式（3-17）表明，g_m与Q点紧密相关，Q点越高，g_m越大。因此，场效应晶体管放大电路与晶体管放大电路相同，Q点不仅影响是否会产生失真，而且影响着电路的动态参数。

2. 基本共源放大电路的动态分析

图3-11所示基本共源放大电路的交流等效电路如图3-17所示，图中采用了MOS场效应晶体管的简化模型，即认为$r_{ds}=\infty$。

根据电路可得

$$\dot{A}_u = \frac{\dot{U}_o}{\dot{U}_i} = \frac{-\dot{I}_d R_d}{\dot{U}_{gs}} = -\frac{g_m \dot{U}_{gs} R_d}{\dot{U}_{gs}} = -g_m R_d \tag{3-18}$$

$$R_i = \infty \tag{3-19}$$

$$R_o = R_d \tag{3-20}$$

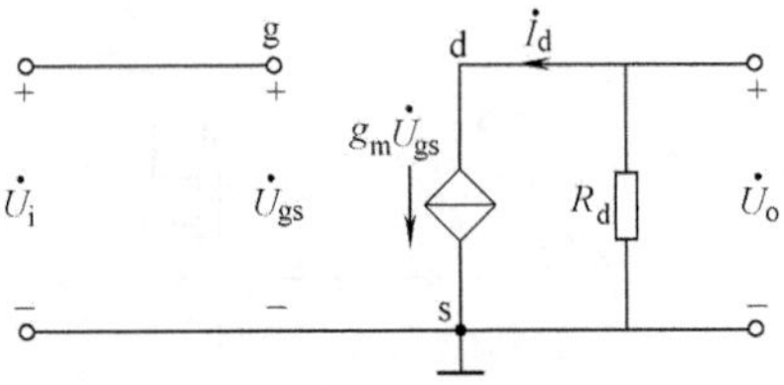

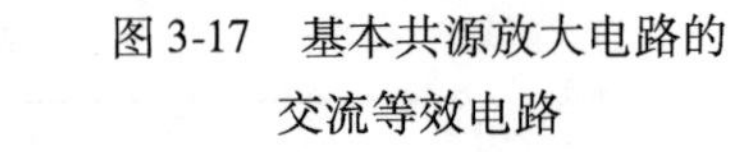

图3-17 基本共源放大电路的交流等效电路

与晶体管共发射极放大电路类似，共源放大电路具有一定的电压放大能力，且输出电压与输入电压反相，只是共源放大电路比晶体管共发射极放大电路的输入电阻大得多。

例3-1 已知图3-11所示电路中，$U_{GG}=6\text{V}$，$U_{DD}=12\text{V}$，$R_d=3\text{k}\Omega$；场效应晶体管的开启电压$U_T=4\text{V}$，$I_{D0}=10\text{mA}$。试估算电路的Q点、$\dot{A}_u$和R_o。

解：（1）估算静态工作点：已知$U_{GS}=U_{GG}=6\text{V}$，根据式（3-6）、式（3-7）可以得出

$$I_{DQ} = I_{D0}\left(\frac{U_{GG}}{U_T}-1\right)^2 = 10\times\left(\frac{6}{4}-1\right)^2\text{mA} = 2.5\text{mA}$$

$$U_{DSQ} = U_{DD} - I_{DQ}R_d = (12-2.5\times3)\text{V} = 4.5\text{V}$$

（2）估算$\dot{A}_u$和R_o

$$g_m \approx \frac{2}{U_T}\sqrt{I_{D0}I_{DQ}} = \frac{2}{4}\sqrt{10\times2.5}\text{mS} = 2.5\text{mS}$$

$$\dot{A}_u = -g_m R_d = -2.5\times3 = -7.5$$

$$R_o = R_d = 3\text{k}\Omega$$

由以上分析可知，要提高共源放大电路的电压放大能力，最有效的方法是增大漏极静态电流以增大g_m。

3. 基本共漏放大电路的动态分析

基本共漏放大电路如图3-18a所示，图3-18b是它的交流等效电路。

可以利用输入回路方程和NMOS场效应晶体管的电流方程

$$U_{GG} = U_{GSQ} + I_{DQ}R_s \tag{3-21}$$

$$I_{DQ} = I_{D0}\left(\frac{u_{GS}}{U_T}-1\right)^2 \tag{3-22}$$

式（3-21）和式（3-22）联立求出漏极静态电流 I_{DQ} 和栅源静态电压 U_{GSQ}，再根据输出回路求出管压降

$$U_{DSQ}=U_{DD}-I_{DQ}R_s$$

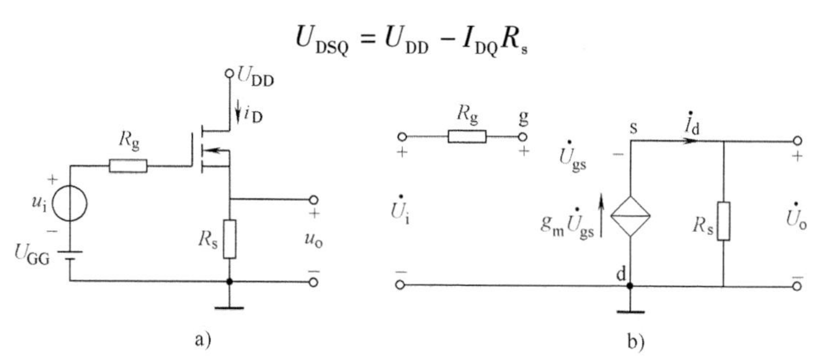

图 3-18　基本共漏放大电路
a）电路　b）交流等效电路

从图 3-18b 可得动态参数

$$\dot{A}_u=\frac{\dot{U}_o}{\dot{U}_i}=\frac{\dot{I}_dR_s}{\dot{U}_{gs}+\dot{I}_dR_s}=\frac{g_m\dot{U}_{gs}R_s}{\dot{U}_{gs}+g_m\dot{U}_{gs}R_s}=\frac{g_mR_s}{1+g_mR_s}\tag{3-23}$$

$$R_i=\infty\tag{3-24}$$

分析输出电阻时,将输入端短路,在输出端加交流电压 $\dot{U}_o$,如图 3-19 所示。然后求出 $\dot{I}_o$,则 $R_o=\dot{U}_o/\dot{I}_o$。

由图 3-19 可知

$$\dot{I}_o=\dot{I}_{R_s}+\dot{I}_d=\frac{\dot{U}_o}{R_s}+g_m\dot{U}_o$$

所以

$$R_o=R_s/\!/\frac{1}{g_m}\tag{3-25}$$

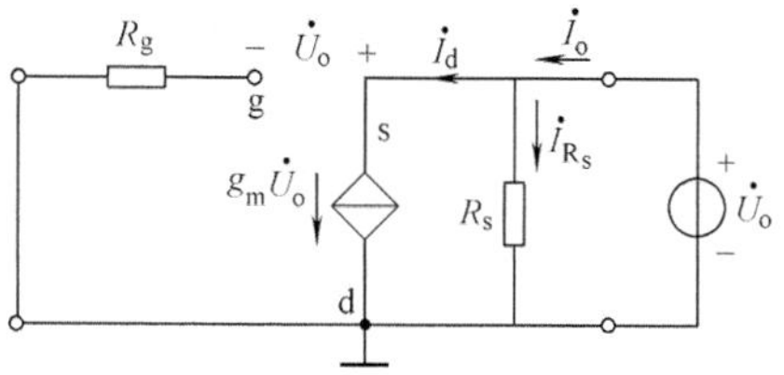

图 3-19　求解基本共漏放大电路的输出电阻

例 3-2　电路如图 3-18a 所示,已知场效应晶体管的开启电压 $U_T=3\text{V}$,$I_{D0}=8\text{mA}$;$R_s=3\text{k}\Omega$;静态时 $I_{DQ}=2.5\text{mA}$,场效应晶体管工作在恒流区。试估算电路的 $\dot{A}_u$、R_i 和 R_o。

解:首先求出 g_m

$$g_m\approx\frac{2}{U_T}\sqrt{I_{D0}I_{DQ}}=\frac{2}{3}\sqrt{8\times2.5}\text{mS}=2.98\text{mS}$$

然后根据式（3-23）~式（3-25）可得

$$\dot{A}_u=\frac{g_mR_s}{1+g_mR_s}=\frac{2.98\times3}{1+2.98\times3}\approx0.899$$

$$R_i=\infty$$

$$R_o=R_s/\!/\frac{1}{g_m}=\frac{3\times\frac{1}{2.98}}{3+\frac{1}{2.98}}\text{k}\Omega\approx0.302\text{k}\Omega=302\Omega$$

场效应晶体管（单极型晶体管）与晶体管（双极型晶体管）相比，最突出的优点是可以组成高输入电阻的放大电路。此外，由于它还有噪声低、温度稳定性好、抗辐射能力强等优于晶体管的特点，而且便于集成化，构成低功耗电路，所以被广泛地应用于各种电子电路中。

【思考题】

1. 什么应用场合下采用场效应晶体管放大电路？

2. 哪些场效应晶体管组成的放大电路可以采用自给偏压的方法设置静态工作点？画出图来。

3. 试分别比较共发射极放大电路和共源放大电路、共集电极放大电路和共漏放大电路的相同之处和不同之处。

小　　结

1. 场效应晶体管为电压控制电流源器件（VCCS），即用栅源电压来控制沟道宽度，改变漏极电流。场效应晶体管为单极型器件，仅一种载流子（多子）导电，热稳定性好。场效应晶体管有结型和绝缘栅型两种结构，每种又分为N沟道和P沟道两种。绝缘栅型场效应晶体管（MOSFET）又分为增强型和耗尽型两种。场效应晶体管的输出特性曲线可分为可变电阻区、截止区、击穿区和恒流区，在放大电路中，应使其工作在恒流区。

2. 在场效应晶体管放大电路中，u_{DS}的极性决定于沟道性质，N（沟道）为正，P（沟道）为负；为了建立合适的偏置电压U_{GSQ}，不同类型的场效应晶体管，对偏置电压的极性有不同要求：结型场效应晶体管的u_{GS}与u_{DS}极性相反，增强型MOS场效应晶体管的u_{GS}与u_{DS}同极性，耗尽型MOS场效应晶体管的u_{GS}可正、可负或为零。

习　　题

3-1 某场效应晶体管在恒流区内的转移特性和用该管构成的恒流源电路如图3-20所示，要求恒流值$i_D=2\text{mA}$，图解确定U_{GG}的值。

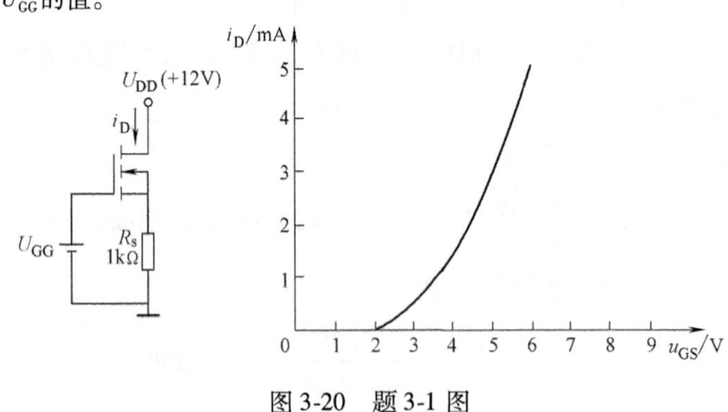

图3-20　题3-1图

3-2 图3-21所示的电路中，已知$U_{GS}=-2\text{V}$，管子参数$I_{DSS}=4\text{mA}$，$U_P=-4\text{V}$，设电容在交流通路中可视为短路。

（1）求电流I_D和电阻R_{s1}；

（2）求正常放大条件下，R_{s2}可能的最大值。

3-3　电路如图3-22所示，场效应晶体管的 $r_{DS} >> R_d$，求：

（1）画出该放大电路的小信号等效电路；

（2）写出 $\dot{A}_u$、R_i 和 R_o 的表达式；

（3）定性说明当 R_s 增大时，$\dot{A}_u$，R_i，R_o 是否变化，如何变化？

（4）若 C_s 开路，$\dot{A}_u$、R_i，R_o 是否变化，如何变化？写出变换后的表达式。

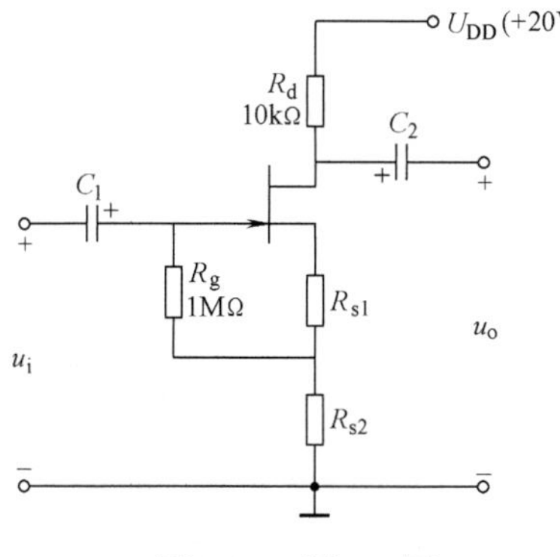

图3-21　题3-2图

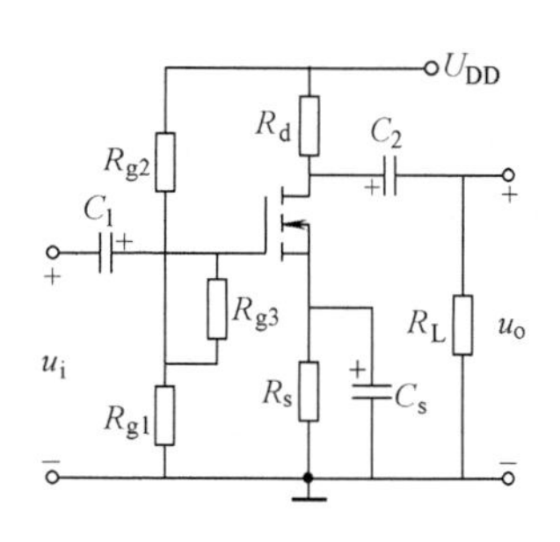

图3-22　题3-3图

3-4　图3-23所示电路中，已知 $U_{GSQ} = -2V$，管子参数 $I_{DSS} = -4mA$，$U_P = U_{GS(off)} = -4V$。设电容在交流通路中可视为短路。

（1）求电流 I_{D0} 和电阻 R_s；

（2）画出小信号等效电路，计算 $\dot{A}_u$，R_i 和 R_o（设 r_{ds} 的影响可以忽略不计）；

（3）为显著提高 $|\dot{A}_u|$，最简单的措施是什么？

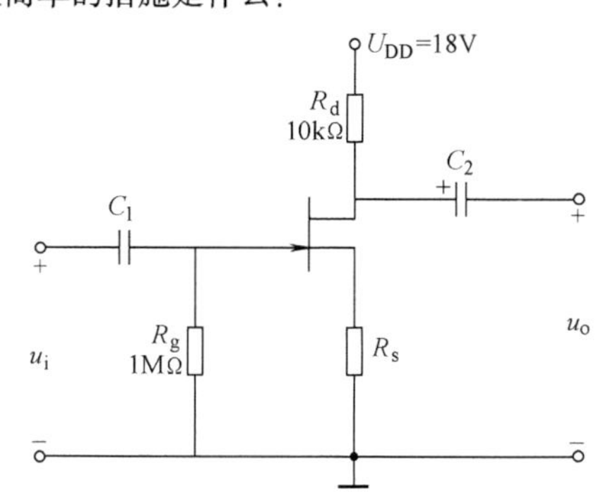

图3-23　题3-4图

第 4 章　多级放大电路

引言

单管放大电路为什么不能满足多方面性能的要求？如何将多个单级放大电路连接成多级放大电路？各种连接方式有什么特点？直接耦合放大电路的特殊问题是什么？如何解决？这都是本章需要回答的问题。

在实际应用中，常对放大电路的性能提出多方面的要求，如要求一个电路的输入电阻大于 2MΩ，电压放大倍数大于 2000，要求输出电阻小于 100Ω 等。显然，仅靠前面讲解的任何一种放大电路都不可能同时满足上述要求，这时就应选择多个基本放大电路，将它们合理连接，构成多级放大电路，如图 4-1 所示。

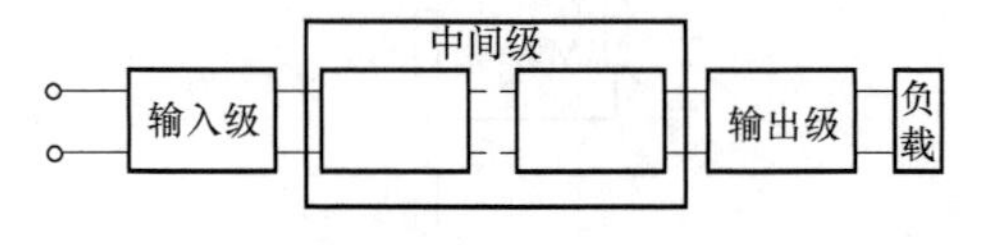

图 4-1　多级放大电路

组成多级放大电路的每一个基本放大电路称为一级，级和级之间的连接称为级间耦合。多级放大电路有四种常见的耦合方式：直接耦合、阻容耦合、变压器耦合和光电耦合。

4.1　多级放大电路的耦合方式

4.1.1　直接耦合

将前一级的输出端直接连接到后一级的输入端，称为直接耦合，如图 4-2 所示。

图 4-2 所示电路省去了第二级的基极电阻，而使 R_{c1} 既作为第一级的集电极电阻，又作为第二级的基极电阻，只要 R_{c1} 取值合适，就可以为 VT_2 提供合适的基极电流。

1. 直接耦合放大电路静态工作点的设置

从图 4-2 不难看出，静态时，VT_1 的管压降 U_{CEQ_1} 等于 VT_2 的 b-e 间电压 U_{BEQ_2}。通常情况下，若 VT_1 为硅管，U_{BEQ_2} 约为 0.7V，则 VT_1 的静态工作点将靠近饱和区，在动态信号作用时容易引起饱和失真。因此，为使第一级有合适的静态工作点，就要抬高 VT_2 的基极电位。为此，可以在 VT_2 的发射极加电阻 R_{e2} 或二极管，如图 4-3 所示。

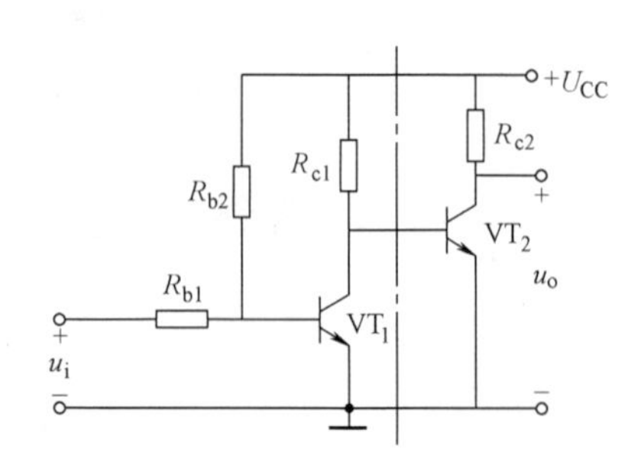

图 4-2　直接耦合

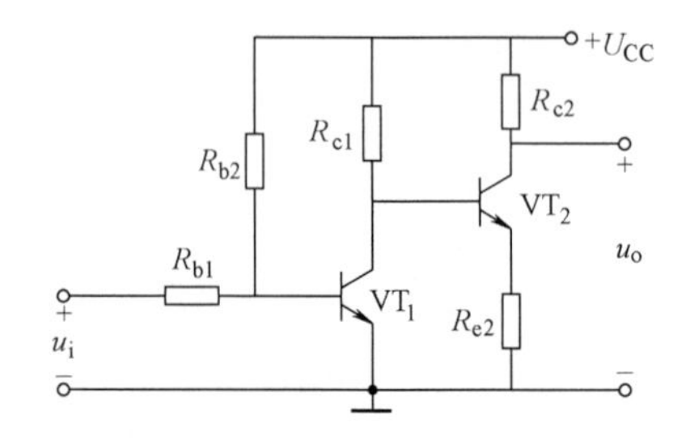

图 4-3　后级加发射极电阻或二极管

然而，增加R_{e2}后，虽然在参数取值得当时，两级均可有合适的静态工作点，但是，毫无疑问，R_{e2}会使第二级的电压放大倍数大大下降，从而影响整个电路的放大能力。因此，需要选择一种器件取代R_{e2}，它应对直流量和交流量呈现出不同的特性；对直流量，它相当于一个电压源；而对交流量，它等效成一个小电阻；这样，既可以设置合适的静态工作点，又对放大电路的放大能力影响不大。而二极管和稳压管恰好都具有上述特性。

通过第1章对二极管正向特性的分析可知，当二极管流过直流电流时，在伏安特性上可以确定它的端电压U_D；而在这个直流信号上叠加一个交流信号时，二极管的动态电阻为$r = du_D/di_D$，对于小功率二极管，其值仅为几至几十欧。若要求VT_1的管压降U_{CEQ_1}的数值小于2V，则可以用一只或两只二极管取代R_{e2}。

通过第1章对稳压管反向特性的分析可知，当稳压管工作在击穿状态时，在一定的电流范围内，其端电压基本不变，并且动态电阻也仅为十几至几十欧姆，所以可用稳压管取代R_{e2}，如图4-4所示。

为了保证稳压管工作在稳压状态，图4-4中电阻R的电流i_R流经稳压管，使得稳压管中的电流大于稳定电流（多为5mA或10mA）。根据VT_1的管压降U_{CEQ1}所需的数值，选取稳压管的稳定电压U_z。

在图4-2至图4-4中，为使各级晶体管都工作在放大区，必然要求VT_2的集电极电位高于其基极电位。可以设想，如果级数增多，且仍为NPN管子构成的共发射极电路，则由于集电极电位逐级升高，以至于接近电源电压，势必使后级的静态工作点不合适。因此，直接耦合多级放大电路常采用NPN型和PNP型管混合使用的方法解决上述问题，如图4-5所示。

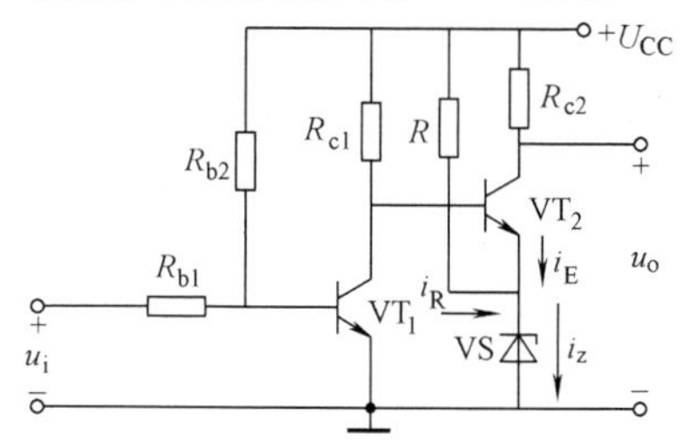

图4-4　用稳压管取代R_{e2}

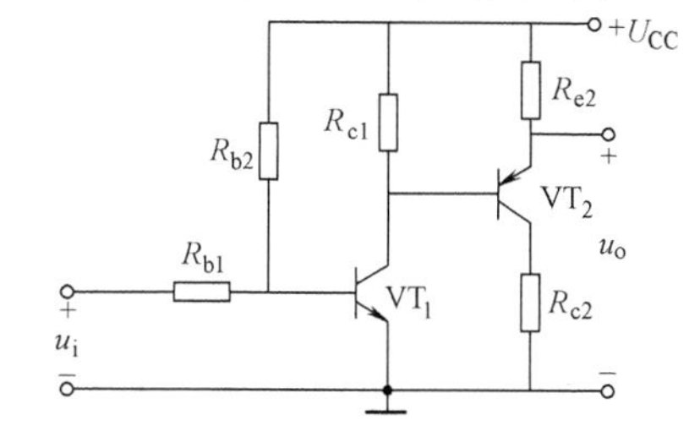

图4-5　NPN型和PNP型管组成直接耦合多级放大电路

在图4-5所示的电路中，虽然VT_1的集电极电位高于其基极电位；但是为使VT_2工作在放大区，VT_2的集电极电位应低于其基极电位（即VT_1的集电极电位）。

2. 直接耦合方式的优缺点

从以上分析中可知，采用直接耦合方式使各极之间的直流通路连接，因而静态工作点相互影响，这样就给电路的分析、设计和调试带来了一定的困难。在求解静态工作点时，应写出直流通路中各个回路的方程，然后求解多元一次方程。实际应用时，常采用各种计算机软件辅助分析。

直接耦合放大电路的突出优点是具有良好的低频特性，可以放大变化缓慢的信号；并且由于电路中没有大容量电容，所以易于将全部电路集成在一块硅片上，构成集成放大电路。由于电子工业的飞速发展，集成放大电路的性能越来越好，种类越来越多，价格也越来越便宜，所以凡是能利用集成放大电路的场合，均不再使用分立元件器件放大电路。

4.1.2 阻容耦合

将放大电路的前级输出端通过电容接到后级输入端，称为阻容耦合方式。图 4-6 为两级阻容耦合放大电路，第一级为共发射极放大电路，第二级为共集电极放大电路。

由于电容对直流量的电抗为无穷大，因而阻容耦合放大电路各级之间的直流通路各不相通，各级的静态工作点相互独立，在求解或实际调试 Q 点时可按单级放大处理。所以电路的分析、设计和调试简单易行。而且，只要输入信号频率较高，耦合电容容量较大，前级的输出信号就可以几乎没有衰减地传递到后级的输入端，因此，在分立元器件电路中阻容耦合方式得到了非常广泛的应用。

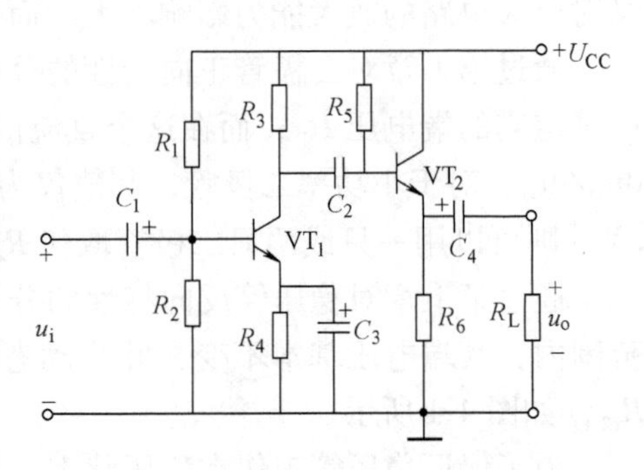

图 4-6 两级阻容耦合放大电路

阻容耦合放大电路的低频特性差，不能放大变化缓慢的信号。这是因为电容对这类信号呈现出很大的容抗，信号的一部分甚至全部都衰减在耦合电容上，而根本不向后级传递。此外，在集成电路中制造大容量电容很困难，甚至不可能，所以这种耦合方式不便于集成化。

应当指出，通常，只有在信号频率很高、输出功率很大的特殊情况下，才采用阻容耦合方式的分立元器件放大电路。

*4.1.3 变压器耦合

将放大电路前级的输出信号通过变压器接到后级的输入端或负载电阻上，称为变压器耦合。图 4-7 所示为变压器耦合共发射极放大电路，R_L 既可以是实际的负载电阻，也可以代表后级放大电路。图 4-8 是它的交流等效电路。

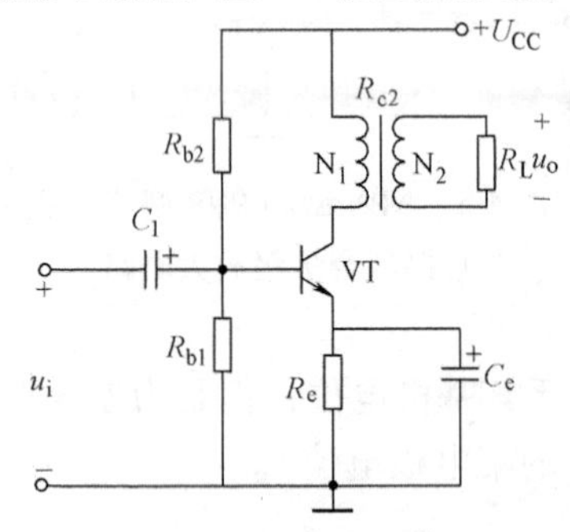

图 4-7 变压器耦合共发射极放大电路

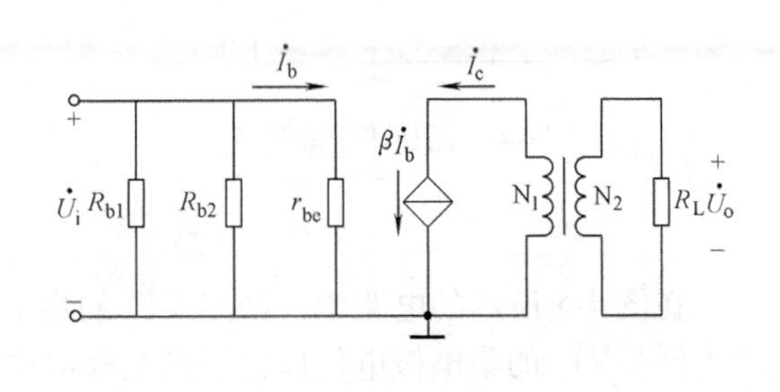

图 4-8 图 4-7 的交流等效电路

由于变压器耦合电路的前后级靠磁路耦合，所以与阻容耦合电路一样，它的各级放大电路的静态工作点互相独立，便于分析、设计和调试。而它的低频特性差，不能放大变化缓慢的信号，且笨重，更不能集成化。与前两种耦合方式相比，其最大特点是可以实现阻抗变换，因而在分立元器件功率放大电路中得到广泛应用。

在实际系统中，负载电阻的数值往往很小。例如扩音系统中的扬声器，其阻值一般为 3Ω、4Ω、8Ω、16Ω 等几种。把它们接到直流耦合或阻容耦合的任何一种放大电路的输出端，都将使其电压放大倍数的数值变得很小，从而使得负载上无法获得大功率。采用变压器耦合时，若忽略变压器自身的损耗，则一次侧损耗的功率等于二次侧负载电阻上所获得的功率，即 $P_1 = P_2$。设一次电流为 I_1，二次电流为 I_2，将负载折算到一次侧的等效电阻为 R_L'，如图 4-9 所示。（R_L'的值在 8.4.1 中有介绍）

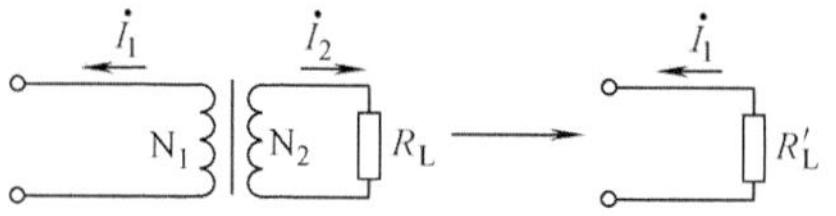

由图 4-9，$I_1^2 R_L' = I_2^2 R_L$，即

$$R_L' = \left(\frac{I_2}{I_1}\right)^2 R_L$$

图 4-9　变压器耦合的阻抗变换

因为变压器二次电流与一次电流之比等于一次绕组匝数 N_1 和二次绕组匝数 N_2 之比，所以

$$R_L' = \left(\frac{N_1}{N_2}\right)^2 R_L$$

对图 4-8 和图 4-9 所示的电路，可得到电压放大倍数

$$A_u = -\frac{\beta R_L'}{r_{be}}$$

$$R_L' = \left(\frac{N_1}{N_2}\right)^2 R_L$$

根据所需要的电压放大倍数，可以选择合适的匝数比，使负载电阻上获得足够大的电压。并且当匹配得当时，负载可以获得足够大的功率。在集成功率放大电路产生之前，几乎所有的功率放大电路都采用变压器耦合的形式。而目前，只有在集成功率放大电路无法满足需要的情况下，如需要输出特大功率，或实现高频功率放大时，才考虑用分立元器件构成变压器耦合放大电路。

4.1.4　光电耦合

光电耦合是以光信号为媒介来实现电信号的耦合和传递的，因其抗干扰能力强而得到越来越广泛的应用。

1. 光耦合器

光耦合器是实现光电耦合的基本器件，它将发光器件（发光二极管）与光敏器件（光敏晶体管）相互绝缘地组合在一起，如图 4-10a 所示。

发光器件为输入回路，它将电能转换成光能；光敏器件为输出回路，它将光能再转换成电能，实现了两部分电路的电气隔离，从而可有效地抑制电干扰。在输出回路常采用复合管（也称为达林顿结构）形式以增大放大倍数。

光耦合器的传输特性如图 4-10b 所示，它描述当发光二极管的电流为一个常量 I_D 时，集电极电流 i_c 与管压降 u_{ce}之间的函数关系，即

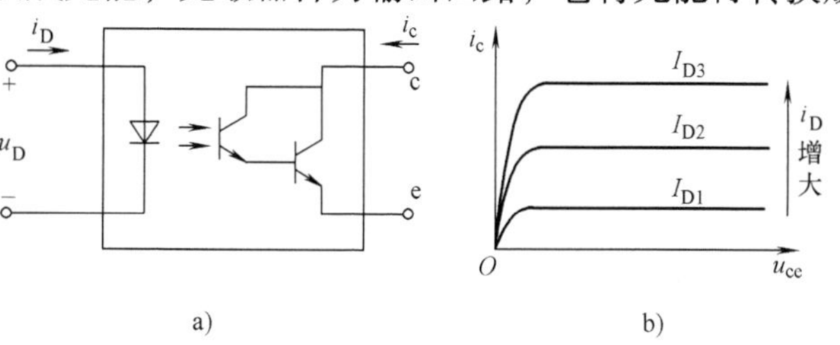

图 4-10　光耦合器及其传输特性
a）光耦合器　b）传输特性

$$i_c = f(u_{ce}) \mid_{I_D}$$

因此，与晶体管的输出特性一样，传输特性也是一族曲线。当管压降 u_{ce} 足够大时，i_c 几乎仅决定于 I_{D0}、与晶体管的 β 值类似，在 c-e 之间电压一定的情况下，i_c 的变化量与 i_D 的变化量之比称为传输比 CTR。有

$$CTR = \frac{\Delta i_c}{\Delta i_D}\bigg|_{u_{ce}}$$

不过 CTR 数值比 β 值小得多。只有 0.1 ~ 1.5。

2. 光电耦合放大器

图 4-11 所示为光电耦合放大电路，信号源部分可以是真实的信号源，也可以是前级放大电路。

当动态信号为零时，输入回路有静态电流 I_{DQ}，输出回路有静态电流 I_{CQ}，从而确定出静态管压降 U_{CEQ}。有动态信号时，随着 I_D 的变化，i_c 将产生线性变化。当然，u_{ce} 也将产生相应的变化。由于传输比的数值较小，所以一般情况下，输出电压还需要进一步放大。实际上，目前已有集成光电耦合放大电路，具有较强的放大能力。

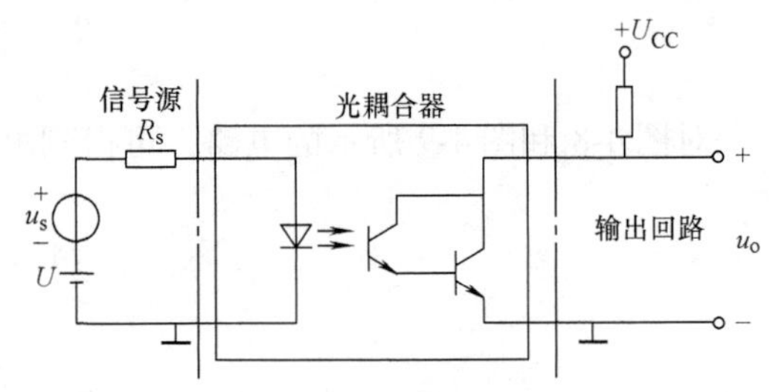

图 4-11 光电耦合放大电路

在图 4-11 所示电路中，若信号源部分与输出回路部分采用独立电源且分别接不同的“地”，则即使是远距离信号传输，也可以避免受到各种电信号干扰。

4.2 多级放大电路的动态分析

一个 N 级放大电路的交流等效电路可以用图 4-12 所示框图表示。

由图 4-12 可知，放大电路中前级的输出电压就是后级的输入电压，即 $\dot{U}_{o1} = \dot{U}_{i2}$、$\dot{U}_{o2} = \dot{U}_{i3}$、…、$\dot{U}_{o(N-1)} = \dot{U}_{iN}$，所以，多级放大电路的电压放大倍数为

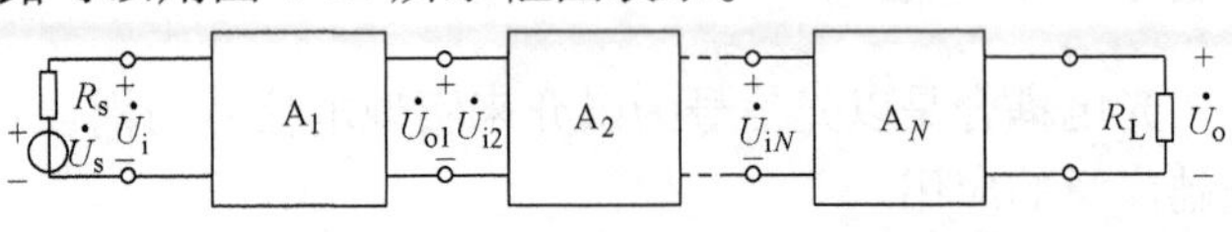

图 4-12 一个 N 级放大电路的框图

$$\dot{A}_u = \frac{\dot{U}_{o1}}{\dot{U}_i}\frac{\dot{U}_{o2}}{\dot{U}_{i2}}\cdots\frac{\dot{U}_o}{\dot{U}_{iN}} = \dot{A}_{u1}\dot{A}_{u2}\cdots\dot{A}_{uN} \tag{4-1}$$

式（4-1）表明，多级放大电路的电压放大倍数等于组成它的各级放大电路电压放大倍数之积。对于第一级到第 $N-1$ 级，每一级的放大倍数均应该是以后级输入电阻作为负载时的放大倍数。

根据放大电路输入电阻的定义，多级放大电路的输入电阻就是第一级的输入电阻，即

$$R_i = R_{i1} \tag{4-2}$$

根据放大电路输出电阻的定义，多级放大电路的输出电阻就是最后一级的输出电阻，即

$$R_o = R_{oN} \tag{4-3}$$

应当注意，当共集电极放大电路作为输入级时，它的输入电阻与其负载，即与第二级的输入电阻有关；而当共集电极放大电路作为输出级时，它的输出电阻与其信号源内阻，即与倒数第二级的输出电阻有关。

多级放大电路的输出波形产生失真时，应首先确定是在哪一级先出现的失真，然后再判断产生了饱和失真还是截止失真。

在直接耦合放大电路中，由于前后级直接相连，前一级的漂移电压会同有用信号一起被送到下一级，而且逐级放大，以至于有时在输出端很难区分什么是有用信号，什么是漂移电压，致使放大电路不能正常工作。

4.3　组合放大电路

在大多数的实际应用中，单管组成的放大电路往往不能满足特定的增益、输入电阻、输出电阻等要求，为此，常把三种组态中的两种进行适当的组合，以便发挥各自的优点，获得更好的性能，这种电路称为组合放大电路，如共集-共射放大电路、共射-共基放大电路、共集-共集放大电路等。

4.3.1　共射-共基放大电路

图 4-13 所示为共射-共基放大电路，其中 VT_1 是共射组态，VT_2 是共基组态。由于两管是串联的，故又称为串接放大电路。图 4-13b 是图 4-13a 的交流通路。

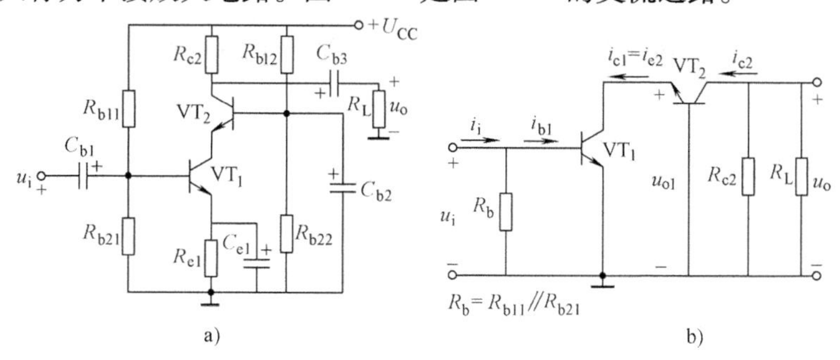

图 4-13　共射-共基放大电路
a）电路　b）交流通路

由交流通路可见，第一级的输出电压就是第二级的输入电压，即 $u_{o1}=u_{i2}$，由此可推导出电压增益的表达式为

$$A_u=\frac{u_o}{u_i}=\frac{u_{o1}}{u_i}\frac{u_o}{u_{o1}}=A_{u1}A_{u2} \tag{4-4}$$

其中

$$A_{u1}=-\frac{\beta_1 R_L'}{r_{be1}}=-\frac{\beta_1 r_{be2}}{r_{be1}(1+\beta_2)}$$

$$A_{u2}=\frac{\beta_2 R_{L2}'}{r_{be2}}=\frac{\beta_2(R_{c2}/\!/R_L)}{r_{be2}}$$

所以

$$A_u = -\frac{\beta_1 r_{be2}}{(1+\beta_2) r_{be1}} \frac{\beta_2 (R_{c2} /\!/ R_L)}{r_{be2}}$$

因为$\beta_2 >> 1$，所以

$$A_u = -\frac{\beta_1 (R_{c2} /\!/ R_L)}{r_{be1}} \tag{4-5}$$

式（4-5）说明，组合放大电路总的电压增益等于组成它的各级单管放大电路电压增益的乘积。这个结论可以推广至多级放大电路。特别要注意的是，在计算各级的电压增益时，必须考虑级间的相互影响，即前一级的输出电压是后一级的输入电压，后一级的输入电阻是前一级的负载电阻 R_L。

由式（4-5）可知，共射-共基放大电路的电压增益与单管共发射极放大电路的电压放大倍数接近。共射-共基放大电路的重要优点是高频特性好，具有较宽的频带。

根据输入电阻 R_i 的概念，共射-共基放大电路的输入电阻为

$$R_i = \frac{u_i}{i_i} = R_b /\!/ r_{be1} = R_{b11} /\!/ R_{b21} /\!/ r_{be1} \tag{4-6}$$

式（4-6）说明组合放大电路的输入电阻 R_i 等于第一级放大电路的输入电阻 R_{i1}。这个结论可推广至多级放大电路。

根据输出电阻 R_o 的概念，共射-共基放大电路的输出电阻为

$$R_o = R_{c2} \tag{4-7}$$

式（4-7）说明，组合放大电路的输出电阻 R_o 等于最后一级（输出级）的输出电阻。这个结论可以推广至多级放大电路。

4.3.2 共集-共集放大电路

图4-14a 所示为共集-共集放大电路，其中 VT_1 和 VT_2 管一起构成复合管。图4-14b 是它的交流通路。

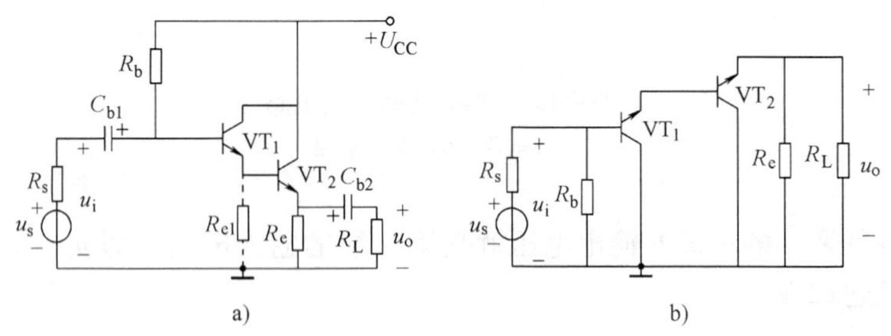

图4-14　共射-共基放大电路
a）电路　b）交流通路

对图4-14 所示动态电路进行性能分析时，首先要了解由 VT_1 与 VT_2 组成的复合管的特性，求得它的相关参数，然后求解 A_u、R_i 和 R_o。

1. 复合管的组成及类型

复合管的组成原则如下：

1）同一种导电类型（NPN 或 PNP）的晶体管构成复合管时，应将前一只管子的发射极接到后一只管子的基极；不同导电类型的晶体管构成复合管时，应将前一只管子的集电极接至后一只管子的基极，以实现两次电流放大作用。

2）必须保证两只晶体管均工作在放大状态。图 4-15 即是按上述原则构成的复合管。其中图 4-15a、b 为同类型的两只晶体管组成的复合管，而图 4-15c、d 是不同类型的两只晶体管组成的复合管。由各图中所标电流的实际方向可以确定，两管复合后可等效为一只晶体管，其导电类型与 VT_1 相同。

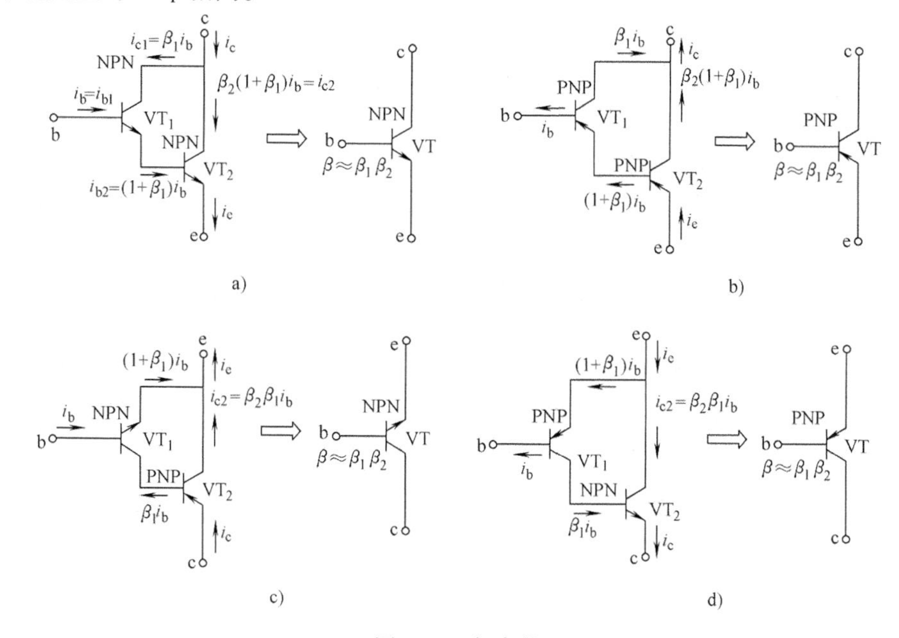

图 4-15 复合管

a）同类型 NPN 管 b）同类型 PNP 管 c）NPN 与 PNP 复合管 d）PNP 与 NPN 复合管

2. 复合管的主要参数

1）电流放大倍数 β：以图 4-15a 为例，可知复合管的集电极电流

$$i_c = i_{c1} + i_{c2} = \beta_1 i_{b1} + \beta_2 i_{b2} = \beta_1 i_b + \beta_2(1+\beta_1)i_b$$

对于复合管的电流放大倍数

$$\beta = \beta_1 + \beta_2 + \beta_1\beta_2$$

一般有 $\beta_1 >> 1$，$\beta_2 >> 1$，$\beta_1\beta_2 >> \beta_1 + \beta_2$，所以

$$\beta \approx \beta_1\beta_2$$

即复合管的电流放大倍数近似接近于各组成管电流放大倍数的乘积。这个结论同样适合于其他类型的复合管。

2）输入电阻 r_{be}：由图 4-15a、b 可见，对于同类型的两只晶体构成的复合管而言，其输入电阻为

$$r_{be} = r_{be1} + (1+\beta_1)r_{be2} \tag{4-8}$$

由图 4-15c、d 可见，对于由不同类型的两只晶体构成的复合管而言，其输入电阻为

$$r_{be} = r_{be1} \tag{4-9}$$

式（4-8）、式（4-9）说明，复合管的输入电阻与 VT_1、VT_2 的接法有关。

综上所述，复合管具有很高的电流放大倍数，再者，若用同类型的晶体管构成复合管时，其输入电阻会增加，而且电路的动态性能会更好。

3. 共集-共集放大电路的 A_u、R_i、R_o

$$A_u=\frac{u_o}{u_i}=\frac{(1+\beta)R_L'}{r_{be}+(1+\beta)R_L'} \tag{4-10}$$

$$R_i=R_b/\!/[r_{be}+(1+\beta)R_L'] \tag{4-11}$$

$$R_o=R_e/\!/\frac{R_s/\!/R_b+r_{be}}{1+\beta} \tag{4-12}$$

式中，$\beta=\beta_1\beta_2$，$r_{be}=r_{be1}+(1+\beta_1)r_{be2}$，$R_L'=R_e/\!/R_L$。

式（4-10）至式（4-12）表明，由于采用了复合管，使共集-共集放大电路比单管共集电极放大电路的电压跟随特性更好，即 A_u 更接近于1，输入电阻 R_i 更高，而输出电阻 R_o 更小。

值得注意的是，在图4-14中，由于 VT_1、VT_2 两管的工作电流不同，即有 $I_{c2}>>I_{c1}$（$I_{c2}=\beta_2 I_{b2}$，$I_{b2}\approx\beta_1 I_{c1}$），$VT_1$ 的工作电流小，因而 β_1 的值比较低。为了克服这一缺点，可在 VT_1 的发射极与共同端之间加接一只数十千欧以上的电阻 R_{e1}，以调整 VT_1 的静态工作点 Q，改善其性能。在集成电路中常用电流源代替电阻 R_{e1}。

例 4-1 共射-共基电路如图4-16所示，已知两只晶体管的 $\beta=100$，$U_{BEQ}=0.7V$，$r_{ce}=\infty$，其他参数如图所示。（1）当 $I_{CQ2}=0.5mA$，$U_{CEQ1}=U_{CEQ2}=4V$，$R_1+R_2+R_3=100k\Omega$ 时，求 R_c、R_1、R_2 和 R_3 的值；（2）求该电路的总电压增益 A_u；（3）求该电路的输入电阻 R_i 和输出电阻 R_o。

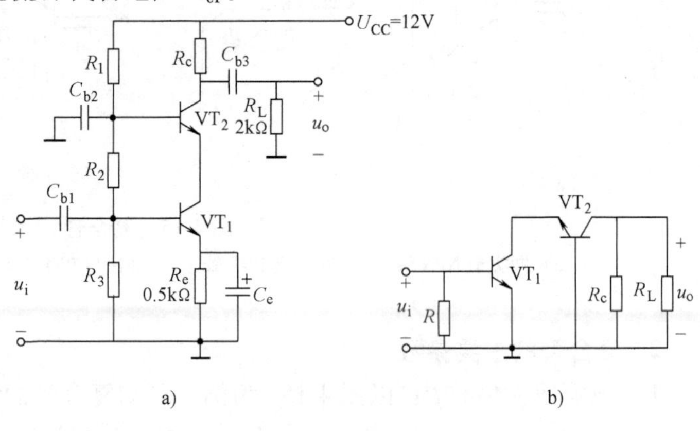

图4-16 例4-1图
a）电路 b）交流通路

解：（1）由图4-16可知 $I_{EQ1}\approx I_{CQ1}=I_{EQ2}\approx I_{CQ2}=0.5mA$。因晶体管的 $\beta=100$，故两管基极的静态电流很小，计算时可忽略

$$U_{EQ1}=I_{EQ1}R_e\approx I_{CQ2}R_e=0.5\times0.5V=0.25V$$

$$U_{BQ1}=U_{BEQ}+U_{EQ1}=(0.7+0.25)V=0.95V$$

$$U_{CQ2}=U_{EQ1}+2U_{CEQ1}=(0.25+8)V=8.25V$$

$$U_{BQ2}=U_{EQ1}+U_{CEQ1}+U_{BEQ}=(0.25+4+0.7)V=4.95V$$

$$R_c=\frac{U_{CC}-U_{CQ2}}{I_{CQ2}}=\frac{(12-8.25)V}{0.5mA}=7.5k\Omega$$

在忽略基极静态电流的情况下，可认为流过 R_1、R_2 和 R_3 的直流电流相等，为 $U_{CC}/$

$(R_1+R_2+R_3)$，于是求得

$$R_3=\frac{U_{BQ1}}{\frac{U_{CC}}{R_1+R_2+R_3}}=\frac{0.95\times100}{12}\text{k}\Omega\approx7.9\text{k}\Omega$$

$$R_2=\frac{U_{BQ2}-U_{BQ1}}{\frac{U_{CC}}{R_1+R_2+R_3}}=\frac{(4.95-0.95)\times100}{12}\text{k}\Omega\approx33.3\text{k}\Omega$$

$$R_1=\frac{U_{CC}-U_{BQ2}}{\frac{U_{CC}}{R_1+R_2+R_3}}=\frac{(12-4.95)\times100}{12}\text{k}\Omega\approx58.8\text{k}\Omega$$

（2）求 A_u

图 4-16b 是图 4-16a 所示电路的交流通路，其中 $R=R_2/\!/R_3$。晶体管的输入电阻

$$r_{be1}=r_{be2}=r_{bb'}+(1+\beta)\frac{26\text{mV}}{I_{CQ}(\text{mA})}=\left[200+(1+100)\frac{26}{0.5}\right]\Omega\approx5.45\text{k}\Omega$$

$$A_u=\frac{u_o}{u_i}=A_{u1}A_{u2}=-\frac{\beta\frac{r_{be2}}{1+\beta}}{r_{be1}}\frac{\beta(R_c/\!/R_L)}{r_{be2}}\approx-\frac{\beta(R_c/\!/R_L)}{r_{be1}}\approx-29$$

（3）该电路的输入电阻为第一级共发射极放大电路的输入电阻

$$R_i=R/\!/r_{be1}\approx3\text{k}\Omega$$

输出电阻为第二级共基极放大电路的输出电阻

$$R_o\approx R_c=7.5\text{k}\Omega$$

4.3.3　其他组合放大电路

在直接耦合多级放大电路中，为了避免各级放大电路输出端静态电位逐级升高或逐级降低现象的产生，都会采用 NPN 和 PNP 型晶体管混合使用的方法。实际的直接耦合多级放大电路除了共射、共基等由晶体管构成的放大电路外，还有一部分是场效应晶体管和晶体管共同构成的放大电路，利用各自的优点，取长补短。

例 4-2　放大电路如图 4-17 所示，VU 结型 CS146 场效应晶体管，其参数为：$g_{m1}=18\text{mS}$，$C_{gs}=2.5\text{pF}$，$C_{gd}=0.9\text{pF}$；VT 为 3DG4 型晶体管，其工作点上的参数为：$\beta=100$，$r_{be}=50\Omega$，$r_{b'e}=1\text{k}\Omega$，$C_{b'e}=80\text{pF}$，$C_{b'c}=5\text{pF}$。其他元件参数如图 4-17 所示。计算电压放大倍数$\dot{A}_u$、R_i 和 R_o 的表达式。

解：电路的小信号模型如图 4-18 所示，由图可得

$$\dot{U}_i=\dot{U}_{gs}+g_{m1}\dot{U}_{gs}R_2$$

$$g_{m1}\dot{U}_{gs}=\dot{I}_b+\beta\dot{I}_b\approx\beta\dot{I}_b$$

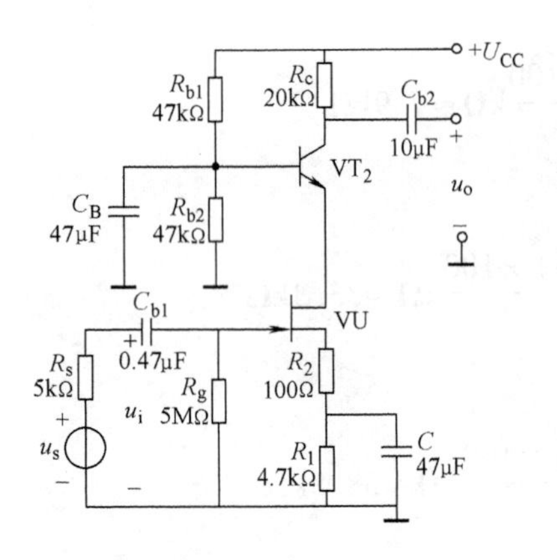

图 4-17 例 4-2 图

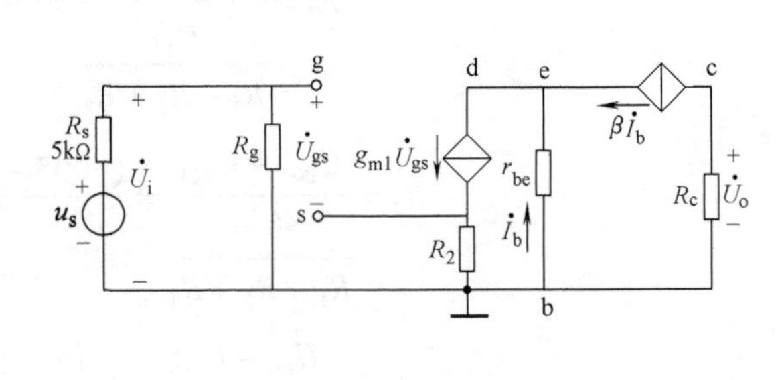

图 4-18 例 4-2 的小信号模型

这正好说明第二级为电流跟随器。因此有

$$\dot U_o = -\beta\dot I_b R_c \approx -g_{m1}\dot U_{gs}R_c$$

故

$$\dot A_u = \frac{\dot U_o}{\dot U_i} = -\frac{g_{m1}\dot U_{gs}R_c}{\dot U_{gs}+g_{m1}\dot U_{gs}R_2} = -\frac{g_{m1}R_c}{1+g_{m1}R_2}$$

输入电阻 $R_i \approx R_g$，输出电阻 $R_o \approx R_c$。

例 4-3 在图 4-19 所示的两级直接耦合放大电路中，VT$_1$ 的 $\beta_1=81$，VT$_2$ 的 $\beta_2=66$，两管子的 U_{BEQ} 均为 0.67V。计算静态工作点 I_{BQ1}、I_{CQ1}、U_{CEQ1} 和 I_{BQ2}、I_{CQ2}、U_{CEQ2}。

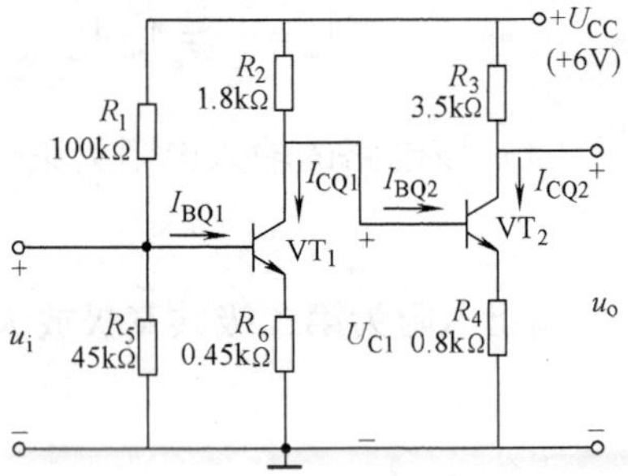

图 4-19 例 4-3 图

解：

$$I_{BQ1} = \frac{\frac{R_5}{R_1+R_5}U_{CC}-U_{BEQ}}{(1+\beta_1)R_6} = \frac{\frac{45}{100+45}\times 6-0.67}{(81+1)\times 0.45}\text{mA}$$

$$=0.03\text{mA}$$

$$I_{CQ1}=\beta_1 I_{BQ1}=81\times 0.03\text{mA}=2.43\text{mA}$$

$$U_{C1}=U_{CC}-(I_{CQ1}+I_{BQ2})R_2=6-2.43\times 1.8-I_{BQ2}\times 1.8=1.63-1.8I_{BQ2}$$

$$I_{BQ2}=\frac{U_{C1}-U_{BEQ}}{(1+\beta_2)R_4}=\frac{1.63-1.8I_{BQ2}-0.67}{(1+66)\times 0.8}$$

整理后

$$I_{BQ2}=0.017\text{mA}$$

$$I_{CQ2}=\beta_2 I_{BQ2}=66\times 0.017\text{mA}=1.12\text{mA}$$

$$U_{CEQ1}=U_{CC}-(I_{CQ1}+I_{BQ2})R_2-I_{EQ1}R_6=[6-(2.43+0.017)\times 1.8-2.46\times 0.45]\text{V}=0.49\text{V}$$

$$U_{CEQ2}=U_{CC}-I_{CQ2}R_3-I_{EQ2}R_4=(6-1.12\times 3.5-1.14\times 0.8)\text{V}=1.17\text{V}$$

4.4 放大电路的频率响应

本节将通过有关频率响应的基本概念、晶体管的高频等效模型、常见电路的频率响应，讲述研究频率响应的必要性、放大电路频率响应的分析方法以及伯德图的画法等问题。

4.4.1 频率响应的基本概念

在放大电路中，由于耦合电容的存在，对信号构成了高通电路，即对于频率足够高的信号，电容相当于短路，信号几乎毫无损失地通过；而当信号频率低到一定程度时，电容的容抗不可忽略，信号将在其上产生压降，从而导致放大倍数的数值减小且产生相移。与耦合电容相反，由于半导体管极间电容的存在，对信号构成了低通电路，即对于频率足够低的信号相当于开路，对电路不产生影响；而当信号频率高到一定程度时，极间电容将分流，从而导致放大倍数的数值减小且产生相移。为了便于理解有关频率响应的基本要领，这里将对无源单级 RC 电路的频率响应加以分析。

1. 高通电路

在图 4-20a 所示高通电路中，设输出电压 $\dot{U}_o$ 与输入电压 $\dot{U}_i$ 之比为 $\dot{A}_u$，则

$$\dot{A}_u=\frac{\dot{U}_o}{\dot{U}_i}=\frac{R}{\frac{1}{j\omega C}+R}=\frac{1}{1+\frac{1}{j\omega RC}} \qquad (4\text{-}13)$$

式中，ω 为输入信号的角频率；RC 为回路的时间常数 τ。

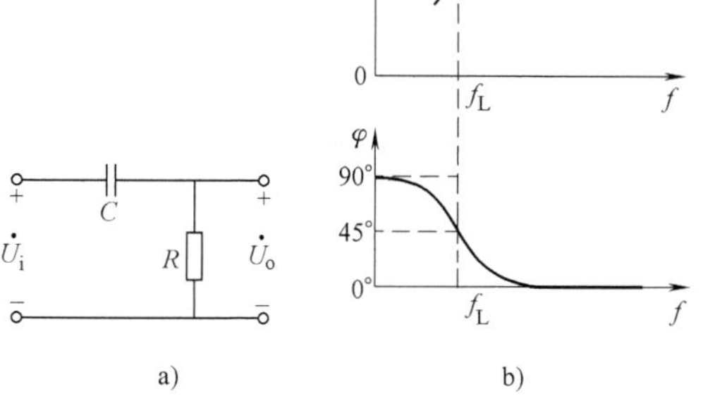

图 4-20 高通电路及其频率响应
a) 电路 b) 频率响应

令 $\omega_L=\frac{1}{RC}=\frac{1}{\tau}$，则

$$f_L=\frac{\omega_L}{2\pi}=\frac{1}{2\pi\tau}=\frac{1}{2\pi RC} \qquad (4\text{-}14)$$

因此

$$\dot{A}_u=\frac{1}{1+\frac{\omega_L}{j\omega}}=\frac{1}{1+\frac{f_L}{jf}}=\frac{j\frac{f}{f_L}}{1+j\frac{f}{f_L}} \qquad (4\text{-}15)$$

将 $\dot{A}_u$ 用其幅值和相角表示，得出

$$\begin{cases}|\dot{A}_u|=\dfrac{\frac{f}{f_L}}{\sqrt{1+\left(\frac{f}{f_L}\right)^2}}\\ \varphi=90^\circ-\arctan\dfrac{f}{f_L}\end{cases} \qquad (4\text{-}16)$$

式（4-16）中表明 $\dot{A}_u$ 的幅值与频率的函数关系式，称之为 $\dot{A}_u$ 为幅频特性；表明 $\dot{A}_u$ 的相位与频率的函数关系式，称之为 $\dot{A}_u$ 的相频特性。

由式（4-16）可知，当 $f>>f_L$ 时，$|\dot{A}_u|\approx1$，$\varphi=0°$；当 $f=f_L$ 时，$|\dot{A}_u|=1/\sqrt{2}\approx0.707$，$\varphi=45°$；当 $f<<f_L$ 时，$f/f_L<<1$，$|\dot{A}_u|\approx f/f_L$，表明 f 每下降 10 倍，$\dot{A}_u$ 下降 10 倍。当 f 趋于零时，$\dot{A}_u$ 也趋于零，φ 趋于 $+90°$。由此可见，对于高通电路，频率越低，衰减越大；只有当信号频率远高于 f_L 时，U_o 才约为 U_i。称 f_L 为下限截止频率，简称下限频率，在该频率下，$\dot{A}_u$ 的幅值下降到 70.7%，移相恰为 $+45°$。画出图 4-20a 所示电路的频率响应，如图 4-20b 所示。

2. 低通电路

图 4-21a 所示为低通电路。

图 4-21 中，输出电压 U_o 与输入电压 U_i 之比为

$$\dot{A}_u=\frac{\dot{U}_o}{\dot{U}_i}=\frac{\dfrac{1}{j\omega C}}{R+\dfrac{1}{j\omega C}}=\frac{1}{1+j\omega RC} \tag{4-17}$$

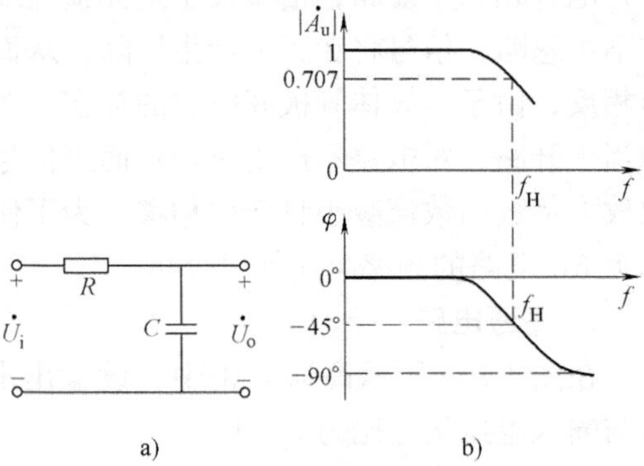

图 4-21 低通电路及其频率响应

a）电路 b）频率响应

回路时间常数 $\tau=RC$，令 $\omega_H=\dfrac{1}{\tau}$，则

$$f_H=\frac{\omega_H}{2\pi}=\frac{1}{2\pi\tau}=\frac{1}{2\pi RC} \tag{4-18}$$

因此

$$\dot{A}_u=\frac{1}{1+j\dfrac{\omega}{\omega_H}}=\frac{1}{1+j\dfrac{f}{f_H}} \tag{4-19}$$

将 $\dot{A}_u$ 用其幅值和相角表示，得出

$$\begin{cases}|\dot{A}_u|=\dfrac{1}{\sqrt{1+\left(\dfrac{f}{f_H}\right)^2}}\\ \varphi=-\arctan\dfrac{f}{f_H}\end{cases} \tag{4-20}$$

式（4-20）是 $\dot{A}_u$ 的幅频特性和相频特性。对其分析可得出，当 $f<<f_H$ 时，$|\dot{A}_u|\approx1$，$\varphi=0°$；当 $f=f_H$ 时，$|\dot{A}_u|=1/\sqrt{2}\approx0.707$，$\varphi=-45°$；当 $f>>f_H$ 时，$f/f_H>>1$，$|\dot{A}_u|\approx f_H/f$，表明 f 每升高 10 倍，$\dot{A}_u$ 下降 10 倍。当 f 趋于无穷大时，$\dot{A}_u$ 也趋于零，φ 趋于 $-90°$。

由此可见，对低通电路，频率越高，衰减越大，相移越大；只有当频率远低于 f_H 时，$\dot{U}_o\approx\dot{U}_i$。称 f_H 为上限截止频率，简称上限频率，在该频率下，$|\dot{A}_u|$ 降到 70.7%，相移为 $-45°$。

放大电路上限频率 f_H 与下限频率 f_L 之差就是其通带 f_{BW}，即

$$f_{BW}=f_H-f_L \tag{4-21}$$

3. 伯德图

在研究放大电路的频率响应时，输入信号（即加在放大电路输入端的测试信号）的频率范围常常设置在几赫兹到上百赫兹，甚至更宽；为了在同一坐标系中表示如此宽的变化范围，在画频率特性曲线时常采用对数坐标，称为伯德图。

伯德图由对数幅频特性和相频特性两部分组成，它们的横坐标采用对数刻度 $\lg f$，幅频特性的纵轴采用 $20\lg|\dot{A}_u|$ 表示，单位是分贝（dB），相频特性的纵轴仍用 φ 来表示。这样不但开阔了视野，而且将放大倍数的乘除运算转换成加减运算。

根据式（4-16），高通电路的对数幅频特性为

$$20\lg|\dot{A}_u|=20\lg\frac{f}{f_L}-20\lg\sqrt{1+\left(\frac{f}{f_L}\right)^2} \tag{4-22}$$

当 $f>>f_L$ 时，$20\lg|\dot{A}_u|\approx0$，$\varphi=0°$；当 $f=f_L$ 时，$20\lg|\dot{A}_u|=20\lg(1/\sqrt{2})\approx-3\text{dB}$，$\varphi=45°$；当 $f<<f_L$ 时，$f/f_L<<1$，$20\lg|\dot{A}_u|\approx20\lg f/f_L$，表明 f 每下降 10 倍，增益下降 20dB，即对数幅频特性在此区间可等效成斜率为 20dB/十倍频的直线。

根据式（4-20），低通电路对数幅频特性为

$$20\lg|\dot{A}_u|=-20\lg\sqrt{1+\left(\frac{f}{f_H}\right)^2}$$

当 $f<<f_H$ 时，$20\lg|\dot{A}_u|\approx0$，$\varphi\approx0°$；当 $f=f_H$ 时，$20\lg|\dot{A}_u|=20\lg\frac{1}{\sqrt{2}}\approx-3\text{dB}$，$\varphi=-45°$；当 $f>>f_H$ 时，$f/f_H>>1$，$20\lg|\dot{A}_u|\approx-20\lg f/f_H$，表明 f 每上升 10 倍，增益下降 20dB，即对数幅频特性在此区间可等效成斜率为 -20dB/十倍频的直线。

在电路的近似分析中，为简单起见，常将伯德图的曲线折线化，称为近似的伯德图。对于高通电路，在对数幅频特性中，已截止频率 f_L 为拐点，由两段直线近似曲线。当 $f>f_L$ 时，以 $20\lg|\dot{A}_u|=0\text{dB}$ 的直线近似；当 $f<f_L$ 时，以斜率为 20dB/十倍频的直线近似。在对数相频特性中，用三段直线取代曲线；以 $10f_L$ 和 $0.1f_L$ 为两个拐点，当 $f>10f_L$ 时，用 $\varphi=0°$ 的直线近似，即认为 $f=10f_L$ 时 $\dot{A}_u$ 开始产生相移（误差为 -5.71°）；当 $f<0.1f_L$ 时，用 $\varphi=+90°$ 的直线近似，即认为 $f=0.1f_L$ 时已经产生 -90°相移（误差为 5.71°）；当 $0.1f<f<10f_L$ 时，φ 随 f 线性下降，因此当 $f=f_L$ 时，$\varphi=+45°$。图 4-22a 所示为图 4-20 所示高通电路的伯德图。

用同样的方法，将低通电路的对数幅频特性以 f_H 为拐点用两段直线近似，对数相频特性以 $0.1f_H$ 和 $10f_H$ 为拐点用三段直线近似，图 4-22b 所示为图 4-21 所示低通电路的伯德图。

在本节的分析中，电路的截止频率决定于电容所在回路的时间常数 τ，高通电路和低通电路的 f_L 和 f_H 的求解利用式（4-14）和式（4-18）。当信号频率等于下限截止频率 f_L 或上限截止频率 f_H 时，放大电路的增益下降 3dB，且产生 +45°或 -45°相移。在近似分析中，可用折线化的近似伯德图描述放大电路的频率特性。

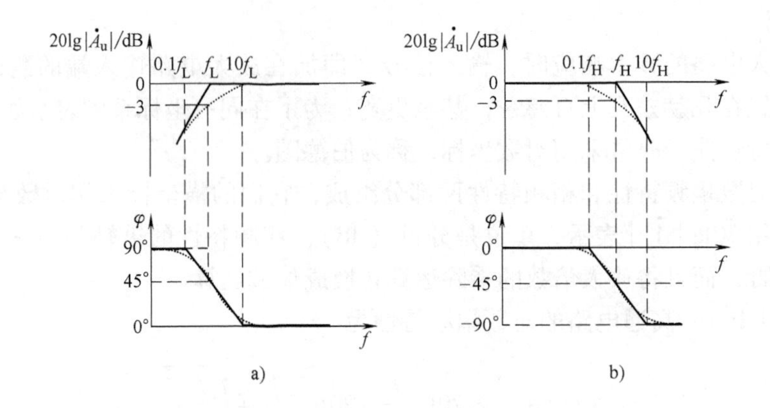

图 4-22 高通电路与低通电路的伯德图

a）高通电路伯德图 b）低通电路伯德图

4.4.2 晶体管的高频等效模型

从晶体管的物理结构出发，考虑发射结和集电结电容的影响，就可以得到在高频信号作用下的物理模型，称为混合 π 模型。由于晶体管的混合 π 模型与前面所介绍的 H 参数等效模型在低频信号作用下具有一致性，因此，可用 H 参数来计算混合派模型中的某些参数，并用于高频信号作用下的电路分析。

1. 晶体管的高频等效模型

（1）晶体管的混合 π 模型及主要参数

1）完整的混合 π 模型：图 4-23a 所示为晶体管结构示意，r_e 和 r_c 分别为集电区体电阻和发射区体电阻，它们的数值较小，常常忽略不计。C_μ 为集电结电容，$r_{b'c'}$ 为集电结电阻，$r_{bb'}$ 为基区体电阻，C_π 为发射结电容，$r_{b'e'}$ 为发射结电阻。

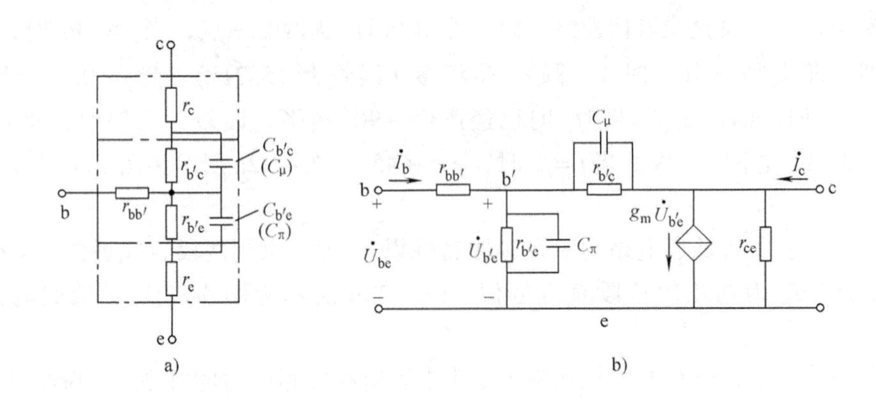

图 4-23 晶体管结构示意及混合 π 模型

a）晶体管的结构示意 b）混合 π 模型

图4-23中，由于 C_π 和 C_μ 的存在，使$\dot{I}_c$和$\dot{I}_b$的大小、相角均与频率有关，即电流放大倍数是频率的函数，应记作 $\dot{\beta}$。根据半导体物理的分析，晶体管的受控电流$\dot{I}_c$ 与发射结电压$\dot{U}_{b'e}$成线性关系，且与信号频率无关。因此，混合 π 模型中引入了一个新参数 g_m，g_m 为跨导，描述$\dot{U}_{b'e}$对$\dot{I}_c$ 的控制关系，即$\dot{I}_c=g_m\dot{U}_{b'e}$。混合 π 模型如图4-23b 所示。

2）简化的混合 π 模型：在图4-23所示电路中，通常情况下，r_{ce}远大于 c-e 间所接的负载电阻，而 $r_{b'c}$也远大于 C_μ 的容抗，因而可认为 r_{ce}和 $r_{b'c}$开路。简化的混合 π 模型如图 4-24a 所示。

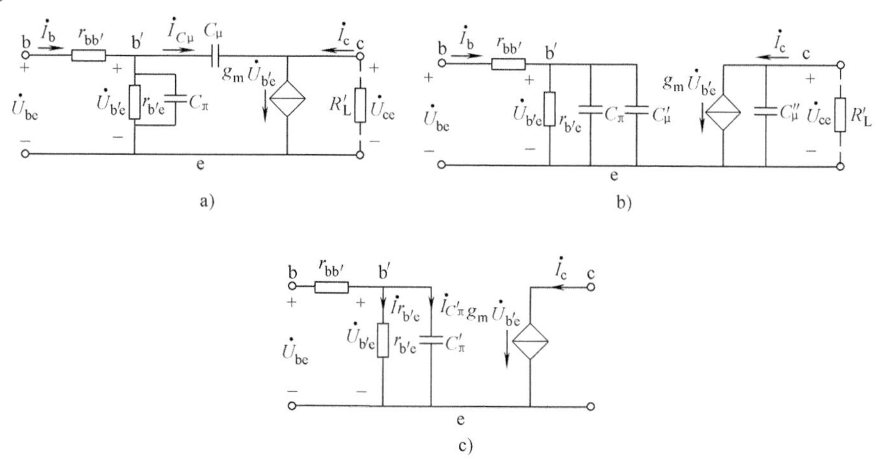

图4-24 混合 π 模型的简化

a）简化的混合 π 模型 b）单向化后的混合 π 模型 c）忽略 c_μ''的混合 π 模型

由于 C_μ 跨接在输入与输出回路之间，使电路的分析变得十分复杂。因此，为简单起见，将 C_μ 等效到输入回路和输出回路中去，简称单向化。单向化是通过等效变换来实现的。设 C_μ 折合到 b′-e 间的电容为 C_μ'，折合到 c-e 间的电容为 C_μ''，则单向化后的混合 π 模型如图 4-24b 所示。

等效变换过程如下：在图4-24a 所示电路中，从 b′看进去 C_μ 中流过的电流为

$$\dot{I}_{C_\mu}=\frac{\dot{U}_{b'e}-\dot{U}_{ce}}{-jX_{C_\mu}}=\frac{(1-K)\dot{U}_{b'e}}{-jX_{C_\mu}}\qquad 其中\ K=\frac{\dot{U}_{ce}}{\dot{U}_{b'e}}$$

为保证变换的等效性，要求流过 C_μ'的电流仍为$\dot{I}_{C_\mu}$，而它的端电压为$\dot{U}_{b'e}$，因此 C_μ'的电抗为

$$-jX_{C_\mu'}=\frac{\dot{U}_{b'e}}{\dot{I}_{C_\mu}}=\frac{\dot{U}_{b'e}}{(1-K)\dfrac{\dot{U}_{b'e}}{-jX_{C_\mu}}}=\frac{-jX_{C_\mu}}{1-K}$$

考虑在近似计算时，K 取中频时的值，所以 $|K|=-K$。$X_{C_\mu'}$约为 X_{C_μ}的（$1+|K|$）分之一，因此

$$C_\mu'=(1-K)C_\mu\approx(1+|K|)C_\mu$$

b′-e 间总电容为

$$C_\pi'=C_\pi+C_\mu'\approx C_\pi+(1+|K|)C_\mu$$

用同样的分析方法，可以得出

$$C_{\mu}''=\frac{K-1}{K}C_{\mu}$$

因为 $C_{\pi}'>>C_{\mu}''$，且一般情况下，C_{μ}''的容抗远大于 R_{L}'，C_{μ}''中的电流可忽略不计，所以简化的混合 π 模型如图 4-24c 所示。

3）混合 π 模型的主要参数：将混合 π 模型与简化的 H 参数等效模型相比较，它们的电阻参数是完全相同的。从手册中可查得 $r_{bb'}$，而

$$r_{b'e}=(1+\beta_0)\frac{U_T}{I_{EQ}}$$

式中，β_0 为低频段晶体管的电流放大倍数。

虽然利用 β_0 和 g_m 表述的受控关系不同，但是它们所要表述的却是同一个物理量，即

$$\dot{I}_c=g_m\dot{U}_{b'e}=\beta_0\dot{I}_b$$

由于$\dot{U}_{b'e}=\dot{I}_b r_{b'e}$，且通常 $\beta_0>>1$，所以

$$g_m=\frac{\beta_0}{r_{b'e}}\approx\frac{I_{EQ}}{U_T}$$

C_{μ} 近似为 C_{ob}，在半导体器件手册中可以查到参数 C_{ob}，C_{ob}是晶体管为共基极接法且发射极开路时 c-b 间的结电容。C_{π} 的数值可通过手册给出的特征频率 f_T 和放大电路的静态工作点求解。K 是电路的电压放大倍数，可通过计算得到。

（2）晶体管电流放大倍数的频率响应

从混合 π 等效模型可以看出，晶体管工作在高频段时，若基极注入的交流电流$\dot{I}_b$ 的幅值不变，则随着信号频率的升高，b′-e 间的电压$\dot{U}_{b'e}$的幅值将减小，相移将增大；从而使$\dot{I}_c$的幅值随 $|\dot{U}_{b'e}|$ 线性下降，并产生与$\dot{U}_{b'e}$相同的相移。可见，在高频段，当信号频率变化时 $\dot{I}_b$ 与$\dot{I}_c$ 的关系也随之变化，电流放大倍数不是常数，$\dot{\beta}$ 是频率的函数。

根据电流放大倍数的定义

$$\dot{\beta}=\left.\frac{\dot{I}_c}{\dot{I}_b}\right|_{U_{CE}}$$

上述表明 $\dot{\beta}$ 是在 c-e 间无动态电压时，即令图 4-24c 所示电路中 c-e 间电压为零时动态电流$\dot{I}_b$ 与$\dot{I}_c$ 之比，因此 $K=0$。有

$$C_{\pi}'\approx C_{\pi}+(1+|K|)C_{\mu}=C_{\pi}+C_{\mu}$$

由于$\dot{I}_c=g_m\dot{U}_{b'e}$，$g_m=\beta_0/r_{b'e}$，所以

$$\dot{\beta}=\frac{\dot{I}_c}{\dot{I}_{r_{b'e}}+\dot{I}_{C_{\pi}'}}=\frac{g_m\dot{U}_{b'e}}{\dot{U}_{b'e}\left(\frac{1}{r_{b'e}}+j\omega C_{\pi}'\right)}=\frac{\beta_0}{1+j\omega r_{b'e}C_{\pi}'}$$

上式说明 $\dot{\beta}$ 的频率响应与低通电路相似。f_{β} 为 $\dot{\beta}$ 的截止频率，称为共射极截止频率

$$f_{\beta}=\frac{1}{2\pi\tau}=\frac{1}{2\pi r_{b'e}C_{\pi}'}$$

将 f_{β} 代入 $\dot{\beta}$ 的计算式，得出

$$\dot{\beta}=\frac{\beta_0}{1+\mathrm{j}\dfrac{f}{f_\beta}}$$

写出 $\dot{\beta}$ 的对数幅频特性与相频特性为

$$\begin{cases}20\lg|\dot{\beta}|=20\lg\beta_0-20\lg\sqrt{1+\left(\dfrac{f}{f_\beta}\right)^2}\\ \varphi=-\arctan\dfrac{f}{f_\beta}\end{cases}$$

折线化的伯德图如图 4-25 所示。

图 4-25 中 f_{T} 是使 $|\dot{\beta}|$ 下降到 1（即 0dB）时的频率称为特征频率。将 $|\dot{\beta}|=1$ 代入，可求得 f_{T}。即

$$20\lg\beta_0-20\lg\sqrt{1+\left(\frac{f_{\mathrm{T}}}{f_\beta}\right)^2}=0$$

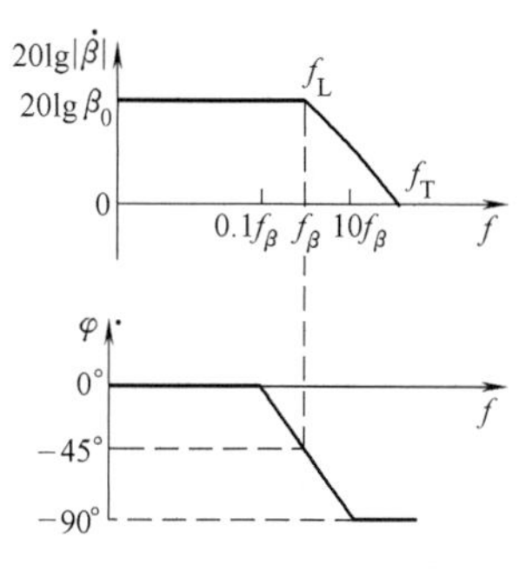

图 4-25　$\dot{\beta}$ 的伯德图

因 $f_{\mathrm{T}}>>f_\beta$，所以

$$f_{\mathrm{T}}=\beta_0 f_\beta$$

利用 $\dot{\beta}$ 的表达式，可以求出 α 的截止频率

$$\dot{\alpha}=\frac{\dot{\beta}}{1+\dot{\beta}}=\frac{\dfrac{\beta_0}{1+\mathrm{j}(f/f_\beta)}}{1+\dfrac{\beta_0}{1+\mathrm{j}(f/f_\beta)}}=\frac{\beta_0}{1+\beta_0+\mathrm{j}(f/f_\beta)}=\frac{\dfrac{\beta_0}{1+\beta_0}}{1+\mathrm{j}\dfrac{f}{(1+\beta_0)f_\beta}}$$

$$\dot{\alpha}=\frac{\alpha_0}{1+\mathrm{j}\dfrac{f}{f_\alpha}}\qquad 其中 f_\alpha=(1+\beta_0)f_\beta\approx f_{\mathrm{T}}$$

式中，f_α 是使 $\dot{\alpha}$ 下降到 70.7%α_0 时的频率，称为共基极截止频率。

因此，共基极截止频率远高于共射极截止频率，因此共基极放大电路可以作为宽频带放大电路。在器件手册中可查出 f_β（或 f_{T}）和 C_{ob}（近似为 C_μ）。

2. MOS 场效应晶体管的高频等效模型

由于场效应晶体管各极之间存在极间电容，因而其高频响应与晶体管相似。根据场效应晶体管的结构，可以得出图 4-26a 所示的高频等效模型。大多数场效应晶体管的参数见表 4-1。由于一般情况下，r_{gs} 和 r_{ds} 比外接电阻大得多，因而，在近似分析时，可认为它们是开路的。而对于跨接在 g-d 之间的电容 C_{gd}，可将其进行等效变换，即将其折合到输入回路和输出回路，使电路单向化。这样，g-s 间的等效电容为

$$C'_{\mathrm{gs}}=C_{\mathrm{gs}}+(1-K)C_{\mathrm{gd}}\qquad 其中 K\approx-g_{\mathrm{m}}R'_{\mathrm{L}}$$

d-s 间的等效电容为

$$C'_{\mathrm{ds}}=C_{\mathrm{ds}}+\frac{K-1}{K}C_{\mathrm{gd}}\qquad 其中 K\approx-g_{\mathrm{m}}R'_{\mathrm{L}}$$

由于输出回路的时间常数通常比输入回路的小得多，故分析频率特性时可忽略 C'_{ds} 的影

响。这样就得到场效应晶体管的简化的单向化的高频等效模型，如图 4-26b 所示。

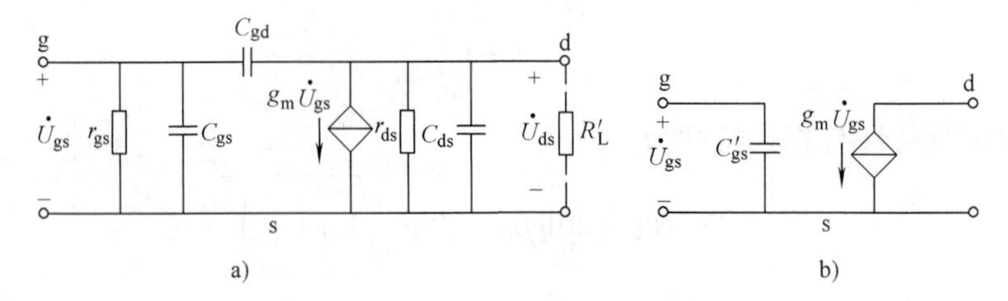

图 4-26　场效应晶体管的高频等效模型

a）高频等效模型　b）简化模型

表 4-1　场效应晶体管的主要参数

管子类型 \ 参数	g_m/mS	r_{ds}/Ω	r_{gs}/Ω	C_{gs}/pF	C_{gd}/pF	C_{ds}/pF
结型场效应晶体管	0. 1 ~ 10	10^5	$>10^7$	1 ~ 10	1 ~ 10	0. 1 ~ 1
MOS 场效应晶体管	0. 1 ~ 20	10^4	$>10^9$	1 ~ 10	1 ~ 10	0. 1 ~ 1

4. 4. 3　常见电路的频率响应

利用晶体管和场效应晶体管的高频等效模型，可以分析放大电路的频率响应。本节通过单管放大电路来讲述频率响应的一般分析方法。

1. 单管共发射极放大电路的频率响应

考虑到耦合电容和结电容的影响，单管共发射极放大电路及其等效电路如图 4-27a、b 所示。

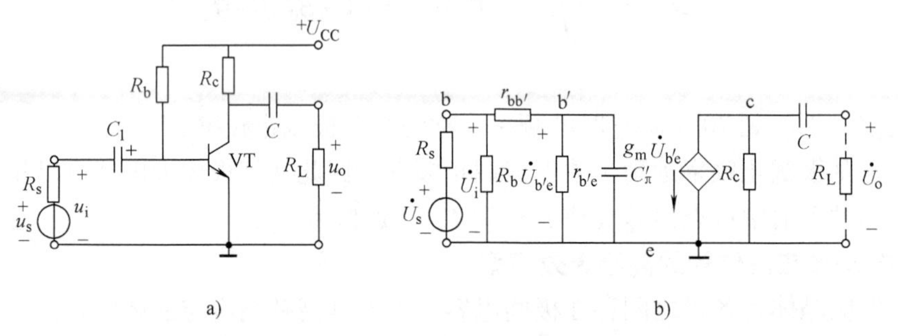

图 4-27　单管共发射极放大电路及其等效电路

a）共发射极放大电路　b）适应于频率从零到无穷大的交流等效电路

在分析放大电路的频率响应时，为了方便起见，一般将输入信号的频率范围分为中频、低频和高频三个频段。在中频段，极间电容因容抗很大而视为开路，耦合电容（或旁路电容）因容抗很小而视为短路，故不考虑它们的影响；在低频段，主要考虑耦合电容（或旁路电容）的影响，此时极间电容仍视为开路；在高频段，主要考虑极间电容的影响，此时耦合电容（或旁路电容）仍视为短路。根据上述原则，便可得到放大电路在各频段的等效电路，从而得到各频段的放大倍数。

（1）中频源电压放大倍数

当中频电压信号$\dot{U}_s$作用于电路时，由于$\frac{1}{\omega C_\pi'} >> r_{b'e}$，$C_\pi'$可视为开路；又由于$\frac{1}{\omega C} << R_L$，$C$可视为短路；因此图 4-27a 所示电路的中频等效电路如图 4-28 所示。输入电阻 $R_i = R_b // (r_{bb'} + r_{b'e}) = R_b // r_{be}$，中频源电压放大倍数为

$$\dot{A}_{usm} = \frac{\dot{U}_o}{\dot{U}_s} = \frac{\dot{U}_i}{\dot{U}_s}\frac{\dot{U}_{b'e}}{\dot{U}_i}\frac{\dot{U}_o}{\dot{U}_{b'e}} = \frac{R_i}{R_s + R_i}\frac{r_{b'e}}{r_{be}}(-g_m R_L') \qquad 其中\ R_L' = R_c // R_L$$

电路空载时的中频源电压放大倍数为

$$\dot{A}_{usm} = \frac{\dot{U}_o}{\dot{U}_s} = \frac{R_i}{R_s + R_i}\frac{r_{b'e}}{r_{be}}(-g_m R_c) \tag{4-23}$$

（2）低频源电压放大倍数

考虑到低频电压信号作用于耦合电容 C 的影响，图 4-27a 所示电路的低频等效电路如图 4-29a 所示。将受控电流源 $g_m\dot{U}_{b'e}$与 R_c 进行等效变换如图 4-29b，$\dot{U}_o'$是空载时的输出电压，电容 C 与负载电阻 R_L 组成了高通电路。

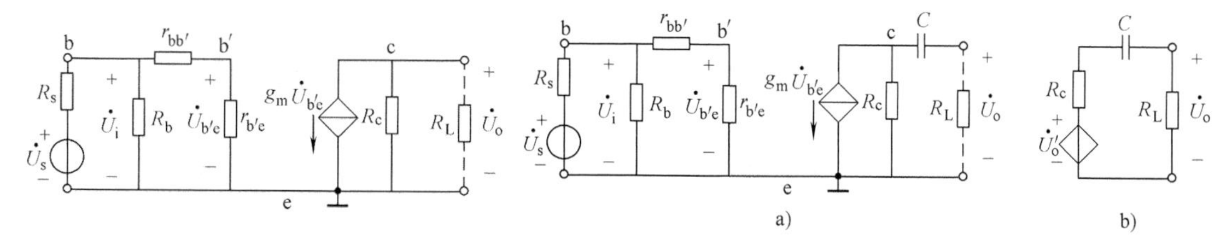

图 4-28　单管共发射极放大电路的中频等效电路

图 4-29　单管共发射极放大电路的低频等效电路
a）低频等效电路　b）输出回路的等效电路

低频源电压放大倍数为

$$\dot{A}_{usl} = \frac{\dot{U}_o}{\dot{U}_s} = \frac{\dot{U}_o'}{\dot{U}_s}\frac{\dot{U}_o}{\dot{U}_o'}$$

将式(4-23)代入上式

$$\dot{A}_{usl} = \frac{R_i}{R_s + R_i}\frac{r_{b'e}}{r_{be}}(-g_m R_c)\frac{R_L}{R_c + \frac{1}{j\omega C} + R_L}$$

将分子与分母同时除以$(R_L + R_C)$便可得到

$$\dot{A}_{usl} = \frac{R_i}{R_s + R_i}\frac{r_{b'e}}{r_{be}}(-g_m R_L')\frac{j\omega(R_L + R_c)C}{1 + j\omega(R_L + R_c)C}$$

与中频源电压放大倍数比较，得出

$$\dot{A}_{usl} = \dot{A}_{usm}\frac{j\frac{f}{f_L}}{1 + j\frac{f}{f_L}} = \dot{A}_{usm}\frac{1}{1 + \frac{f_L}{jf}}$$

其中f_L为下限频率，其表达式为

$$f_L=\frac{1}{2\pi(R_L+R_C)C} \tag{4-24}$$

式（4-24）中的（R_L+R_C）C正是C所在回路的时间常数，它等于从电容C两端向外看的等效电阻乘以C。

$\dot{A}_{usl}$的对数幅频特性及相频特性的表达式为

$$\begin{cases}20\lg|\dot{A}_{usl}|=20\lg|\dot{A}_{usm}|+20\lg\dfrac{\dfrac{f}{f_L}}{\sqrt{1+\left(\dfrac{f}{f_L}\right)^2}} \\ \varphi=-180°+\left(90°-\arctan\dfrac{f}{f_L}\right)=-90-\arctan\dfrac{f}{f_L}\end{cases} \tag{4-25}$$

式（4-25）中，$-180°$表示中频段时$\dot{U}_o$与$\dot{U}_s$反相。因电抗元件引起的相移称为附加相移，低频段最大附加相移为$+90°$。

（3）高频源电压放大倍数

考虑到高频信号作用时C_π'的影响，图4-27a所示电路的高频等效电路如图4-30a所示。

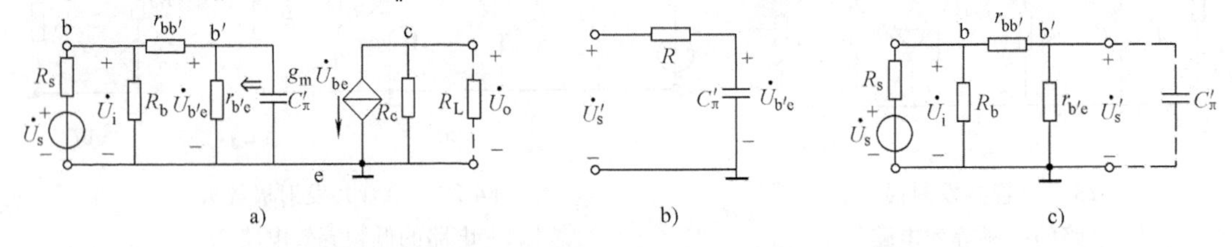

图4-30　单管共发射极放大电路的高频等效电路

a）高频等效电路　b）输入回路的等效变换　c）输入回路

利用戴维宁定理，从C_π'两端向左看，电路可等效变换为图4-30b所示电路，R和C_π'构成低通电路。通过图4-30c所示电路可以求出b'-e间的开路电压及等效内阻R的表达式

$$\dot{U}_s'=\frac{r_{b'e}}{r_{be}}\dot{U}_i=\frac{r_{b'e}}{r_{be}}\frac{R_i}{R_s+R_i}\dot{U}_s$$

$$R=r_{b'e}//(r_{bb'}+R_s//R_b)$$

因为b'-e间的电压$\dot{U}_{b'e}$与输出电压$\dot{U}_o$的关系没变，所以高频源电压放大倍数为

$$\dot{A}_{ush}=\frac{\dot{U}_o}{\dot{U}_s}=\frac{\dot{U}_s'}{\dot{U}_s}\frac{\dot{U}_{b'e}}{\dot{U}_s'}\frac{\dot{U}_o}{\dot{U}_{b'e}}=\frac{R_i}{R_s+R_i}\frac{r_{b'e}}{r_{be}}(-g_mR_L')\frac{\dfrac{1}{j\omega RC_\pi'}}{1+\dfrac{1}{j\omega RC_\pi'}} \tag{4-26}$$

式（4-26）与中频源电压放大倍数比较，可得

$$\dot{A}_{ush}=\dot{A}_{usm}\frac{1}{1+j\omega RC_\pi'}$$

令 $f_H=\dfrac{1}{2\pi RC_\pi'}$，$RC_\pi'$是 C_π'所在回路的时间常数，f_H 为上限频率。因此

$$\dot{A}_{ush}=\dot{A}_{usm}\frac{1}{1+j\dfrac{f}{f_H}}$$

$\dot{A}_{ush}$的对数幅频特性与相频特性的表达式为

$$\begin{cases}20\lg|A_{ush}|=20\lg|A_{usm}|-20\lg\sqrt{1+\left(\dfrac{f}{f_H}\right)^2}\\ \varphi=-180°-\arctan\dfrac{f}{f_H}\end{cases} \tag{4-27}$$

式（4-27）表明，在高频段，由 C_π'引起的最大附加相移为 −90°。

（4）伯德图

综上所述，若考虑耦合电容及结电容的影响，对于频率从零到无穷大的输入电压，源电压放大倍数的表达式应为

$$\dot{A}_{us}=\dot{A}_{usm}\frac{j\dfrac{f}{f_L}}{\left(1+j\dfrac{f}{f_L}\right)\left(1+j\dfrac{f}{f_H}\right)}=\dot{A}_{usm}\frac{1}{\left(1+\dfrac{f_L}{jf}\right)\left(1+j\dfrac{f}{f_H}\right)} \tag{4-28}$$

当 $f_L<<f<<f_H$ 时，f_L/f 趋于零，f/f_H 也趋于零，因而式（4-28）近似为 $\dot{A}_{us}\approx\dot{A}_{usm}$，即 $\dot{A}_{us}$为中频源电压放大倍数。当 f 接近 f_L 时，必有 $f<<f_H$，f/f_H 趋于零，因而式（4-28）近似为 $\dot{A}_{us}\approx\dot{A}_{usl}$，即 $\dot{A}_{us}$低频源电压放大倍数；当 f 接近 f_H 时，必有 $f>>f_L$，f_L/f 趋于零，因而式（4-28）近似为 $\dot{A}_{us}\approx\dot{A}_{ush}$，即 $\dot{A}_{us}$为高频源电压放大倍数。单管共发射极放大电路的折线化伯德图，如图 4-31 所示。

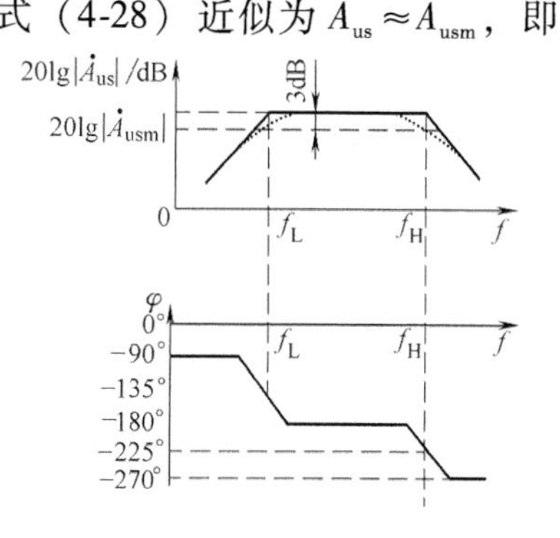

图 4-31　单管共发射极放大电路的伯德图

从以上分析可知，$\dot{A}_{us}$可以全面表示任何频段的源电压放大倍数，而且上限频率和下限频率均可表示为 $1/2\pi\tau$，τ 分别是极间电容 C_π'和耦合电容 C 所在回路的时间常数，τ 是从电容两端向外看的等效电阻与相应的电容之积。可见，求解上、下限截止频率的关键是正确求出回路的等效电阻。

例 4-4　在图 4-27a 所示电路中，已知 $U_{CC}=15V$，$R_s=1k\Omega$，$R_b=950k\Omega$，$R_c=R_L=5k\Omega$，$C=5\mu F$；晶体管的 $U_{BEQ}=0.7V$，$r_{bb'}=100\Omega$，$\beta=100$，$f_\beta=0.5MHz$，$C_{ob}=5pF$。试估算电路的截止频率 f_L 和 f_H，并画出 $\dot{A}_{us}$的伯德图。

解：（1）求解 Q 点

$$I_{BQ}=\frac{U_{CC}-U_{BEQ}}{R_b}=\left(\frac{15-0.7}{950}\right)mA=0.015mA$$

$$I_{CQ}=\beta I_{BQ}=(100\times0.015)mA=1.5mA$$

$$U_{CEQ}=U_{CC}-I_{CQ}R_c=(15-1.5\times5)\text{V}=7.5\text{V}$$

(2) 求解混合 π 模型中的参数

$$r_{b'e}=(1+\beta)\frac{U_T}{I_{EQ}}=\frac{U_T}{I_{BQ}}=\frac{26}{0.015}\Omega\approx1733\Omega$$

$$C_\pi=\frac{1}{2\pi r_{b'e}f_\beta}-C_\mu\approx\frac{1}{2\pi r_{b'e}f_\beta}-C_{ob}=\left(\frac{10^{12}}{2\pi\times1733\times5\times10^5}-5\right)\text{pF}\approx178\text{pF}$$

$$g_m=\frac{I_{EQ}}{U_T}\approx\frac{1.5}{26}\text{S}\approx0.0577\text{S}$$

$$K=\frac{\dot{U}_{ce}}{\dot{U}_{be}}=-g_m(R_c/\!/R_L)\approx-0.0577\times2500\approx-144$$

$$C_\pi'=C_\pi+(1-K)C_\mu\approx(178+144\times5)\text{pF}=898\text{pF}$$

(3)求解中频源电压放大倍数

$$r_{be}=r_{bb'}+r_{b'e}\approx(100+1733)\Omega\approx1.83\text{k}\Omega$$

$$R_i=R_b/\!/r_{be}\approx\frac{950\times1.83}{950+1.83}\text{k}\Omega\approx1.83\text{k}\Omega$$

$$\dot{A}_{usm}=\frac{\dot{U}_o}{\dot{U}_s}=\frac{R_i}{R_s+R_i}\frac{r_{b'e}}{r_{be}}(-g_mR_L')\approx\frac{1.83}{1+1.83}\times\frac{1.73}{1.83}\times(-144)\approx-88$$

(4) 求解 f_L 和 f_H

$$f_H=\frac{1}{2\pi\left[r_{b'e}/\!/(r_{bb'}+R_s/\!/R_b)\right]C_\pi'}$$

因为 $R_s<<R_b$，所以

$$f_H=\frac{1}{2\pi\left[r_{b'e}/\!/(r_{bb'}+R_s)\right]C_\pi'}\approx\frac{1}{2\pi\times\dfrac{1733\times(100+1000)}{1733+(100+1000)}\times898\times10^{-12}}\text{Hz}\approx263\text{kHz}$$

$$f_L=\frac{1}{2\pi(R_L+R_C)C}=\frac{1}{2\pi(5\times10^3+5\times10^3)\times5\times10^{-6}}\text{Hz}\approx3.2\text{Hz}$$

(5) 画 $\dot{A}_{us}$的伯德图

根据以上计算结果可得

$$\dot{A}_{us}=\dot{A}_{usm}\frac{\text{j}\dfrac{f}{f_L}}{\left(1+\text{j}\dfrac{f}{f_L}\right)\left(1+\text{j}\dfrac{f}{f_H}\right)}\approx\frac{-85\left(\text{j}\dfrac{f}{3.2}\right)}{\left(1+\text{j}\dfrac{f}{3.2}\right)\left(1+\text{j}\dfrac{f}{263\times10^3}\right)}$$

伯德图如图 4-32 所示。

2. 多级放大电路的频率响应

在多级放大电路中含有多个放大管，因而在高频等效电路中就含有多个 C'_{π}（或 C'_{gs}），即有多个低通电路。在阻容耦合放大电路中，如有多个耦合电容或旁路电容，则在低频等效电路中就含有多个高通电路。对于含有多个电容回路的电路，如何解决截止频率的问题呢？电路的截止频率与每个电容回路的时间常数有什么关系呢？

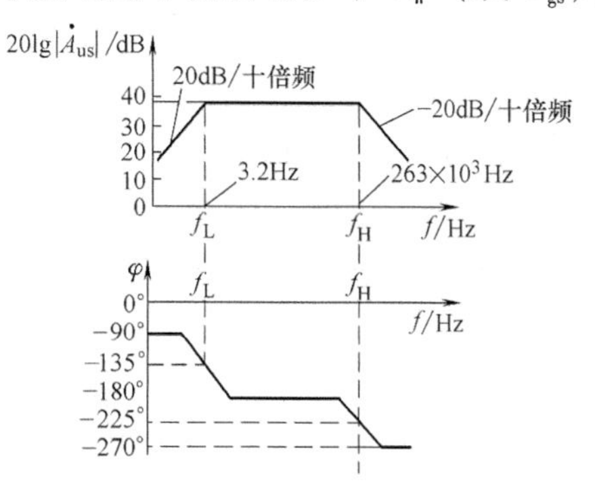

图 4-32　例 4-4 电路的伯德图

(1) 多级放大电路的频率特性的定性分析

设一个 N 级放大电路各级的电压放大倍数分别为 $\dot{A}_{u1}$、$\dot{A}_{u2}$、…、$\dot{A}_{uN}$，则该电路的电压放大倍数为

$$\dot{A}_u = \prod_{k=1}^{N} \dot{A}_{uk} \tag{4-29}$$

对数幅频特性和相频特性表达式为

$$\begin{cases} 20\lg|\dot{A}_u| = \sum\limits_{k=1}^{N} 20\lg|\dot{A}_{uk}| \\ \varphi = \sum\limits_{k=1}^{N} \varphi_k \end{cases}$$

即该电路的增益为各级放大电路增益之和，相移也为各级放大电路相移之和。

设组成两级放大电路的两个单管共发射极放大电路具有相同的频率响应，$\dot{A}_{u1}=\dot{A}_{u2}$；即它们的中频源电压放大倍数 $\dot{A}_{um1}=\dot{A}_{um2}$，下限频率 $f_{L1}=f_{L2}$，上限频率 $f_{H1}=f_{H2}$；故整个电路的中频源电压放大倍数为

$$20\lg|\dot{A}_u| = 20\lg|\dot{A}_{um1}\dot{A}_{um2}| = 40\lg|\dot{A}_{um1}| \tag{4-30}$$

当 $f=f_{L1}$ 时，$|\dot{A}_{ul1}| = |\dot{A}_{ul2}| = \dfrac{|\dot{A}_{um1}|}{\sqrt{2}}$，所以

$$20\lg|\dot{A}_u| = 40\lg|\dot{A}_{um1}| - 40\lg\sqrt{2}$$

上式说明，增益下降 6dB，并且由于 $\dot{A}_{u1}$ 和 $\dot{A}_{u2}$ 均产生 $+45°$ 的附加相移，所以 $\dot{A}_u$ 产生 $+90°$ 附加相移。根据同样的分析可得，当 $f=f_{H1}$ 时，增益也下降 6dB，但所产生的附加相移为 $-90°$。因此，两级放大电路和组成它的单级放大电路的伯德图如图 4-33 所示。根据截止频率的定义，在幅频特性中找到使增益下降 3dB 的频率就是两级放大电路的下限频率 f_L 和上限频率 f_H，如图 4-33 中所标注。显然，$f_L > f_{L1}(f_{L2})$，$f_H < f_{H1}(f_{H2})$，因此两级放大电路的通带比组成它的单级放大电路窄。

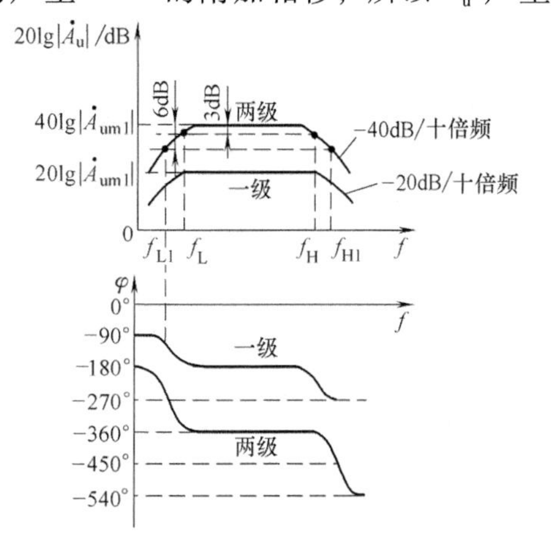

图 4-33　两级放大电路的伯德图

上述结论具有普遍意义。对于一个 N 级放大电路，设组成它的各级放大电路的下限频率分别为 f_{L1}、f_{L2}、…、f_{LN}，上限频率分别为 f_{H1}、f_{H2}、…、f_{HN}，通带分别为 f_{BW1}、f_{BW2}、…f_{BWN}；该多级放大电

路的下限频率为f_L，上限频率为f_H，通带为f_{BW}；则

$$\begin{cases} f_L > f_{Lk} & k=1\sim N \\ f_H < f_{Hk} & k=1\sim N \\ f_{BW} < f_{BWk} & k=1\sim N \end{cases}$$

（2）截止频率的估算

1）下限频率f_L：将式（4-29）中的$\dot{A}_{uk}$用低频源电压放大倍数$\dot{A}_{ulk}$的表达式代入并取模，得出多级放大电路低频段的电压放大倍数为

$$|\dot{A}_{ul}| = \prod_{k=1}^{N} \frac{|\dot{A}_{umk}|}{\sqrt{1+\left(\frac{f_{Lk}}{f}\right)^2}}$$

根据f_L的定义，当$f=f_L$时$|\dot{A}_{ul}| = \dfrac{\prod_{k=1}^{N}|\dot{A}_{umk}|}{\sqrt{2}}$即

$$\prod_{k=1}^{N}\sqrt{1+\left(\frac{f_{Lk}}{f_L}\right)^2} = \sqrt{2}$$

等式两边取二次方，得

$$\prod_{k=1}^{N}\left[1+\left(\frac{f_{Lk}}{f_L}\right)^2\right] = 2$$

展开等式，得

$$1+\sum\left(\frac{f_{Lk}}{f_L}\right)^2 + \text{高次项} = 2$$

由于f_{Lk}/f_L小于1，可将高次项忽略，得出

$$f_L \approx \sqrt{\sum_{k=1}^{N} f_{Lk}}$$

如果加上修正系数，则得

$$f_L \approx 1.1\sqrt{\sum_{k=1}^{N} f_{Lk}} \tag{4-31}$$

2）上限频率f_H：将式（4-29）中的$\dot{A}_{uk}$用高频源电压放大倍数$\dot{A}_{uhk}$的表达式代入并取模，得

$$|\dot{A}_{uh}| = \prod_{k=1}^{N} \frac{|\dot{A}_{umk}|}{\sqrt{1+\left(\frac{f}{f_{Hk}}\right)^2}}$$

根据f_H的定义，当$f=f_H$时$|\dot{A}_{uh}| = \dfrac{\prod_{k=1}^{N}|\dot{A}_{umk}|}{\sqrt{2}}$，即

$$\prod_{k=1}^{N}\sqrt{1+\left(\frac{f_H}{f_{Hk}}\right)^2} = \sqrt{2}$$

等式两边取二次方，得

$$\prod_{k=1}^{N}\left[1+\left(\frac{f_{\mathrm{H}}}{f_{\mathrm{H}k}}\right)^{2}\right]=2$$

展开等式，得

$$1+\sum\left(\frac{f_{\mathrm{H}}}{f_{\mathrm{H}k}}\right)^{2}+\text{高次项}=2$$

由于$f_{\mathrm{H}}/f_{\mathrm{H}k}$小于 1，可将高次项忽略，得出$f_{\mathrm{H}}$ 的近似表达式

$$\frac{1}{f_{\mathrm{H}}}\approx\sqrt{\sum_{k=1}^{N}\frac{1}{f_{\mathrm{H}k}{}^{2}}}$$

若加上修正系数，则得

$$\frac{1}{f_{\mathrm{H}}}\approx 1.1\sqrt{\sum_{k=1}^{N}\frac{1}{f_{\mathrm{H}k}{}^{2}}}$$

根据以上分析可知，若两级放大电路是由两个具有相同频率特性的单管放大电路组成，则其上、下限频率分别为

$$\begin{cases}\dfrac{1}{f_{\mathrm{H}}}\approx 1.1\sqrt{\dfrac{2}{f_{\mathrm{H1}}^{2}}} \qquad f_{\mathrm{H}}\approx\dfrac{f_{\mathrm{H1}}}{1.1\sqrt{2}}\approx 0.643f_{\mathrm{H1}}\\ f_{\mathrm{L}}\approx 1.1\sqrt{2}f_{\mathrm{L1}}\approx 1.56f_{\mathrm{L1}}\end{cases}$$

对各级具有相同频率特性的三级放大电路，其上、下限频率分别为

$$\begin{cases}\dfrac{1}{f_{\mathrm{H}}}\approx 1.1\sqrt{\dfrac{3}{f_{\mathrm{H1}}^{2}}} \qquad f_{\mathrm{H}}\approx\dfrac{f_{\mathrm{H1}}}{1.1\sqrt{3}}\approx 0.52f_{\mathrm{H1}}\\ f_{\mathrm{L}}\approx 1.1\sqrt{3}f_{\mathrm{L1}}\approx 1.91f_{\mathrm{L1}}\end{cases}\tag{4-32}$$

可见，三级放大电路的通带几乎是单级电路的一半。放大电路的级数越多，通带越窄。

在多级放大电路中，若某级的下限频率远高于其他各级的下限频率，则可以认为整个电路的下限频率近似为该级的下限频率；同理，若某级的上限频率远低于其他各级的上限频率，则可认为整个电路的上限频率近似为该级的上限频率。此外，对于有多个耦合电容和旁路电容的单管放大电路，在分析下限频率时，应先求出每个电容所确定的截止频率，然后求出电路的下限频率。

例 4-5　已知某电路的各级均为共发射极放大电路，其对数幅频特性如图 4-34 所示。试求解出下限频率f_{L}、上限频率f_{H} 和源电压放大倍数 $\dot{A}_{\mathrm{us}}$。

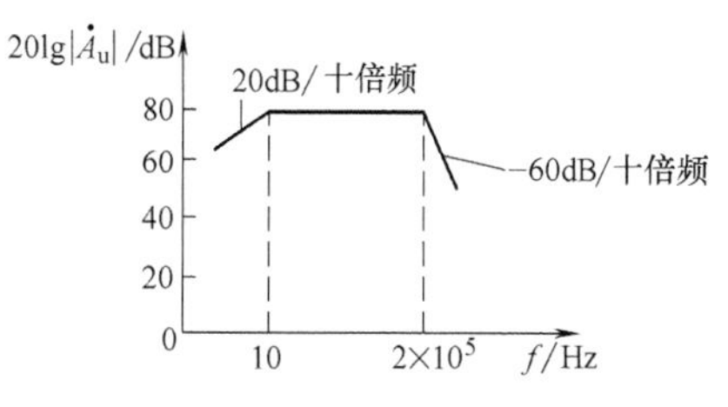

图 4-34　例 4-5 图

解：由图 4-34 可知：

（1）频率特性曲线的低频段只有一个拐点，且低频段曲线斜率为 20dB/十倍频，说明影响低频特性的只有一个电容，故电路的下限频率为 10Hz。

（2）频率特性曲线的高频段只有一个拐点，且高频段曲线斜率为 -60dB/十倍频，说明影响高频特性的有三个电容，即电路为三级放大电路，且每一级的上限频率均为 2×10^{5}Hz，可得上限频率为

$$f_{\mathrm{H}} \approx 0.52 f_{\mathrm{H1}} = 0.52 \times 2 \times 10^5\,\mathrm{Hz} = 1.04 \times 10^5\,\mathrm{Hz} = 104\,\mathrm{kHz}$$

（3）因各级均为共发射极放大电路，所以在中频段输出电压与输入电压的相位相反。因此，源电压放大倍数为

$$\dot{A}_{\mathrm{us}} = \frac{-10^4}{\left(1 + \dfrac{10}{\mathrm{j}f}\right)\left(1 + \mathrm{j}\dfrac{f}{2 \times 10^5}\right)^3}$$

或

$$\dot{A}_{\mathrm{us}} = \frac{-10^3 \mathrm{j}f}{\left(1 + \mathrm{j}\dfrac{f}{10}\right)\left(1 + \mathrm{j}\dfrac{f}{2 \times 10^5}\right)^3}$$

例 4-6 在图 4-35 所示 Q 点稳定电路中，已知 $C_1 = C_2 = C_{\mathrm{e}}$，其余参数选择合适，电路在中频段工作正常。试问：电路的下限频率决定于哪个电容，为什么？

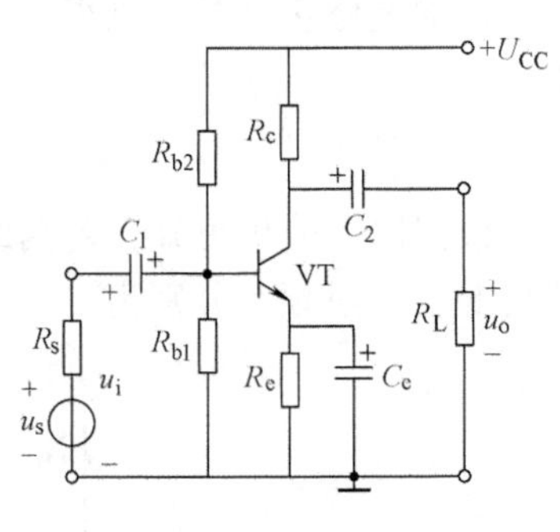

图 4-35 例 4-6 图

解： 考虑到 C_1、C_2、C_{e} 的作用，图 4-35 所示电路的低频等效电路如图 4-36 所示。

在考虑某一电容对频率响应的影响时，应将其他电容作理想化处理，即将其他耦合电容或旁路电容视为短路。比较三个电容所在回路的等效电阻，数值最小的说明该电容的时间常数最小，因而它所确定的下限频率最高，若能判断出这个下限频率远高于其他两个，则说明整个电路的下限频率就是该频率。

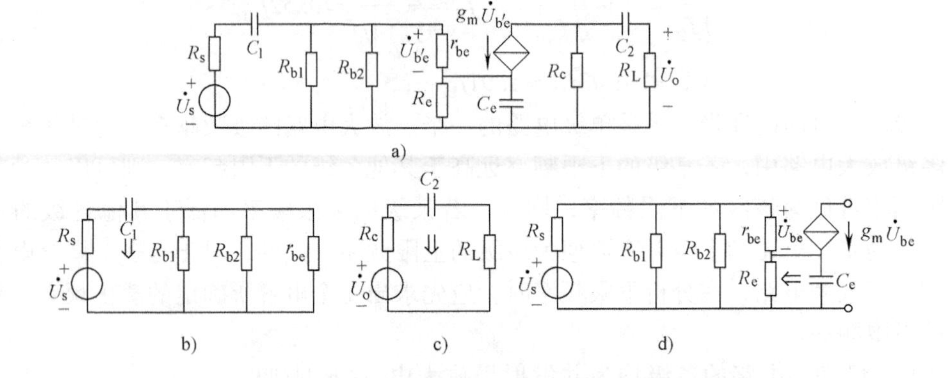

图 4-36 图 4-35 所示电路的等效电路

a) Q 点稳定电路的交流等效电路 b) C_1 所在回路的等效电路
c) C_2 所在回路的等效电路 d) C_{e} 所在回路的等效电路

在考虑 C_1 对低频特性的影响时，应将 C_2、C_{e} 短路。图 4-36b 所示是 C_1 所在回路的等效电路，其时间常数

$$\tau_1 = (R_{\mathrm{s}} + R_{\mathrm{b1}} /\!/ R_{\mathrm{b2}} /\!/ r_{\mathrm{be}})C_1 = (R_{\mathrm{s}} + R_{\mathrm{i}})C_1 \tag{4-33}$$

在考虑 C_2 对低频特性的影响时，应将 C_1、C_{e} 短路。图 4-36c 所示是 C_2 所在回路的等效电路，其时间常数

$$\tau_2 = (R_{\mathrm{c}} + R_{\mathrm{L}})C_2 \tag{4-34}$$

式（4-33）、式（4-34）在本质上是相同的，因为倘若电路的负载是下一级放大电路，则前级的负载即为后级的输入电阻 R_i，而前级的 R_o 正是后级电路的信号源内阻 R_s。

在考虑 C_e 对低频特性的影响时，应将 C_1、C_2 短路。图 4-36d 所示是 C_e 所在回路的等效电路。从 C_e 两端向左看的等效电阻是射极输出器的输出电阻，因此它的时间常数

$$\tau_e = \left(R_e /\!/ \frac{r_{be} + R_{b1} /\!/ R_{b2} /\!/ R_s}{1+\beta}\right) C_e$$

设 C_1、C_2、C_e 所在回路确定的下限频率分别为 f_{L1}、f_{L2}、f_{Le}。比较时间常数 τ_1、τ_2、τ_e，不难看出，当取 $C_1 = C_2 = C_e$ 时，τ_e 将远小于 τ_1、τ_2，即 f_{Le} 远大于 f_{L1}、f_{L2}，因此可以认为 f_{Le} 就约为该电路的下限频率，即

$$f_L \approx f_{Le} = \frac{1}{2\pi\tau_e} = \frac{1}{2\pi\left(R_e /\!/ \frac{r_{be} + R_{b1} /\!/ R_{b2} /\!/ R_s}{1+\beta}\right) C_e}$$

小　　结

1. 多级放大器的信号耦合方式最常用的有阻容耦合、变压器耦合、光电耦合和直接耦合。直接耦合放大器的静态工作点相互影响，而阻容耦合、变压器耦合和光电耦合放大器的静态工作点各级之间是独立的。阻容耦合多级放大器和直接耦合多级放大器的电压增益为各级增益的乘积。在计算时要注意，后级放大器的输入电阻是前级放大器的负载。对变压器和光电耦合放大器的增益还要考虑耦合器件的效率。多级放大器第一级的输入电阻就是多级放大器的输入电阻。多级放大器最后一级的输出电阻就是多级放大器的输出电阻。

2. 耦合电容和旁路电容影响放大器的低频响应特性，晶体管的 PN 结电容影响放大器的高频响应特性。晶体管的电流放大倍数也是频率的函数，并导出了晶体管的 β 的截止频率、特征频率、$\dot{\alpha}$ 的截止频率的表达式及其关系式。分析放大器频率响应时的简化方法是分频段分析，用对应的低频区的等效电路分析低频率响应，用高频区的等效电路来分析高频响应。共发射极放大电路的通带比较窄，共基极放大电路和共集电极放大电路的通带都比较宽。

3. 电路的截止频率决定于电容所在回路的时间常数 τ。要掌握高通电路和低通电路的 f_L 和 f_H 的求解。当信号频率等于下限频率 f_L 或上限频率 f_H 时，放大电路的增益下降 3dB，且产生 +45°或 −45°相移。在近似分析中，可用折线化的近似伯德图描述放大电路的频率特性。

习　　题

4-1　电路如图 4-37 所示，晶体管的 β 均为 150，r_{be} 均为 2kΩ，Q 点合适。求解 A_u、R_i 和 R_o。

4-2　电路如图 4-38 所示，晶体管的 β 为 200，r_{be} 为 3kΩ，场效应晶体管的 g_m 为 15mS，Q 点合适，求解 A_u、R_i 和 R_o。

4-3　电路如图 4-39 所示，两只管子的 $\beta = 100$，$U_{BEQ} = 0.7V$，试求：

（1）I_{CQ1}、U_{CEQ1}、I_{CQ2}、U_{CEQ2}；

（2）A_{u1}、A_{u2}、A_u、R_i 和 R_o。

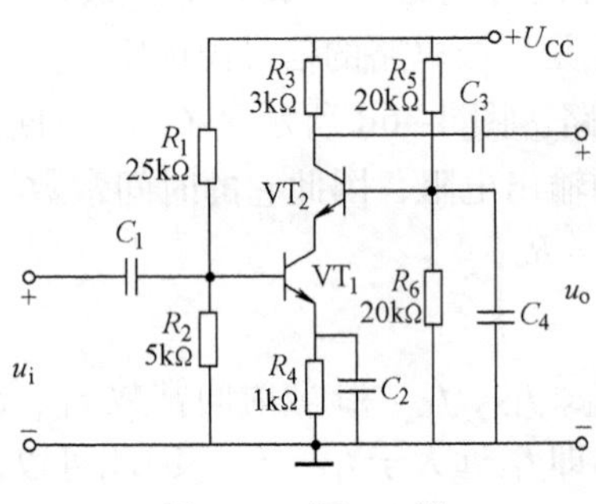

图4-37 题4-1图

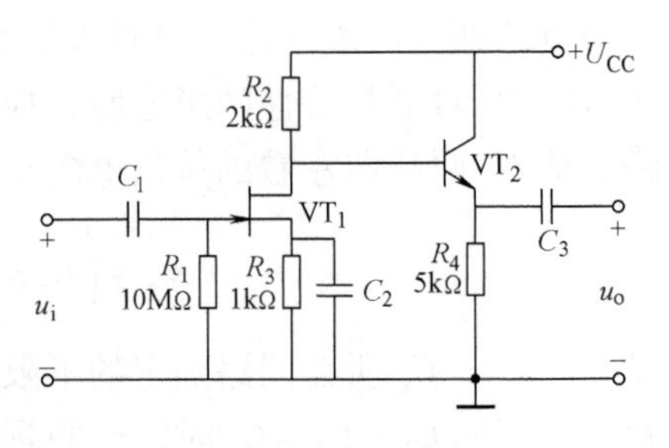

图4-38 题4-2图

4-4 电路如图4-40所示，两管子的特性一致，$\beta_1=\beta_2=50$，$U_{BEQ1}=U_{BEQ2}=0.7V$。

（1）试画出该电路的交流通路，说明VT$_1$、VT$_2$各为什么组态；

（2）估算I_{CQ1}、U_{CEQ1}、I_{CQ2}、U_{CEQ2}（提示：因$U_{BEQ1}=U_{BEQ2}$，故有$I_{BQ1}=I_{BQ2}$）；

（3）求A_u、R_i和R_o。

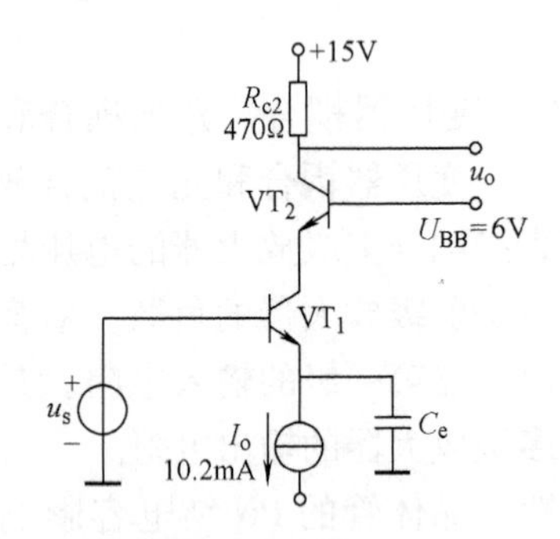

图4-39 题4-3图

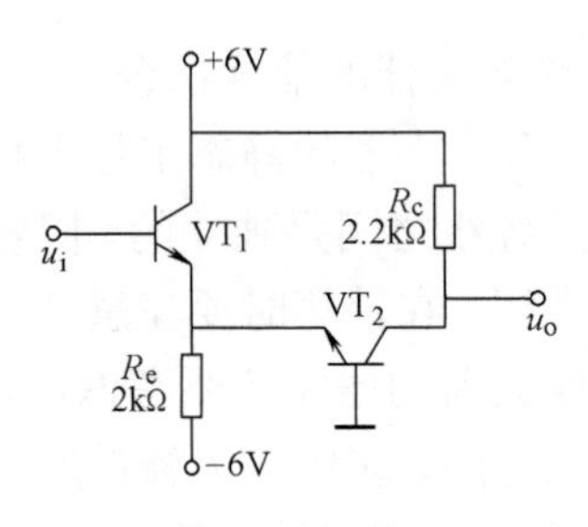

图4-40 题4-4图

4-5 电路如图4-41所示。两只管子的$\beta=100$，$U_{BEQ}=0.7V$，试求：

（1）估算两管子的Q点（设$I_{BQ2}<<I_{CQ1}$）；

（2）求A_u、R_i和R_o。

4-6 某放大电路的$\dot{A}_u$的对数幅频特性如图4-42所示。

（1）试求该电路的中频源电压增益$|\dot{A}_{um}|$，上限频率f_H、下限频率f_L；

（2）当输入信号频率$f=f_L$或$f=f_H$时，该电路的实际源电压放大倍数是多少分贝？

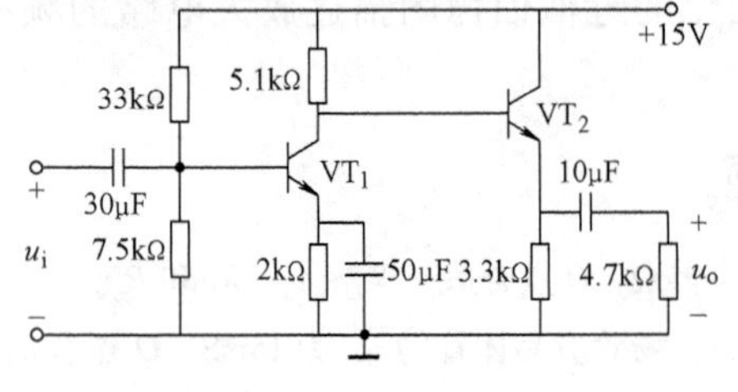

图4-41 题4-5图

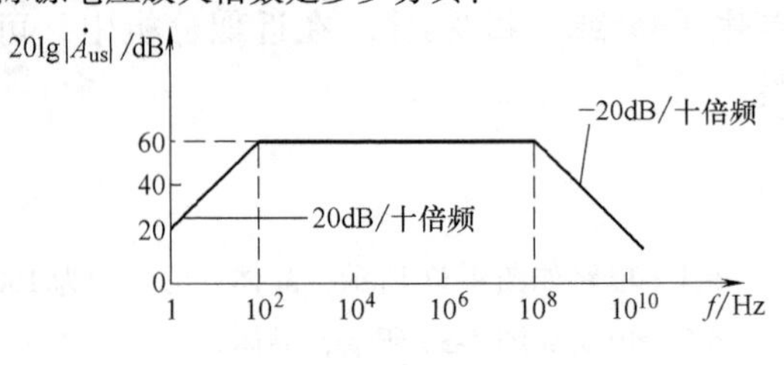

图4-42 题4-6图

4-7 已知某放大电路源电压放大倍数的频率特性表达式为

$$\dot{A}_{us}=\frac{100j\frac{f}{10}}{\left(1+j\frac{f}{10}\right)\left(1+j\frac{f}{10^5}\right)}$$（式中 f 的单位为 Hz）

试求：该电路的上、下限频率，中频源电压增益的分贝数，输出电压与输入电压在中频区的相位差。

4-8　一单级阻容耦合共发射极放大电路的通带是 50Hz ~ 50kHz，中频源电压增益 $|A_{um}|=40\text{dB}$，最大不失真交流输出电压范围是 $-3\sim+3\text{V}$。

（1）若输入一个 $10\sin(4\pi\times10^3t)$ mV 的正弦波信号，输出波形是否会产生频率失真和非线性失真？若不失真，则输出电压的峰值是多大？u_o 与 u_i 的相位差是多少？

（2）若 $u_i=40\sin(4\pi\times10^3t)$ mV，重复回答（1）中的问题；

（3）若 $u_i=10\sin(4\pi\times50\times10^3t)$ mV，输出波形是否会失真？

4-9　电路如图 4-43 所示。已知：晶体管的 $C_\mu=4\text{pF}$，$f_T=50\text{MHz}$，$r_{bb'}=100\Omega$，$\beta_0=80$。试求解：

（1）中频源电压放大倍数 $\dot{A}_{usm}$；

（2）C_π'；

（3）f_L 和 f_H。

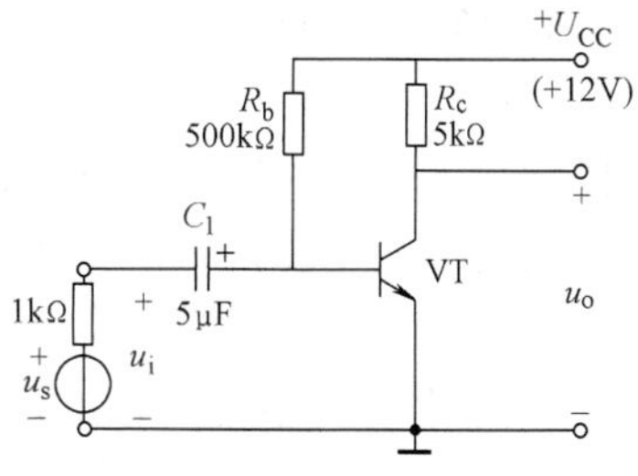

图 4-43　题 4-9 图

第 5 章　模拟集成电路

引言

集成电路是一种将“管”和“路”紧密结合的器件，它采用硅平面制造工艺，将二极管、晶体管、电阻、电容等元器件以及它们之间的连线同时制造在一小块半导体基片上，构成具有特定功能的电子电路，称为集成电路。集成电路具有体积小、重量轻、功能更强、元器件参数的一致性好等优点。集成电路按其功能可分为数字集成电路和模拟集成电路。模拟集成电路种类繁多，有运算放大器、功率放大器、模拟乘法器、电压比较器、模拟锁相环、数模和模数转换器、稳压电源、宽频带放大器等。

在模拟集成电路中，集成运算放大器（简称集成运放）是应用极为广泛的一种，本章所要讨论的内容包括组成集成运算放大器的基本单元电路、典型集成运算放大器电路及其性能指标。

模拟集成电路一般是由一片厚约 0.2～0.25mm、面积约 1～5mm^2 的 P 型硅片制成，用光刻、扩散等一系列复杂的工艺过程，制作出运算放大器所应包含的约几十个晶体管、电阻及连接导线等元器件，形成一块单片集成电路。与分立元器件电路相比，模拟集成电路有以下几方面的特点：

1）级间采用直接耦合方式：集成电路中制造的电容容量一般小于 100pF，所以集成电路的设计应避免或少用电容元件，必须用大电容时要外接。制造电感就更困难，一般不用。

2）用有源元件替代无源元件：集成电路中的电阻是利用硅半导体的体电阻构成的，优点是制造比较方便，但阻值范围受到限制，通常在几十欧至几十千欧之间，超出此范围的电阻和电位器要采用外接元件。在集成运算放大器中，高阻值的电阻常用晶体管或场效应晶体管等有源器件组成的恒流源电路来代替。

3）用晶体管替代二极管：电路中的二极管，常用作温度补偿或电平移动，由于集成电路中制造晶体管比较容易，所以常用晶体管的发射结构成二极管。

4）具有对称结构及参数：利用集成制造工艺制作出来的元器件，参数精度不高，离散性较大，易受温度影响。但各元器件相距很近，故参数的一致性较好，温度性能基本上可保持一致，非常适合制作两个特性相同的管子（对管）或两个阻值相等的电阻。

5）采用复合结构的电路：由于复合结构电路的性能较佳，而制作又不增加困难，因而采用复合结构以改进单管的性能。

5.1　集成运算放大器概述

集成运算放大器是直接耦合的高增益放大器，是模拟集成电路最重要的品种，广泛应用于各种电子电路中。集成运算放大器能够放大直流至一定频率范围的交流电压。早期的运算放大器主要用来完成加、减、乘、除、微分、积分、对数和指数等数学运算，其名称即由此而来。集成运算放大器发展至今，应用范围已远远超出数学运算范围，它不但能够实现线性和非线性等多种功能，而且也是其他一些模拟集成电路的重要组成部分，已成为实用性很强的基本单元电路。

集成运算放大器由输入级、中间级、输出级三个放大环节组成。它的输入级是差分放大电路，中间级是高增益放大电路，输出级是互补推挽放大电路。除此以外还有一些辅助环节，如偏置电流源、电位偏移电路等。集成运算放大器的框图如图5-1所示。

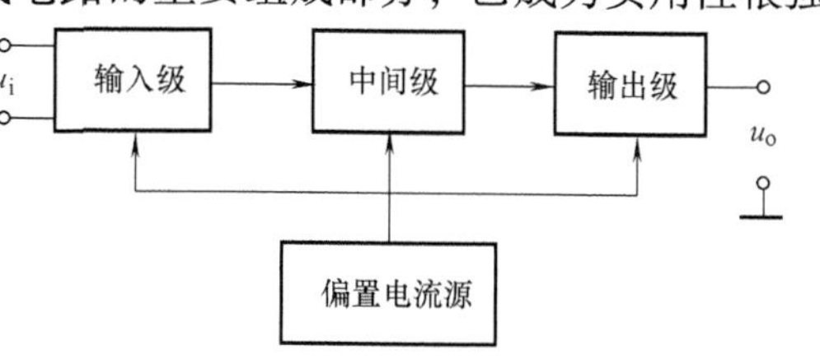

图5-1 集成运算放大器的框图

集成运算放大器的输入级要使用高性能的差分放大电路，它对共模信号有很强的抑制作用，因此可以抑制温漂。中间级提供很高的电压增益，以保证集成运算放大器的运算精度，电路形式多为差分电路和带有有源负载的高增益放大器。输出级由PNP型和NPN型两种极性的晶体管或复合管组成，以获得正负两个极性的输出电压或电流。为了稳定各级的静态工作点，集成运算放大器采用偏置电流源为各放大级提供静态工作电流。

5.2 集成运算放大器中的电流源电路

集成运算放大器电路中的晶体管和场效应晶体管,除了作为放大管外,还构成电流源电路,为各级提供稳定的偏置电流,或作为有源负载取代高阻值的电阻,本节将介绍常见的电流源。

1. 镜像电流源

如图5-2所示，设VT_1、VT_2的参数完全相同，即$\beta_1=\beta_2$，$I_{CEO1}=I_{CEO2}$，由于两管具有相同的基射极间电压（$U_{BE1}=U_{BE2}$），$I_{E1}=I_{E2}$，$I_{C1}=I_{C2}$，当晶体管的β较大时，基极电流I_B可以忽略，所以VT_2的集电极电流I_{C2}近似等于基准电流I_{REF}，即

$$I_{C2}=I_{C1}\approx I_{REF}=\frac{U_{CC}-U_{BE}}{R}\approx\frac{U_{CC}}{R} \tag{5-1}$$

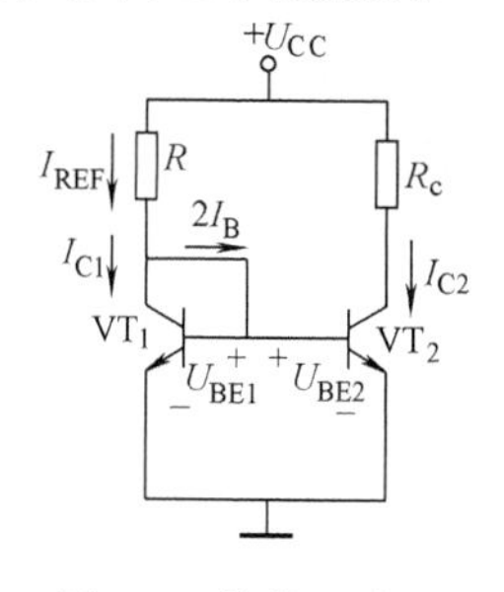

图5-2 镜像电流源

由式（5-1）可以看出，当R确定后，I_{REF}就确定了，I_{C2}也随之确定。把I_{C2}看作是I_{REF}的镜像，好比镜中的影像和原物体的形象一致，所以称图5-2为镜像电流源。I_{C2}为输出电流。

镜像电流源具有一定的温度补偿作用，其工作过程简述如下：

当温度升高时→$I_{C2}\uparrow$ $I_{C2}\downarrow$ ←

$I_{C1}\uparrow\rightarrow I_{REF}\uparrow\rightarrow U_R(I_{REF}R)\uparrow\rightarrow U_B\downarrow\rightarrow I_B\downarrow$

当温度降低时，电流和电压的变化与上述过程相反，因此提高了电流源的稳定性。

图5-3所示的电路中，当β不够大时，I_{C2}与I_{REF}就存在一定的差别，为了弥补这一不足，在电路中接入VT_3，作为缓冲级，利用VT_3的电流放大作用，减小了I_B对I_{REF}的分流作用，从而提高了I_{C2}与I_{REF}互成镜像的精度。

镜像电流源电路简单，应用广泛，但它适用于较大电流（毫安级）的场合，若要求I_{C2}很小，则I_{REF}势必也小，R的数值必然很大，这在集成电路中是很难做到的。因此，派生出其他类型的电流源电路。

2. 微电流源

在上述类型中，若想获得小电流的同时仍保持 R 的阻值不太大，则应使 $I_{C2}<I_{REF}$。为此可将 VT_2 的发射极电路接入电阻 R_{e2}，如图 5-4 所示。当基准电流 I_{REF}一定时，I_{C2}可确定如下：

因为

$$U_{BE1}-U_{BE2}=\Delta U_{BE}=I_{E2}R_{e2}$$

所以

$$I_{C2}\approx I_{E2}=\frac{\Delta U_{BE}}{R_{e2}} \tag{5-2}$$

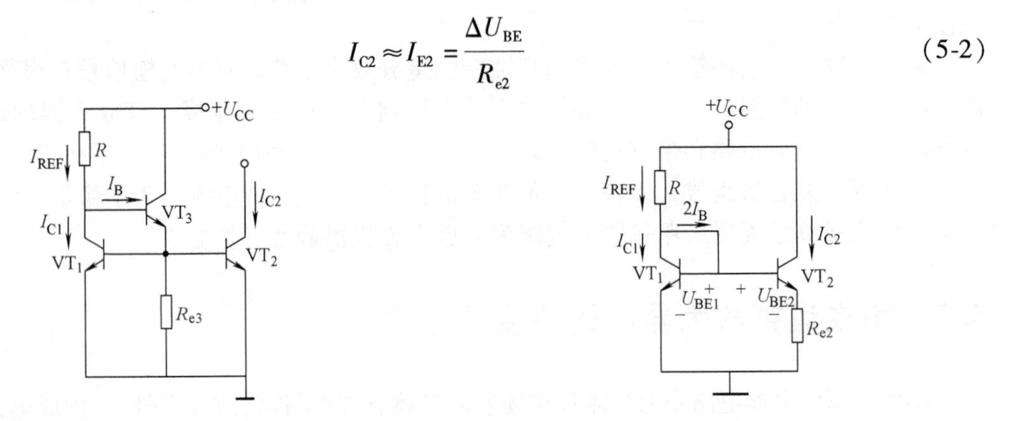

图 5-3　带缓冲级的镜像电流源　　　　图 5-4　微电流源

由于 ΔU_{BE}的数值小，故用阻值不大的 R_{e2}即可获得微小的工作电流，称为微电流源。在电路中，当电源电压 U_{CC}发生变化时，I_{REF}以及 ΔU_{BE}也将发生变化，由于 R_{e2}的值一般为数千欧，使 $U_{BE2}\leqslant U_{BE1}$，则 I_{C2}的变化远小于 I_{REF}的变化，故电源电压波动对工作电流 I_{C2}的影响不大。同时，因为 VT_1 对 VT_2 有温度补偿作用，所以 I_{C2}的温度稳定性也较好。

5.3　差分放大电路

差分放大电路，简称差放，它的功能是放大两个输入信号之差。由于它具有优异的抑制零点漂移和干扰信号的特性，因而成为集成运算放大器的主要组成单元。

5.3.1　差分放大电路的组成

差分放大电路是由两个特性相同的晶体管 VT_1、VT_2 组成的对称电路，两部分之间通过发射极公共电阻 R_e 耦合在一起，如图 5-5 所示，R_{s1}、R_{s2}可认为是信号源的内阻。电路采用双电源供电形式，可扩大线性放大范围。

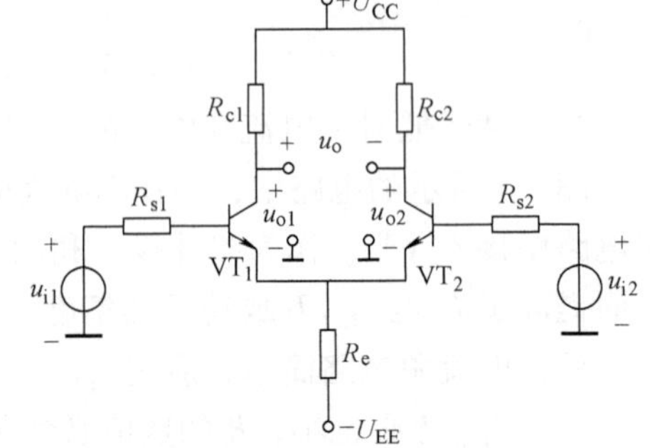

图 5-5　差分放大电路

差分放大电路要求两个晶体管及相应的两个半边电路完全对称，即

$$\beta_1=\beta_2=\beta$$

$$U_{BE1}=U_{BE2}=U_{BE}$$

$$r_{be1}=r_{be2}=r_{be}$$

$$R_{c1}=R_{c2}=R_c$$
$$R_{s1}=R_{s2}=R_s$$

5.3.2 差分放大电路的输入和输出方式

差分放大电路有两个输入端：反相输入端和同相输入端，如图5-5所示。在电路中规定的正方向条件下，输出信号 u_o 与输入信号 u_{i1} 的极性相反时，称加入 u_{i1} 的放大电路输入端为反相输入端；输出信号 u_o 与输入信号 u_{i2} 的极性相同时，称加入 u_{i2} 的输入端为同相输入端。信号从晶体管的两个基极加入时称为双端输入；信号从一个晶体管的基极对地加入，另一个晶体管基极接地时，称为单端输入。

差分放大电路有两个输出端：集电极 c_1 和集电极 c_2。从集电极 c_1 和集电极 c_2 之间输出信号称为双端输出；从一个集电极对地输出信号称为单端输出。

差分放大电路有两个输入端和两个输出端，组合起来就有四种连接方式：

1）双端输入双端输出。

2）双端输入单端输出。

3）单端输入双端输出。

4）单端输入单端输出。

5.3.3 差模信号和共模信号

差模信号是指两个幅度相等、极性相反的双端输入信号，即 $u_{i1}=-u_{i2}$，定义差分放大电路的差模输入信号为 $u_{id}=u_{i1}-u_{i2}$；共模信号是指两个幅度相等、极性相同的双端输入信号，即 $u_{i1}=u_{i2}$，定义差分放大电路的共模输入信号为 $u_{ic}=\frac{u_{i1}+u_{i2}}{2}=\frac{1}{2}u_{i1}+\frac{1}{2}u_{i2}$，它是两个输入信号的算术平均值。

在上述定义下，有

$$u_{i1}=u_{ic}+\frac{1}{2}u_{id}$$

$$u_{i2}=u_{ic}-\frac{1}{2}u_{id}$$

即任意两个输入信号均可表示为差模和共模信号的组合。

在差模信号和共模信号同时存在的情况下，对于线性放大电路来说，可利用叠加原理来求出总的输出电压，即

$$u_o=A_{UD}u_{id}+A_{UC}u_{ic}$$

式中，A_{UD} 为差模电压增益，$A_{UD}=u_{od}/u_{id}$；A_{UC} 为共模电压增益，$A_{UC}=u_{oc}/u_{ic}$。

5.3.4 差分放大电路

图5-5所示即为一个差分放大电路，它由两个结构和元器件参数完全相同的共发射极放大电路组成。输入信号加在两管基极上，输出信号从两管集电极取出。发射极接有阻值较大的发射极电阻 R_e。为了补偿 R_e 上所消耗的压降，在 R_e 下端还接入了负电源 $-U_{EE}$，通常，

取正负电源 U_{CC}和 U_{EE}的值相等。因为这种放大器的输出电压与两个输入信号电压之差成正比，所以称为差分放大电路。由于 R_e 接负电源 $-U_{EE}$，拖一个尾巴，故也称为长尾式电路。下面，首先分析差分放大电路的工作原理，并介绍其抑制零点漂移的作用，然后对电路的主要技术指标进行计算。

1. 静态分析

当没有输入信号，即 $u_{i1}=u_{i2}=0$ 时，R_{s1}、R_{s2}一端接地，零电位高于 $-U_{EE}$。所以，R_{s1}、R_{s2}可以起基极偏置电阻的作用，由 $-U_{EE}$向基极提供偏置电流。差分放大电路具有对称性，可以只对其中一半电路进行计算。在求基极电流时，因为流过 R_e 的电流是 $2I_E$，所以单边计算时，要用 $2R_e$ 代替发射极电阻，才能使 I_E 流过 $2R_e$ 产生的电压降与 $2I_E$ 流过 R_e 产生的电压降相同。对差分放大电路的结构了解清楚以后不难得到如下结果：

$$I_{BQ1}=I_{BQ2}=\frac{U_{EE}-U_{BEQ}}{R_s+2(1+\beta)R_e}$$

$$I_{CQ1}=I_{CQ2}=\beta I_{BQ1}$$

$$U_{CQ1}=U_{CQ2}=U_{CC}-I_{CQ1}R_c$$

$$U_{EQ}=-U_{EE}+2I_{CQ1}R_e$$

静态时,$U_O=U_{CQ1}-U_{CQ2}=0V$。

2. 抑制零点漂移的原理

在直接耦合放大电路中,将输入端短路,即输入信号为零,用灵敏的直流电压表测量输出端,会有变化缓慢的输出电压,这种输入电压(u_i)为零而输出电压(u_o)不为零且缓慢变化的现象,称为零点漂移现象。引起零点漂移的原因很多,如晶体管参数(I_{CBO}、U_{BE}、β)随温度的变化、电源电压波动、电路元器件参数的变化等,其中以温度的影响最为严重。在交流电路中也存在零点漂移,但由于各级之间采用阻容耦合,变化缓慢的零点漂移不会被逐级放大,而在直接耦合放大电路中,因温度变化产生的漂移(主要由第一级的漂移引起)会被后面各级放大并传输至输出端,使输出端产生很大的电压漂移,而且当有信号输入时,这种漂移还会伴随着信号的波动一同出现在放大电路的输出端,使人真假难辨。特别是,当输入信号比较微弱时,更会被零点漂移所造成的虚假信号所淹没,甚至使放大电路的作用消失。可见,直接耦合放大器减小直接耦合放大电路漂移的关键是使第一级具有稳定的静态工作点并具有尽可能小的零点漂移。

差模和共模输入时差分放大电路的放大示意图如图 5-6 所示。对于图 5-6a,VT_1 的集电极电压 u_{c1}减小,VT_2 的集电极电压 u_{c2}增加,所以两集电极之间有差模输出;对于图 5-6b,u_{c1}和 u_{c2}同时作相同幅度、相同方向的变化,所以两集电极之间无输出。可见差分放大电路对差模信号放大能力强,对共模信号放大能力弱(理想情况下无放大作用)。因为温度的变化同时作

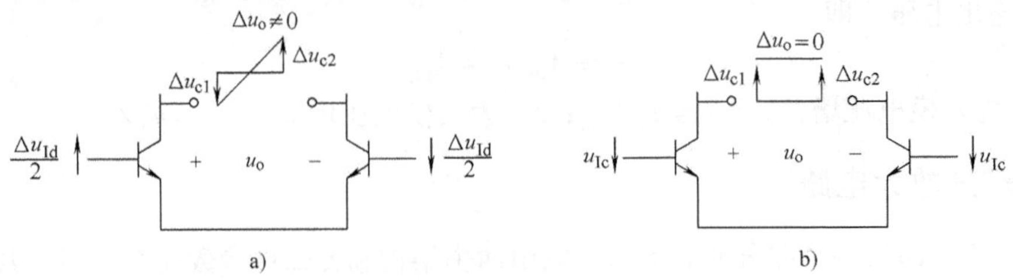

图 5-6　差模和共模输入时差分放大电路的输出

a) 差模输入时集电极的输出　b) 共模输入时集电极的输出

用在两个晶体管上,所以温度对差分放大电路中晶体管的影响,相当于给差分放大电路加入了共模信号,电路能够抑制温漂。

实际上,差分放大电路对零点漂移的抑制,一是靠对称,二是靠 R_e。双端输出时,这两条都可利用,而单端输出时,只利用 R_e 这一条,所以双端输出的漂移要小于单端输出。R_e 抑制零点漂移的作用是稳定工作点,从而抑制温度变化的影响,例如,当温度升高时,它抑制零点漂移的过程可以描述如下:

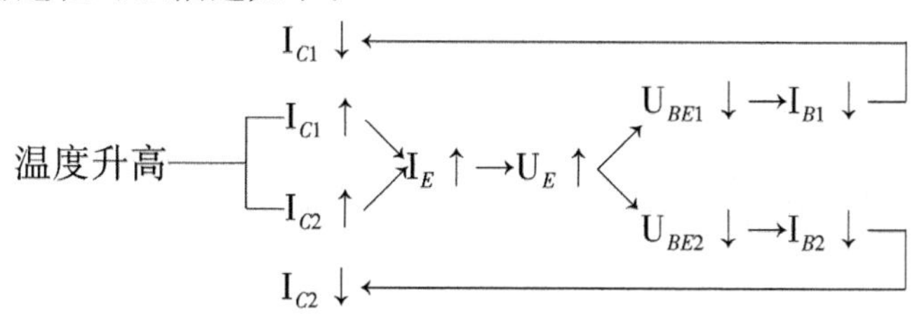

3. 主要技术指标的计算

(1)差模电压增益

1)双端输入双端输出的差模电压增益:差分放大电路如图 5-5 所示。双端输入时,只有差模输入信号,即 $u_{i1} = -u_{i2} = u_{id}/2$,则因一管的电流增加,另一管的电流减小,在电路完全对称的条件下,i_{c1}的增加量等于 i_{c2}的减小量,所以流过 R_e 的电流不变,$u_e = 0$,故交流通路如图 5-7 所示。当从两管集电极作双端输出时,其差模电压增益与单管电路的电压增益相同,即

$$A_{UD} = \frac{u_o}{u_{id}} = \frac{u_{o1} - u_{o2}}{u_{i1} - u_{i2}} = \frac{2u_{o1}}{2u_{i1}} = -\frac{\beta R_c}{r_{be}}$$

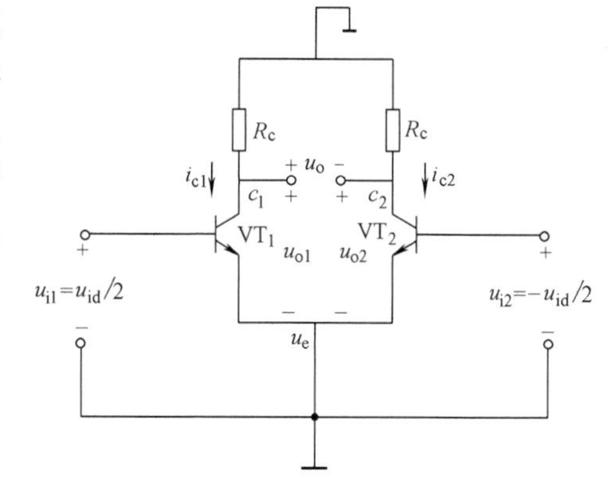

图 5-7 双端输入双端输出差分放大电路交流通路

当集电极 c_1、c_2 两点间接入负载电阻 R_L 时

$$A'_{UD} = -\frac{\beta R'_L}{r_{be}}$$

上式中,$R'_L = R_c // \frac{R_L}{2}$。这是因为输入差模信号时,$C_1$ 和 C_2 点的电位向相反的方向变化,一边增量为正,另一边增量为负,并且大小相等,可见负载电阻 R_L 的中点是交流地电位,所以在差分输入的半边等效电路中,负载电阻是 $R_L/2$。

综上分析可知,在电路完全对称、双端输入、双端输出的情况下,典型差分放大电路与单边电路的电压增益相等。可见,差分放大电路是以牺牲一只管子的放大倍数为代价,换取了低温漂的效果。

2)双端输入单端输出的差模电压增益:如输出电压取自其中一管的集电极(u_{o1}或 u_{o2}),则称为单端输出,此时由于只取出一管的集电极电压变化量,所以这时的电压增益只有双端输出时的一半,当分别从 VT_1 或 VT_2 输出时,有

$$A_{UD1} = \frac{1}{2}A_{UD} = -\frac{\beta R_c}{2r_{be}}, A_{UD2} = -\frac{1}{2}A_{UD} = \frac{\beta R_c}{2r_{be}}$$

这种接法可用于将双端信号转换为单端信号，集成运算放大器的中间级有时就采用这种接法。

3）单端输入双端输出的差模电压增益：在实际系统中，有时要求放大电路的一个输入端接地，即输入是单端信号，如图5-8a所示，$u_{i1}=u_i$、$u_{i2}=0$ 这种输入方式称为单端输入。为了说明这种输入方式的特点，可以将其进行等效变换，把原来的信号分成共模信号和差模信号。信号分解如下：

$$u_{ic}=\frac{u_{i1}+u_{i2}}{2}=\frac{u_i}{2}$$

$$u_{id}=u_{i1}-u_{i2}=u_i$$

于是，可以这样来理解：共模信号是$\frac{u_i}{2}$，差模信号是$\frac{u_i}{2}$和$-\frac{u_i}{2}$。加在 VT_1 基极上的信号相当是 $u_{i1}=u_{ic}+\frac{u_i}{2}=\frac{u_i}{2}+\frac{u_i}{2}=u_i$，即两个$\frac{u_i}{2}$相加；而加在 VT_2 基极上的信号相当是 $u_{i2}=u_{ic}-\frac{u_{id}}{2}=\frac{u_i}{2}-\frac{u_i}{2}=0$，即一个$-\frac{u_i}{2}$和一个$\frac{u_i}{2}$相加。进行这样的变换后，将电路重画，如图5-8b所示。

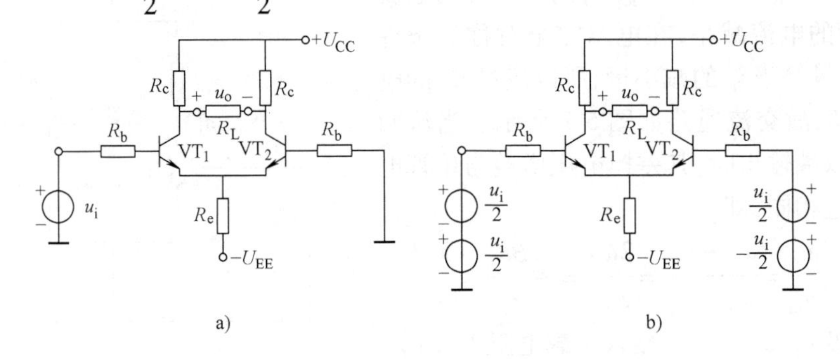

图5-8 单端输入双端输出差分放大电路
a）单端输入双端输出差分放大电路 b）对输入信号进行等效变换

由于输入信号中有差模信号和共模信号两部分，则输出信号也由两部分组成。将单端输入和双端输入电路进行比较，就差模信号而言，单端输入时电路的工作状态与双端输入时的工作状态一致，故单端输入双端输出的差模电压增益与双端输入双端输出的差模电压增益相同。

4）单端输入单端输出的差模电压增益：单端输入单端输出的差分放大电路如图5-9所示。通过以上分析可知：单端输入时差分电路的工作状态与双端输入时的工作状态一致，所以其单端输入单端输出的差模电压增益与双端输入单端输出的差模电压增益相同。

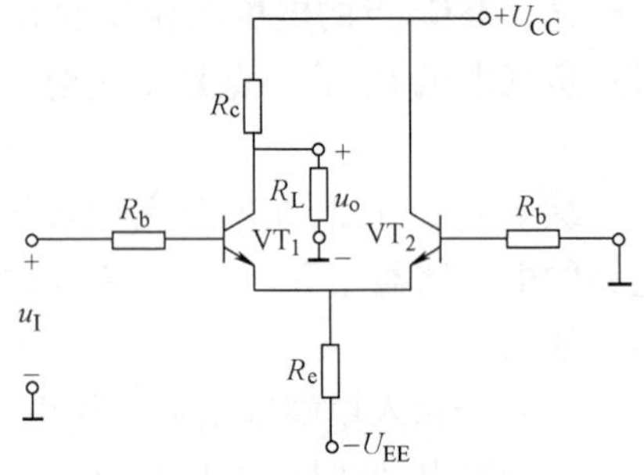

图5-9 单端输入单端输出差分放大电路

5）差模输入电阻：在讨论差模输入电阻时，参照双端输入双端输出差分放大电路，不论是单端输入还是双端输入，差模输入电阻 R_{id} 的计算公式如下：

$$R_{id}=2(R_s+r_{be})$$

6）差模输出电阻：在讨论输出电阻时，参照双端输入双端输出差分放大电路，单端输出时的输出电阻为

$$R_{od} = R_c$$

双端输出时的输出电阻为

$$R_{od} = 2R_c$$

（2）共模电压增益

1）双端输出的共模电压增益：当图5-5所示差分放大电路的两个输入端接入共模输入电压，即 $u_{ic1} = u_{ic2} = u_{ic}$ 时，如图5-10所示，因两管的电流或同时增加，或同时减小，因此流过 R_e 的电流的变化量为晶体管发射极电流变化量的2倍。因电路是对称的，只需计算电路的一边，相当于每个晶体管的发射极接的电阻为 $2R_e$。在对称条件下，双端输出时的共模电压可认为等于0V，所以双端输出时共模电压增益为

$$A_{UC} = \frac{u_{oc}}{u_{ic}} = \frac{u_{oc1} - u_{oc2}}{u_{ic}} \approx 0$$

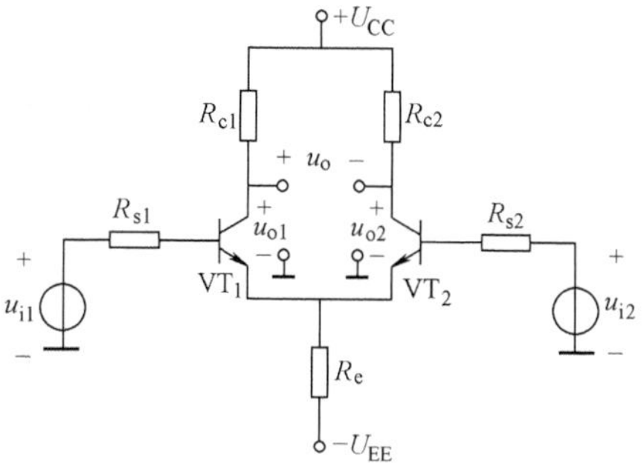

图5-10　共模输入下双端输出差分放大电路

如前所述，共模信号就是漂移信号或者是伴随输入信号一起加入的干扰信号，因此，共模电压增益越小，说明放大电路的性能越好。

2）单端输出的共模电压增益：单端输出时共模电压增益表示两个集电极任一端对地的共模输出电压与共模输入信号之比，即

$$A_{UC1} = A_{UC2} = \frac{u_{oc1}}{u_{ic}} = -\frac{\beta R_L'}{R_s + r_{be} + (1+\beta)2R_e}$$

式中，$R_L' = R_c // R_L$。

当 $(R_s + r_{be}) << 2(1+\beta)R_e$ 时

$$A_{UC1} \approx -\frac{R_L'}{2R_e}$$

由上式可知，R_e 越大，共模电压增益越小，R_e 越大说明对共模干扰的抑制能力越强，故称 R_e 为共模抑制电阻。

3）共模抑制比：差分放大电路很难做到完全对称，即使是双端输出，零点漂移也不能完全被克服，但将受到很大的抑制。在实际应用中，为了衡量差分放大电路抑制共模信号的能力（抑制零点漂移的能力），制定了一项技术指标，称为共模抑制比 K_{CMR}（Commmon Mode Rejection ratio，CMR）。共模抑制比定义为差模电压增益 A_{ud} 与共模电压增益 A_{uc} 之比的绝对值，即

$$K_{CMR} = \left| \frac{A_{ud}}{A_{uc}} \right|$$

或用分贝（dB）数表示

$$K_{CMR} = 20\lg \left| \frac{A_{ud}}{A_{uc}} \right|$$

在差分放大电路中，若电路完全对称，双端输出的共模电压增益 $A_{uc}=0$，$K_{CMR}=\infty$。单端输出时共模抑制比的表达式为

$$K_{CMR}=\left|\frac{A_{ud}}{A_{uc}}\right|\approx\frac{\dfrac{\beta R_L'}{2(R_e+r_{be})}}{\dfrac{R_L'}{2R_e}}=\frac{\beta R_e}{R_e+r_{be}}$$

在上式中，R_e 越大，K_{CMR}越大，说明共模抑制能力越强，也即，增大 R_e 是提高 K_{CMR}的有效手段。

例 5-1 在图 5-11 所示的差分放大电路中，$\beta=50$，$U_{BE}=0.7V$，输入电压 $u_{i1}=7mV$，$u_{i2}=3mV$。要求：

（1）计算晶体管的静态电流 I_B、I_C 及各电极的电位 U_E、U_C 和 U_B；

（2）把输入电压 u_{i1}、u_{i2}分解为共模分量 u_{ic}和差模分量 u_{id}；

（3）求单端共模输出的电压变化量 Δu_{oc1}和 Δu_{oc2}；

（4）求单端总输出的电压变化量 Δu_{od1}和 Δu_{od2}；

（5）求单端总输出的电压变化量 Δu_{o1}和 Δu_{o2}；

（6）求双端共模输出 Δu_{oc}，双端差模输出 Δu_{od}和双端总输出的电压变化量 Δu_o。

（7）求单端输出时的共模抑制比。

解：（1）静态时，$u_{i1}=u_{i2}=0$，可画出单管直流通路，如图 5-12 所示，于是有

$$R_bI_B+U_{BE}+2R_eI_E=U_{EE}$$

$$I_B=\frac{U_{EE}-U_{BE}}{R_b+2(1+\beta)R_e}=0.01mA$$

$$I_C=\beta I_B=50\times0.01mA=0.5mA$$

$$I_E=(1+\beta)I_B=51\times0.01mA=0.51mA$$

$$U_C=U_{CC}-I_CR_c=3.45V$$

$$U_E=-6+2I_ER_e=-0.8V$$

$$U_B=-I_BR_b=-0.1V$$

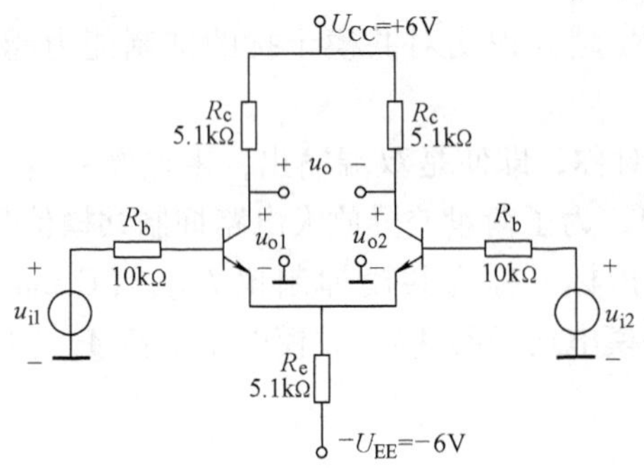

图 5-11 例 5-1 图

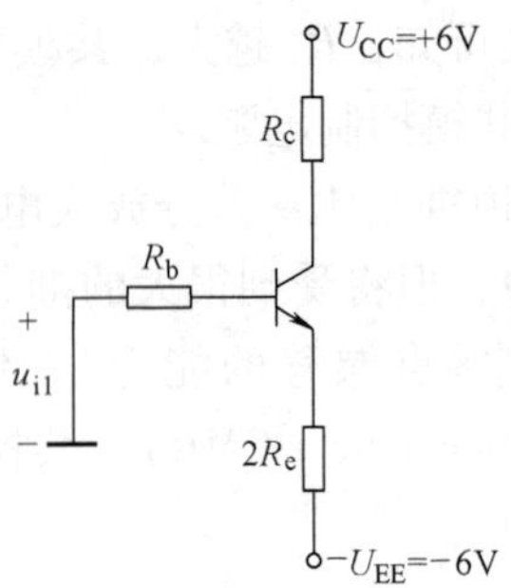

图 5-12 图 5-11 的半边直流通路

（2）求 u_{ic}和 u_{id}

$$u_{ic}=\frac{u_{i1}+u_{i2}}{2}=5\text{mV}$$

$$u_{id}=u_{i1}-u_{i2}=4\text{mV}$$

（3）求共模输出电压

$$\Delta u_{oc1}=\Delta u_{oc2}=-\beta\frac{R_c}{R_b+r_{be}+2\ (1+\beta)\ R_e}\Delta u_{ic}=-2.39\text{mV}$$

式中

$$r_{be}=r_{bb'}+(1+\beta)\frac{U_T}{I_{EQ}}=\left[300+(1+50)\frac{26\text{mV}}{0.51\text{mA}}\right]\Omega=2900\Omega$$

（4）求单端差模输出电压

$$\Delta u_{od1}=-\frac{\beta R_c}{2(R_b+r_{be})}\Delta u_{id}=-39.8\text{mV}$$

$$\Delta u_{od2}=-\Delta u_{od1}=39.8\text{mV}$$

（5）求总输出电压

$$\Delta u_{o1}=\Delta u_{oc1}+\Delta u_{od1}=-42.2\text{mV}$$

$$\Delta u_{o2}=\Delta u_{oc2}+\Delta u_{od2}=37.4\text{mV}$$

（6）求双端输出电压

$$\Delta u_{oc}=\Delta u_{oc1}-\Delta u_{oc2}=0$$

$$\Delta u_{od}=\Delta u_{od1}-\Delta u_{od2}=-79.6\text{mV}$$

$$\Delta u_o=\Delta u_{o1}-\Delta u_{o2}=-79.6\text{mV}=\Delta u_{od}$$

（7）求单端输出时的共模抑制比

$$K_{CMR}=\left|\frac{A_{ud}}{A_{uc}}\right|=\frac{R_b+r_{be}+2(1+\beta)R_e}{2(R_b+r_{be})}=20.8$$

5.3.5 恒流源差分放大电路

由以上分析可知，为提高共模抑制比，应加大 R_e，这一点对单端输出电路尤为重要。

设晶体管发射极静态电流为0.5mA，若则 R_e 为10kΩ时，电源 U_{EE}的值约为10.7V。在同样的静态工作电流下，若 $R_e=100\text{k}\Omega$，则 $U_{EE}\approx100.7\text{V}$，这显然是不现实的。因为一方面集成电路中不易制作大阻值电阻；另一方面，这样高的电源电压对于小信号放大电路也非常不合适。为了既能采用较低的电源电压，又能有很大的等效电阻 R_e，可采用恒流源电路来取代 R_e，如图5-13所示，VT_3、VS、R、R_e 组成恒流源电路，提供恒定电流 I_{C3}。由图中可知 U_{B3}是稳定的，因此 U_{E3}也是稳定的，所以 R_e 两端的压差稳定。于是，I_{C3}是恒定的。

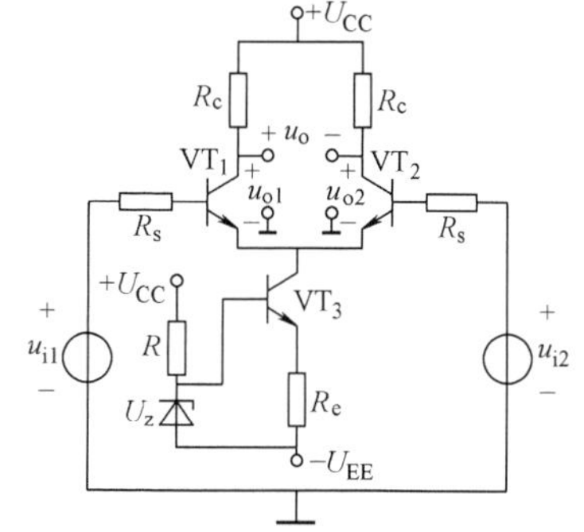

图5-13 恒流源差分放大电路

恒流源的动态电阻很大，对共模信号有很强的抑制作用，可以提高共模抑制比。在差模信号作用下，引起一管电流增加，则另一管电流必然等量减少，两电流之和仍为 I_{C3}。因此，恒流源电路对差模信号可视为交流短路，不影响差模信号的放大。同时恒流源的管压降只有几伏，可不必提高负电源电压值。

【思考题】

1. 差分放大电路最主要特点是什么？它为何具备这一特点？

2. 何为差模信号？何为共模信号？如何将差分放大电路两端加的任意两路信号等效为差模信号和共模信号的组合？

3. 在差分放大电路中，用恒流源代替 R_e 有何好处？

4. 从输入和输出关系来看，差分放大电路有几种连接方式？试比较它们的性能指标。

5. 在双端输入双端输出与单端输入双端输出两种差分式放大电路中，相应的电压增益相同，其物理本质是什么？

5.4 集成运算放大器举例

集成运算放大器是一种高性能的直接耦合放大电路，尽管品种繁多，内部电路结构也各不相同，但是它们的基本组成部分、结构形式和组成原则基本一致。因此，对于典型电路的分析具有普遍意义，一方面可从中理解集成运算放大器的性能特点，另一方面可以了解复杂电路的分析方法。

集成运算放大器按制造工艺分有晶体管、CMOS 和兼容型的 BiFET 型。晶体管型运算放大器一般输入偏置电流及器件功耗较大，它的输出级可提供较大的负载电流；CMOS 型运算放大器输入电阻高、功耗低，可在低电源电压下工作；BiFET 兼容型运算放大器一般以场效应晶体管作为输入级，它具有高输入电阻、高精度和低噪声的特点。

5.4.1 CMOS MC14573 集成运算放大器

1. 电路组成

MC14573 的原理电路如图 5-14 所示。根据与晶体管对应的关系可看出，这是两级放大电路，全部是增强型 MOS 场效应晶体管。

第一级是由 VF_3、VF_4（P 沟道）组成的共源差分放大电路。VF_5 和 VF_6（N 沟道）构成镜像电流源作为有源负载。VF_1 和 VF_2 作为电流源提供偏置电流。

第二级是由 VF_8 组成的带有源负载（VF_7）的共源放大电路。

VF_2 和 VF_7 的电流由 VF_1 确定，这是一个多路电流源电路，VF_1 的电流大小是通过外接电阻 R 确定的。

电容 C 是起相位补偿作用的。

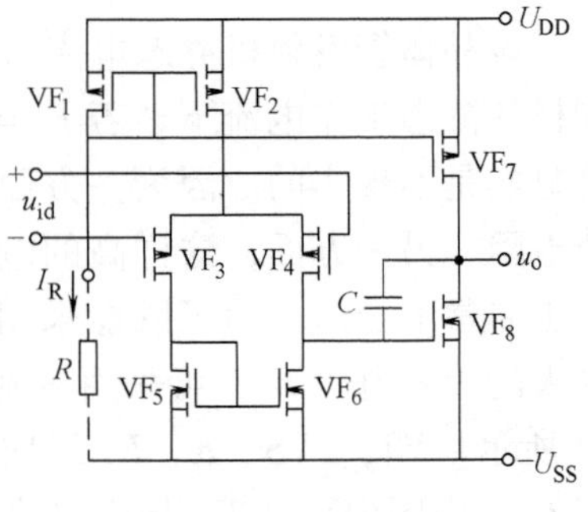

U_{DD} 与 U_{SS} 为直流电源，它们的差值要求不大于 15V，不小于 5V；可以是单电源供电（正或负），也可以正负电源不对称。但要注意，输出电压的范围将随电源的选择而改变。

图 5-14　MC14573 的原理电路

2. 工作原理

确定电路的静态电流只需先确定流过 VF_1 的电流 I_R，其他电流则可随之而定了。设 VF_1 的开启电压为 $U_{GS(th)}$，则 $I_R \approx (U_{DD}+U_{SS}+U_{GS(th)})/R$。$I_R$ 一般多选为 20～200μA。

下面分析交流性能。

第一级的电路与有源负载差分放大电路原理是一样的，可以直接求出 A_{iu}。设 VF_3、VF_4 参数相同，VF_5、VF_6 参数相同，则

$$A_{iu}=\frac{\Delta I_{o1}}{\Delta U_1}=\frac{-2\Delta I_{D4}}{\Delta U_1}=-\frac{\Delta I_{D4}}{\frac{1}{2}\Delta U_1}=-g_{m4}$$

由于第二级是接在 VF_8 的栅源之间，R_{i2}很大，而第一级的输出电阻是 $r_{ds4}/\!/r_{ds6}$，所以第一级的电压放大倍数为

$$A_{u1}\approx -g_{m4}(r_{ds4}/\!/r_{ds6})$$

第二级为有源负载共源放大电路，很容易求出在负载开路时的电压放大倍数为

$$A_{u2}\approx -g_{m8}(r_{ds7}/\!/r_{ds8})$$

$$A_u=A_{u_1}A_{u2}\approx g_{m4}g_{m8}(r_{ds4}/\!/r_{ds6})(r_{ds7}/\!/r_{ds8})$$

此电路输出开路时的电压放大倍数可达 10^4（即 80dB）以上。由于它的输出电阻比较大，故带负载能力较差。但它多用于场效应晶体管为负载的电路或负载电阻较高的场合，故作为电压放大电路还是很好的。

以图 5-14 所示的电压极性，得到 A_u 为正值，则标“+”为同相输入端，标“-”为反相输入端。

MC14573 的输入电阻很高，输入的静态电流约为 1nA。

由于 U_{DD}和 U_{SS}可在一定范围内选择数值，所以输出电压范围可变，一般为：下限值≈ $-U_{SS}+1.05V$，上限值≈$U_{DD}-2V$。

5.4.2 BJT LM741 集成运算放大器

本节以 LM741 集成运算放大器为例，介绍模拟集成电路的电路组成及工作原理。

1. 偏置电路

LM741 集成运算大器由 24 个晶体管、10 个电阻和 1 个电容所组成，如图 5-15 所示。在体积小的条件下，为了降低功耗以限制温升，必须减小各级的静态工作电流，故采用微电流源电路。

LM741 的偏置电路如图 5-15a 所示，图中由 $+U_{CC}\rightarrow VT_{12}\rightarrow R_5\rightarrow VT_{11}\rightarrow -U_{EE}$构成主偏置电路，决定偏置电路的基准电流 I_{REF}。主偏置电路中的 VT_{11}和 VT_{10}组成微电流源电路（$I_{REF}\approx I_{C11}$），由 I_{C10}供给输入级中 VT_3、VT_4 的偏置电流。I_{C10}远小于 I_{REF}。

VT_8 和 VT_9 为一对横向 PNP 型晶体管，它们组成镜像电流源，$I_{E8}=I_{E9}$，供给输入级 VT_1、VT_2 的工作电流（$I_{E8}\approx I_{C10}$），这里 I_{E9}为 I_{E8}的基准电流，于是 $I_{C1}=I_{C2}=(1+2/\beta)I_{C8}/2$，$I_{C1}\approx I_{C3}=I_{C4}\approx I_{C5}=I_{C6}$。必须指出，输入级的偏置电路本身构成反馈环，可减小零点漂移。例如，当温度升高时，引起 I_{C3}、I_{C4}的增加，则产生如下的自动调整过程：

$$T(℃)\uparrow \longrightarrow (I_{C3}+I_{C4})\uparrow \longrightarrow I_{E8}\uparrow \longrightarrow I_{E9}\uparrow \longrightarrow I_{C9}\uparrow \longrightarrow I_{3,4}\downarrow \longrightarrow$$

$$(\text{因为 } I_{C9}+I_{3,4}=I_{C10}\approx \text{常数})$$

$$(I_{C3}+I_{C4})\downarrow \longleftarrow$$

由此可见，由于I_{C10}恒定，上述反馈作用保证了I_{C3}和I_{C4}十分恒定，从而起到了稳定工作点的作用，提高了整个电路的共模抑制比。

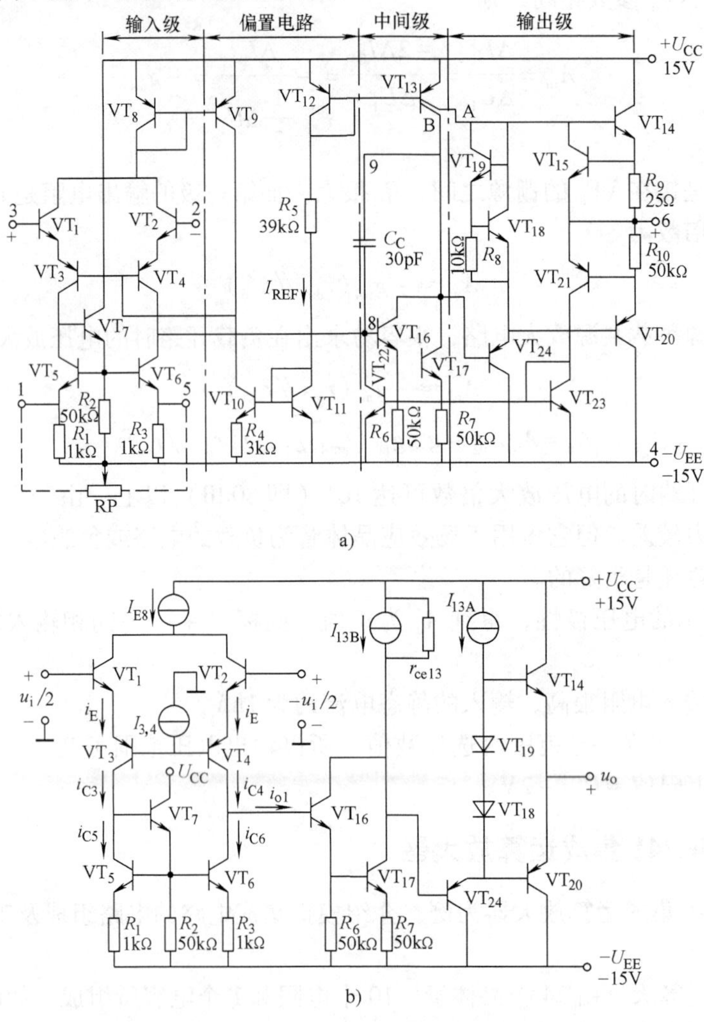

图 5-15 LM741 集成运算放大器

a）原理电路 b）简化电路

VT_{12}和VT_{13}构成双端输出的镜像电流源，VT_{13}是一个双集电极的横向 PNP 型晶体管，可视为两个晶体管，它们的两个基-集结彼此并联。一路输出为VT_{13B}的集电极，使$I_{C16}+I_{C17}=I_{C13B}$，主要作为中间放大级的有源负载；另一路输出为VT_{13A}的集电极，供给输出级的偏置电流，使VT_{14}、VT_{20}工作在甲乙类放大状态。

2. 输入级

图 5-15b 为 LM741 的简化电路，只是将图 5-15a 中的产生恒定电流的电路都用恒流源代

替。输入级是由 $VT_1 \sim VT_6$ 组成的差分放大电路，由 VT_6 的集电极输出，VT_1、VT_3 和 VT_2、VT_4 组成共集-共基复合差分电路。纵向 NPN 型晶体管 VT_1、VT_2 组成的共集电极放大电路可以提高输入阻抗，而横向 PNP 型晶体管 VT_3、VT_4 组成的共基极放大电路和 VT_5、VT_6、VT_7 组成的有源负载，有利于提高输入级的电压增益、最大差模输入电压并扩大共模输入电压范围，同时可以改善频率响应。另外，有源负载比较对称，有利于提高输入级的共模抑制比。VT_7 用来构成 VT_5、VT_6 的偏置电路。在这一级中，VT_7 的 β_7 比较大，I_{B7}很小，所以 $I_{C3}=I_{C5}$。这就是说，无论有无差模信号输入，总有 $I_{C3}=I_{C5}=I_{C6}$的关系。

当输入信号 $u_i=0$ 时，差分输入级处于平衡状态，由于 VT_{16}、VT_{17}组成的复合管的等效 β 值很大，因而 I_{B16}可以忽略不计，这时 $I_{C3}=I_{C5}=I_{C4}=I_{C6}$，输出电流 $i_{o1}=0$。

当输入信号 u_i 并使同相输入端为（+），反相输入端为（-）时，则有

$$i_{C6}=i_{C5}=i_{C3}=I_{C3}+i_{C3}$$

$$i_{C4}=I_{C4}-i_{C4}$$

而

$$i_{C3}=-i_{C4}=i_C$$

所以，输出电流 $i_{O1}=i_{C4}-i_{C6}=(I_{C4}-i_{C4})-(I_{C6}+i_{C6})=-2i_C$，这就是说，差分输入级的输出电流为两边输出电流变化量的总和，使单端输出的电压增益提高到近似等于双端输出的电压增益。

当输入为共模信号时，i_{C3}和 i_{C4}相等，$i_{o1}=0$，从而使共模抑制比大为提高。

3. 中间级

这一级由 VT_{16}、VT_{17}组成复合管共发射极放大电路，集电极负载为 VT_{13B}所组成的有源负载，其交流电阻很大，故本级可以获得很高的电压增益，同时也具有较高的输入电阻。

4. 输出级

本级是由 VT_{14}和 VT_{20}组成的互补对称电路。为了使电路工作于甲乙类放大状态，利用 VT_{18}的集射极间电压 U_{CE18}接于 VT_{14}和 VT_{20}两管基极之间（见图 5-15a），给 VT_{14}、VT_{20}提供一起始偏压，同时利用 VT_{19}（接成二极管）的 U_{BE19}连于 VT_{18}的基极和集电极之间，形成负反馈偏置电路，从而使 U_{CE18}的值比较恒定。这个偏置电路由 VT_{13A}组成的电流源供给恒定的工作电流，VT_{24}接成共集极放大电路以减少对中间级的负载影响。

为了防止输入级信号过大或输出短路而造成的损坏，电路内备有过电流保护元件。当正向输出电流过大时，流过 VT_{14}和 R_9 的电流增大，将使 R_9 两端的压降增大到足以使 VT_{15}由截止状态进入导通状态，U_{CE15}下降，从而限制了 VT_{14}的电流。当负向输出电流过大时，流过 VT_{20}和 R_{10}的电流增加，将使 R_{10}两端电压增大到使 VT_{21}由截止状态进入导通状态，同时 VT_{23}和 VT_{22}均导通，降低 VT_{16}及 VT_{17}的基极电压，使 VT_{17}的 U_{C17}和 VT_{24}的 U_{E24}上升，使 VT_{20}趋于截止，因而限制了 VT_{20}的电流，达到保护的目的。

整个电路要求当输入信号为零时输出也应为零，这在电路设计方面已作考虑。同时，在电路的输入级中，VT_5、VT_6 发射极两端还可接一电位器 RP，中间滑动触头接 $-U_{EE}$，从而改变 VT_5、VT_6 的发射极电阻，以保证静态时输出为零。

小 结

1. 电流源电路是模拟集成电路的基本单元电路，其特点是直流电阻小，动态输出电阻（小信号电阻）很大，并具有温度补偿作用。常用来作为放大电路的有源负载和决定放大电路各级 Q 点的偏置电流。

2. 差分放大电路是模拟集成电路的重要组成单元，特别是作为集成运算放大器的输入级，它既能放大直流信号，又能放大交流信号；它对差模信号具有很强的放大功能，而对共模信号却具有很强的抑制能力。由于电路输入、输出方式的不同组合，共有四种典型电路。

3. 差分放大电路利用晶体管和电路参数的对称性来抑制温度漂移。分析时将输入信号等效为差模信号和共模信号的叠加。分别计算其差模放大倍数和共模放大倍数，二者之比为共模抑制比（K_{CMR}）。共模抑制比越高，抑制温漂的能力越强。为提高 K_{CMR}，常在差分对管的发射极接电阻 R_e，在集成电路中还常用恒流源代替 R_e。

4. 差分放大电路的分析分静态、差模动态和共模动态三种情况进行。静态分析的原则同放大电路。差模动态分析根据电路的输入、输出方式不同而有所差别。因为单端输入可以等效成双端输入，所以双端输入双端输出、单端输入双端输出的电压增益、输出电阻的表达式相同；双端输入单端输出、单端输入单端输出的电压增益、输出电阻的表达式相同。共模动态分析主要解决共模抑制比的计算，双端输出共模输出电压按零计算；单端输出则需要根据等效电路计算。

习 题

5-1 某差分放大电路如图 5-16 所示，设对管的 $\beta=50$，$r_{bb'}=300\Omega$，$U_{BE}=0.7V$，RP 的影响可以忽略不计，试估算：

（1）VT_1，VT_2 的静态工作点；

（2）差模电压放大倍数 $A_{ud}=\dfrac{\Delta U_o}{\Delta U_{i1}-\Delta U_{i2}}$。

5-2 在图 5-17 所示的差分放大电路中，已知两个对称晶体管的 $\beta=50$，$r_{be}=1.2k\Omega$。

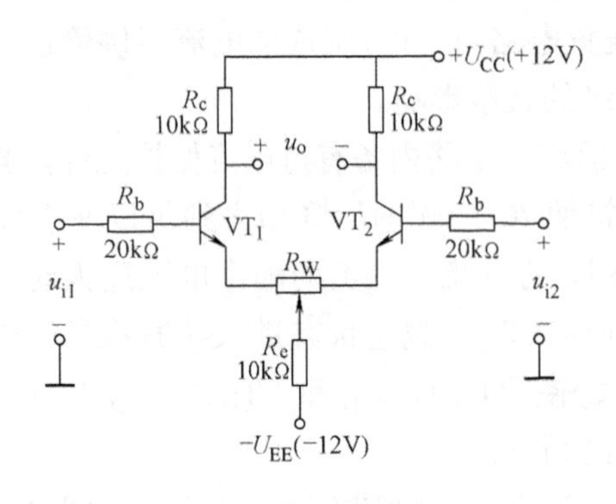

图 5-16 题 5-1 图

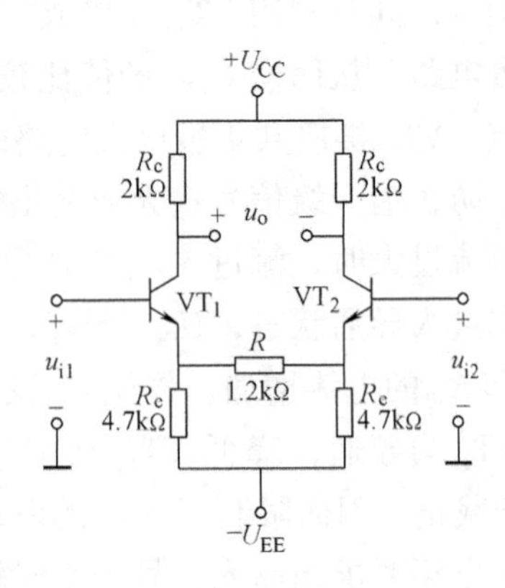

图 5-17 题 5-2 图

（1）画出共模、差模半边电路的交流通路；

（2）求差模电压放大倍数 $A_{ud}=\dfrac{\Delta U_o}{\Delta U_{i1}-\Delta U_{i2}}$；

（3）求单端输出和双端输出时的共模抑制比 K_{CMR}。

5-3 在图5-18所示电路中，VT_1、VT_2 的特性相同，且 β 很大，求 I_{C2} 和 I_{CE2} 的值，设 $U_{BE}=0.6V$。

5-4 电路如图5-19所示，用镜像电流源（VT_1、VT_2）对射极跟随器进行偏置。设 $\beta>>1$，求电流 I_o 的值。若 r_o（r_{ce}）$=100k\Omega$，试比较该电路与分立元器件电路的优点。设 $U_{CC}=-U_{EE}=10V$，$U_{BE}=0.6V$。

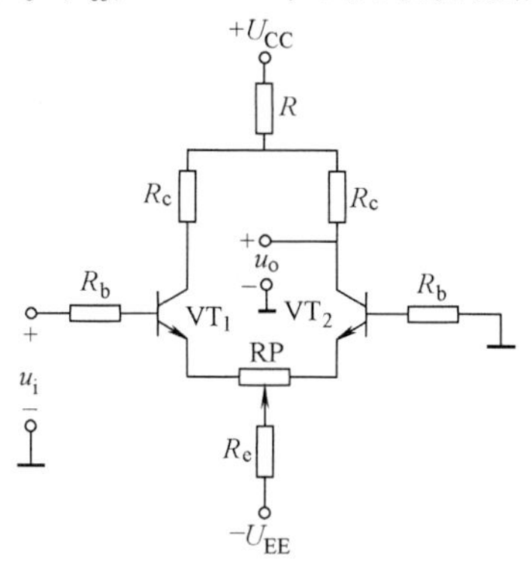

图5-18 题5-3图

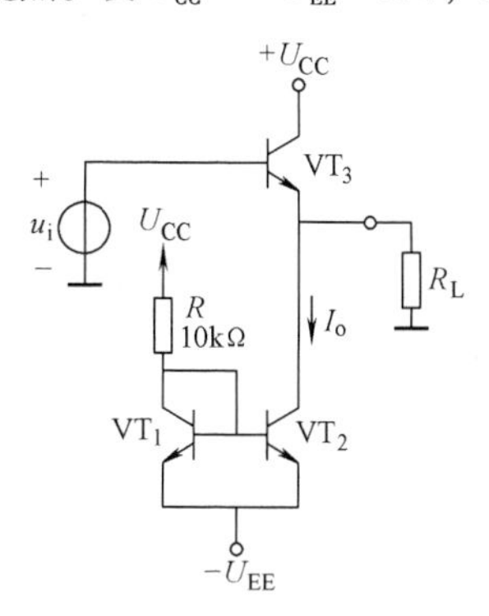

图5-19 题5-4图

5-5 电路如图5-20所示，设晶体管的 $\beta_1=\beta_2=30$，$\beta_3=\beta_4=100$，$U_{BE1}=U_{BE2}=0.6V$，$U_{BE3}=U_{BE4}=0.7V$。试计算双端输入单端输出时的 R_{id}、A_{uod1}、A_{uoc1} 及 K_{CMR1} 的值。

5-6 电路如图5-21所示，$R_{e1}=R_{e2}=100\Omega$，晶体管的 $\beta=100$，$U_{BE}=0.6V$，求：

（1）Q 点（I_{B1}、I_{C1}、V_{CE1}）；

（2）当 $u_{i1}=0.01V$、$u_{i2}=-0.01V$ 时，求输出电压 $u_o=u_{o1}-u_{o2}$ 的值；

（3）当 c_1、c_2 间接入负载电阻 $R_L=5.6k\Omega$ 时，求 u_o 的值；

（4）求电路的差模输入电阻 R_{id}、共模输入电阻 R_{ic} 和输出电阻 R_o。

5-7 电路参数如图5-21所示，求：

（1）单端输出且 $R_L=\infty$ 时，$u_{o2}=?$ $R_L=5.6k\Omega$ 时，$u'_{o2}=?$

（2）不接 R_L 时，单端输出的 A_{UD2}、A_{UC2} 和 K_{CMR} 的值；

（3）电路的差模输入电阻 R_{id}、共模输入电阻 R_{ic} 和不接 R_L 时单端输出的输出电阻 R_{o2}。

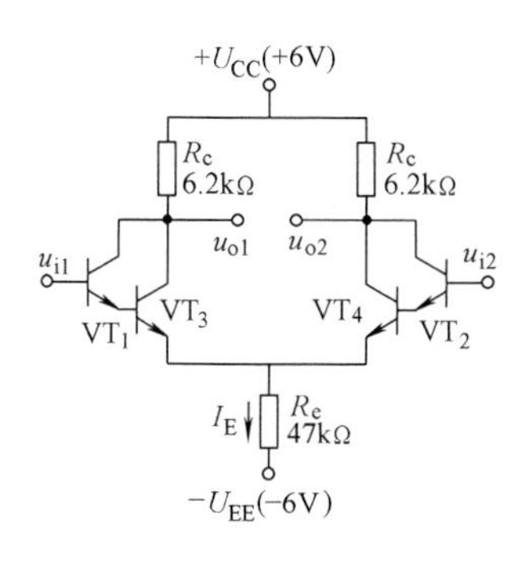

图5-20 题5-5图

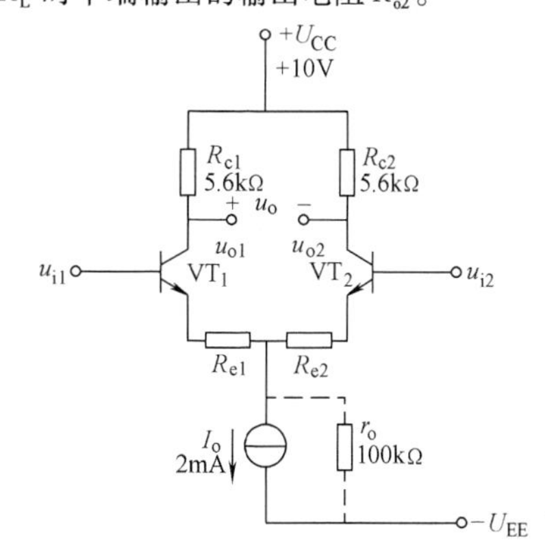

图5-21 题5-6图

第 6 章　反馈放大电路

引言

在电子技术中，反馈不仅是改善放大电路性能的重要手段，而且在振荡电路、直流稳压电源等许多场合，反馈都起着不可替代的作用。例如，分压式偏置电路，利用直流负反馈稳定静态工作点；典型差分放大电路 R_e 对共模信号有很强的负反馈作用，从而抑制了直流放大电路的零点漂移；集成运算放大器的三种基本运算电路（见第 7 章），电阻 R_f 跨接在输出端与反相输入端之间，构成深度负反馈，使运算放大器的线性工作范围得到极大的扩展。

本章仅就反馈的概念、反馈的类型及其判别、负反馈对放大电路性能的影响、深度负反馈放大电路的分析计算和负反馈正确引入的原则等几个问题进行讨论。

6.1　反馈的基本概念和基本方程式

6.1.1　反馈的基本概念

反馈即为在电子电路中，将输出量（输出电压或电流）的一部分或全部通过一定的电路形式送回输入回路，用来影响其输入量（放大电路的输入电压或电流）的过程。在电子技术领域里，反馈现象是普遍存在的。

按照反馈放大电路各部分电路的主要功能可将其分为基本放大电路和反馈网络两部分，框图如图 6-1 所示。前者主要功能是放大信号，后者主要功能是传输反馈信号。反馈就是将输出信号 $\dot{X}_o$ 取出一部分或全部作为反馈信号 $\dot{X}_f$ 回馈放大电路的输入回路，与原输入信号 $\dot{X}_i$ 相加或相减后再作用到放大电路的输入端。从图 6-1 可以看出，放大电路和反馈网络正好构成一个环路，放大电路无反馈称为开环；放大电路有反馈，放大电路与反馈网络构成一个环路，称为闭环。基本放大电路的输入信号称为净输入量，它不但取决于输入信号（输入量），还与反馈信号（反馈量）有关。

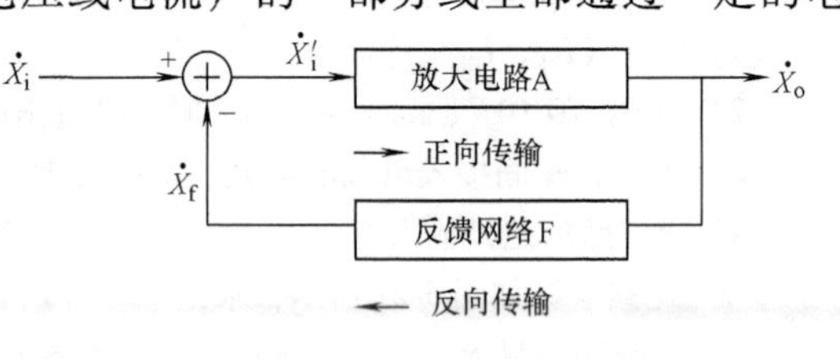

图 6-1　反馈框图

6.1.2　反馈的基本方程式

图 6-1 中，$\dot{X}_i$ 是输入信号，$\dot{X}_f$ 是反馈信号，$\dot{X}_i'$ 称为净输入信号。根据图 6-1 可以推导出反馈放大电路的基本方程式。放大电路开环时，即无反馈的放大倍数定义为

$$\dot{A}=\frac{\dot{X}_o}{\dot{X}_i'} \tag{6-1}$$

反馈网络的反馈系数定义为

$$\dot{F}=\frac{\dot{X}_f}{\dot{X}_o} \tag{6-2}$$

放大电路的闭环放大倍数定义为

$$\dot{A}_f=\frac{\dot{X}_o}{\dot{X}_i} \tag{6-3}$$

因为要考虑实际电路的相移，以上几个量都采用了复数表示。在输入回路有

$$\dot{X}_i'=\dot{X}_i-\dot{X}_f$$

$$\dot{A}_f=\frac{\dot{X}_o}{\dot{X}_i}=\frac{\dot{A}\dot{X}_i'}{\dot{X}_i'+\dot{X}_f}=\frac{\dot{A}}{\frac{(\dot{X}_i'+\dot{X}_f)}{\dot{X}_i'}}=\frac{\dot{A}}{1+\frac{\dot{X}_o}{\dot{X}_i'}\frac{\dot{X}_f}{\dot{X}_o}}=\frac{\dot{A}}{1+\dot{A}\dot{F}} \tag{6-4}$$

式（6-4）称为反馈基本方程式。式中$\frac{\dot{X}_f}{\dot{X}_i'}=\frac{\dot{X}_o\dot{X}_f}{\dot{X}_i'\dot{X}_o}=\dot{A}\dot{F}$，$\dot{A}\dot{F}$称为环路增益，也就是环路中放大电路的增益和反馈网络反馈系数的乘积，因反馈网络的反馈系数是反馈网络的输出与它的输入之比，与增益的定义一致，故称为环路增益。而$1+\dot{A}\dot{F}=\frac{\dot{A}}{\dot{A}_f}$称为反馈深度，它反映了反馈对放大电路影响的程度。可分为下列三种情况：

1）若$|1+\dot{A}\dot{F}|>1$，则$|\dot{A}_f|<|\dot{A}|$，即引入反馈后，增益减少了，这种反馈一般称为负反馈。

2）若$|1+\dot{A}\dot{F}|<1$，则$|\dot{A}_f|>|\dot{A}|$，即有反馈时，放大电路的增益增加，这种反馈称为正反馈。正反馈虽然可以提高增益，但使放大电路的性能不稳定，所以很少用。

3）若$|1+\dot{A}\dot{F}|=0$，则$|\dot{A}_f|\to\infty$，这就是说，放大电路在没有输入信号时，也有输出信号，叫做放大电路的自激。

环路增益$|\dot{A}\dot{F}|$是指放大电路和反馈网络所形成闭环环路的增益，当$|\dot{A}\dot{F}|>>1$时称为深度负反馈，与$|1+\dot{A}\dot{F}|>>1$相当。于是闭环放大倍数

$$\dot{A}_f=\frac{\dot{A}}{1+\dot{A}\dot{F}}\approx\frac{1}{\dot{F}}$$

也就是说，在深度负反馈条件下，闭环放大倍数近似等于反馈系数的倒数，与晶体管、集成电路等有源器件的参数基本无关。一般反馈网络是由电阻、电容等无源元件构成的，其稳定性优于有源器件，因此深度负反馈时的放大倍数比较稳定。深度负反馈闭环放大倍数与晶体管等有源器件的参数基本无关这个特点，不等于与晶体管等有源器件真的无关，如果器件损坏，闭环不复存在，这一特点也就不复存在。

【思考题】

1. 反馈的基本概念是什么？在确定反馈框图时，忽略哪些次要因素？
2. 反馈的基本方程式说明的是哪些物理量之间的关系？这些物理量是如何定义的。

3. 根据 $|1+\dot{A}\dot{F}|$ 的不同数值，说明反馈放大电路的三种状态。
4. 深度负反馈的条件是什么？深度负反馈有何特点？

6.2 反馈的组态及判断方法

反馈的组态是指反馈是正反馈还是负反馈，是电压反馈还是电流反馈，是串联反馈还是并联反馈，是直流反馈还是交流反馈。

6.2.1 负反馈和正反馈

根据反馈的效果可以区分反馈的极性，使放大电路净输入量增大的反馈称为正反馈，使放大电路净输入量减小的反馈称为负反馈。

正反馈和负反馈用瞬时极性法判断。瞬时极性法就是在放大电路的输入端假设一个输入信号对地的电压极性（可用“+”、“-”表示），按信号正向传输方向依次判断相关点的瞬时极性，一直达到反馈信号取出点，再按反馈信号的传输方向判断反馈信号的瞬时极性，直至反馈信号和输入信号的相加点。如果反馈信号的瞬时极性使净输入量减小，则为负反馈；反之为正反馈。反馈信号和输入信号的相加点往往是同一个晶体管的发射结，或集成运算放大器的同相输入端和反相输入端。

反馈信号与输入信号相加或相减，对净输入量的影响可通过如下方法判断：反馈信号和输入信号加于输入回路一点，即同时加于晶体管的基极或发射极、运算放大器的同相输入端或反相输入端时，输入信号和反馈信号的瞬时极性相同的为正反馈，瞬时极性相反的是负反馈；反馈信号和输入信号加于放大电路输入回路两点时，瞬时极性相同的为负反馈，瞬时极性相反的是正反馈，对共射组态晶体管来说这两点是基极和发射极，对运算放大器来说是同相输入端和反相输入端。注意：瞬时信号的极性都是以地为参考而言的，这样才有可比性，且放大电路必须处于正常工作状态，能够对信号进行放大，因为瞬时极性法对各点瞬时极性的判断是以正常工作状态为前提的。

6.2.2 电压反馈和电流反馈

电压反馈的定义：反馈信号的大小与输出电压成比例的反馈称为电压反馈；电流反馈的定义：反馈信号的大小与输出电流成比例的反馈称为电流反馈。电压反馈与电流反馈的判断方法是将输出电压“短路”，若反馈回来的反馈信号为零，则为电压反馈；若反馈信号仍然存在，则为电流反馈。

这里要注意是输出端负载的连接方式有两种：一是负载接地；二是负载不接地，一般称为负载浮地。一般情况下，对负载不接地的情况，反馈是电流反馈；对负载接地的情况，反馈是电压反馈。但对后者也不全是，例如共射组态的基本放大电路，发射极电阻的旁路电容器去掉后，虽然输出端的负载接地，但它是电流反馈，关键还是要看反馈信号是与输出电压成比例还是与输出电流成比例。

6.2.3 串联反馈和并联反馈

反馈信号与输入信号加在放大电路输入回路的同一个电极，则为并联反馈，此时反馈信号与输入信号是电流相加减的关系；反之，加在放大电路输入回路的两个电极，则为串联反馈，此时反馈信号与输入信号是电压相加减的关系，如图 6-2 所示。

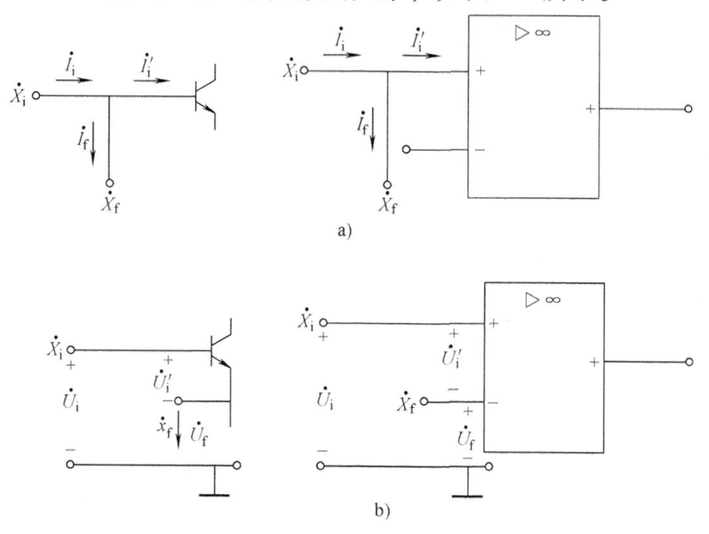

图 6-2 并联反馈和串联反馈

a）并联反馈 b）串联反馈

6.2.4 交流反馈和直流反馈

反馈信号只有交流成分时为交流反馈，反馈信号只有直流成分时为直流反馈，既有交流成分又有直流成分时为交直流反馈。

例 6-1 试判断图 6-3 所示电路的反馈组态。

解： 此电路有两个反馈通道。

其一，是经 R_f 加在 e_1 上的反馈。设输入信号 $\dot{U}_i$ 的瞬时极性为⊕，依信号传输方向，U_{C1} 为⊖，U_{C2} 为⊕，反馈信号 $\dot{U}_f$ 为正，与 $\dot{U}_i$ 瞬时极性相同，且 $\dot{U}_f$ 与 $\dot{U}_i$ 分别加在 VT_1 的两个电极，故为串联负反馈。因 $\dot{U}_f$ 取自电容器 C_2 的右侧，隔除了直流，是交流反馈。若将输出电压"短路"，则 $\dot{U}_f$ 为零，所以是交流电压串联负反馈。

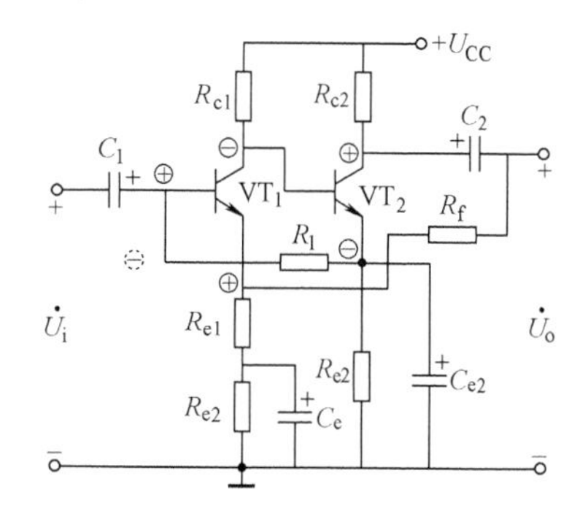

图 6-3 例 6-1 图

其二，因 VT_1 集电极反偏，所以 $U_{E2}>U_{B1}$，经电阻 R_1 给 VT_1 提供基极电流，偏置电路有稳定基极电流的作用。设温度升高 I_{CQ1} 增加，相当 b_1 的瞬时极性为⊕，于是 U_{C1} 为⊖，U_{E2} 为⊖；温度的增加也使 I_{C2} 升高，U_{E2} 电位增加，因 VT_1 的放大作用，U_{C1} 下降较大，使 U_{E2} 总的电位下降，瞬时极性为⊖，相当负反馈。因 $\dot{U}_f$ 取自 e_2，有旁路电容 C_{e2}，故为直流电流负反馈。

例 6-2 试判断图 6-4 所示电路的反馈组态。

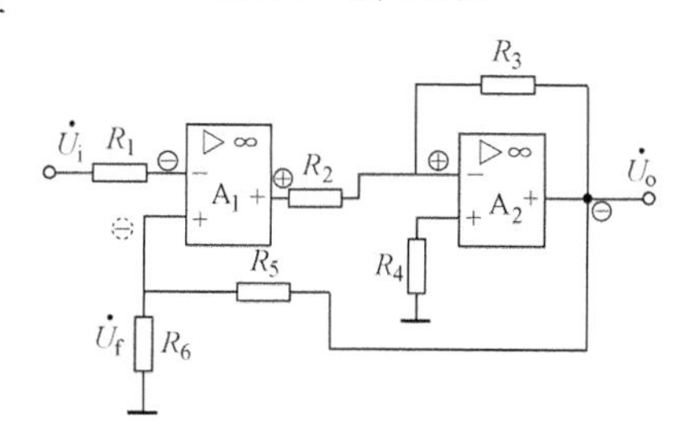

图 6-4 例 6-2 图

解：根据瞬时极性法，输入信号和反馈信号的瞬时极性均为⊖，可知是负反馈。因反馈信号和输入信号加在运算放大器的两个输入端，故为串联反馈。因反馈信号与输出电压成比例，故为电压反馈。结论是交直流电压串联负反馈。

【思考题】

1. 串联反馈和并联反馈是如何定义的？如何判断？
2. 正反馈和负反馈是如何定义的？如何判断？
3. 电压反馈和电流反馈是如何定义的？用何种方法判断？为什么？
4. 交流反馈和直流反馈是如何定义的？在判断时应注意什么？
5. 什么是瞬时极性法？在使用瞬时极性法时应注意什么？

6.3 四种类型的负反馈放大电路

负反馈放大电路的形式多种多样，但归纳起来可分为四种典型的组态：电压串联负反馈、电压并联负反馈、电流串联负反馈和电流并联负反馈。下面通过具体的电路进行介绍，以期达到正确判断反馈组态并掌握其各自特点的目的。

6.3.1 电压串联负反馈

若从输出电压取样，通过反馈网络得到反馈电压，然后与输入电压相比较，求得差值作为净输入电压进行放大，则称电路中引入了电压串联负反馈。图 6-5 所示为典型的电压串联负反馈电路，运算放大器为基本放大电路，反馈网络由电阻 R_f 和 R_1 串联而成，U_o 经 R_f 和 R_1 分压，R_1 上对地的电压就是反馈电压 U_f。因输入信号和反馈信号加在运算放大器的两个输入端，故为串联反馈，根据瞬时极性判断是负反馈，且为电压负反馈，所以为电压串联负反馈。

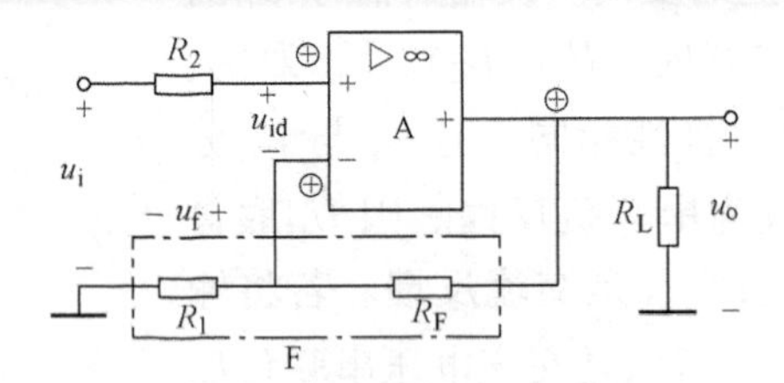

图 6-5 电压串联负反馈

a）原理图 b）电路

对于电压串联负反馈，反馈信号是 R_F 和 R_1 分压所形成的反馈电压 U_f，将输出电压 U_o 的一部分回送至输入端，即

$$\begin{cases} u_f = \dfrac{R_1}{R_1 + R_F} u_o \\ u_o \approx \left(1 + \dfrac{R_F}{R_1}\right) u_i \end{cases} \tag{6-5}$$

反馈系数

$$F = \frac{U_f}{U_o} = \frac{R_1}{R_1 + R_F} \tag{6-6}$$

由于运算放大器的开环放大倍数 A 很大，且反馈深度 $1 + AF >> 1$，满足上式的条件，所以电路的闭环放大倍数为

$$A_f = \frac{1}{F} = 1 + \frac{R_F}{R_1} \tag{6-7}$$

这个电路相当于同相比例运算电路。

电压负反馈的重要特点是电路的输出电压趋向于维持恒定，因为无论反馈信号以何种方式引回到输入端，实际上都是利用输出电压 U_o 本身通过反馈网络对放大电路起自动调整作用，这就是电压反馈的实质。例如，当 U_i 一定时，若负载电阻 R_L 减小而使输出电压 U_o 下降，则电路将进行如下的自动调整过程：

$$R_L\downarrow \rightarrow u_o\downarrow \rightarrow u_f\downarrow \rightarrow u_{id}\uparrow \rightarrow u_o\uparrow$$

可见，反馈的结果牵制了 U_o 的下降，从而使 U_o 基本维持恒定。

6.3.2 电流并联负反馈

在放大电路中，当输入信号为恒流源或近似恒流源时，若反馈信号取自输出电流 i_o，并转换成反馈电流 i_f，与输入电流 i_i 求差后放大，则得到电流并联负反馈电路，如图6-6所示。各支路电流的瞬时极性如图中所标注。根据“虚地”的概念，$u_- \approx u_+ = 0$，所以有反馈电流的表达式

$$\begin{cases} i_i \approx i_f = -\dfrac{R_2}{R_1 + R_2} i_o \\ i_o \approx -\left(1 + \dfrac{R_1}{R_2}\right) i_i \end{cases} \tag{6-8}$$

反馈系数

$$F = \frac{i_f}{i_o} = \frac{-R_2}{R_1 + R_2} \tag{6-9}$$

闭环电流放大倍数

$$A_{iif} = \frac{i_o}{i_i} \approx \frac{1}{F} = -\left(1 + \frac{R_1}{R_2}\right) \tag{6-10}$$

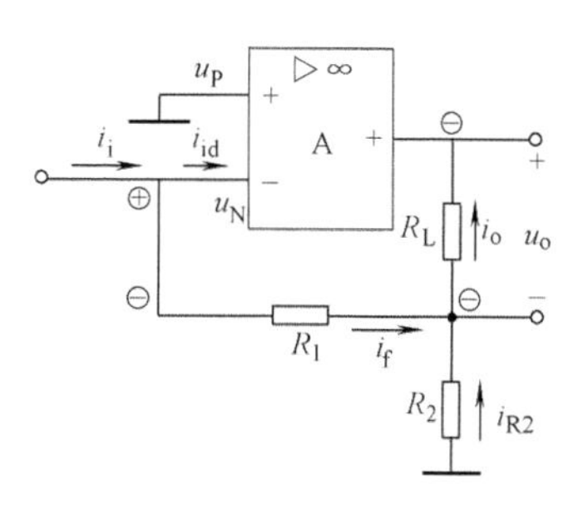

图6-6 电流并联负反馈

电流负反馈的重要特点是趋向于维持输出电流 i_o 恒定，在 i_i 一定的条件下，不论何种原因（例如 R_L 增大等），使 i_o 减小时，负反馈的作用将引起如下的自动调整过程：

$$R_L\uparrow \to i_o\downarrow \xrightarrow{\text{通过 } R_1、R_2} i_f\downarrow \to i_{id}\uparrow$$
$$i_o\uparrow \leftarrow$$

可见，电流负反馈作用的结果牵制了 i_o 的减小，使 i_o 基本维持恒定。

6.3.3 电压并联负反馈

在放大电路中，当输入信号为恒流源或近似恒流源时，若反馈信号取自输出电压 u_o，并转换成反馈电流 i_f，与输入电流 i_i 求差后放大，则可得到电压并联负反馈放大电路，如图 6-7 所示。根据“虚地”的概念 $u_-=u_+=0$，有

$$i_f=\frac{u_--u_o}{R_f}\approx-\frac{u_o}{R_f};\ A_{uif}=\frac{U_o}{I_i}=\frac{A}{1+AF}\approx\frac{1}{F}$$

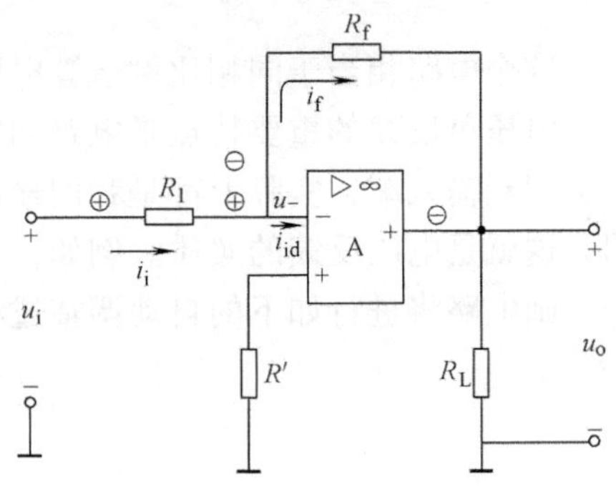

图 6-7 电压并联负反馈

上式表明，反馈信号以电流的形式出现在放大器输入端，且与输出电压 u_o 成正比，所以形成电压并联负反馈，反馈系数

$$F=\frac{i_f}{u_o}=-\frac{1}{R_f}$$

可见，反馈系数具有电导的量纲，称为互导反馈系数。

电路的闭环电压放大倍数为

$$A_{uuf}=\frac{U_o}{U_i}=\frac{U_o}{I_iR_1}=\frac{A_{uif}}{R_1}\approx\frac{1}{R_1F}=-\frac{R_f}{R_1} \tag{6-12}$$

6.3.4 电流串联负反馈

电流串联负反馈如图 6-8 所示。因反馈信号是从电阻 R 上取出，当输出短路，即 R_L 短路时，反馈信号仍然存在，所以是电流串联负反馈。电路的互导增益为

$$A_{iuf}=\frac{I_o}{U_i}\approx\frac{1}{F}\qquad 其中\ F=\frac{U_f}{I_o}$$

这里，在求电阻 R 上的压降时忽略了 R_f 的分流作用，所以 R 上的压降

$$U_R\approx I_oR$$

U_R 传递到运算放大器的反相输入端即为反馈信号

$$U_f=\frac{U_RR_1}{R_f+R_1}\approx\frac{I_oR_1R}{R_f+R_1}$$

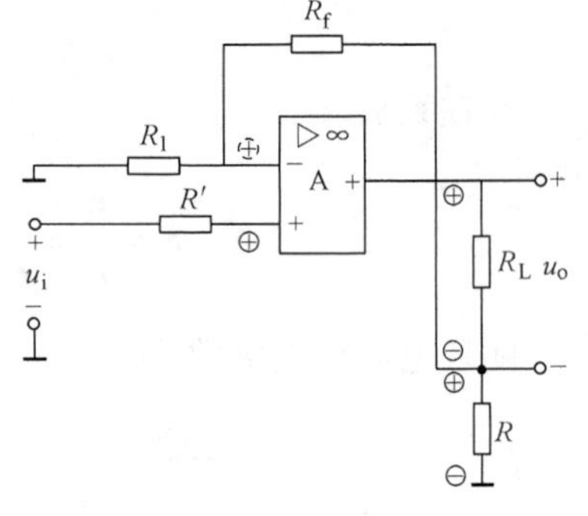

图 6-8 电流串联负反馈

于是互导增益为

$$A_{\mathrm{iuf}}=\frac{1}{F}=\frac{I_{\mathrm{o}}}{U_{\mathrm{f}}}\approx\frac{R_{\mathrm{f}}+R_{1}}{R_{1}R} \tag{6-13}$$

电路的闭环电压放大倍数

$$A_{\mathrm{uuf}}=\frac{U_{\mathrm{o}}}{U_{\mathrm{i}}}=\frac{I_{\mathrm{o}}R_{\mathrm{L}}}{U_{\mathrm{i}}}=A_{\mathrm{iuf}}R_{\mathrm{L}}\approx\frac{R_{\mathrm{f}}+R_{1}}{R_{1}R}R_{\mathrm{L}} \tag{6-14}$$

【思考题】

1. 负反馈有哪几种组态?
2. 四种组态负反馈放大电路在提取电压反馈和电流反馈信号时有何特点?
3. 四种组态负反馈放大电路在深度负反馈条件下的电压放大倍数如何求解?

6.4 负反馈对放大电路性能的影响

负反馈是改善放大电路性能的重要技术措施，广泛应用于放大电路和反馈控制系统之中。

6.4.1 负反馈对增益的影响

有多种原因，如电路参数的变化、环境温度的变化、电源电压波动、负载电阻变动等，都将引起放大电路输出量发生变化，并引起电路的放大倍数变化，这对放大电路工作的稳定性是不利的。引入负反馈的一个主要目的就是提高放大电路工作的稳定性。前已分析过，电压负反馈可以稳定输出电压，电流负反馈可以稳定输出电流，总的来说，负反馈可以稳定放大电路的放大倍数。从数学表达式来看，当反馈很深，即 $|1+\dot{A}\dot{F}|>>1$ 时，则

$$\dot{A}_{\mathrm{f}}=\frac{\dot{X}_{\mathrm{o}}}{\dot{X}_{\mathrm{i}}}=\frac{\dot{A}}{1+\dot{A}\dot{F}}\approx\frac{1}{\dot{F}}$$

这就是说，引入深度负反馈后，放大电路的增益只取决于反馈网络，而与基本放大电路几乎无关。而反馈网络通常由电阻组成，因而可获得很好的稳定性。那么，就一般情况而言，是否引入交流负反馈就一定使 $\dot{A}_{\mathrm{f}}$ 得到稳定呢?

在一般情况下，为了从数量上表示增益的恒定程度，常用有、无反馈两种情况下增益相对变化之比来评定。由于增益的恒定性是用它的绝对值的变化来表示的，在不考虑相位关系时，用正实数 A 和 F 分别表示电压放大倍数 $\dot{A}$ 和反馈系数 $\dot{F}$ 的绝对值，则上式变为

$$A_{\mathrm{f}}=\frac{A}{1+AF} \tag{6-15}$$

在式（6-15）中，对 A 取导数得

$$\frac{\mathrm{d}A_{\mathrm{f}}}{\mathrm{d}A}=\frac{(1+AF)-AF}{(1+AF)^{2}}=\frac{1}{(1+AF)^{2}}$$

或

$$\mathrm{d}A_{\mathrm{f}}=\frac{\mathrm{d}A}{(1+AF)^{2}}$$

以式（6-15）来除，得

$$\frac{dA_f}{A_f}=\frac{1}{1+AF}\frac{dA}{A} \tag{6-16}$$

式（6-16）表明，负反馈放大电路放大倍数 A_f 的相对变化量 $\frac{dA_f}{A_f}$ 仅为其基本放大电路放大倍数 A 的相对变化量 $\frac{dA}{A}$ 的 $1/(1+AF)$，也就是说 A_f 的稳定性是 A 的（$1+AF$）倍。例如，当 A 变化 10% 时，若 $1+AF=100$，则 A_f 仅变化 0.1%。

对式（6-16）的内涵进行分析可知，引入交流负反馈，因环境温度的变化、电源电压的波动、元器件的老化、元器件的更换等原因引起的放大倍数的变化都将减小，特别是在制成产品时，因半导体器件参数的分散性所造成的放大倍数的差别也将明显减小，从而使电路的放大能力具有很好的一致性。

应当指出，A_f 的稳定性是以损失放大倍数为代价的，即 A_f 减小到 A 的 $1/(1+AF)$，才使其稳定性提高到 A 的（$1+AF$）倍。

6.4.2 负反馈对输入电阻和输出电阻的影响

在放大电路中引入不同组态的交流负反馈，将对输入电阻和输出电阻产生不同的影响。

1. 对输入电阻的影响

输入电阻是从放大电路输入端看进去的等效电阻，因而负反馈对输入电阻的影响，取决于基本放大电路与反馈网络在电路输入端的连接方式，即取决于放大电路引入的是串联反馈还是并联反馈。

（1）串联负反馈增大输入电阻

图 6-9 所示为串联负反馈放大电路的原理图，根据输入电阻的定义，基本放大电路的输入电阻为

$$R_i=\frac{U_i'}{I_i}$$

而整个电路的输入电阻为

$$R_{if}=\frac{U_i}{I_i}=\frac{U_i'+U_f}{I_i}=\frac{U_i'+AFU_i'}{I_i}$$

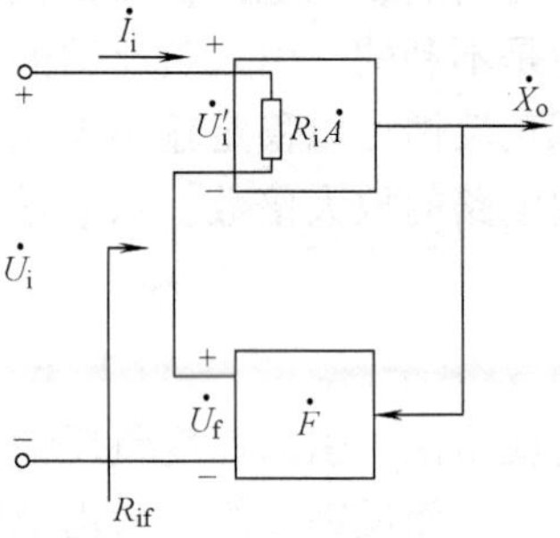

图 6-9 串联负反馈放大电路的原理图

从而得出串联负反馈放大电路输入电阻 R_{if} 的表达式为

$$R_{if}=(1+AF)R_i \tag{6-17}$$

式（6-17）表明，输入电阻增大到 R_i 的（$1+AF$）倍。应当指出，在某些负反馈放大电路中，有些电阻并不在反馈环内，例如，在图 6-10a 所示电路的交流通路中，R_{b1} 并联在输入端，反馈对它不产生影响。这类电路的原理图如图 6-10b 所示，可以看出

$$R_{if}'=(1+AF)R_i$$

而整个电路的输入电阻

$$R_{if}=R_b//R_{if}'$$

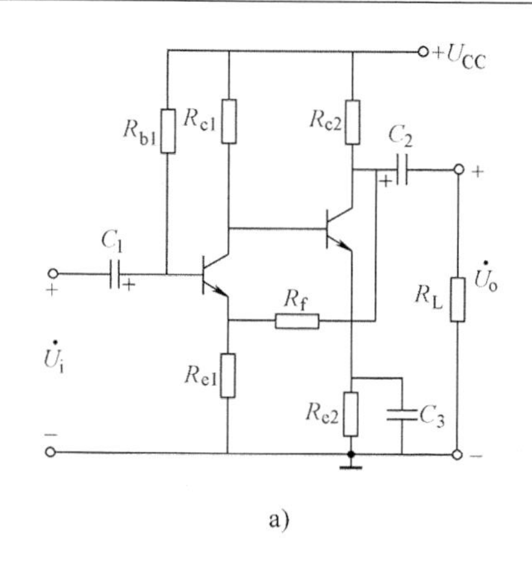

a)

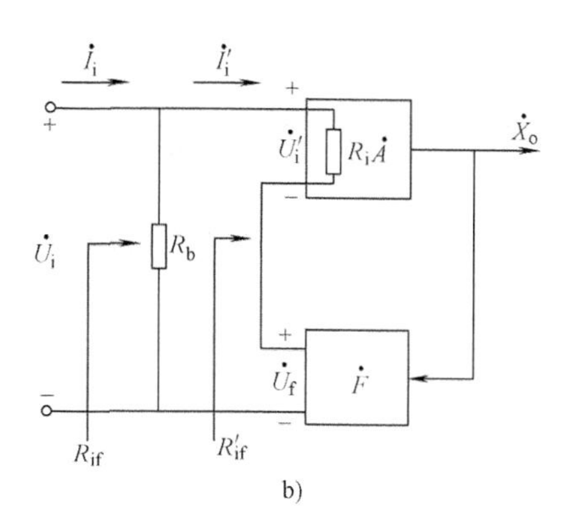

b)

图 6-10　R_b 在反馈环之外时串联负反馈放大电路的原理图

因此，更确切地说，引入串联负反馈，使引入反馈的支路的等效电阻增大到基本放大电路输入电阻的（$1+AF$）倍。但是，不管哪种情况，引入串联负反馈都将增大输入电阻。

（2）并联负反馈减小输入电阻

并联负反馈放大电路的原理图如图 6-11 所示。根据输入电阻的定义，基本放大电路的输入电阻为

$$R_i=\frac{U_i}{I'_i}$$

整个电路的输入电阻为

$$R_{if}=\frac{U_i}{I_i}=\frac{U_i}{I'_i+I_f}=\frac{U_i}{I'_i+AFI'_i}$$

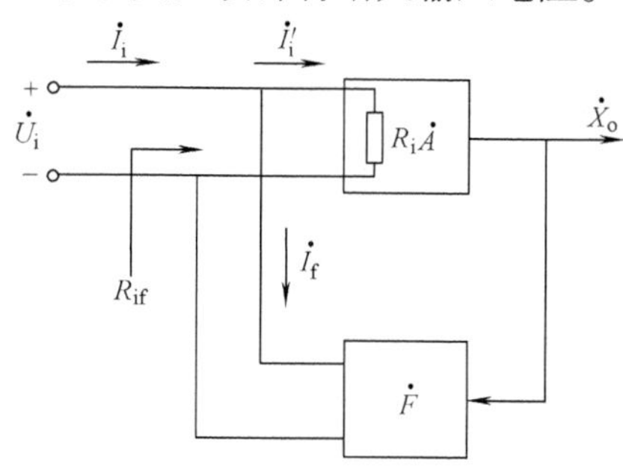

图 6-11　并联负反馈放大电路的原理图

从而得出并联负反馈放大电路输入电阻 R_{if} 的表达式为

$$R_{if}=\frac{R_i}{1+AF} \tag{6-18}$$

式（6-18）表明，引入并联负反馈后，输入电阻仅为基本放大电路输入电阻的 $1/(1+AF)$。

从图 6-11 所示原理图可进一步体会到，当并联负反馈放大电路加恒压源输入时，基本放大电路的净输入电流 I' 将为常量。也就是，反馈网络参数的变化仅改变信号源所提供的电流 I_i，而不能改变 I'_i，即反馈不再起作用。

2. 对输出电阻的影响

输出电阻是从放大电路输出端看进去的等效内阻，因而负反馈对输出电阻的影响取决于基本放大电路与反馈网络在放大电路输出端的连接方式，即取决于电路引入的是电压反馈还是电流反馈。

（1）电压负反馈减小输出电阻

电压负反馈的作用是稳定输出电压，故必然使其输出电阻减小。电压负反馈放大电路的原理图如图 6-12 所示，令输入量 $\dot{X}_i=0$，在输出端加交流电压 $\dot{U}_o$，产生电流 $\dot{I}_o$，则电路的输出电阻为

$$R_{of}=\frac{U_o}{I_o} \tag{6-19}$$

$\dot{U}_o$ 作用于反馈网络，得到反馈量 $\dot{X}_f=\dot{F}\dot{U}_o$，$-\dot{X}_f$ 又作为净输入量作用于基本放大电路，产生输出电压为 $-\dot{A}\dot{F}\dot{U}_o$。基本放大电路的输出电阻为 R_o，因为在基本放大电路中已考虑了反馈网络的负载效应，所以可以不必重复考虑反馈网络的影响，因此 R_o 中的电流为 $\dot{I}_o$，其表达式为

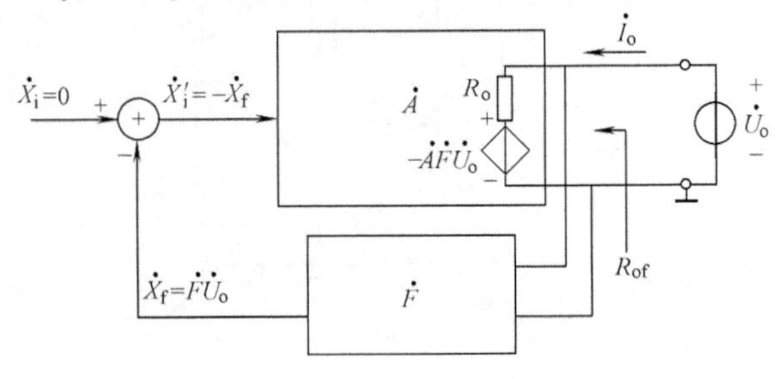

图 6-12 电压负反馈放大电路的原理图

$$\dot{I}_o=\frac{\dot{U}_o-(-\dot{A}\dot{F}\dot{U}_o)}{R_o}=\frac{(1+\dot{A}\dot{F})\dot{U}_o}{R_o}$$

将 $\dot{I}_o$ 的有效值 I_o 代入式（6-19），得到电压负反馈放大电路输出电阻的表达式为

$$R_{of}=\frac{R_o}{1+AF} \tag{6-20}$$

式（6-20）表明，引入负反馈后输出电阻仅为其基本放大电路输出电阻的 $1/(1+AF)$。当 $1+AF$ 趋于无穷大时，R_{of}趋于零，因此电压负反馈放大电路的输出可近似认为是恒压源。

（2）电流负反馈增大输出电阻

电流负反馈稳定输出电流，故其必然使输出电阻增大。图 6-13b 所示为电流负反馈放大电路的原理图，令 $\dot{X}_i=0$，在输出端断开负载电阻并外加交流电压 $\dot{U}_o$，由此产生了电流 $\dot{I}_o$。则电路的输出电阻为

$$R_{of}=\frac{U_o}{I_o} \tag{6-21}$$

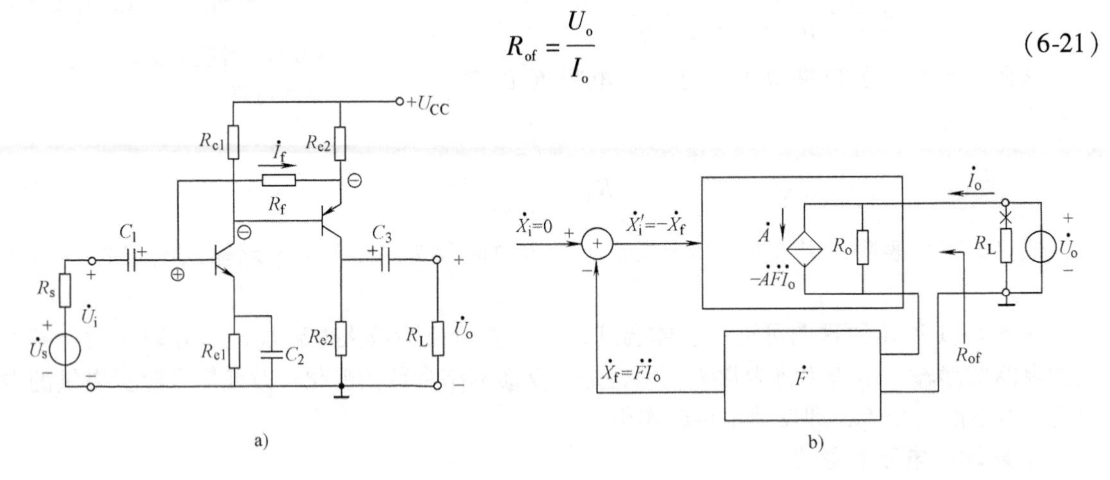

图 6-13 电流负反馈电路的原理图

$\dot{I}_o$ 作用于反馈网络，得到反馈量 $\dot{X}_f=\dot{F}\dot{I}_o$，$-\dot{X}_f$ 又作为净输入量作用于基本放大电路，所产生的输出电流为 $-\dot{A}\dot{F}\dot{I}_o$。R_o 为基本放大电路的输出电阻，由于在基本放大电路已经考虑了反馈网络的负载效应，所以可以认为此时作用于反馈网络的输入电压为零，即 R_o 上的电压为 $\dot{U}_o$。因此，流入基本放大电路的电流 $\dot{I}_o$ 为

$$\dot{I}_o = \frac{\dot{U}_o}{R_o} + (-\dot{A}\dot{F}\dot{I}_o)$$

即

$$\dot{I}_o = \frac{\frac{\dot{U}_o}{R_o}}{1+\dot{A}\dot{F}}$$

将 $\dot{I}_o$ 的有效值 I_o 代入（6-21），便得到电流负反馈放大电路输出电阻的表达式

$$R_{of} = (1+AF)R_o \tag{6-22}$$

式（6-22）表明，R_{of}增大到 $R_o(1+AF)$ 倍。当（$1+AF$）趋于无穷大时，R_{of}也趋于无穷大，电路的输出等效为恒流源。

需要注意的是，与图6-10所示的原理图中的 R_b 相类似，在一些电路中有的电阻并联在反馈环之外，如图6-13a所示电路中的 R_{e2}，反馈的引入对它们所在支路没有影响。因此，对这类电路，电流负反馈仅仅稳定了引出反馈的支路的电流，并使该支路的等效电阻增大到基本放大电路的（$1+AF$）倍。

6.4.3 负反馈对非线性失真、通带等的影响

1. 负反馈对非线性失真的影响

对于理想的放大电路，其输出信号与输入信号应完全呈线性关系。但是，由于组成放大电路的半导体器件（如晶体管和场效应晶体管）均具有非线性特性，因此当输入信号为幅值较大的正弦波时，输出信号却往往不是正弦波。经谐波分析，输出信号中除含有与输入信号频率相同的基波外，还含有其他谐波，因而产生失真。

加入负反馈改善非线性失真，可通过图6-14来加以说明。输入正弦波信号，输出信号

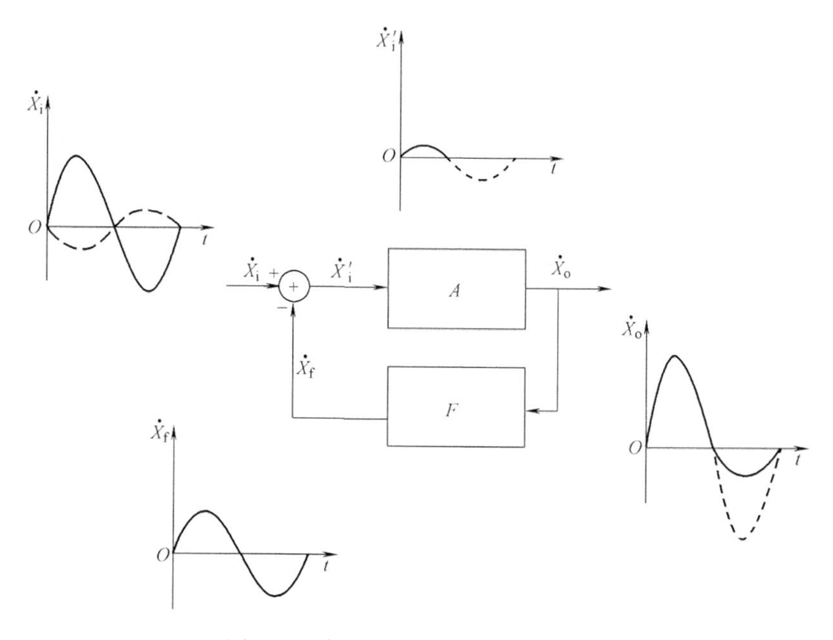

图6-14 负反馈对非线性失真的影响

产生失真（如正半周大、负半周小）。说明放大电路对负半周信号放大产生失真，幅度减小。失真的输出信号，经反馈网络，得到的反馈信号也是失真的（正半周大、负半周小）。输入信号与反馈信号相减后，使净输入信号产生相反的失真（正半周小、负半周大）。从而在一定的程度上弥补了放大电路本身的非线性失真。

负反馈可以改善放大电路的非线性失真，但是只能改善反馈环内产生的非线性失真。由于加入负反馈，放大电路的输出幅度下降，进入线性区，不好对比，因此必须要加大输入信号，使加入负反馈以后的输出幅度基本达到原来有失真时的输出幅度，非线性失真仍然减小，才能证明加入负反馈有减小失真的作用。

负反馈对非线性失真的改善是有限度的，非线性失真太大，加入负反馈也不会改善非线性失真。

2. 负反馈对噪声、干扰和温度漂移的影响

负反馈可以对放大电路的噪声、干扰和温度漂移有一点抑制作用，其原理与负反馈抑制非线性失真一样。负反馈对放大电路噪声、干扰和温度漂移的抑制作用，只是对反馈环内产生的噪声、干扰和温度漂移有效，对外环无效。

3. 负反馈对通带的影响

频率响应是放大电路的重要特性之一，而通带宽度是它的重要技术指标。在某些场合下，往往要求有较宽的通带。引入负反馈可以展宽通带，如图6-15所示。下面介绍负反馈扩展通带的原理。

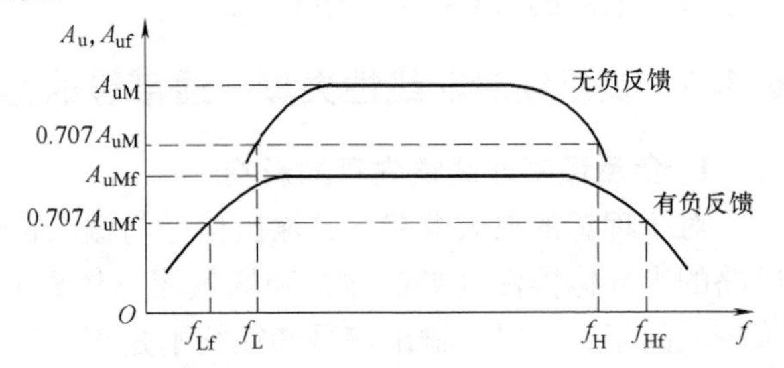

图6-15 负反馈扩展放大电路的通带

为了使问题简单化，设反馈网络为纯电阻网络，且在放大电路伯德图的低频段和高频段各仅有一个拐点；基本放大电路的中频源放大倍数为$\dot{A}_m$，上限频率为f_H，下限频率为f_L，因此高频段源放大倍数的表达式为

$$\dot{A}_h = \frac{\dot{A}_m}{1 + j\dfrac{f}{f_H}} \tag{6-23}$$

引入负反馈后，电路的高频段源放大倍数为

$$\dot{A}_{hf} = \frac{\dot{A}_h}{1 + \dot{A}_h\dot{F}_h} = \frac{\dfrac{\dot{A}_m}{1 + j\dfrac{f}{f_H}}}{1 + \dfrac{\dot{A}_m}{1 + j\dfrac{f}{f_H}}\dot{F}} = \frac{\dot{A}_m}{1 + j\dfrac{f}{f_H} + \dot{A}_m\dot{F}} \tag{6-24}$$

将式（6-24）分子分母均除以（$1 + \dot{A}_m\dot{F}$），可得

$$\dot{A}_{hf}=\frac{\dfrac{\dot{A}_m}{1+\dot{A}_m\dot{F}}}{1+j\dfrac{f}{(1+\dot{A}_m\dot{F})f_H}}=\frac{\dot{A}_{mf}}{1+j\dfrac{f}{f_{Hf}}} \tag{6-25}$$

式中，$\dot{A}_{mf}$为负反馈放大电路的中频源放大倍数；f_{Hf}为其上限频率，故

$$f_{Hf}=(1+\dot{A}_m\dot{F})f_H \tag{6-26}$$

式（6-26）表明，引入负反馈后上限频率增大到基本放大电路的（$1+AF$）倍。无论针对哪种反馈组态，均将不同的放大倍数的上限频率增大到基本放大电路的（$1+AF$）倍。

利用上述推导方法可以得到负反馈放大电路下限频率的表达式

$$f_{Lf}=\frac{f_L}{1+\dot{A}_m\dot{F}} \tag{6-27}$$

由式（6-27）可见，引入负反馈后，下限频率减小到基本放大电路的$1/(1+AF)$，这与上限频率的分析类似。

一般情况下，由于$f_H>>f_L$，$f_{HL}>>f_{Lf}$，因此，基本放大电路及负反馈放大电路的通带分别可近似表示为

$$\begin{aligned}f_{BW}&=f_H-f_L\approx f_H\\ f_{BWf}&=f_{Hf}-f_{Lf}\approx f_{Hf}\end{aligned} \tag{6-28}$$

即引入负反馈使通带展宽到基本放大电路的（$1+AF$）倍。

当放大电路的伯德图中有多个拐点，且反馈网络不是纯电阻网络时，问题就比较复杂了，但是通带展宽的趋势不变。

【思考题】

1. 负反馈对放大电路的增益有何影响？对增益的稳定性有何影响？
2. 负反馈对放大电路的输入电阻有何影响？
3. 负反馈对放大电路的输出电阻有何影响？输出电阻的减小与何种增益的稳定性有何关系？
4. 负反馈对放大电路的非线性失真有何影响？为什么要使加入负反馈后的输出幅度基本达到无反馈时的输出幅度来进行比较？

6.5 深度负反馈条件下的近似计算

实用的放大电路中多引入深度负反馈，因此分析负反馈电路的重点是从电路中分离出反馈网络，并求出反馈系数$\dot{F}$。为了便于研究和测试，人们还常常需要求出不同组态反馈放大电路的电压放大倍数。本节将重点研究具有深度负反馈放大电路的放大倍数的估算方法。

前已讨论，在深度负反馈的条件下，放大电路的增益表达式可近似为

$$\dot{A}_f=\frac{\dot{X}_o}{\dot{X}_i}=\frac{\dot{A}}{1+\dot{A}\dot{F}}\approx\frac{1}{\dot{F}}(\ |1+\dot{A}\dot{F}|>>1)$$

也就是说，只要求出$\dot{F}$，$\dot{A}_f$的值也就确定了。

由上式可知

$$\dot{F}\dot{X}_o \approx \dot{X}_i \text{ 或 } \dot{X}_f = \dot{X}_i \tag{6-29}$$

式（6-29）表明，在深度负反馈的条件下，反馈信号 $\dot{X}_f$ 与输入信号 $\dot{X}_i$ 接近相等，或者说基本放大电路净输入信号减小到几乎为零，即 $\dot{X}_{id} = \dot{X}_i - \dot{X}_f \approx 0$。当集成运算放大器用作基本放大电路时，其开环电压放大倍数 A_{UO} 很高，很容易实现深度负反馈，即容易满足式（6-29）的条件，此时 $\dot{U}_{id} \approx 0$，这就叫做运算放大器两输入端的虚假短接或称虚短，同时因运算放大器的输入电阻很高（如 1MΩ 以上），则有 $\dot{I}_{id} \approx 0$，这就叫做运算放大器两输入端的虚假断路或称虚断。

虚短和虚断是两个重要的概念，在今后分析反馈电路时，将经常用到。

例 6-3 设图 6-16 所示电路满足（$1 + AF$）>>1 的条件，试写出该电路的闭环电压放大倍数表达式。

解： 图 6-16 所示电路是一个多级放大电路，按负反馈组态判断方法可知，R_{b2} 和 R_f 组成反馈网络。在放大电路的输出回路，反馈网路接至信号输出端，用输出短路法判断是电压反馈；在放大电路的输入回路，反馈信号加到非信号输入端（VT_2 基级），是串联反馈；用瞬时极性法可判断该电路为负反馈。由于是串联反馈，又是深度电压负反馈，利用 $u_i \approx u_f$，$u_{id} \approx 0$，$i_{b1} = i_{b2} \approx 0$，可直接写出

$$u_i \approx u_f = \frac{R_{b2}}{R_{b2} + R_f} u_o$$

于是，闭环电压放大倍数

$$A_{uf} = \frac{u_o}{u_i} \approx 1 + \frac{R_f}{R_{b2}}$$

例 6-4 试写出图 6-17 所示电路的闭环电压放大倍数表达式。

解： 显然，图 6-17 所示电路中 R_f 是反馈元件。由图中所标的各有关点的交流电位的瞬时极性及各有关支路的交流电流的瞬时流向，可以判断 R_f 引入了负反馈。又从反馈在放大电路输出端的电压取样方式和输入端的电流求和方式可知，该电路是电压并联负反馈放大电路。它的内部含有一运算放大器，因而开环增益很大，能够满足（$1 + AF$）>>1 的条件。根据虚断概念，有 $i_{id} \approx 0$，$i_i \approx i_f$，即 $(u_i - u_n)/R_1 \approx (u_n - u_o)/R_f$，$u_P = 0$。由虚短概念得，$u_n \approx u_P = 0$，所以闭环电压放大倍数

$$A_{uf} = \frac{u_o}{u_i} = -\frac{R_f}{R_1}$$

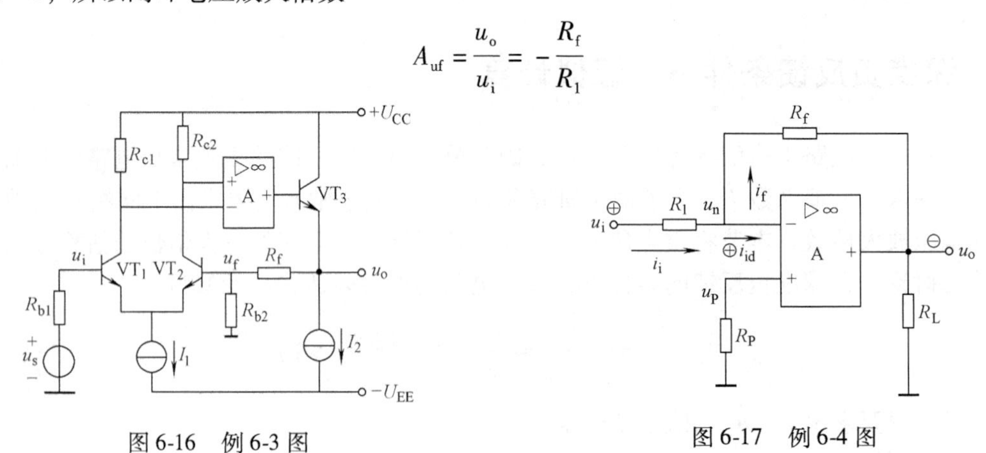

图 6-16　例 6-3 图　　图 6-17　例 6-4 图

【思考题】

1. 在负反馈放大电路中，什么叫虚短和虚断？
2. 深度负反馈条件下，如何估算放大电路的增益及电压放大倍数？

6.6 负反馈放大电路的稳定问题

负反馈可以改善放大电路的性能指标，但是负反馈引入不当，会引起放大电路自激，因此放大电路就不能稳定地工作。自激时，即使不加任何输入信号，放大电路也会产生一定频率的信号输出。这种现象破坏了放大电路的正常工作，应该尽量避免并设法消除。

1. 自激振荡现象

在中频范围内，负反馈放大电路有 $\varphi_a+\varphi_f=2n\times180°$，$n=0$，1，2，3，…（$\varphi_a$、$\varphi_f$ 分别为 $\dot{A}$、$\dot{F}$ 的相角），$\dot{X}_i$ 与 $\dot{X}_f$ 同相。在这种情况下，$|\dot{X}_{id}|$ 将是 $|\dot{X}_i|$ 和 $|\dot{X}_f|$ 的代数差，所以必有 $|\dot{X}_{id}|<|\dot{X}_i|$。这样，反馈放大电路的输出信号 $|\dot{X}_o|$ 就减小，使负反馈作用正常地体现出来。

然而在高频和低频情况下，$\dot{A}\dot{F}$ 将产生附加相移，这就使 $\dot{X}_i$ 和 $\dot{X}_f$ 间出现一个相位差，$\dot{X}_{id}$的大小则是由 $\dot{X}_i$ 和 $\dot{X}_f$ 的相量差来决定。设想在某一频率下，$\dot{A}\dot{F}$ 的附加相移达到 180°，即 $\varphi_a+\varphi_f=\pm(2n+1)\times180°$，$n=0$，1，2，3，…，则 $\dot{X}_i$ 和 $\dot{X}_f$ 必然会由中频时的同相变为反相。在这种情况下，$|\dot{X}_{id}|$ 将是 $|\dot{X}_i|$ 和 $|\dot{X}_f|$ 的代数和，因此必有 $|\dot{X}_{id}|>|\dot{X}_i|$，导致 $|\dot{X}_o|$ 增大。这时，假设没有外加信号，$\dot{X}_o$ 经过反馈网络和比较电路后，得到 $\dot{X}_{id}=0-\dot{X}_f=-\dot{F}\dot{X}_o$。$-\dot{F}\dot{X}_o$ 送到放大电路的输入端再放大后，得到一个增强了的信号 $-\dot{A}\dot{F}\dot{X}_o$，如果这个信号恰好等于 $\dot{X}_o$，即 $-\dot{A}\dot{F}\dot{X}_o=\dot{X}_o$（$-\dot{A}\dot{F}=1$），那么放大电路将可能产生自激振荡，这种现象如图 6-18 所示。

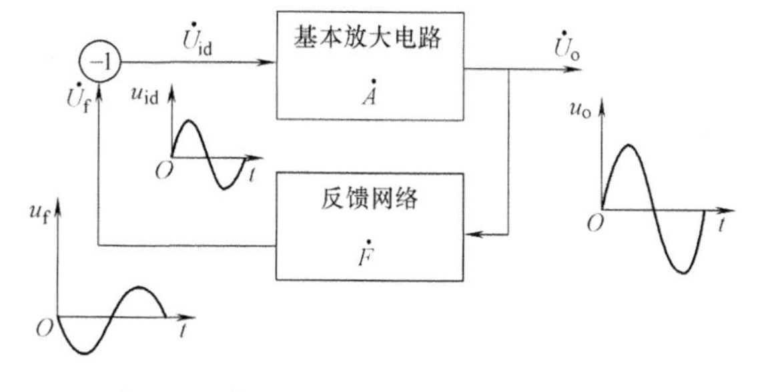

图 6-18 负反馈放大电路的自激振荡现象

可见，负反馈放大电路产生自激振荡的根本原因之一是 $\dot{A}\dot{F}$ 的附加相移。

2. 稳定工作条件

由以上分析可知，当环路增益等于1 时，即 $-\dot{A}\dot{F}=1$ 或 $\dot{A}\dot{F}=-1$ 时，负反馈放大电路产生自激振荡，则后一式可以改写为

$$|\dot{A}\dot{F}|=1 \tag{6-30}$$

及

$$\varphi_a+\varphi_f=\pm(2n+1)\times180° \qquad n=0,1,2,\cdots \tag{6-31}$$

式（6-30）和式（6-31）分别称为自激振荡的幅值条件和相位条件。为了使负反馈放大电路稳定地工作，必须设法破坏上述两个条件，即要求在 $\varphi_a+\varphi_f$ 为 $\pm(2n+1)\times180°$的情况下，满足 $|\dot{A}\dot{F}|<1$。这就是判别负反馈放大电路稳定性的条件。在工程上，为了直观运用这个条件，通常采用 $\dot{A}\dot{F}$ 的频率响应来进行分析，如图 6-19 所示。为简明起见，假设反馈网

络是电阻性的，$\varphi_f=0$。所以系统的相频响应仅是反映基本放大电路的相移 φ_a。φ_a 为负值表示基本放大电路具有典型的多极点传递函数。由图可知，当 $\omega=\omega_{180}$ 时，$\varphi_a=-180°$，而 $20\lg|\dot{A}\dot{F}|<0\text{dB}$。而当 $\omega=\omega_0$ 时，$20\lg|\dot{A}\dot{F}|=0\text{dB}$，$|\varphi_a|<180°$。可见它们所代表的放大电路在闭环状态下是不会产生自激振荡的，也就是稳定的。

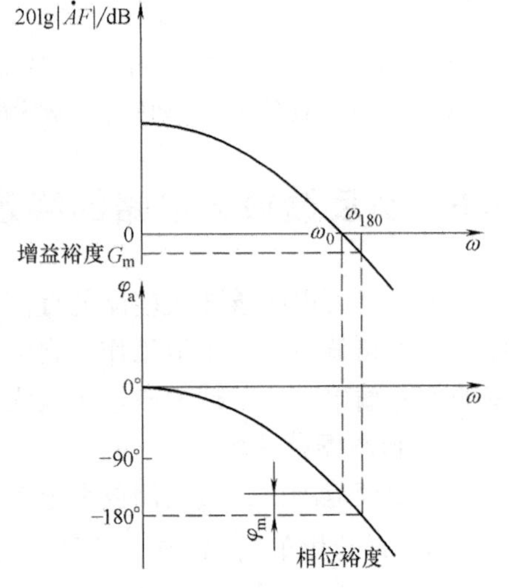

图 6-19　反馈放大电路环路增益 $\dot{A}\dot{F}$ 的频率响应

为了使设计的反馈放大电路可靠地稳定工作，这里引用了稳定裕度的概念，并用增益裕度 G_m 和相位裕度 φ_m 从数量上表示，如图 6-19 所示。

根据上述分析，增益裕度（dB）定义为

$$G_m=20\lg|\dot{A}_{180}\dot{F}| \tag{6-32}$$

式中，$\dot{A}_{180}$ 是相移 φ_a 为 $-180°$ 时的增益。

相位裕度定义为

$$\varphi_m=\varphi_{a(\omega_0)}-(-180°)=180°+\varphi_{a(\omega_0)} \tag{6-33}$$

式中，$\varphi_{a(\omega_0)}$ 是 $\omega=\omega_0$ 时，基本放大电路的相角，其值为负。

在式（6-33）中，若 φ_m 为正，则表明相移 φ_a 到达 $-180°$ 之前，$20\lg|\dot{A}\dot{F}|$ 即已衰减为 0dB，此时反馈电路是稳定的。反之，若 φ_m 为负，则表明相移 φ_a 到达 180°之后 $20\lg|\dot{A}\dot{F}|$ 才衰减为 0dB。这意味着在 $\omega=\omega_{180}$ 时，$|\dot{A}\dot{F}|>1$，因而反馈电路是不稳定的。

在工程实践中，通常要求 $G_m\leqslant-10\text{dB}$，$\varphi_m\geqslant45°$。按此要求设计的放大电路，不仅可以在预定的工作情况下满足稳定条件，而且当环境温度、电路参数及电源电压等因素发生变化时，也能满足稳定条件，这样的放大电路才能正常工作。

应当注意，以上所讨论的负反馈放大电路的稳定性是假定基本放大电路是稳定的，即开环状态下是稳定的。

3. 负反馈放大电路稳定性分析

在分析反馈放大电路的稳定性时，往往是利用基本放大电路开环增益的伯德图。为了分析方便，仍然假设反馈网络是电阻性的，此时 $\varphi_f=0$，$\dot{F}=F$。这样，就可以在同一坐标平面上，绘出一条水平线 $20\lg\dfrac{1}{F}$，两曲线之差为

$$20\lg|\dot{A}|-20\lg\frac{1}{F}=20\lg|\dot{A}\dot{F}| \tag{6-34}$$

式（6-34）就是以 dB 为单位的环路增益，因而可以通过检验两曲线之差来分析放大电路的稳定性。

假设某电压放大电路的伯德图如图 6-20 所示（其中相频响应未用对数方法绘制），开环电压增益 A_{U0} 为 100dB，三个极点频率 ω_1、ω_2、ω_3 的值分别为 10^5rad/s、10^6rad/s、10^7rad/s，其中 ω_1 为主极点。由于它们的分布彼此相距较近，从 $\omega_1\sim\omega_2$ 之间的相角积累为 $-45°\sim-225°$，如图 6-22 的相频响应 φ_a 所示。相角 φ_a 为 $-180°$ 时的角频率 ω_{180} 落在 -40dB/十倍频程的线段内。

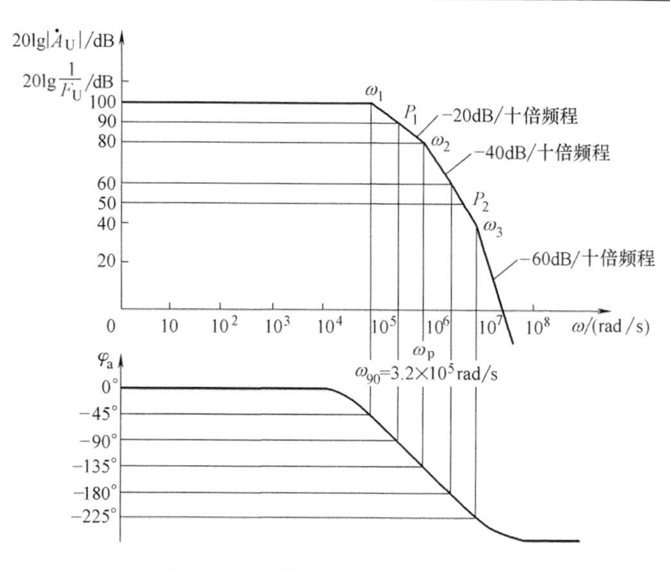

图 6-20　反馈放大电路稳定性图解

由于图 6-20 的纵坐标同时表示 20lg｜$\dot{A}_U$｜和 20lg $\frac{1}{F_U}$，因而可以利用该图作负反馈放大电路的稳定性分析。在图上首先考察 20lg $\frac{1}{F_U}$为 90dB 的水平线，而环路增益为 20lg｜$\dot{A}_U$｜与此水平线 20lg $\frac{1}{F_U}$之差，在低频情况下，其差值为 100dB（20lgA_{UO}）－90dB$\left(20\lg\frac{1}{F_U}\right)$＝10dB。两曲线 20lg｜$\dot{A}_U$｜与 20lg $\frac{1}{F_U}$相交于 P_1 点，相应的相位裕度 φ_m＝180°＋（－90°）＝90°；增益裕度 G_m＝20lg｜$\dot{A}_{U(180)}F_U$｜＝60dB－90dB＝－30dB，故负反馈放大电路是稳定的。

再考察另一种情况，欲使放大电路在低频情况下，获得 50(＝100－50)dB 的环路增益，可在图 6-20 上取另一条水平线 20lg $\frac{1}{F_U}$＝50dB，它与 20lg｜$\dot{A}_U$｜曲线相交于 P_2 点，注意此时同样对应于 20lg｜$\dot{A}_UF_U$｜＝0dB，相应的｜φ_a｜＞180°。由图 6-20 可见，在 φ_a 到达－180°之前以及 φ_a＝－180°时，20lg｜$\dot{A}_UF_U$｜＞0dB，因而放大电路是不稳定的。由于－180°相角点往往出现在幅频响应 20lg｜$\dot{A}_U$｜的－40dB/十倍频程的线段内，因而 20lg $\frac{1}{F_U}$的取值一般应使其水平线与 20lg｜$\dot{A}_U$｜曲线的－20dB/十倍频程的线段相交，使电路工作稳定，此时的相位裕度 φ_m≥45°。据此对图 6-20 进行分析，可以得出低频环路增益的最大值 20lg｜$\dot{A}_UF_U$｜$_{max}$＝100dB－80dB＝20dB。

综上分析表明，在电阻性反馈网络的情况下，欲使伯德图如图 6-20 所示的放大电路稳定地工作，环路增益的极限值只有 20dB，相当于｜$\dot{A}_UF_U$｜＝10，这数值显然是不够大的，不利于改善放大电路多方面的性能。为克服这一不足，可以采用频率补偿技术来解决。

【思考题】

1. 什么是自激振荡？负反馈放大电路产生自激振荡的原因是什么？
2. 什么是增益裕度？什么是相位裕度？
3. 只要放大电路由负反馈变成了正反馈，就一定会产生自激吗？

小　　结

1. 反馈是为了改善放大电路的性能而采取的一种技术措施。将输出信号的一部分或全部返回到放大电路的输入端，这就是反馈信号。本章主要讨论负反馈对放大电路性能的改善。

2. 闭环增益与开环增益、反馈系数之间的关系称为反馈基本方程式，它是研究反馈放大电路的基础。由$|1+\dot{A}\dot{F}|$大于1、小于1和等于0，可以确定放大电路是负反馈、正反馈和自激三种状态。$1+\dot{A}\dot{F}$称为反馈深度；而$\dot{A}\dot{F}$称为环路增益。

3. 反馈分正反馈、负反馈，电压反馈、电流反馈，串联反馈、并联反馈，直流反馈、交流反馈等形式。仅对负反馈而言，可以确定四种反馈组态，即电压串联负反馈、电压并联负反馈、电流串联负反馈和电流并联负反馈。

4. 电压负反馈可以稳定输出电压，降低放大电路的输出电阻$[1/(1+AF)]$；电流负反馈可以稳定输出电流，提高放大电路的输出电阻$(1+AF)$倍。

5. 串联负反馈可以提高放大电路的输入电阻$(1+AF)$倍；并联负反馈可以降低放大电路的输入电阻$[1/(1+AF)]$。

6. 负反馈可以降低反馈环内产生的非线性失真、噪声。

7. 负反馈加入不当会引起放大电路的自激，自激条件是$\dot{A}\dot{F}=-1$，它又分为幅度条件和相位条件。

8. 利用环路增益伯德图可以方便地判断放大电路稳定、临界和自激三种状态。为了获得稳定的工作状态，负反馈放大电路应有足够的幅度裕度和相位裕度。在放大电路的适当位置接入电容可以改变放大电路的某一个极点频率，从而可能消除自激振荡。

习　　题

6-1　判断图6-21所示各电路中的反馈支路是正反馈还是负反馈。如是负反馈，说明是何种反馈类型。

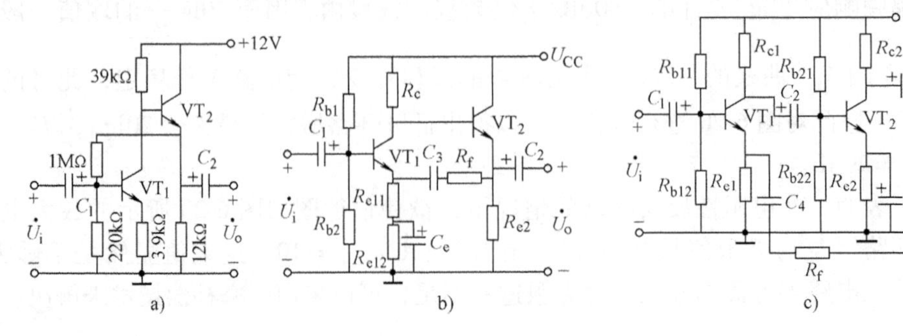

图6-21　题6-1图

6-2　用理想集成运算放大器组成的两个反馈电路如图 6-22 所示，请回答：

（1）电路中的反馈是正反馈还是负反馈？是交流反馈还是直流反馈？

（2）若是负反馈，其类型怎样？电压放大倍数又是多少？

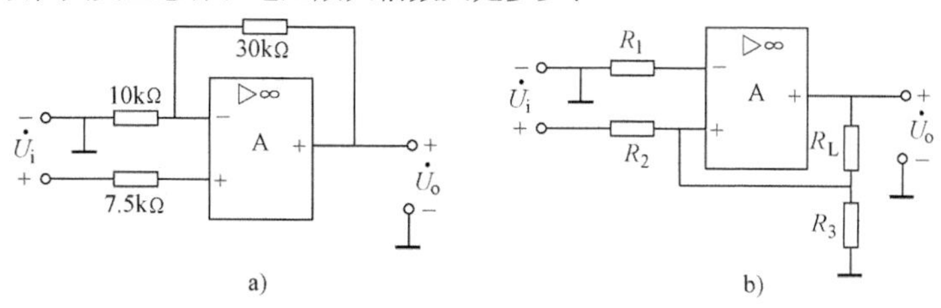

图 6-22　题 6-2 图

6-3　判断图 6-23 中各电路所引反馈的极性及反馈的组态。

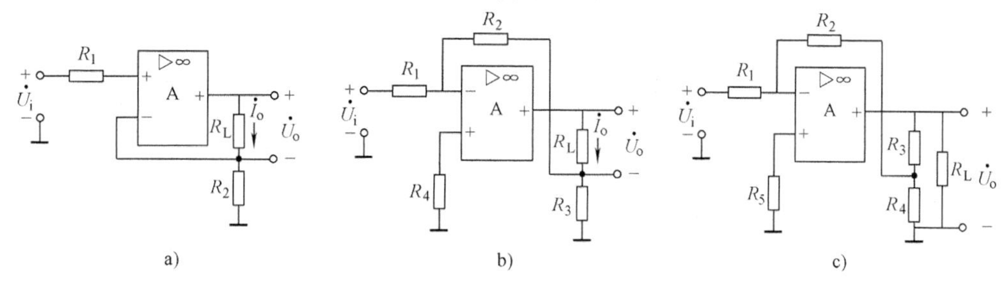

图 6-23　题 6-3 图

6-4　判断图 6-24 所示电路的交流反馈类型。

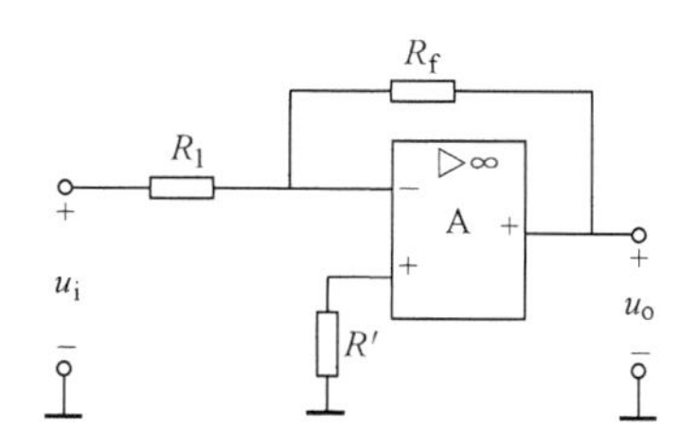

图 6-24　题 6-4 图

6-5　判断图 6-25 所示电路所有交流反馈类型（电路为多级时只考虑级间反馈）。

6-6　电路如图 6-26 所示。

（1）指出反馈支路与反馈类型；

（2）按深度负反馈估算中频电压放大倍数 $A_{uf}=\dfrac{u_o}{u_i}$。

6-7　图 6-27 中的 A_1，A_2 为理想的集成运算放大器，问：

（1）第一级与第二级在反馈接法上分别是什么极性和组态？

（2）从输出端引回到输入端的级间反馈是什么极性和组态？

（3）电压放大倍数 $\dfrac{\dot{U}_o}{\dot{U}_{o1}}=?$ $\dfrac{\dot{U}_o}{\dot{U}_i}=?$

（4）输入电阻 $r_{if}=?$

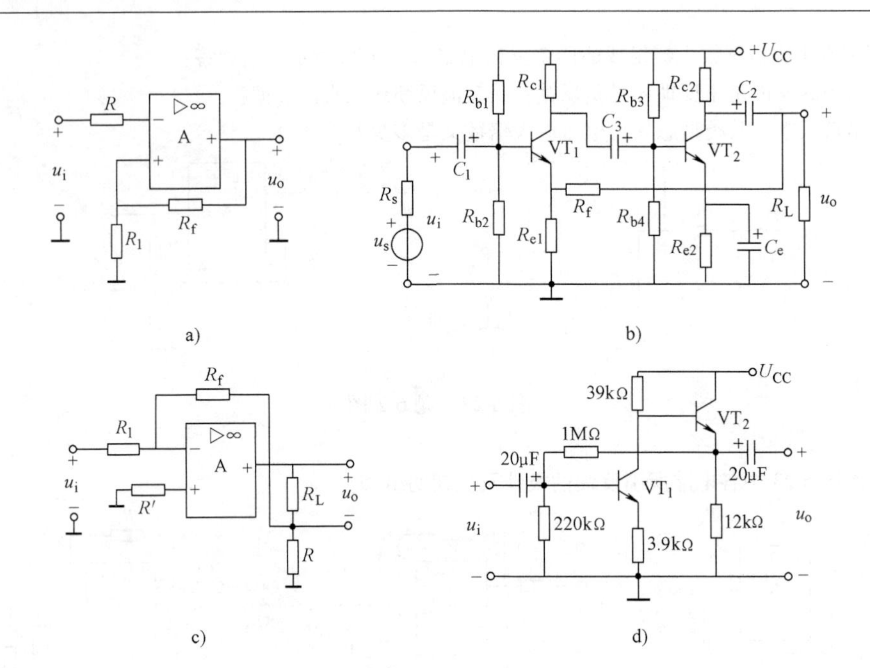

图 6-25 题 6-5 图

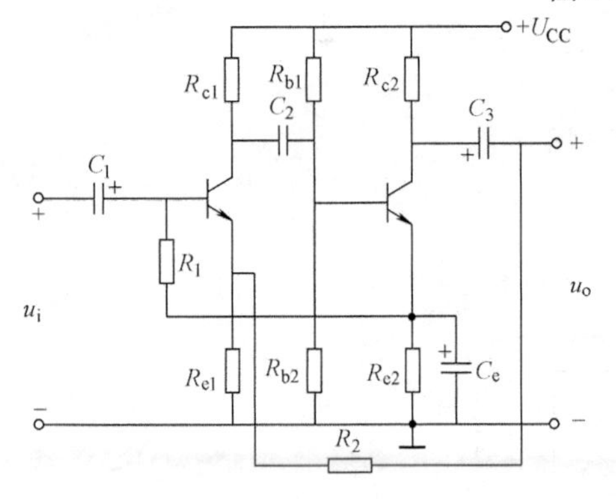

图 6-26 题 6-6 图

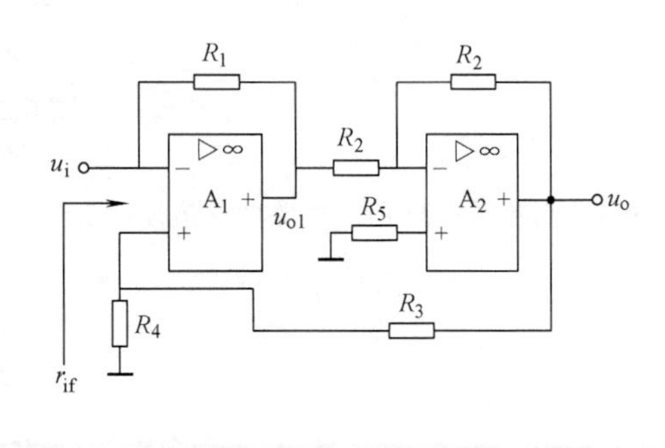

图 6-27 题 6-7 图

6-8 电路如图 6-28 所示。

（1）合理连线，接入信号和反馈，使电路的输入电阻增大，输出电阻减小；

（2）若 $A_u=\dfrac{u_o}{u_i}=20$，则 R_f 应取何值?

6-9 电路如图 6-29 所示。

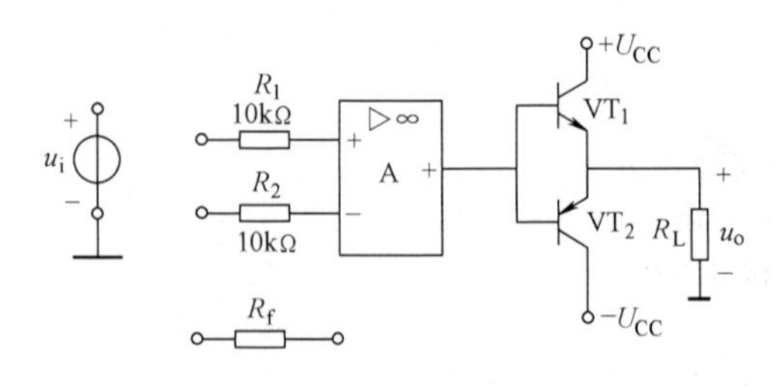

图 6-28 题 6-8 图

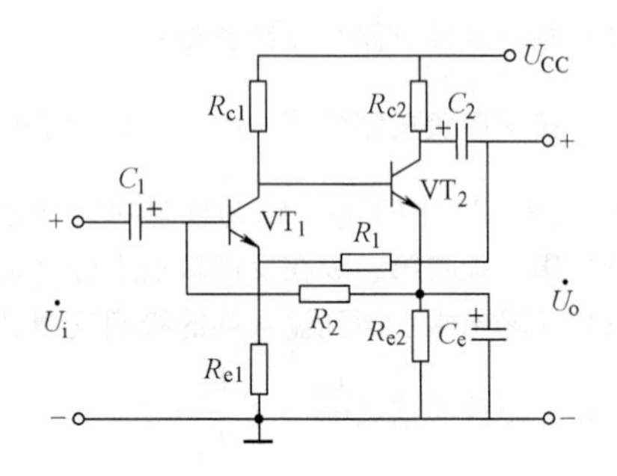

图 6-29 题 6-9 图

（1）指出反馈支路与反馈类型（极性与组态）；

（2）按深度负反馈估算中频电压放大倍数 $A_{usf}=\dfrac{\dot{U}_o}{\dot{U}_s}$。

6-10 图6-30中，各运算放大器是理想的。说明：

（1）图6-30a、b、c、d各电路是何种反馈组态？

（2）写出图6-30a、c的输出表达式，以及图6-30b、d的输出电流表达式；

（3）说明各电路具有的功能。

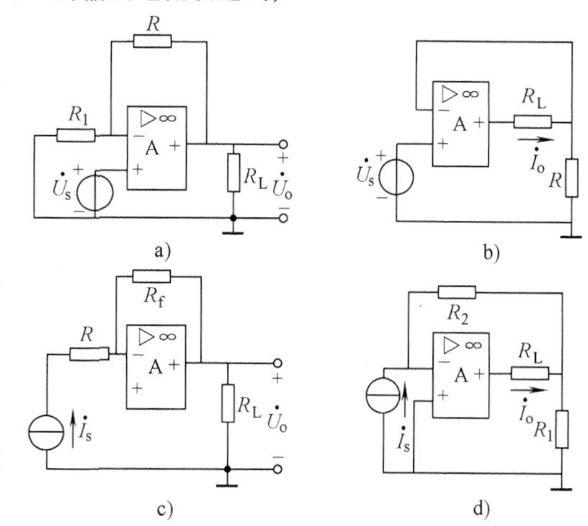

图6-30 题6-10图

6-11 电路如图6-31所示，运算放大器是理想的。要求：

（1）判断电路存在何种反馈？

（2）写出电压放大倍数的表达式。

6-12 对于图6-32所示的电路，回答下列问题：

（1）判断电路的反馈组态，写出深度负反馈时的电压放大倍数表达式；

（2）如果将电阻 R_3 改接到虚线位置，写出闭环电压放大倍数表达式；

（3）如果将电阻 R_3 去掉，写出闭环电压放大倍数表达式；

（4）上述三种接法的闭环电压放大倍数，哪一种的稳定性最好？

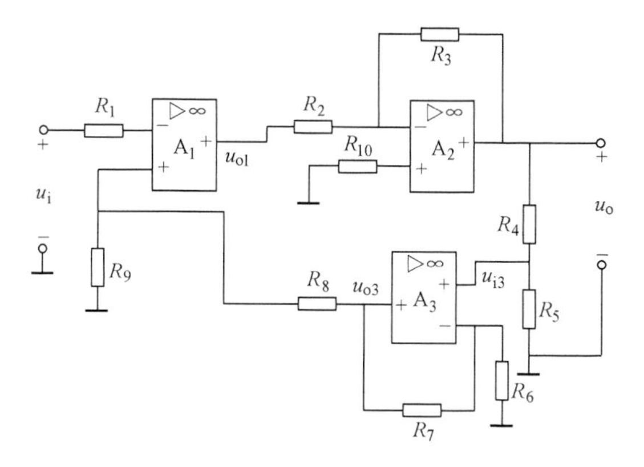

图6-31 题6-11图

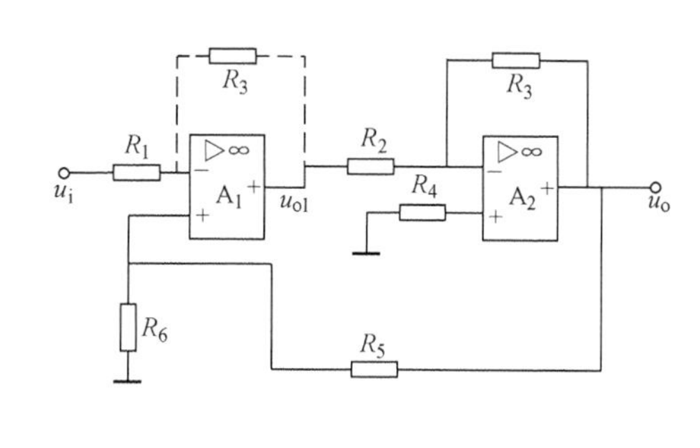

图6-32 题6-12图

6-13 已知一负反馈放大电路的开环电压放大倍数 $A=10000$，反馈系数 $F=0.01$，当温度变化使开环电压放大倍数变化了 $\pm10\%$ 时，求闭环电压放大倍数的相对变化量。

6-14 电路如图6-33a和b所示，A_1、A_2 是理想运算放大器，试回答：

（1）比较图6-33a和b在反馈方式上的不同；

（2）计算图6-33a电路的电压放大倍数；

（3）若要图6-33a和b两个电路的电压放大倍数相同，图6-33b中电阻 R_2 应该多大？

（4）若 A_1、A_2 的开环电压放大倍数都是100倍，其他条件仍为理想，与（2）和（3）中的结果相比较，试求图6-33a和b两个电路的电压放大倍数相对误差各为多少？由此说明什么问题？

6-15 电路如图6-34所示，运算放大器是理想的。要求：

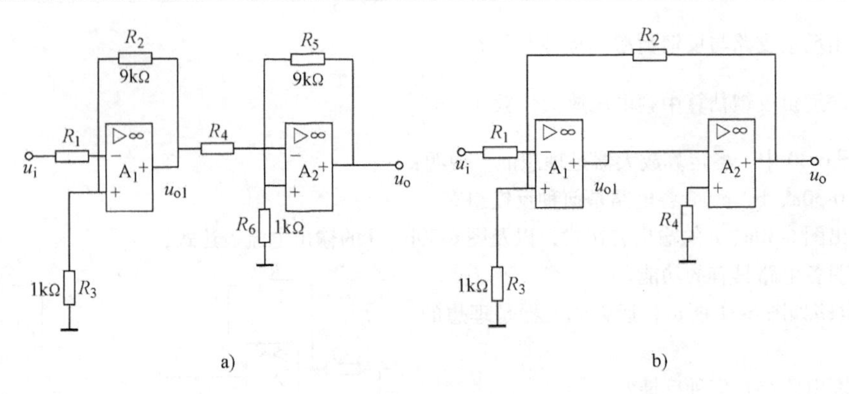

图 6-33　题 6-14 图

（1）判断图 6-34 电路中 A_1 存在何种反馈？

（2）A_1 对 A_2 又存在何种反馈？

6-16　分析图 6-35 中两个电路的级间反馈，回答：

（1）电路的级间反馈组态；

（2）电压放大倍数 $\dfrac{\dot{U}_o}{\dot{U}_i}$ 大约是多少？

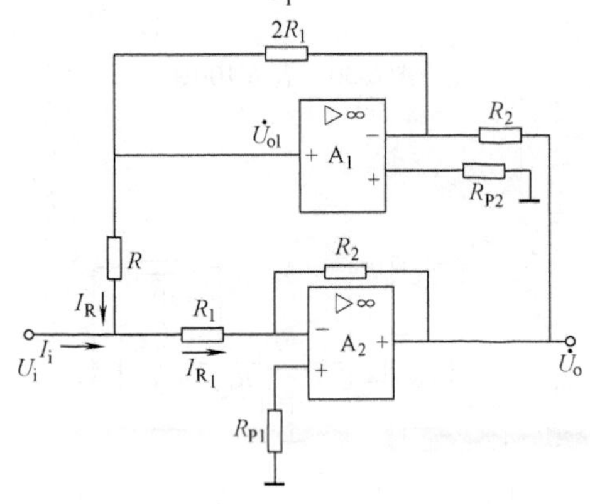

图 6-34　题 6-15 图

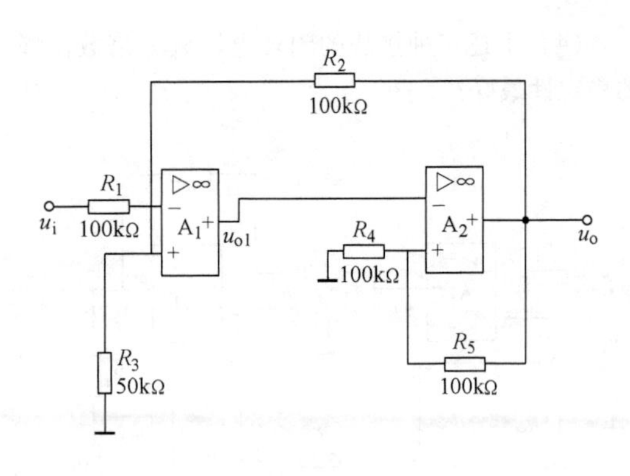

图 6-35　题 6-16 图

第 7 章　信号处理和信号产生电路

引言

本章内容有基本运算电路、滤波电路、正弦波振荡电路和非正弦波产生电路，主要讨论信号的处理（滤波）和信号的产生（振荡）。其中：

1）有源滤波电路。滤波电路的主要功能是传送输入信号中有用的频率成分，衰减或抑制无用的频率成分。本章主要讨论由 R、C 和运算放大器组成的有源滤波电路。

2）正弦波振荡电路。在通信、广播、电视系统中，都需要射频（高频）发射。这里的射频波就是载波，把音频（低频）、视频信号或脉冲信号运载出去，这就需要能产生高频信号的正弦波振荡器。在工业、农业、生物医学等领域内，如高频感应加热、熔炼和淬火，超声波焊接和超声诊断，核磁共振成像等，也都需要功率或大或小、频率或高或低的正弦波振荡器。

3）非正弦波产生电路。一些电子系统需要的特殊信号，如方波、三角波等，可通过非正弦波产生电路来产生。

4）电压比较器。本章在讨论正弦波振荡电路之后、非正弦波信号产生电路之前，还要研究一种重要单元电路——电压比较器，它不仅是波形产生电路中常用的基本单元，也广泛用于测控系统和电子仪器中。

以上这些电路都可以用集成运算放大器构成。

7.1　基本运算电路

本节讨论的基本运算电路有加法、减法、积分和微分电路。这些电路一般是由集成运算放大器外加反馈网络构成的，在分析时，要注意电路的输入方式，判别反馈类型，并利用虚短、虚断的概念，得出近似的结果。另外还要注意，比例运算电路有同相输入和反相输入两种，分别属于电压串联负反馈和电压并联负反馈电路，其比例系数即为反馈放大电路的增益，这一点已在第 6 章中讨论过，此处不再赘述。

7.1.1　加法电路

如果要将两个电压 u_{s1}、u_{s2}相加，可以利用图 7-1 所示的加法电路来实现。这个电路接成反相放大器，由于电路存在虚短，$u_i=0$，在 P 端接地时，$u_N=0$，故 N 端为虚地。显然，它是属于多端输入的电压并联负反馈电路。利用 $u_i=0$，$i_i=0$ 和 $u_N=0$ 的概念，对反相输入节点可写出下面的方程式：

$$\frac{u_{s1}-u_i}{R_1}+\frac{u_{s2}-u_i}{R_2}=\frac{u_i-u_o}{R_f} \tag{7-1a}$$

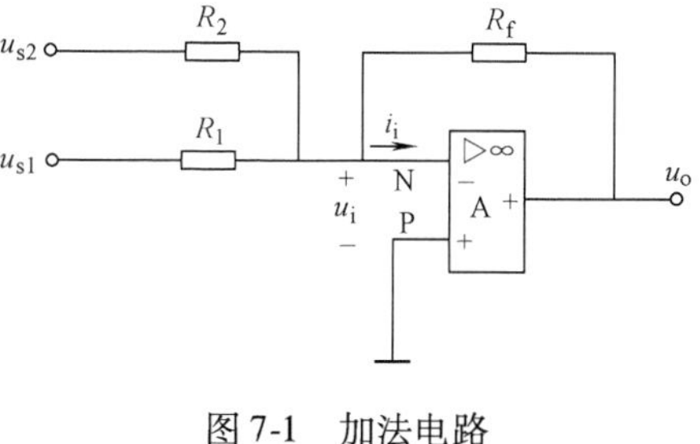

图 7-1　加法电路

或

$$\frac{u_{s1}}{R_1}+\frac{u_{s2}}{R_2}=\frac{-u_o}{R_f} \tag{7-1b}$$

由此得

$$-u_o=\frac{R_f}{R_1}u_{s1}+\frac{R_f}{R_2}u_{s2} \tag{7-1c}$$

这就是加法运算的表达式，式中负号是因反相输入所引入的。若 $R_1=R_2=R_f$，则式(7-1c) 变为

$$-u_o=u_{s1}+u_{s2} \tag{7-1d}$$

若在图 7-1 的输出端再接一级反相电路，则可消去负号，实现完全符合常规的算术加法。图 7-1 所示的加法电路可以扩展到多个输入电压相加。加法电路也可以利用同相放大电路组成。

7.1.2 减法电路

1. 利用反相信号求和以实现减法运算

减法电路如图 7-2 所示。第一级为反相比例放大电路，若 $R_{f1}=R_1$，则 $u_{o1}=-u_{s1}$；第二级为反相加法电路，则可导出

$$u_o=-\frac{R_{f2}}{R_2}(u_{o1}+u_{s2})=\frac{R_{f2}}{R_2}(u_{s1}-u_{s2}) \tag{7-2a}$$

若 $R_2=R_{f2}$，则式 (7-2a) 变为

$$u_o=u_{s1}-u_{s2} \tag{7-2b}$$

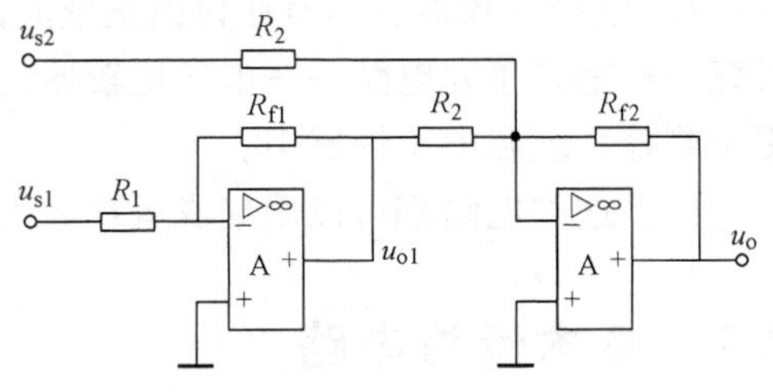

图 7-2 用加法电路构成减法电路

反相输入结构的减法电路，由于出现虚地，放大电路没有共模信号，故允许 u_{s1}、u_{s2}的共模电压范围较大，且输入阻抗较低。在电路中，为减小温度漂移、提高运算精度，同相端需加接平衡电阻。

2. 利用差分放大电路以实现减法运算

图 7-3 所示是用来实现两个电压 u_{s1}、u_{s2} 相减的减法电路，从电路结构上来看，它是反相输入和同相输入相结合的放大电路。在理想运算放大器的情况下，有 $u_P=u_N$，就是说电路中存在虚短现象，同时运算放大器两输入端存在共模电压。伴随 $u_i=0$，也有 $i_i=0$，由此可得下列方程式：

$$\frac{u_{s1}-u_N}{R_1}=\frac{u_N-u_o}{R_f} \tag{7-3}$$

及

$$\frac{u_{s2}-u_P}{R_2}=\frac{u_P}{R_3} \tag{7-4}$$

注意，$u_N=u_P$，由式 (7-3) 解得 u_N，然后代入式 (7-4)，可得

$$u_o=\left(\frac{R_1+R_f}{R_1}\right)\left(\frac{R_3}{R_2+R_3}\right)u_{s2}-\frac{R_f}{R_1}u_{s1}$$

在上式中，如果选取电阻值满足 $R_f/R_1=R_3/R_2$ 的关系，输出电压可简化为

$$u_o=\frac{R_f}{R_1}(u_{s2}-u_{s1}) \tag{7-5}$$

即输出电压 u_o 与两输入电压之差（$u_{s2}-u_{s1}$）成比例，所以图 7-3 所示的减法电路实际上就是一个差分放大电路。当 $R_f=R_1$ 时，$u_o=u_{s2}-u_{s1}$。应当注意的是，由于电路存在共模电压，应当选用共模抑制比较高的集成运算放大器，才能保证一定的运算精度。

例 7-1　高输入电阻的差分放大电路如图 7-4 所示，求输出电压 u_{o2} 的表达式，并说明该电路的特点。

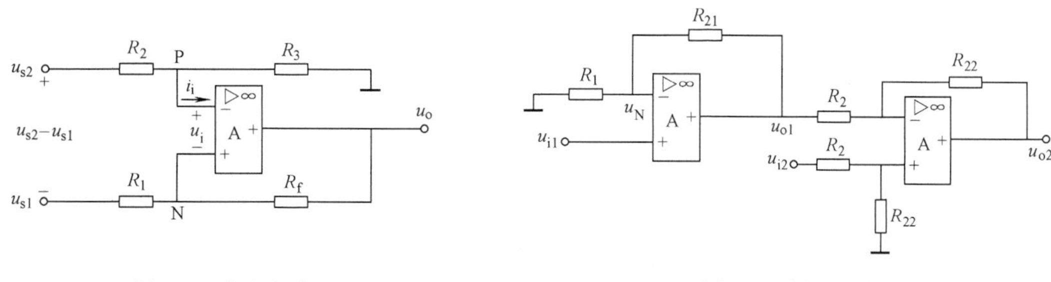

图 7-3　减法电路　　　　图 7-4　例 7-1 图

解：该电路第一级 A_1 为同相输入放大电路，它的输出电压为

$$u_{o1}=\left(1+\frac{R_{21}}{R_1}\right)u_{i1}$$

第二级 A_2 为差分放大电路，可利用叠加原理求输出电压。$u_{i2}=0$ 时，A_2 为反相输入放大电路，由 u_{o1} 产生的输出电压

$$u'_{o2}=-\frac{R_{22}}{R_2}u_{o1}=-\frac{R_{22}}{R_2}\left(1+\frac{R_{21}}{R_1}\right)u_{i1}$$

若令 $u_{o1}=0$，A_2 为同相输入放大电路，由 u_{i2} 产生的输出电压为

$$u''_{o2}=\left(1+\frac{R_{22}}{R_2}\right)\left(\frac{R_{22}}{R_2+R_{22}}\right)u_{i2}$$

电路的总输出电压 $u_{o2}=u'_{o2}+u''_{o2}$，当电路中 $R_1=R_{21}$ 时，则

$$u_{o2}=\frac{R_{22}}{R_2}(u_{i2}-2u_{i1})$$

由于电路中第一级 A_1 为同相输入放大电路，电路的输入电阻为无穷大。

7.1.3　积分电路

积分电路如图 7-5 所示。利用虚地的概念：$u_i=0$，$i_i=0$，因此有 $i_1=i_2=i$，电容 C 就以电流 $i=u_s/R$ 进行充电。假设电容 C 初始电压为零，则

$$u_i-u_o=\frac{1}{C}\int i\mathrm{d}t=\frac{1}{C}\int i_1\mathrm{d}t=\frac{1}{C}\int\frac{u_s}{R}\mathrm{d}t$$

或

$$u_o = -\frac{1}{RC}\int u_s \mathrm{d}t \tag{7-6}$$

式（7-6）表明，输出电压 u_o 为输入电压 u_s 对时间的积分，负号表示它们在相位上是相反的。

当输入信号 u_s 为图 7-6a 所示的阶跃电压时，在它的作用下，电容将以近似恒流方式进行充电，输出电压 u_o 与时间 t 成近似线性关系，如图 7-6b 所示。因此

$$u_o \approx -\frac{U_s}{RC}t = -\frac{U_s}{\tau}t \tag{7-7}$$

式中，τ 为积分时间常数，$\tau = RC$。

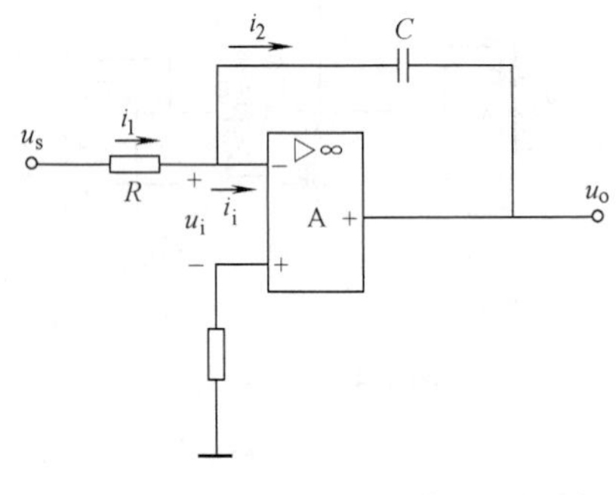

图 7-5 积分电路

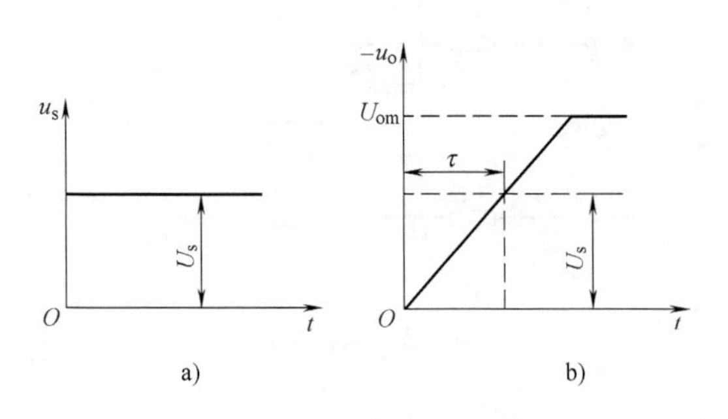

图 7-6 积分电路的阶跃响应

a）输入波形 b）输出波形

由图 7-6b 可知，当 $t=\tau$ 时，$-u_o = U_s$。当 $t>\tau$ 时，u_o 增大，直到 $-u_o = +U_{om}$，即运算放大器输出电压的最大值 U_{om} 受直流电源电压的限制，致使运算放大器进入饱和状态，u_o 保持不变，而停止积分。

当应用图 7-5 作积分运算时，由于集成运算放大器输入失调电压、输入偏置电流和失调电流的影响，常常出现积分误差。例如，当 $u_s=0$、$u_o \neq 0$ 且作缓慢变化时，会形成输出误差电压。针对这种情况，可选用 U_{IO}、I_{IB}、I_{IO} 较小和低漂移的运算放大器，并在同相端接入可调平衡电阻；或选用输入级为场效应晶体管组成的 BiFET 运算放大器。

积分电容 C 存在的漏电流也是产生积分误差的来源之一，选用泄漏电阻大的电容，如薄膜电容、聚苯乙烯电容可减少这种误差。

图 7-5 所示的积分电路，可用来作为显示器的扫描电路及模/数转换器或进行数学模拟运算等。

例 7-2 电路如图 7-5 所示，电路中 $R=10\text{k}\Omega$，$C=5\text{nF}$，若电容 C 两端并联一个反馈电阻 $R_f=1\text{M}\Omega$，输入电压 u_s 波形如图 7-7a 所示，在 $t=0$ 时，电容 C 的初始电压 $u_C(0)=0$。试画出输出电压 u_o 稳态的波形，并标出 u_o 的幅值。

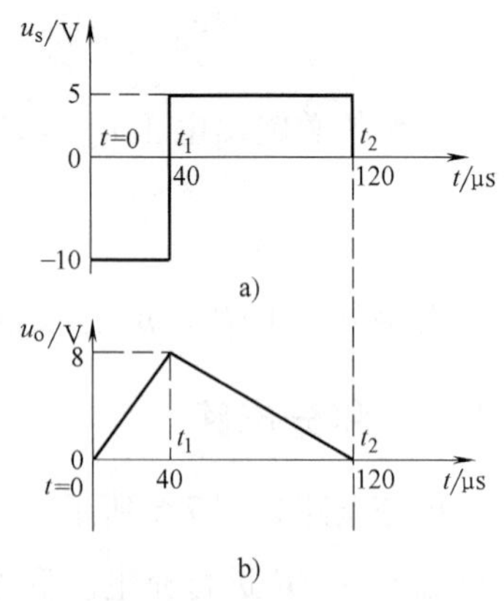

图 7-7 例 7-2 图

a）u_s 的波形 b）u_o 的波形

解：在 $t=0$ 时，$u_C(0)=0$，当 $t_1=40\mu s$ 时

$$u_o(t_1)=-\frac{u_s}{RC}t_1=-\frac{-10\times40\times10^{-6}}{10\times10^3\times5\times10^{-9}}V=8V$$

当 $t_2=120\mu s$ 时

$$u_o(t_2)=u_o(t_1)-\frac{u_s}{RC}(t_2-t_1)=8V-\frac{5\times(120-40)\times10^{-6}}{10\times10^3\times5\times10^{-9}}V=0V$$

输出电压 u_o 的波形如图 7-7b 所示。

7.1.4 微分电路

将图 7-5 所示积分电路中的电阻和电容对换位置，并选取比较小的时间常数 RC，便可得到图 7-8 所示的微分电路。在这个电路中，同样存在虚地、$u_i=0$ 和 $i_i=0$，$i_1=i_2=i$。

设 $t=0$ 时，电容 C 的初始电压 $u_C=0$，当信号电压 u_s 接入后，便有

$$i=C\frac{du_s}{dt}$$

$$u_i-u_o=iR=RC\frac{du_s}{dt}$$

从而得

$$-u_o=RC\frac{du_s}{dt} \tag{7-8}$$

式（7-8）表明，输出电压正比于输入电压对时间的微商。

当输入电压 u_s 为阶跃信号时，如图 7-9a 所示，考虑到信号源总存在内阻，在 $t=0$ 时，输出电压仍为一个有限值。随着电容 C 的充电，输出电压 u_o 将逐渐地衰减，最后趋近于零，如图 7-9b 所示。

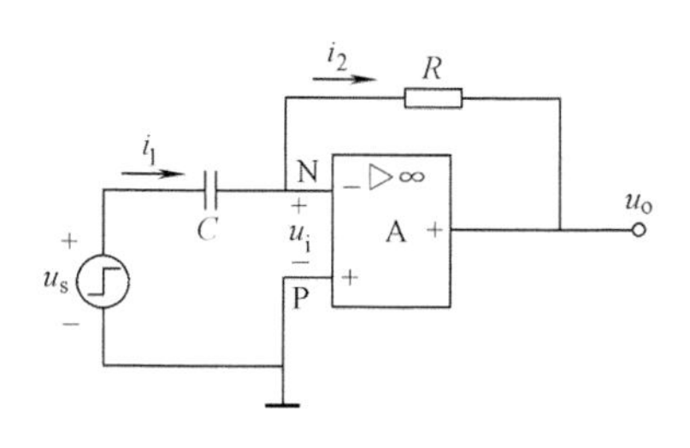

图 7-8 微分电路

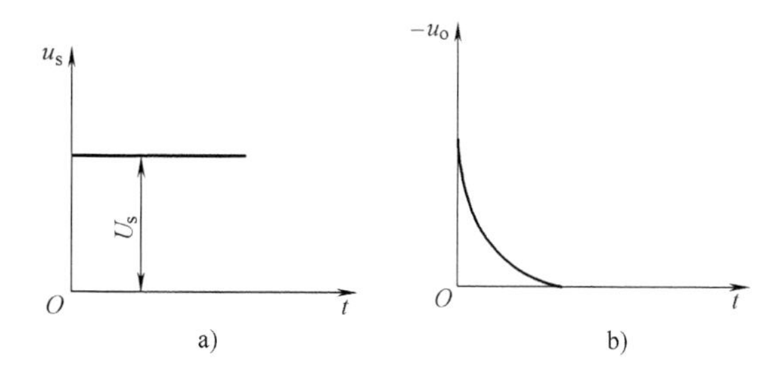

图 7-9 微分电路电压波形
a）输入 b）输出

如果输入信号是正弦函数 $u_s=\sin\omega t$，则输出信号 $u_o=-RC\omega\cos\omega t$。此式表明，$u_o$ 的输出幅度将随频率的增加而线性地增加。因此微分电路对高频噪声特别敏感，以致输出噪声可能完全淹没微分信号。

微分电路的应用是很广泛的，在线性系统中，除了可作微分运算外，在脉冲数字电路中，常用来作波形变换，如将矩形波变换为尖顶脉冲波等。

【思考题】

1. 在反相求和电路中，集成运算放大器的反相输入端是如何形成虚地的？该电路属于何种反馈类型？

2. 在分析反相加法、差分式减法、反相积分和微分等电路中，所依据的基本概念是什么？基尔霍夫电流定律是否得到应用？如何导出它们输入-输出的关系。

7.2 滤波电路的基本概念和分类

1. 基本概念

滤波电路是一种能使有用频率信号通过而同时抑制（或大为衰减）无用频率信号的电子电路，工程上常用它来作信号处理、数据传送和抑制干扰等。滤波有两种方法：其一为使用模拟滤波电路；其二为数字滤波。后者是将模拟量转化为数字量后用软件实现滤波的，属数字信号处理的内容。本章只讨论模拟滤波电路。模拟滤波电路又分无源和有源两种。无源滤波电路由无源元件 R、L 和 C 组成，有源滤波电路则由集成运算放大器和 R、C 电路组成。两者相比，有源滤波电路具有以下优点：

1）构成的低频滤波电路不使用电感、体积小、重量轻。

2）滤波的同时对信号具有放大作用，避免了信号的过度衰减。

3）集成运算放大器输入阻抗高，输出阻抗低，对信号具有缓冲作用，避免前后级的互相影响，便于设计。

2. 有源滤波电路的分类

对于幅频响应，通常把能够通过的信号频率范围定义为通带，而把受阻或衰减的信号频率范围称为阻带，通带和阻带的界限频率叫做截止频率。按照通带和阻带的相互位置不同，滤波电路通常可分为以下几类：

1）低通滤波电路：其幅频响应如图 7-10a 所示。图中，A_0 表示低频增益，$|A|$ 为增益的幅值。由图可知，低通滤波电路的功能是通过从零到某一截止角频率 ω_H 低频信号，而对大于 ω_H 的所有频率则完全衰减，因此其带宽 $BW=\omega_H$。

2）高通滤波电路：其幅频响应如图 7-10b 所示。由图可以看到，在 $0<\omega<\omega_L$ 范围内的频率为阻带，高于 ω_L 的频率为通带。从理论上来说，它的带宽 $BW=\infty$，但实际上，由于受有源器件带宽的限制，高通滤波电路的带宽也是有限的。

3）带通滤波电路：其幅频响应如图 7-10c 所示。图中，ω_L 为低边截止角频率，ω_H 为高边截止角频率，ω_0 为中心角频率。由图可知，它有两个阻带：$0<\omega<\omega_L$ 和 $\omega>\omega_H$，因此带宽 $BW=\omega_H-\omega_L$。

4）带阻滤波电路：其幅频响应如图 7-10d 所示。由图可知，它有两个通带：$0<\omega<\omega_H$ 及 $\omega>\omega_L$；一个阻带：$\omega_H<\omega<\omega_L$。因此它的功能是衰减 $\omega_L\sim\omega_H$ 间的信号。同高通滤波电路相似，由于受有源器件带宽的限制，通常 $\omega>\omega_L$ 也是有限的。

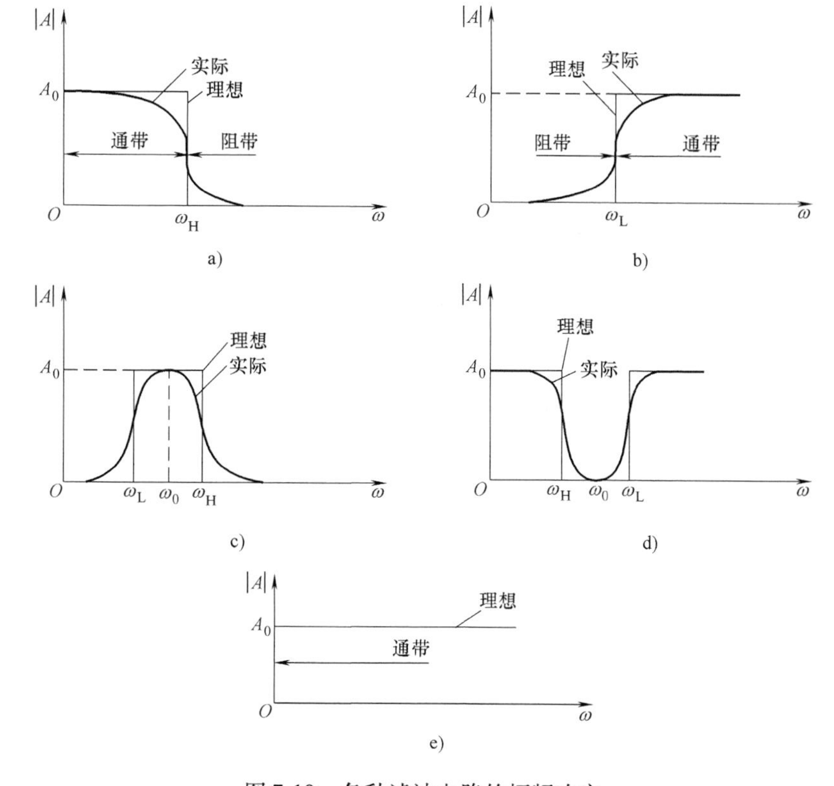

图 7-10　各种滤波电路的幅频响应

a）低通滤波电路（LPF）　b）高通滤波电路（HPF）　c）带通滤波电路（BPF）

d）带阻滤波电路（BEF）　e）全通滤波电路（APF）

【思考题】

什么叫无源滤波电路？什么叫有源滤波电路？

7.3　有源滤波电路

7.3.1　一阶有源滤波电路

如果在一级 RC 低通电路的输出端再加上一个电压跟随器，使之与负载很好地隔离开来，就构成了一个简单的一阶有源低通滤波电路。由于电压跟随器的输入阻抗很高、输出阻抗很低，因此，其带负载能力得到加强。

如果希望电路不仅有滤波功能，而且能起放大作用，则只要将电路中的电压跟随器改为同相比例放大电路即可，如图 7-11a 所示。下面介绍一阶有源滤波电路的性能。

1. 传递函数

由图 7-11a 知，低通滤波电路的通带电压增益 A_0 是 $\omega=0$ 时输出电压 u_o 与输入电压 u_i 之比，对于图 7-11a 来说，通带电压增益 A_0 等于同相比例放大电路的电压增益 A_{UF}，即

$$A_0 = A_{UF} = 1 + \frac{R_f}{R_1} \tag{7-9}$$

根据前面对 RC 低通电路的分析结果，由图 7-11a 有

$$U_P(s) = \frac{1}{1 + sRC} U_i(s) \tag{7-10}$$

因此，可导出电路的传递函数为

$$A(s) = \frac{U_o(s)}{U_i(s)} = A_{UF} \frac{1}{1 + \frac{s}{\omega_c}} = \frac{A_0}{1 + \frac{s}{\omega_c}} \tag{7-11}$$

式中，ω_c 称为特征角频率，$\omega_c = 1/(RC)$。

由于式（7-11）中分母为 s 的一次幂，故式（7-11）所示滤波电路称为一阶低通滤波电路。

一阶高通滤波电路可由图 7-11a 的 R 和 C 交换位置来组成，这里不再赘述。

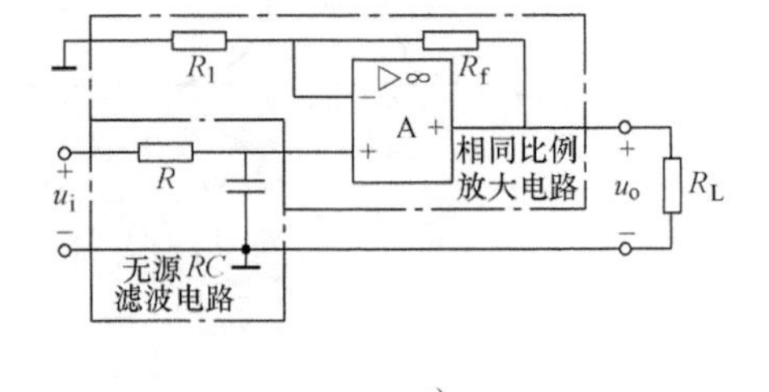

a）

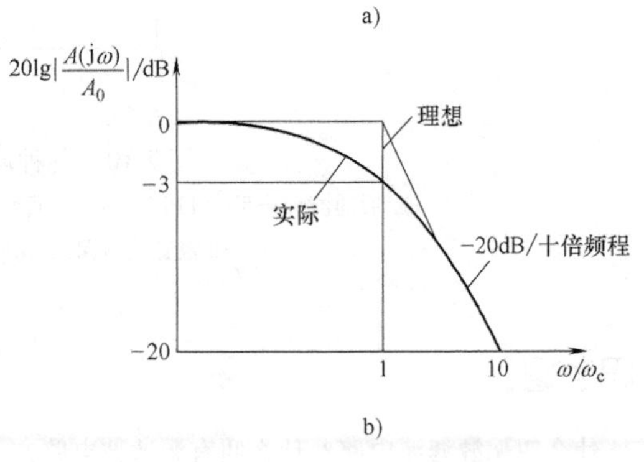

b）

图 7-11　一阶低通滤波电路

a）带同相比例放大电路的低通滤波电路

b）幅频响应

2. 幅频响应

对于实际的频率来说，式（7-11）中的 s 可用 $s = j\omega$ 代入，由此可得

$$A(j\omega) = \frac{U_o(j\omega)}{U_i(j\omega)} = \frac{A_0}{1 + j\left(\frac{\omega}{\omega_c}\right)} \tag{7-12a}$$

$$|A(j\omega)| = \frac{|U_o(j\omega)|}{|U_i(j\omega)|} = \frac{A_0}{\sqrt{1 + \left(\frac{\omega}{\omega_c}\right)^2}} \tag{7-12b}$$

显然，这里的 ω_c 就是 −3dB 截止角频率 ω_H。由式（7-12b）可画出图 7-11a 所示电路的幅频响应，如图 7-11b 所示。

7.3.2　二阶有源滤波电路

集成运算放大器在有源 RC 滤波电路中作为高增益有源器件使用时，可组成无限增益多反馈环型有源滤波电路，而当作为有限增益有源器件使用时，则可组成所谓压控电压源滤波电路（VCVS）。下面以压控电压源有源滤波电路为主对二阶有源滤波电路进行讨论。

1. 二阶压控电压源低通滤波电路

二阶压控电压源低通滤波电路如图 7-12 所示。由图可见，它是由两节 RC 滤波电路和同相比例放大

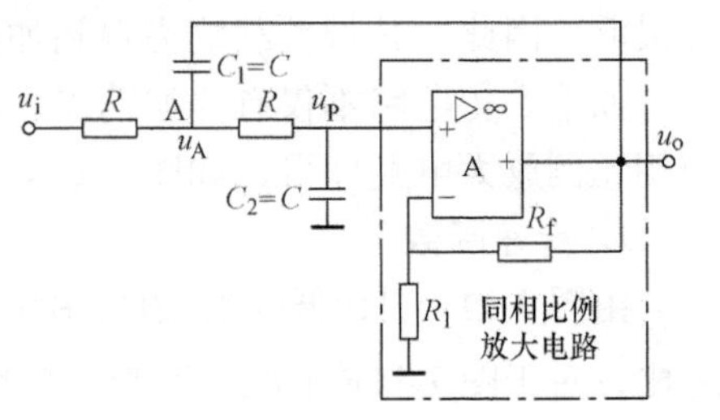

图 7-12　二阶压控电压源低通滤波电路

电路组成，其中同相比例放大电路实际上就是所谓的压控电压源。其特点是，输入阻抗高，输出阻抗低。

前已指出，同相比例放大电路的电压增益就是低通滤波器的通带电压增益，即 $A_0 = A_{UF} = 1 + R_f/R_1$。

（1）传递函数

考虑到集成运算放大器的同相输入端电压为

$$U_P(s) = \frac{U_o(s)}{A_{UF}} \tag{7-13}$$

而 $U_P(s)$ 与 $U_A(s)$ 的关系为

$$U_P(s) = \frac{U_A(s)}{1 + sRC} \tag{7-14}$$

对于节点 A，应用基尔霍夫电流定律可得

$$\frac{U_i(s) - U_A(s)}{R} - [U_A(s) - U_o(s)]sC - \frac{U_A(s) - U_P(s)}{R} = 0 \tag{7-15}$$

将式（7-13）~式（7-15）联立求解，可得电路的传递函数为

$$A(s) = \frac{U_o(s)}{U_i(s)} = \frac{A_{UF}}{1 + (3 - A_{UF})sCR + (sCR)^2} \tag{7-16}$$

令

$$\omega_n = \frac{1}{RC} \tag{7-17}$$

$$Q = \frac{1}{3 - A_{UF}} \tag{7-18}$$

则有

$$A(s) = \frac{A_{UF}\omega_n^2}{s^2 + \frac{\omega_n}{Q}s + \omega_n^2} = \frac{A_0\omega_n^2}{s^2 + \frac{\omega_n}{Q}s + \omega_n^2} \tag{7-19}$$

式（7-19）为二阶低通滤波电路传递函数的典型表达式。其中 $\omega_n = 1/(RC)$ 为特征角频率，而 Q 则称为等效品质因数。式（7-16）表明，$A_0 = A_{UF} < 3$，才能稳定工作。当 $A_0 = A_{UF} \geqslant 3$ 时，$A(s)$ 将有极点处于右半 s 平面或虚轴上，电路将自激振荡。

（2）幅频响应

用 $s = j\omega$ 代入式（7-19），可得幅频响应和相频响应表达式，分别为

$$20\lg\left|\frac{A(j\omega)}{A_0}\right| = 20\lg\frac{1}{\sqrt{\left[1 - \left(\frac{\omega}{\omega_n}\right)^2\right]^2 + \left(\frac{\omega}{\omega_n Q}\right)^2}} \tag{7-20}$$

$$\varphi(\omega) = -\arctan\frac{\omega/(\omega_n Q)}{1-\left(\frac{\omega}{\omega_n}\right)^2} \tag{7-21}$$

式（7-20）表明，当 $\omega=0$ 时，$|A(j\omega)|=A_{UF}=A_0$；当 $\omega\to\infty$ 时，$|A(j\omega)|\to 0$。显然，这是低通滤波电路的特性。由式（7-20）可画出不同 Q 值下的幅频响应，如图 7-13a 所示。由图可见，当 $Q=0.707$ 时，幅频响应较平坦，而当 $Q>0.707$ 时，将出现峰值，当 $Q=0.707$ 和 $\omega/\omega_n=1$ 时，$20\lg|A(j\omega)/A_0|=3\text{dB}$；当 $\omega/\omega_n=10$ 时，$20\lg|A(j\omega)/A_0|=-40\text{dB}$。这表明二阶低通滤波电路比一阶低通滤波电路的滤波效果好得多。当进一步增加滤波电路阶数时，由图 7-13b 可看出，其幅频响应就更接近理想特性。

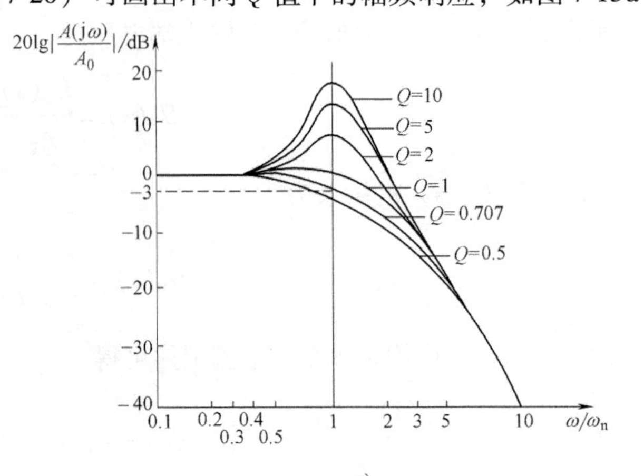

a)

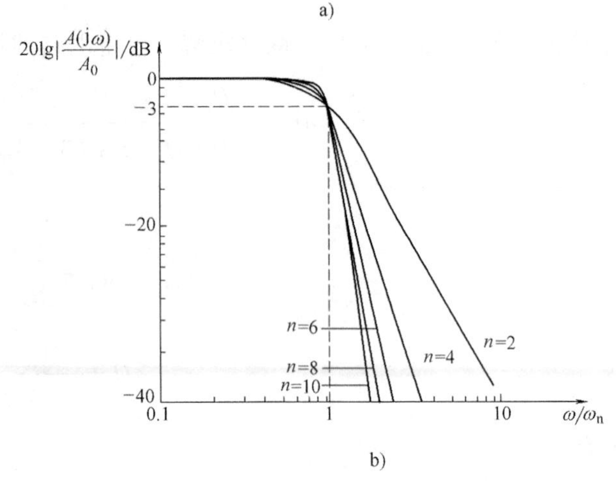

b)

图 7-13 低通滤波电路的幅频响应

a）图 7-12 所示二阶低通滤波电路的幅频响应 b）阶数 $n=2$、4、6、8、10 的巴特沃思低通滤波电路幅频响应

2. 二阶压控电压源高通滤波电路

将 RC 低通电路中的 R 和 C 的位置互换，就可得到 RC 高通电路。同理，如果将图 7-12 所示二阶压控电压源低通滤波电路中的 R 和 C 位置互换，就可得到二阶压控电压源高通滤波电路，如图 7-14 所示。

由于二阶高通滤波电路与二阶低通滤波电路在电路结构上存在对偶关系，它们的传递函数和幅频响应也存在对偶关系。

（1）传递函数

由图 7-10b 可知，在理想情况下，高通滤波电路的通带电压增益可认为是 $\omega\to\infty$ 时，输出电压 u_o 与输入电压 u_i 之比。对于图 7-14 来说，当 $\omega\to\infty$，电容 C 可视为短路，有 $u_i=u_P$，即通带电压增益 A_0 等于同相比例放大电路的电压增益 A_{UF}，因此有 $A_0=A_{UF}=1+R_f/R_1$。

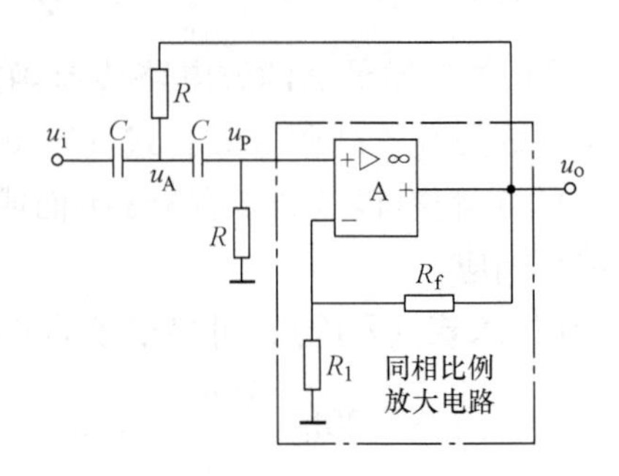

图 7-14 二阶压控电压源高通滤波电路

考虑到高通滤波电路在电路结构、传递函数和幅频响应上与低通滤波电路的对偶关系，将二阶低通滤波电路的传递函数表达式（7-16）中的 sRC

用1/（sRC）代替，则可得二阶高通滤波电路的传递函数为

$$A(s)=\frac{A_{UF}}{1+(3-A_{UF})\frac{1}{sRC}+\left(\frac{1}{sRC}\right)^2} \tag{7-22}$$

令

$$\begin{cases}\omega_n=\dfrac{1}{RC}\\ Q=\dfrac{1}{3-A_{UF}}\end{cases} \tag{7-23}$$

则

$$A(s)=\frac{A_{UF}s^2}{s^2+\frac{\omega_n}{Q}s+\omega_n^2}=\frac{A_0s^2}{s^2+\frac{\omega_n}{Q}s+\omega_n^2} \tag{7-24}$$

式（7-24）为二阶高通滤波电路传递函数的典型表达式。

（2）幅频响应

将式（7-24）中的 s 用 $s=j\omega$ 代替，则可得二阶高通滤波电路的频率响应特性方程为

$$A(j\omega)=\frac{-A_0\omega^2}{\omega_n^2-\omega^2+j\frac{\omega_n\omega}{Q}} \tag{7-25}$$

即有

$$20\lg\left|\frac{A(j\omega)}{A_0}\right|=20\lg\frac{1}{\sqrt{\left[\left(\frac{\omega_n}{\omega}\right)^2-1\right]^2+\left(\frac{\omega_n}{Q\omega}\right)^2}} \tag{7-26}$$

由式（7-26）可画出其幅频响应，如图7-15所示。由图可见，二阶高通滤波电路和二阶低通滤波电路的幅频特性具有对偶（镜像）关系。如以 $\omega=\omega_n$ 为对称轴，二阶高通滤波电路的 $20\lg|A(j\omega)/A_0|$（当 $\omega<\omega_n$ 时）随 ω 升高而增大，而二阶低通滤波电路的 $20\lg|A(j\omega)/A_0|$（当 $\omega>\omega_n$ 时）则随着 ω 升高而减小。二阶高通滤波电路在 $\omega\ll\omega_n$（如 $\omega_n/\omega=10$）时，其幅频响应以40dB/十倍频程的斜率上升。

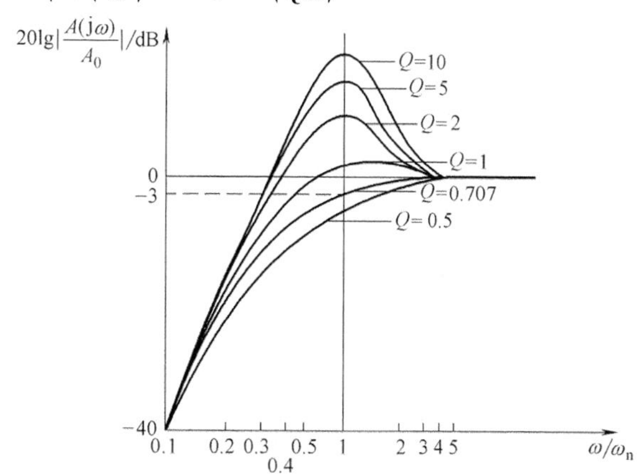

图7-15 图7-14所示二阶高通滤波电路的幅频响应

由式（7-22）知，只有当 $A_0=A_{UF}<3$ 时，电路才能稳定工作。

3. 二阶压控电压源带通滤波电路

若将低通滤波电路与高通滤波电路相串联，如图7-16a所示，可以构成带通滤波电路。

将带通滤波电路的幅频响应与高通、低通滤波电路的幅频响应进行比较，不难发现，只要低通滤波电路的截止角频率 ω_H 大于高通滤波电路的截止角频率 ω_L，两者覆盖的通带就提供了一个通带响应，如图 7-16b 所示。

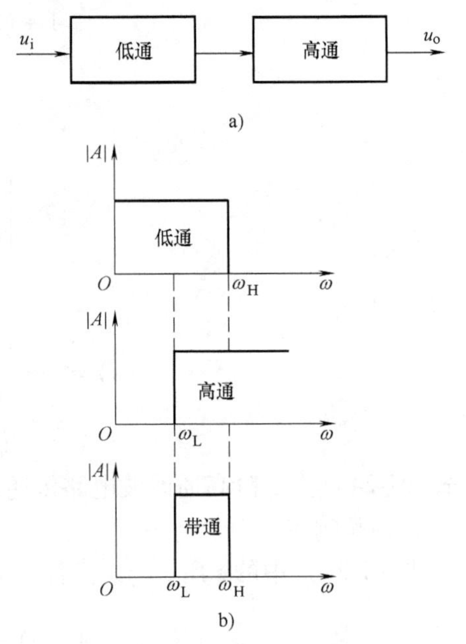

图 7-16 带通滤波电路构成示意

a）原理框图 b）理想的幅频响应

图 7-17 所示为二阶压控电压源带通滤波电路。图中 R、C 组成低通网络，C_1、R_3 组成高通网络，两者串联就组成了带通滤波电路。为了计算简便，设 $R_2=R$，$R_3=2R$，则由基尔霍夫电流定律列出方程，可导出带通滤波电路的传递函数为

$$A(s)=\frac{A_{UF}sCR}{1+(3-A_{UF})sCR+(sCR)^2} \tag{7-27}$$

式中，A_{UF} 为同相比例放大电路的电压增益，$A_{UF}=1+R_f/R_1$，同样要求 $A_{UF}<3$，电路才能稳定地工作。

若令

$$\begin{cases} A_0=\dfrac{A_{UF}}{3-A_{UF}} \\ \omega_0=1/(RC) \\ Q=1/(3-A_{UF}) \end{cases} \tag{7-28}$$

则有

$$A(s)=\frac{A_0\dfrac{s}{Q\omega_0}}{1+\dfrac{s}{Q\omega_0}+\left(\dfrac{s}{\omega_0}\right)^2} \tag{7-29}$$

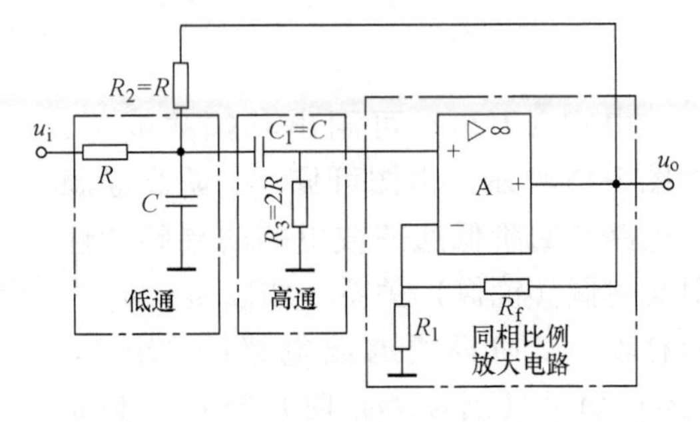

图 7-17 二阶压控电压源带通滤波电路

式（7-29）为二阶带通滤波电路传递函数的典型表达式，其中 $\omega_0=1/(RC)$，既是特征角频率，也是带通滤波电路的中心角频率。

令 $s=j\omega$ 代入式（7-29），则有

$$A(j\omega)=\frac{A_0\dfrac{1}{Q}\dfrac{j\omega}{\omega_0}}{1-\left(\dfrac{\omega}{\omega_0}\right)^2+j\dfrac{\omega}{\omega_0 Q}}=\frac{A_0}{1+jQ\left(\dfrac{\omega}{\omega_0}-\dfrac{\omega_0}{\omega}\right)} \tag{7-30}$$

式（7-30）表明，当 $\omega=\omega_0$ 时，图 7-17 所示电路具有最大电压增益，且 $|A(j\omega_0)|=A_0=A_{UF}/(3-A_{UF})$，这就是带通滤波电路的通带电压增益。根据式（7-30），不难求出其幅频响应，如图 7-18 所示。由图可见，Q 值越高，通带越窄。

当式（7-30）分母虚部的绝对值为1时，有 $|A(\mathrm{j}\omega)| = A_0/\sqrt{2}$；因此，利用 $\left|Q\left(\frac{\omega}{\omega_0}-\frac{\omega_0}{\omega}\right)\right|=1$，取正根，可求出带通滤波电路的两个截止角频率，从而导出带通滤波电路的通带宽度 $BW=\omega_0/(2\pi Q)=f_0/Q$。

4. 双T带阻滤波电路

前已指出，与带通滤波电路相反，带阻滤波电路是用来抑制或衰减某一频段的信号，而让该频段以外的所有信号通过。这种滤波电路也叫陷波电路，经常用于电子系统抗干扰。

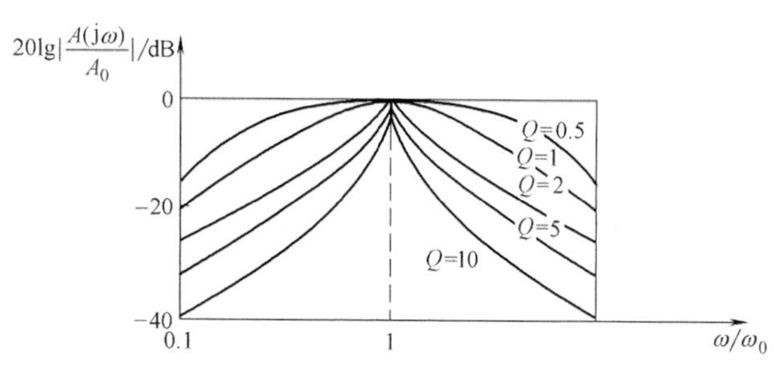

图7-18　图7-17所示电路的幅频响应

如何实现带阻滤波电路的功能呢？显然，如果从输入信号中减去带通滤波电路处理过的信号，就可得到带阻信号。这是实现带阻滤波的思路之一，读者可自行分析。这里要讨论的是另一种方案，即双T带阻滤波电路。下面首先分析双T网络的频率响应。

（1）双T网络的频率响应

为了讨论方便，设信号源内阻近似为零，负载电阻为无限大，则双T网络可画成如图7-19a所示。利用星形-三角形变换原理，可以将图7-19a所示双T网络简化为图7-19b所示Π形等效电路。因此有

$$Z_1=\frac{2R(1+sRC)}{1+s^2R^2C^2}=\frac{2R(1+\mathrm{j}\omega RC)}{1-(\omega RC)^2} \tag{7-31}$$

$$Z_2=Z_3=\frac{1}{2}\left(R+\frac{1}{sC}\right)=\frac{1}{2}\left(R+\frac{1}{\mathrm{j}\omega C}\right) \tag{7-32}$$

考虑到 $F=U_\mathrm{f}/U_\mathrm{i}$，则

$$F(s)=\frac{U_\mathrm{f}(s)}{U_\mathrm{i}(s)}=\frac{Z_3}{Z_1+Z_3}=\frac{\frac{1}{2}\left(R+\frac{1}{sC}\right)}{\frac{2R(1+sRC)}{1+(sRC)^2}+\frac{1}{2}\left(R+\frac{1}{sC}\right)} \tag{7-33a}$$

或

$$F(\mathrm{j}\omega)=\frac{1-(\omega RC)^2}{[1-(\omega RC)^2]+4\mathrm{j}\omega RC}=\frac{1-(\omega/\omega_\mathrm{n})^2}{[1-(\omega/\omega_\mathrm{n})^2]+\mathrm{j}4\omega/\omega_\mathrm{n}} \tag{7-33b}$$

式中，$\omega_\mathrm{n}=1/(RC)$。

由式（7-33）可知，当 $\omega=\omega_\mathrm{n}$ 时，$u_\mathrm{f}=0$，即信号频率等于它的特征角频率 ω_n 时，电压传输系数 F 为零。这体现了双T网络的选频作用。

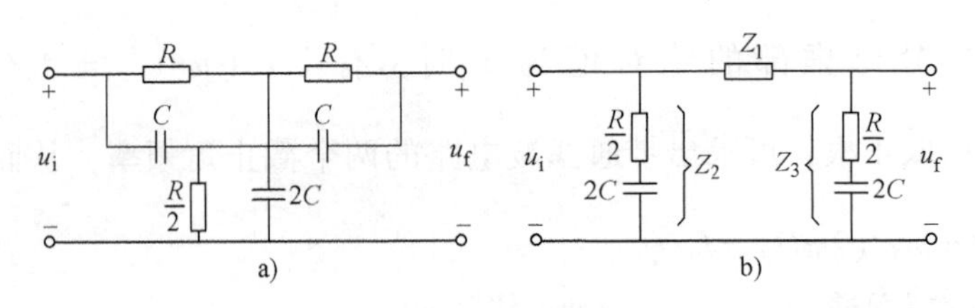

图 7-19 双 T 网络

a) 电路 b) 等效电路

由式（7-33b）可求出其幅频响应、相频响应的表达式分别为

$$\begin{cases} |F(j\omega)| = \dfrac{\left|1-\left(\dfrac{\omega}{\omega_n}\right)^2\right|}{\sqrt{\left[1-\left(\dfrac{\omega}{\omega_n}\right)^2\right]^2+\left[4\left(\dfrac{\omega}{\omega_n}\right)\right]^2}} \\ \varphi_f = -\arctan\dfrac{4\left(\dfrac{\omega}{\omega_n}\right)}{1-\left(\dfrac{\omega}{\omega_n}\right)^2} \quad \left(当\dfrac{\omega}{\omega_n}<1 时\right) \\ \varphi_f = \pi-\arctan\dfrac{4\left(\dfrac{\omega}{\omega_n}\right)}{1-\left(\dfrac{\omega}{\omega_n}\right)^2}\left(当\dfrac{\omega}{\omega_n}>1 时\right) \end{cases} \tag{7-34}$$

根据式（7-34）可画出双 T 网络的频率响应，如图 7-20 所示。由图可知，当 $\omega/\omega_n=1$ 时，幅频响应的幅值等于零。这点从物理概念上也可得到解释。联系图 7-19a 可看出，在低频段，由于 $2C$ 的容抗非常大，所以输入信号经过两个电阻 R 直接传到输出端，有 $|\dot{U}_f| \approx |\dot{U}_i|$（或 $|\dot{F}| \approx 1$），而在高频段，由于 C 的容抗非常小，信号通过两个串联的电容 C 传输，同样有 $|\dot{U}_f| \approx |\dot{U}_i|$（或 $|\dot{F}| \approx 1$），只有当信号频率 ω 等于它的特征角频率 ω_n［$=1/(RC)$］时，阻抗变得很大，才使电压传输系数 $|\dot{F}|$ 几乎为零，且相频响应呈现 ±90°突变的形式，如图 7-20 所示。

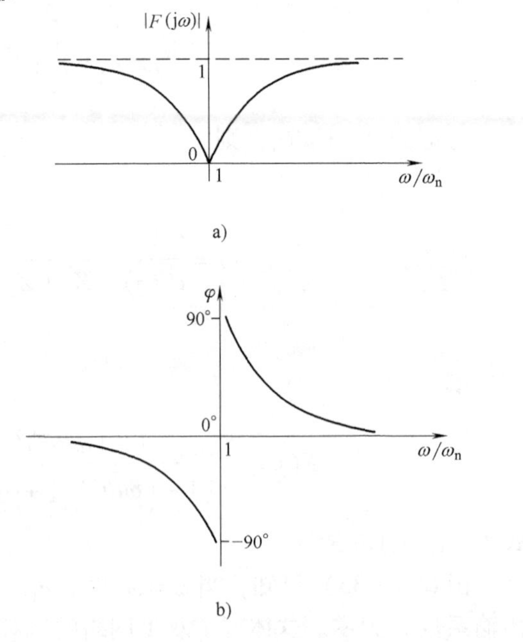

图 7-20 双 T 网络的频率响应

a) 幅频响应 b) 相频响应

（2）双 T 带阻滤波电路

双 T 带阻滤波电路如图 7-21 所示，由节点导纳方程不难导出电路的传递函数为

$$A(s)=\frac{U_o(s)}{U_i(s)}=\frac{A_{UF}\left[1+\left(\frac{s}{\omega_n}\right)^2\right]}{1+2(2-A_{UF})\frac{s}{\omega_n}+\left(\frac{s}{\omega_n}\right)^2}$$

或

$$A(j\omega)=\frac{A_{UF}\left[1+\left(\frac{j\omega}{\omega_n}\right)^2\right]}{1+2(2-A_{UF})\frac{j\omega}{\omega_n}+\left(\frac{j\omega}{\omega_n}\right)^2}=\frac{A_{UF}\left[1+\left(\frac{j\omega}{\omega_n}\right)^2\right]}{1+\frac{1}{Q}\frac{j\omega}{\omega_n}+\left(\frac{j\omega}{\omega_n}\right)^2} \tag{7-35}$$

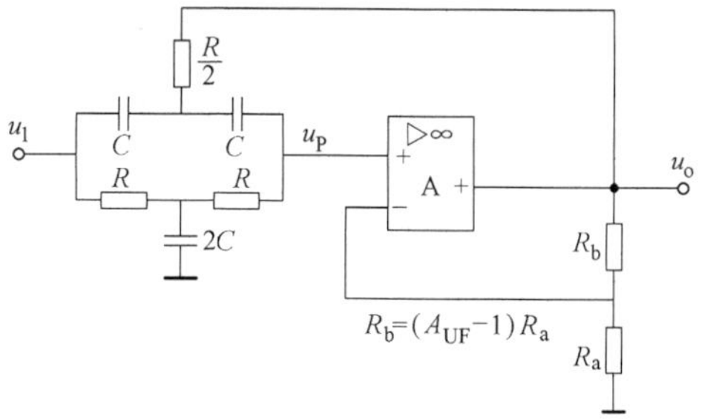

图7-21 双T带阻滤波电路

式中

$$\omega_n=\frac{1}{RC}\qquad A_{UF}=1+\frac{R_b}{R_a}\qquad Q=\frac{1}{2(2-A_{UF})}$$

如果$A_{UF}=1$，则$Q=0.5$，增加A_{UF}，Q将随之升高。当A_{UF}趋近2时，Q趋向无穷大。因此，A_{UF}越接近2，$|\dot{A}|$越大，可使带阻滤波电路的选频特性越好，即阻断的频率范围越窄。

7.4 正弦波振荡电路的振荡条件

1. 振荡条件

从结构上看，正弦波振荡电路就是一个没有输入信号的带选频网络的正反馈放大电路。通常，可将正弦波振荡电路分解为图7-22所示框图，上一个方框为放大电路，下一个方框为反馈网络，反馈极性为正。当输入量为零时，反馈量等于净输入量，如图7-22b所示。由于电扰动（如合闸通电），电路产生一个幅值很小的输出量，它含有丰富的频率，而如果电路只对频率为f_0的正弦波产生正反馈过程，则输出信号

$$X_o\uparrow\rightarrow X_f\uparrow(X_i'\uparrow)\rightarrow X_o\uparrow\uparrow$$

$$\left.\begin{array}{l}\dot{X}_i=0\\ \dot{X}_f=\dot{X}_{id}\end{array}\right\}\Rightarrow\frac{\dot{X}_f\dot{X}_o}{\dot{X}_{id}\dot{X}_o}=\dot{A}\dot{F}=1 \tag{7-36}$$

在式(7-36)中，仍设$\dot{A}=A\underline{/\varphi_a}$，$\dot{F}=F\underline{/\varphi_f}$，则可得$\dot{A}\dot{F}=AF\underline{/\varphi_a+\varphi_f}=1$，即

$$|\dot{A}\dot{F}|=AF=1 \tag{7-37}$$

$$\varphi_a+\varphi_f=2n\pi\qquad n=0,\ 1,\ 2,\ \cdots \tag{7-38}$$

式（7-37）称为振幅平衡条件，而式（7-38）则称为相位平衡条件，这是正弦波振荡电路产生持续振荡的两个条件。

在正反馈过程中，X_o越来越大。由于晶体管的非线性特性，在X_o的幅值增大到一定程

度后，放大倍数的数值将减小，因此，X_o 不会无限制地增大，当 X_o 增大到一定数值时，电路达到动态平衡。振荡电路中的振荡频率 f_0 是由式（7-38）的相位平衡条件决定的，一个正弦波振荡电路只在 f_0 频率下满足相位平衡条件，这就要求在 $\dot{A}\dot{F}$ 环路中包含一个具有选频特性的网络，简称选频网络。选频网络可以设置在放大电路 $\dot{A}$ 中，也可以设置在反馈网络 $\dot{F}$ 中，它可以用 R、C 元件组成，也可以用 L、C 元件组成。用 R、C 元件组成选频网络的振荡电路称为 RC 振荡电路，一般用来产生 1Hz～1MHz 范围内的低频信号；而用 L、C 元件组成选频网络的振荡电路称为 LC 振荡电路，一般用来产生 1MHz 以上的高频信号。

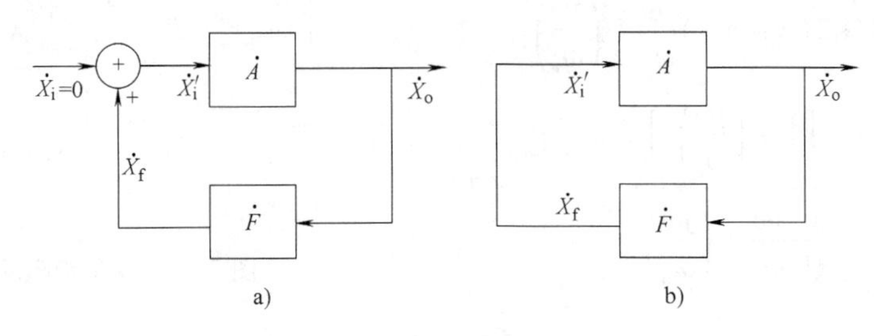

图 7-22　正弦波振荡电路的框图

a）电路引入正反馈　b）反馈量作为净输入量

2. 起振和稳幅

为了便于振荡电路起振，在刚刚起振时往往需要加大正反馈量，即要求

$$|\dot{A}\dot{F}|>1 \tag{7-39}$$

式（7-39）称为起振条件。起振后振荡幅度迅速增大，如果仅靠晶体管和运算放大器的非线性特性去限制幅度的增加，则波形必然产生失真，这样，一方面可以用选频网络选出失真的波形的基波分量作为输出信号，以获得正弦波输出，另一方面也可以在反馈网络中加入非线性稳幅环节，用以调节放大电路的增益，从而达到稳定输出幅度并使输出为正弦波的目的。

3. 正弦波振荡电路的组成与分类

从以上分析可知，正弦波振荡电路应由以下四个部分组成：

1）放大电路：保证电路能够有从起振到动态平衡的过程，使电路获得一定幅值的输出量，实现能量的控制。

2）选频网络：确定电路的振荡频率，使电路产生单一频率的振荡，即保证电路产生正弦波振荡。

3）正反馈网络：引入正反馈，使放大电路的输入信号等于反馈信号。

4）稳幅环节：也就是非线性环节，作用是使输出信号幅值稳定。

需要说明的是，在不少实用电路中，常将选频网络和正反馈网络“合二而一”；而且，对于分立元器件放大电路，有的也不再另加稳幅环节，而是依靠晶体管特性的非线性来起到稳幅作用。

正弦波振荡电路通常用选频网络所用的元件来命名，分为 RC 正弦波振荡电路、LC 正弦波振荡电路和石英晶体正弦波振荡电路三种类型。石英晶体正弦波振荡电路可等效为 LC 正弦波振荡电路，其特点是振荡频率非常稳定。

7.5　*RC* 正弦波振荡电路

实用的 *RC* 正弦波振荡电路（又称文氏桥振荡电路）有很多种，这里仅介绍最具典型性的 *RC* 桥式正弦波振荡电路的组成、工作原理和振荡频率。

1．*RC* 桥式正弦波振荡电路的构成

图 7-23 所示为 *RC* 桥式正弦波振荡电路。这个电路由两部分组成，即放大电路 $\dot{A}_U$ 和选频网络 $\dot{F}_U$，$\dot{A}_U$ 为由集成运算放大器所组成的电压串联负反馈放大电路，取其输入阻抗高和输出阻抗低的特点，而 $\dot{F}_U$ 则由 Z_1、Z_2 组成，同时兼作正反馈网络。由图 7-23 可知，Z_1、Z_2 和 R_1、R_2 正好形成一个四臂电桥，电桥的对角线顶点接到放大电路的两个输入端，桥式振荡电路的名称即由此得来。

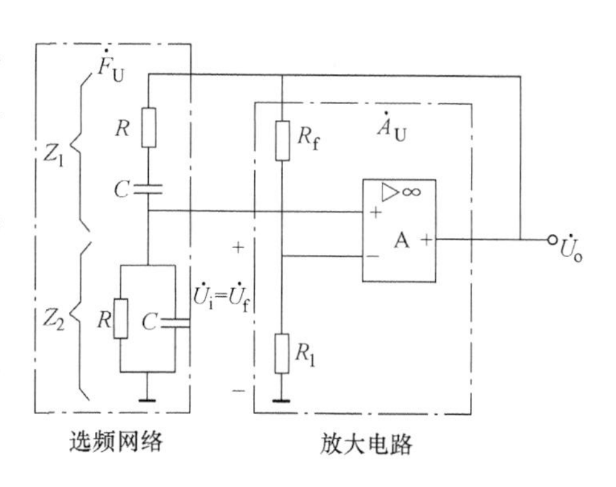

图 7-23　*RC* 桥式正弦波振荡电路

下面首先分析 *RC* 串并联选频网络的选频特性，然后根据正弦波振荡电路的两个条件（振幅平衡及相位平衡）选择合适的放大电路指标，以构成一个完整的振荡电路。

2．*RC* 串并联选频网络的频率响应

图 7-23 中用点划线框所表示的 *RC* 串并联选频网络具有选频作用，它的频率响应是不均匀的。

由图 7-23 有

$$Z_1 = R + \frac{1}{\mathrm{j}\omega C}$$

$$Z_2 = R /\!/ \frac{1}{\mathrm{j}\omega C} = \frac{R}{1 + \mathrm{j}\omega RC}$$

$$\dot{F} = \frac{\dot{U}_f}{\dot{U}_o} = \frac{Z_2}{Z_1 + Z_2} = \frac{\mathrm{j}\omega RC}{1 + 3\mathrm{j}\omega RC + (\mathrm{j}\omega RC)^2} = \frac{1}{3 + \mathrm{j}\left(\omega RC - \dfrac{1}{\omega RC}\right)} \tag{7-40}$$

若令 $\omega_0 = \dfrac{1}{RC}$，则式(7-40)变为

$$\dot{F} = \frac{1}{3 + \mathrm{j}\left(\dfrac{\omega}{\omega_0} - \dfrac{\omega_0}{\omega}\right)} \tag{7-41}$$

由此可得 *RC* 串并联选频网络的幅频响应及相频响应

$$F = \frac{1}{\sqrt{3^2 + \left(\dfrac{\omega}{\omega_0} - \dfrac{\omega_0}{\omega}\right)^2}} \tag{7-42}$$

$$\varphi_f = -\arctan\frac{\left(\frac{\omega}{\omega_0}-\frac{\omega_0}{\omega}\right)}{3} \tag{7-43}$$

由式（7-42）及式（7-43）可知，当

$$\omega=\omega_0=\frac{1}{RC}\text{或} f=f_0=\frac{1}{2\pi RC} \tag{7-44}$$

时，幅频响应的幅值为最大，即

$$F_{max}=\frac{1}{3} \tag{7-45}$$

而相频响应的相位角为零，即

$$\varphi_f=0 \tag{7-46}$$

这就是说，当 $\omega=\omega_0=1/RC$ 时，反馈网络的反馈系数 $F=1/3$，并且达到最大值。根据式（7-42）、式（7-43），画出 RC 串并联选频网络的幅频响应及相频响应，如图 7-24 所示。

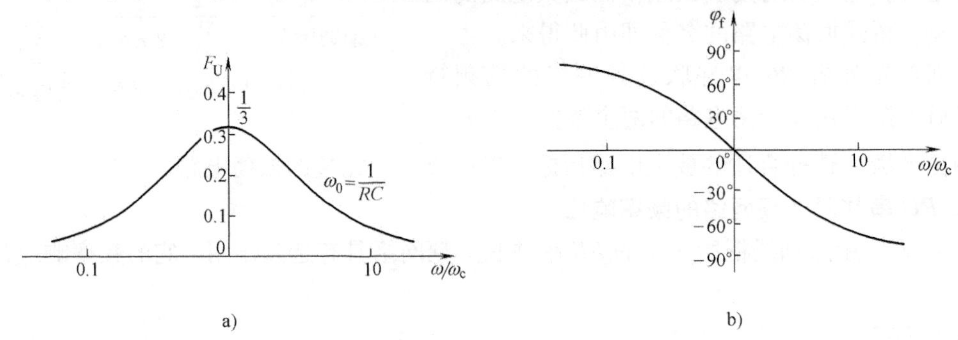

图 7-24 RC 串并联选频网络的频率响应

a）幅频响应 b）相频响应

3. 振荡的建立

由图 7-23 知，在 $\omega=\omega_0=1/(RC)$ 时，经 RC 选频网络传输到运算放大器同相端的电压 $\dot{U}_i$ 与 $\dot{U}_o$ 同相，即有 $\varphi_f=0$ 和 $\varphi_a+\varphi_f=2n\pi$。这样，放大电路和由 Z_1、Z_2 组成的反馈网络刚好形成正反馈系统，可以满足式（7-38）的相位平衡条件，因而有可能振荡。

所谓振荡的建立，就是要使电路自激，从而产生持续的振荡。由于电路中存在噪声，它的频谱分布很广，其中也必然包括 $\omega_0=1/(RC)$ 或 $f_0=1/(2\pi RC)$ 这样一个频率成分。这个频率的微弱信号，通过正反馈的选频网络，经过放大，输出幅度将越来越大，产生自激振荡。之后，由于电路中非线性元器件的限制，振荡幅度会自动地稳定下来，形成持续的振荡。开始时，为满足起振的幅度条件 $|\dot{A}\dot{F}|>1$，要求 $\dot{A}\geqslant 3$，即 $\dot{A}=1+\frac{R_f}{R_1}$ 略大于 3；当达到稳定平衡状态时，$\dot{A}=3$，$\dot{F}=\frac{1}{3}(\omega=\omega_0=1/RC)$。

4. 稳幅措施

为了进一步改善输出电压幅度的稳定性，可以在放大电路的负反馈回路里采用非线性元件来自动调整反馈的强弱。例如，在图 7-23 所示的电路中，R_f 可用一负温度系数的热敏电

阻代替，当输出电压$|\dot{U}_o|$增加时，通过负反馈回路的电流$|\dot{I}_f|$也随之增加，结果使热敏电阻的温度升高，阻值减小，负反馈加强，放大电路的增益下降，从而使输出电压$|\dot{U}_o|$下降；反之，当$|\dot{U}_o|$下降时，由于热敏电阻的自动调整作用，将使$|\dot{U}_o|$回升，因此，可以维持输出电压基本恒定。

【思考题】

1. *RC* 正弦波振荡电路是由哪几个部分构成的？简述其工作原理。
2. *RC* 正弦波振荡电路的频率响应有何特点？

7.6　*LC* 正弦波振荡电路

LC 振荡电路主要用来产生高频正弦信号，一般在1MHz以上。*LC* 正弦波振荡电路与 *RC* 桥式正弦波振荡电路的组成原则在本质上是相同的，只是选频网络采用 *LC* 电路。正反馈网络因不同类型的 *LC* 正弦波振荡电路而有所不同。常见的 *LC* 正弦波振荡电路有变压器反馈式、电感三点式和电容三点式等几种，本节内将逐一介绍。由于它们的共同特点是用 *LC* 谐振回路作为选频网络，而且一般采用 *LC* 并联谐振回路，因此下面先简述 *LC* 并联谐振回路的一些基本特性。

7.6.1　*LC* 并联谐振回路的频率响应

在选频放大电路中经常用到的谐振回路是如图7-25所示的 *LC* 并联谐振回路。图中，*R* 表示回路的等效损耗电阻。由图可知，*LC* 并联谐振回路的等效阻抗为

$$Z=\frac{\frac{1}{\mathrm{j}\omega C}(R+\mathrm{j}\omega L)}{\frac{1}{\mathrm{j}\omega C}+R+\mathrm{j}\omega L} \tag{7-47}$$

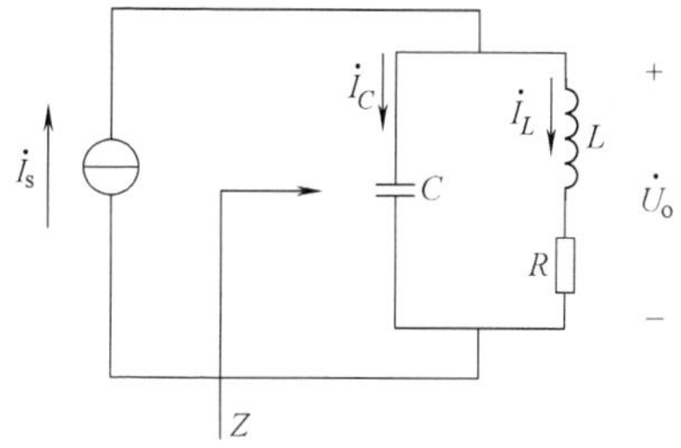

注意到通常有 $R \ll \omega L$，所以

$$Z\approx\frac{\frac{1}{\mathrm{j}\omega C}\mathrm{j}\omega L}{R+\mathrm{j}\left(\omega L-\frac{1}{\omega C}\right)}=\frac{L/C}{R+\mathrm{j}\left(\omega L-\frac{1}{\omega C}\right)} \tag{7-48}$$

图7-25　*LC* 并联谐振回路

由式（7-48）可知 *LC* 并联谐振回路具有如下的特点：

1）回路的谐振频率为

$$\omega_0=\frac{1}{\sqrt{LC}}\text{或}f_0=\frac{1}{2\pi\sqrt{LC}} \tag{7-49}$$

2）谐振时，回路的等效阻抗为纯电阻性质，其值最大，即

$$Z_0=\frac{L}{RC}=Q\omega_0 L=\frac{Q}{\omega_0 C} \tag{7-50}$$

式中，Q 称为回路品质因数，$Q=\omega_0 L/R=1/\omega_0 CR=(1/R)\sqrt{L/C}$，是用来评价回路损耗大小的指标。一般，$Q$ 值在几十到几百范围内。

由于谐振阻抗呈纯电阻性质，所以信号源电流 $\dot{I}_s$ 与 $\dot{U}_o$ 同相。

3）输入电流 $|\dot{I}_s|$ 和回路电流 $|\dot{I}_L|$ 或 $|\dot{I}_C|$ 的关系。由图 7-25 和式（7-50）有

$$\dot{U}_o = \dot{I}_s Z_o = \dot{I}_s Q/\omega_0 C$$

$$|\dot{I}_C| = \omega_0 C|\dot{U}_o| = Q|\dot{I}_s| \tag{7-51}$$

通常 $Q >> 1$，所以 $|\dot{I}_C| \approx |\dot{I}_L| >> |\dot{I}_s|$。可见谐振时，$LC$ 并联电路的回路电流 $|\dot{I}_C|$ 或 $|\dot{I}_L|$ 比输入电流 $|\dot{I}_s|$ 大得多，即 $\dot{I}_s$ 的影响可忽略。这个结论对于分析 LC 正弦波振荡电路的相位关系十分有用。

4）回路的频率响应。根据式（7-48）有

$$Z = \frac{\dfrac{L}{RC}}{1 + \mathrm{j}\dfrac{\omega L}{R}\left(1 - \dfrac{\omega_0^2}{\omega^2}\right)} = \frac{\dfrac{L}{RC}}{1 + \mathrm{j}\dfrac{\omega L}{R}\dfrac{(\omega + \omega_0)(\omega - \omega_0)}{\omega^2}} \tag{7-52}$$

如果所讨论的并联等效阻抗只局限于 ω_0 附近，可认为 $\omega \approx \omega_0$，$\omega L/R \approx \omega_0 L/R = Q$，$\omega + \omega_0 \approx 2\omega_0$，$\omega - \omega_0 \approx \Delta\omega$，则式（7-52）可改写为

$$Z = \frac{Z_0}{1 + \mathrm{j}Q\dfrac{2\Delta\omega}{\omega_0}} \tag{7-53}$$

从而可得阻抗的模为

$$|Z| = \frac{Z_0}{\sqrt{1 + \left(Q\dfrac{2\Delta\omega}{\omega_0}\right)^2}} \tag{7-54a}$$

或

$$\frac{|Z|}{Z_0} = \frac{1}{\sqrt{1 + \left(Q\dfrac{2\Delta\omega}{\omega_0}\right)^2}} \tag{7-54b}$$

其相角（阻抗角）为

$$\varphi = -\arctan Q\frac{2\Delta\omega}{\omega_0} \tag{7-55}$$

式中，$|Z|$ 为角频率偏离谐振角频率 ω_0 时，即 $\omega = \omega_0 + \Delta\omega$ 时的回路等效阻抗；Z_0 为谐振阻抗；$2\Delta\omega/\omega_0$ 为相对失谐量，表明信号角频率偏离回路谐振角频率 ω_0 的程度。

图 7-26 绘出了 LC 并联谐振回路的频率响应，从图中的两条曲线可以得出如下的结论：

1）从幅频响应可见，当外加信号角频率 $\omega = \omega_0$（即 $2\Delta\omega/\omega_0$）时，产生并联谐振，回路等效阻抗达最大值 $Z_0 = L/RC$。当角频率 ω 偏离 ω_0 时，$|Z|$ 将减小，而 $\Delta\omega$ 越大，$|Z|$ 越小。

2）从相频响应可知，当 $\omega > \omega_0$ 时，相对失谐（$2\Delta\omega/\omega_0$）为正，等效阻抗为电容性，因此 Z 的相角为负值，即回路输出电压 $\dot{U}_o$ 滞后于 $\dot{I}_s$。反之，当 $\omega < \omega_0$ 时，等效阻抗为电感性，因此 φ 为正值，$\dot{U}_o$ 超前于 $\dot{I}_s$。

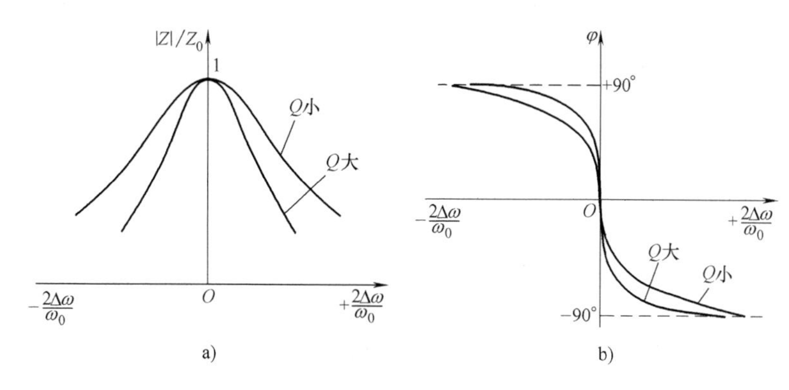

图 7-26　*LC* 并联谐振回路的频率响应
a）幅频响应　b）相频响应

3）谐振曲线的形状与回路的 Q 值有密切的关系，Q 值越大，谐振曲线越尖锐，相角变化越快，在 ω_0 附近 $|Z|$ 值和 φ 值变化更为急剧。

7.6.2　变压器反馈式 *LC* 正弦波振荡电路

变压器反馈式 *LC* 正弦波振荡电路如图 7-27 所示。振荡电路的放大环节为晶体管 VT，选频环节为接于 VT 集电极回路中的 *LC* 并联谐振回路，反馈是通过电感 L_1 和 L_2 之间的变压器耦合来实现的。

根据上一节中所归纳的正弦波振荡电路的分析方法，首先讨论变压器反馈式 *LC* 正弦波振荡电路是否满足自激振荡的相位条件。利用瞬时极性法来分析电路中的反馈极性。将电路中的反馈从 b 处断开，在放大电路的输入端 b 与地之间加入输入信号 $\dot{U}_i$，设其瞬时极性为正。*LC* 并联回路的频率特性使放大器输出信号中 $\omega=\omega_0$ 的分量幅度最大，且 *LC* 回路在 ω_0 频率上呈纯电阻性，所以放大电路集电极的等效负载为纯电阻 Z_0，故输出电压 $\dot{U}_o$ 与输入电压 $\dot{U}_i$ 反相，集电极信号对地的瞬时极性为负。根据图 7-27 中变压器一、二次绕组 L_1 和 L_2 的同名端标记，可在二次绕组同名端标记处判断反馈电压 $\dot{U}_f$ 对地的瞬时极性为正。将 B 处连通，显然有 $\dot{U}_f$ 与 $\dot{U}_i$ 同相位，即满足振荡器的相位平衡条件 $\varphi=\varphi_a+\varphi_f=0$，因此由变压器耦合形成的反馈为正反馈。

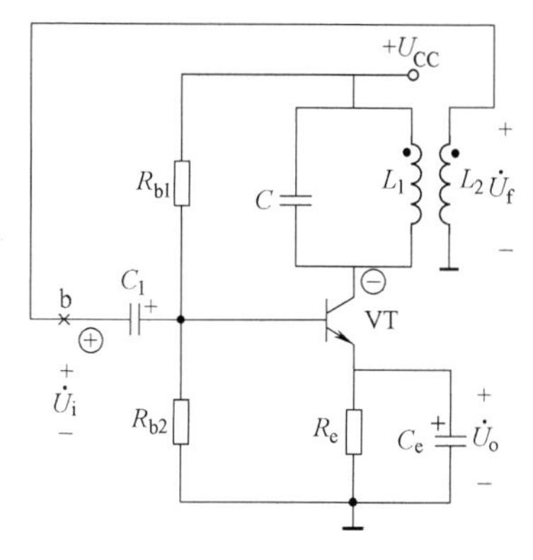

图 7-27　变压器反馈式 *LC* 正弦波振荡电路

变压器反馈式 *LC* 正弦波振荡器的幅度平衡条件是由变压器的匝数比 N_1/N_2 和晶体管的电流放大倍数 β 共同决定，只要这两个参数选择合适，即可使反馈电压 U_f 与 U_i 相等，从而满足 $AF=1$ 的幅度平衡条件。

LC 振荡电路也是靠电路中的扰动电压起振的。当接通电源引起集电极电流的一个微小扰动时，即可在变压器一次绕组中形成相应的微小电压，只要电路满足起振条件 $\dot{A}\dot{F}>1$，经过变压器二次绕组的耦合，将 *LC* 并联谐振回路选频出来的电压反馈至放大器输入端，在基

极回路中产生基极电流，再经过VT的放大送至集电极输出。如此循环往复，就能使频率为f_0的信号电压逐步增大。起振以后，由于振荡的幅度越来越大，使VT工作在非线性区，电压放大倍数A下降，使$AF=1$的幅度平衡条件得到满足，从而可维持电路的等幅振荡。因此，LC振荡电路的稳幅是利用放大器件的非线性来实现的。LC并联谐振回路良好的选频作用使振荡器的输出电压波形失真很小。

电路的振荡频率即是LC并联谐振回路的谐振频率

$$f_0=\frac{1}{2\pi\sqrt{L_1C}}$$

若电路在接通电源后没有起振，则应检查相位条件是否满足，看变压器绕组的同名端接法是否正确，如果将两个接线端对调电路即产生振荡，说明原来接成负反馈了。在相位条件满足的情况下，若仍不起振，可将VT换成β值较大的管子，或增大二次绕组的匝数N_2，还可以增加一、二次绕组的耦合程度，都能解决不起振的问题。

7.6.3 电感三点式正弦波振荡电路

电感三点式正弦波振荡电路又称为哈特莱（Hartley）振荡器。电感三点式正弦波振荡电路如图7-28所示。图7-28a为电路，图7-28b为振荡电路的交流通路。由图7-28b可见，电感线圈的两个端子和中间抽头分别接于晶体管VT的三个极上，故将此电路称为电感三点式正弦波振荡电路。

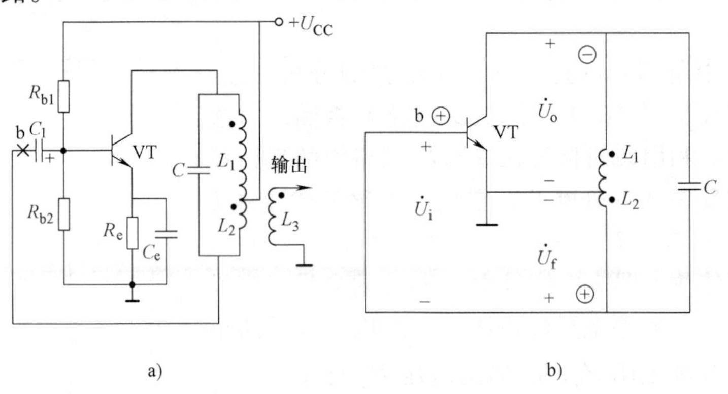

图7-28 电感三点式正弦波振荡电路

a）电路 b）交流通路

电感三点式正弦波振荡电路的三个组成部分如下：电感L_1、L_2和电容C组成的LC并联谐振回路作为选频网络；晶体管VT及其偏置电路作为放大环节；反馈电压U_f取自电感L_2构成正反馈环节，振荡电路的输出取自电感L_3两端。

为了分析方便，下面利用图7-28b的交流通路讨论电感三点式正弦波振荡电路的工作原理。由于耦合电容C_1、旁路电容C_e和电源U_{CC}对交流信号均可视为短路，故忽略偏置电路的分流作用，将电感的三个端子直接接在晶体管的三个极上。

首先分析相位条件。设将晶体管VT的基极断开，加入一输入信号$\dot{U}_i$，设$\dot{U}_i$的瞬时极性为正。由于谐振时LC并联谐振回路的等效阻抗为纯电阻，因此晶体管放大器在共发射极接法和纯电阻负载的情况下，放大器输出电压$\dot{U}_o$的瞬时极性与$\dot{U}_i$反相，故为负。因而，电感上电压的极性为下正上负，L_2 上的反馈电压 $\dot{U}_f$ 的瞬时极性也为下正上负。所以，连通 b 点时，反馈电压与输入电压同极性，即为正反馈，满足了正弦波振荡的相位条件。

电感三点式正弦波振荡电路的幅值平衡条件较容易满足，只要 LC 并联谐振回路的品质因数 Q 和晶体管的 β 值不是太低，并适当选取 L_2 和 L_1 的比例，电路就能起振。反馈电压的大小可通过调整电感线圈抽头的位置来改变，通常反馈线圈 L_2 的匝数为电感线圈总匝数的 1/8～1/4。

电感三点式正弦波振荡电路的振荡频率，在 LC 回路 Q 值较高时，基本上等于 LC 并联谐振回路的谐振频率，即

$$f_0 \approx \frac{1}{2\pi\sqrt{L'C}} = \frac{1}{2\pi\sqrt{(L_1+L_2+2M)C}}$$

式中，L'为谐振回路的等效电感，$L'=L_1+L_2+2M$，M 是 L_1 与 L_2 之间的互感，它是表征两电感互相耦合程度的物理量。

电感三点式正弦波振荡电路具有易起振、便于调节频率等特点，通过采用可变电容可获得较宽的频率调节范围，一般用于产生几十兆赫以下频率的正弦波。这种振荡电路的输出波形不是很好，这是由于反馈电压取自电感 L_2，而感抗对高次谐波的阻抗较大，因此在输出波形中含有高次谐波成分，使波形变差。所以，这种振荡电路常用于对波形要求不高的设备中，如接收机的本机振荡等。

7.6.4 电容三点式正弦波振荡电路

电容三点式正弦波振荡电路也称为考毕兹（Collpitts）振荡器，其电路如图 7-29a 所示。若不考虑偏置电阻 R_{b1} 和 R_{b2} 的分流作用，其交流通路如图 7-29b 所示，其中耦合电容 C_b、C_c 和旁路电容 C_e 对交流视为短路。电容 C_1、C_2 和电感 L 组成并联谐振回路，起选频作用，反馈电压取自 C_2 两端。电容 C_1、C_2 的三个端子分别连接到晶体管的三个极，故称为电容三点式正弦波振荡电路。图 7-29 中，电阻 R_c 为放大电路提供静态电流 I_{CQ}，对交流有一定的分流作用。

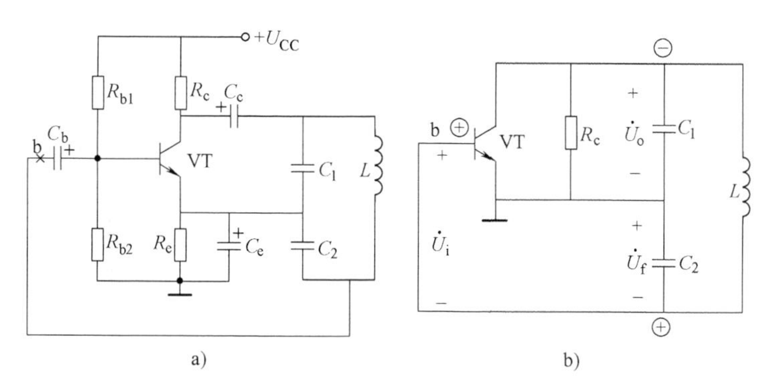

图 7-29 电容三点式正弦波振荡电路
a）电路 b）交流通路

与电感三点式正弦波振荡电路的分析方法类似，从图 7-29b 所示电容三点式振荡电路的交流通路中，很容易分析出此电路满足相位平衡条件。根据图中标出的输入电压 $\dot{U}_i$、输出

电压 $\dot{U}_o$ 和反馈电压 $\dot{U}_f$ 的瞬时极性，显然 $\dot{U}_f$ 与 $\dot{U}_i$ 同相位，即形成正反馈，满足 $\varphi=0$ 的相位平衡条件。

适当地选择 C_1、C_2 的数值，并使放大电路具有足够的放大倍数，就可满足振幅平衡条件，使电路容易起振。

电容三点式正弦波振荡电路的振荡频率由 LC 并联谐振回路的谐振频率决定，即

$$f_0 \approx \frac{1}{2\pi\sqrt{LC}} = \frac{1}{2\pi\sqrt{L\dfrac{C_1C_2}{C_1+C_2}}} \tag{7-56}$$

式中，C'为 LC 并联谐振回路的等效电容，$C'=\dfrac{C_1C_2}{C_1+C_2}$。

电容三点式正弦波振荡电路具有振荡效率较高、输出波形较好的特点，这是由于反馈信号取自电容 C_2，当频率较高时，容抗越小，反馈也越弱，所以削弱了输出电压中的高次谐波分量，因而比电感三点式正弦波振荡电路的输出波形好。

式（7-56）表明，改变 C_1 和 C_2 可调整电路的振荡频率。为了不影响起振，即保持反馈系数 F 不变，应同时调节 C_1 和 C_2，这使调整不够方便。所以它适用于需要固定频率的正弦波振荡的场合。为了便于调节振荡频率，可在电感线圈支路中串联一个容量较小的电容 C，这种改进型电容三点式正弦波振荡电路如图 7-30 所示。

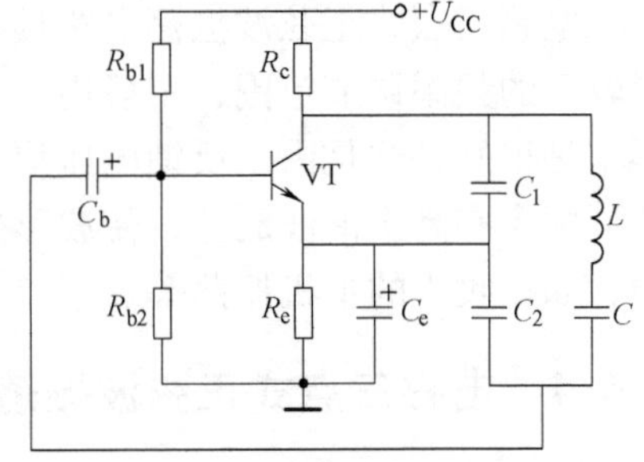

图 7-30 改进型电容三点式正弦波振荡电路

这个振荡电路的振荡频率也与 LC 并联谐振回路的谐振频率近似相等，即

$$f_0 \approx \frac{1}{2\pi\sqrt{LC'}} \tag{7-57}$$

式中，C'为 LC 并联谐振回路的等效电容，$\dfrac{1}{C'}=\dfrac{1}{C_1}+\dfrac{1}{C_2}+\dfrac{1}{C}$。

当满足 $C_1 \gg C$，$C_2 \gg C$ 时，有

$$f_0 \approx \frac{1}{2\pi\sqrt{LC}}$$

由于振荡频率 f_0 与 C_1、C_2 及管子的极间电容关系较小，基本上由 L 和 C 的参数决定，所以，这种电路的振荡频率的稳定度较高。电容三点式正弦波振荡电路的振荡频率通常可达 100MHz 以上，如果 C 采用可变电容器，便可实现振荡频率的连续可调。

通过以上分析，可得出如下结论：

1）LC 正弦波振荡电路的振荡频率等于 LC 并联谐振回路的谐振频率 f_0，计算时应求出 LC 回路的等效电感 L 或等效电容 C。

2）若晶体管的三个电极外接有三点式电抗网络，有一个接地的节点，接地点与两个相同性质的电抗相连接，其余两个节点的电位极性相反；接地点与两个性质相反的电抗相连接，其余两个节点的电位极性相同。

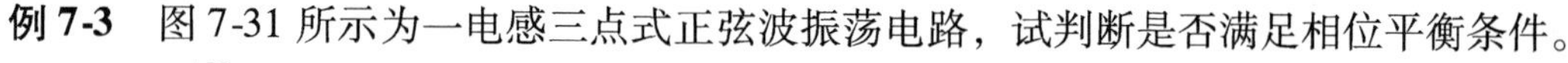

例 7-3　图 7-31 所示为一电感三点式正弦波振荡电路，试判断是否满足相位平衡条件。

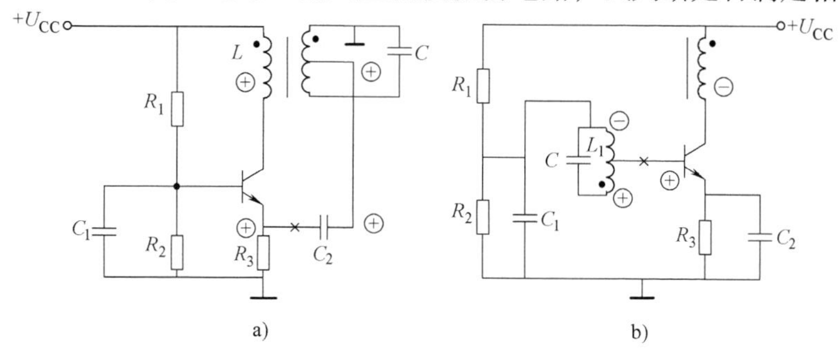

图 7-31　例 7-3 图

解： 图 7-31a 电路是共基极组态，设发射极瞬时极性为⊕，集电极为⊕，相当集电极电流从 L 的同名端流出，所以二次绕组的同名端为⊖，反馈电压对地为⊕，满足相位平衡条件。

对于图 7-31b，设基极瞬时极性为⊕，集电极为⊖，集电极电流从同名端流入，所以 L_1 的同名端为⊕，反馈电压是从 L_1 的上半部分取出，上端是交流地，所以反馈电压的瞬时极性为⊕，满足相位平衡条件。

7.6.5　石英晶体正弦波振荡电路

分析石英晶体正弦波振荡电路首先需要对石英晶体的频率特性有所了解。图 7-32 所示为石英晶体的图形符号、等效电路和电抗频率特性曲线。石英晶体有一个串联谐振频率 f_s，一个并联谐振频率 f_p，二者十分接近。图中的 C_0 在 10pF 左右，等效电容 C 十分微小，在 10^{-3} ~ 10^{-4}pF 之间，等效电感 L 在 10H 左右。石英晶体的品质因数特别高，有的甚至达到数百万。根据石英晶体型号和固有谐振频率的不同，上述数值会有一定的变化。

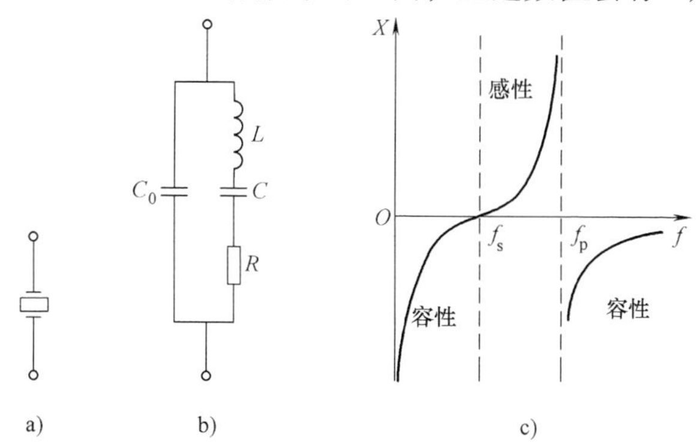

图 7-32　石英晶体的图形符号、等效电路和电抗频率特性曲线
a）图形符号　b）等效电路　c）电抗频率特性曲线

石英晶体正弦波振荡电路如图 7-33 所示。对于图 7-33a 的电路，与电感三点式正弦波振荡电路相似，只是串联在反馈通路中的耦合电容换成了石英晶体，因此仍可以用规则 2 判断。为使反馈信号能无损耗、无相位差地传递到发射极，石英晶体应处于串联谐振点，此时晶体的阻抗接近为零。调节电容器 C 使 LC 并联谐振电路的谐振频率 f_0 接近石英晶体的固有

谐振频率f_s，电路即可产生稳定的振荡。

对于图7-33b所示的电路，若要满足正反馈的条件，石英晶体必须呈电感性才行，为此，产生振荡的频率应界于f_s和f_p之间。由于石英晶体的Q值很高，可达到几千以上，所以电路的振荡频率稳定性要比普通LC正弦波振荡电路高很多。石英晶体正弦波振荡电路的频率不易调节，往往只用于频率固定的场合。半可调电容器C_s只能对石英晶体的谐振频率进行微小的调节。

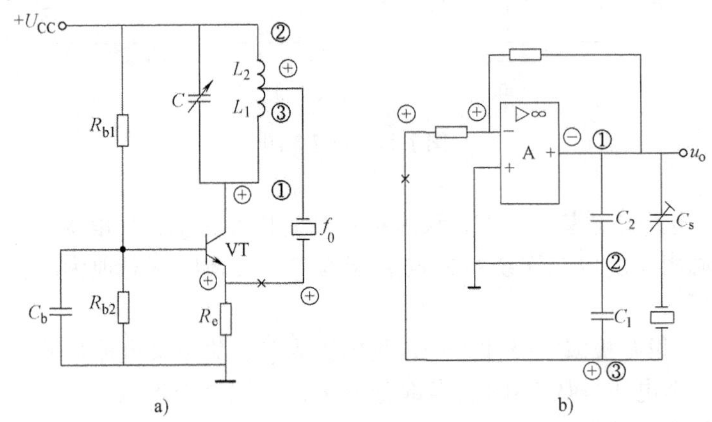

图7-33　石英晶体正弦波振荡电路

石英晶体正弦波振荡电路具有振荡频率十分稳定的特点，利用石英晶体构成的LC正弦波振荡电路，广泛应用于无线电话、载波通信、广播电视、卫星通信、原子钟、数字仪表和许多民用产品之中。石英晶体还可以作为温度、压力和重量方面的敏感器件使用。

例7-4　试用相位平衡条件判断图7-34中两个电路是否可能产生正弦波振荡？如能振荡，石英晶体在电路中分别作为什么性质的元件？求图7-34b中能满足起振的幅值条件。

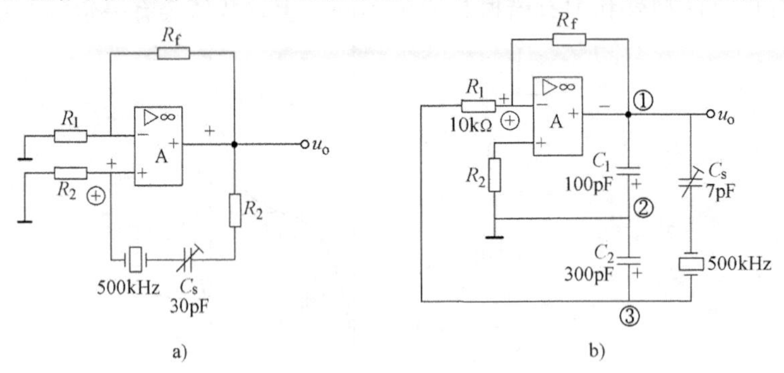

图7-34　例7-4图

解：利用瞬时极性法分析图7-34a、b所以两电路，为满足自激振荡的相位平衡条件，各点的瞬时极性已标在图中。为此，图7-34a中的石英晶体在电路中应具有电阻特性，所以应处于串联谐振状态；图7-34b中的石英晶体在电路中应呈现电感性，即构成电容三点式LC正弦波振荡电路。

图7-34b所示电路中，C_2上的电压为反馈电压，C_1上的电压是输出电压，且电容分压

和电容量成反比分配，电压反馈系数

$$\dot{F}=\frac{\dot{U}_{f}}{\dot{U}_{o}}=\frac{C_{1}}{C_{2}}=\frac{100\text{pF}}{300\text{pF}}=\frac{1}{3}$$

为保证起振，即满足振荡的幅度条件，必须使$|AF|\geqslant 1$，所以应保证$A\geqslant 3$。由图7-34b可知，$A=-R_f/R_1$，所以要求$R_f\geqslant 3R_1=30\text{k}\Omega$。图中的$C_s$用于对石英晶体的固有谐振频率进行微调。

【思考题】

1. LC并联谐振电路有哪些重要的特性？

2. 电容三点式正弦波振荡电路与电感三点式正弦波振荡电路比较，其输出的谐波成分小，输出波形好，为什么？

3. 试比较RC正弦波振荡电路、LC正弦波振荡电路和石英晶体正弦波振荡电路的频率稳定度，说明哪一种频率稳定度最高？哪一种最低？为什么？

4. 试分别说明石英晶体在并联晶体振荡电路和串联晶体振荡电路中起何种（电阻、电感或电容）作用。

7.7 非正弦信号产生电路

7.7.1 电压比较器

1. 单门限电压比较器

电压比较器是一种用来比较输入信号u_i和参考电压U_{REF}的电路，图7-35a所示为其基本电路。参考电压U_{REF}加于运算放大器的反相端，它可以是正值，也可以是负值，图中给出的为正值。而输入信号u_i则加于运算放大器的同相端。这时，运算放大器处于开环工作状态，具有很高的开环电压增益。电路的传输特性如图7-35b所示，当输入信号电压u_i小于参考电压U_{REF}，即差模输入电压$u_{id}=u_i-U_{REF}<0$时，运算放大器将处于负饱和状态，$u_o=U_{oL}$；当输入信号电压u_i升高到略大于参考电压U_{REF}，即$u_{id}=u_i-U_{REF}>0$时，运算放大器立即转入正饱和状态，$u_o=U_{oH}$，如图7-35b的实线所示。该传输特性表示，u_i在参考电压U_{REF}附近有微小的减小时，输出电压将从正的饱和值U_{oH}过渡到负的饱和值U_{oL}；若有微小的增加，输出电压又将从负的饱和值U_{oL}过渡到正的饱和值U_{oH}。比较器输出电压u_o从一个电平跳变到另一个电平时相应的输入电压u_i值称为门限电压或阈值电压U_{th}。对于图7-35a所示电路，$U_{th}=U_{REF}$，由于u_i从同相端输入且只有一个门限电压，故称为同相输入单门限电压比较器；反之，若u_i从反相端输入，U_{REF}改接到同相端，则称为反相输入单门限电压比较器，其相应传输特性如图7-35b中的虚线所示。

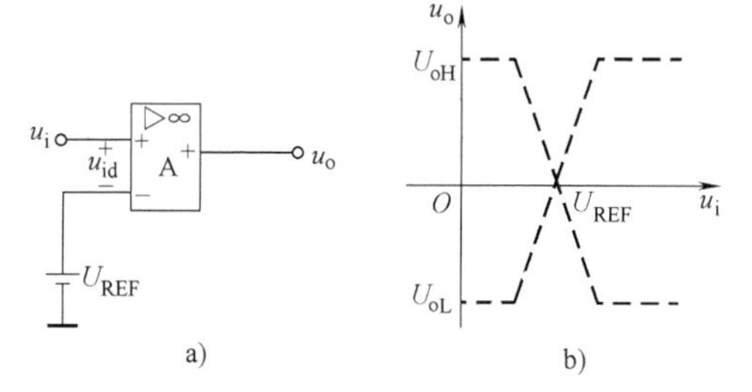

图7-35 同相输入单门限电压比较器
a）电路 b）传输特性

如果参考电压$U_{REF}=0$，则输入信号电压u_i每次过零时，输出都要产生突然的变化。这种比较器称为过零比较器，电路如图 7-36a 所示，其传输特性如图 7-36b 所示。

2. 滞回比较器

滞回比较器是一种具有两个阈值的比较器，具有滞回特性。其电路特点是从输出端引一个电阻分压支路到同相输入端，组成如图 7-37 所示的电路。由于运算放大器处于正反馈状态，运算放大器的输出 u_o' 只有 $+U_{om}$ 或 $-U_{om}$ 两种状态，经电阻 R_4 和稳压管后，u_o 对应输出高电平 $+U_z$ 或低电平 $-U_z$。

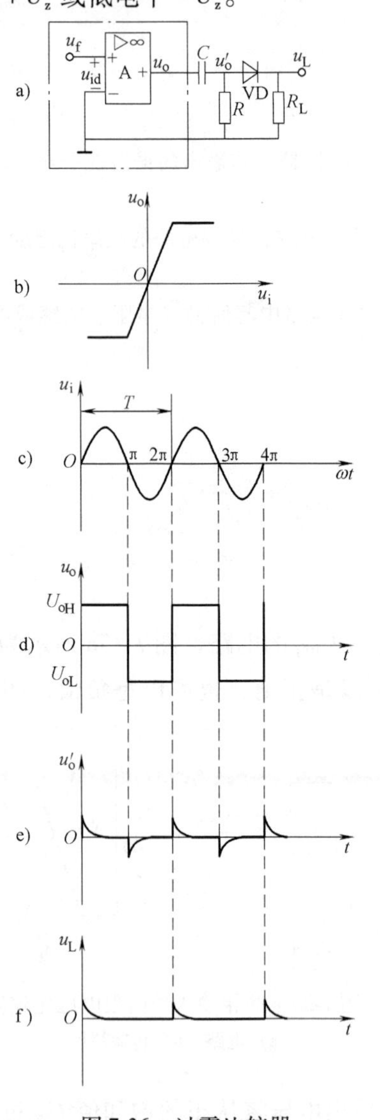

图 7-36　过零比较器

a）电路　b）传输特性　c）输入正弦波　d）u_o 为输出方波　e）经 RC 微分电路的输出波形 u_o'　f）经二极管 VD 限幅后的输出波形 u_L

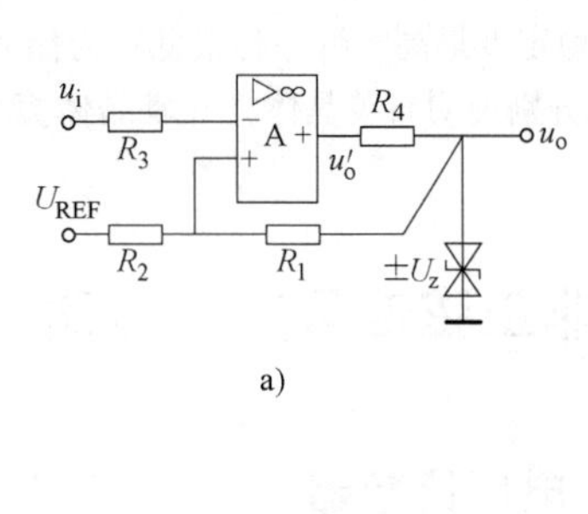

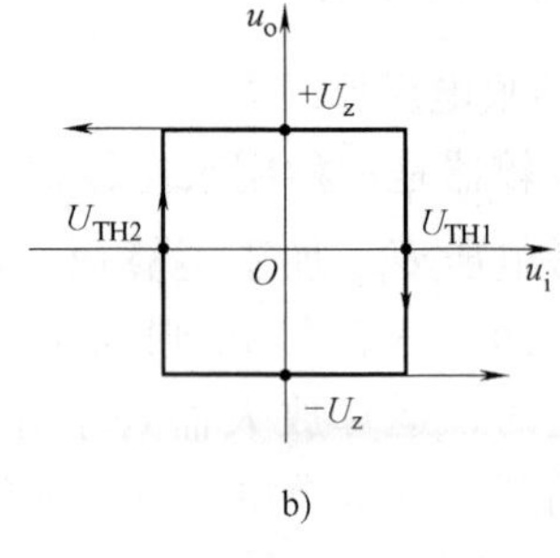

图 7-37　滞回比较器

a）电路　b）传输特性

设某时刻输出电压 $u_o' = +U_{om}$，$u_o = +U_z$，此时对应的运算放大器的同相输入端的电压可用叠加原理求出

$$U_{TH1}=\frac{R_1U_{REF}}{R_1+R_2}+\frac{R_2U_z}{R_1+R_2} \tag{7-58}$$

式中，U_{TH1}称为上限阈值电平。

显然，由式（7-58）知，为了保证$u_o'=+U_{om}$，输入电压$u_1 \leqslant U_{TH1}$。

当u_i从零逐渐增大，且变化到U_{TH1}之前，输出仍为$u_o=+U_z$。一旦u_i达到上限阈值电平，且略有超出时，输出即跳变为低电平，$u_o'=-U_{om}$，$u_o=-U_z$，此时阈值电平变化到

$$U_{TH2}=\frac{R_1U_{REF}}{R_1+R_2}-\frac{R_2U_z}{R_1+R_2} \tag{7-59}$$

式中，U_{TH2}称为下限阈值电平。

当输入电压从$u_i>U_{TH1}$开始减小到$u_i=U_{TH1}$时，仍能保持输出低电平。因为此时的阈值已经变化，且$U_{TH2}<U_{TH1}$。直至输入减小到$u_i \leqslant U_{TH2}$时，输出u_o才跳变回到高电平$+U_z$。因此出现了如图7-37b所示的滞回特性曲线。两个预置电平之差称为回差电压ΔU，显然回差电压为

$$\Delta U=U_{TH1}-U_{TH2}=\frac{2R_2U_z}{R_1+R_2} \tag{7-60}$$

图7-37a所示的滞回比较器，称为反相滞回比较器，它的输入信号是从运算放大器反相输入端送入的。如果图中的u_i和U_{REF}的位置互换，则构成同相滞回比较器，不过同相滞回比较器的传输特性曲线的变化方向和反相滞回比较器相反。

3. 窗口比较器

窗口比较器可以检测到输入信号高于某一个阈值和低于某一个阈值的情况，即输入信号在单向变化过程中可使输出信号跳变两次，而一般的阈值比较器或滞回比较器只跳变一次。窗口比较器由两个幅度比较器和一些二极管与电阻构成，电路如图7-38所示。当$R_1=R_2$时，阈值电压U_L和U_H分别由下式计算：

$$\begin{cases} U_L=\dfrac{(U_{CC}-2U_D)\ R_2}{R_1+R_2}=\dfrac{1}{2}\ (U_{CC}-2U_D) \\ U_H=U_L+2U_D \end{cases} \tag{7-61}$$

显然，$U_H>U_L>0$，$U_H-U_L=2U_D$，当然也可以单独设置U_H和U_L。当$u_i>U_H$时，u_{o1}为高电平，VD_3导通；u_{o2}为低电平，VD_4截止，$u_o=u_{o1}$。可见当输入信号$u_i>U_H$时，比较器A_1有正饱和输出。

当$u_i<U_L$时，u_{o2}为高电平，VD_4导通；u_{o1}为低电平，VD_3截止，$u_o=u_{o2}$。可见当输入信号$u_i<U_L$时，比较器A_2也有正饱和输出。

当$U_H>u_i>U_L$时，u_{o1}为低电平，u_{o2}为低电平，VD_3、VD_4截止，$u_o=0$。VD_3、VD_4和R_L相当于一个或门。当信号的电位水平介于U_H和U_L之间时，比较器有负饱和输出，所以输出$u_o=0$。

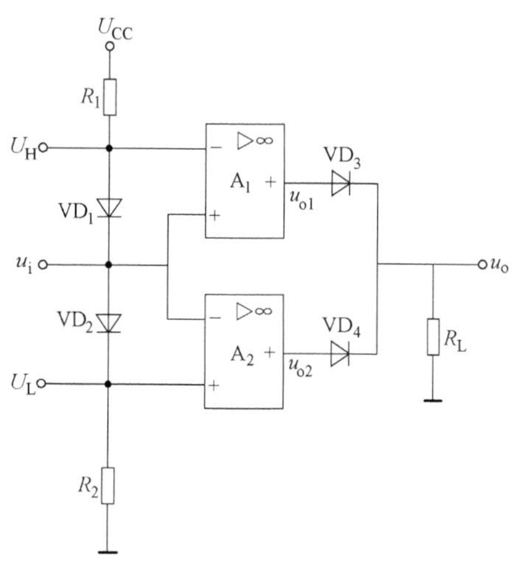

图7-38　窗口比较器

该比较器有两个阈值，当$u_i>U_H$时，输出高

电平；当 $u_i < U_L$ 时，输出仍为高电平；当 $U_H > u_i > U_L$ 时，输出低电平，其电压传输特性如图 7-39 所示，故称为窗口比较器。按输入正弦信号画出输出波形，如图 7-40 所示。

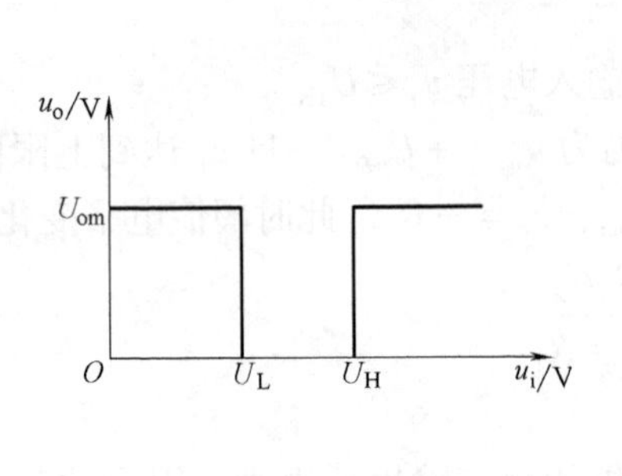

图 7-39　传输特性

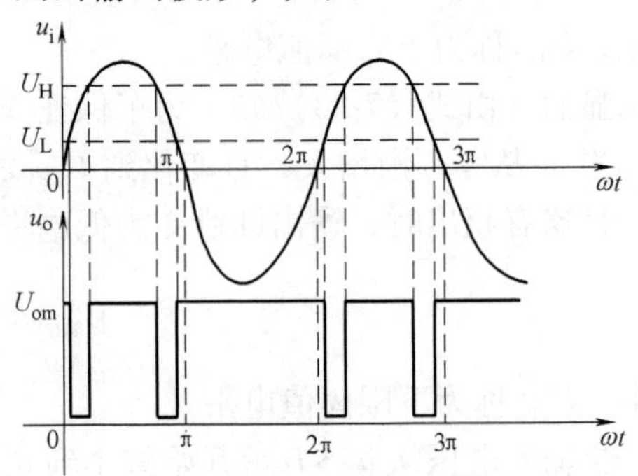

图 7-40　输出波形

7.7.2　方波发生器

方波发生器是由滞回比较器和起定时作用的 RC 反馈电路构成的，电路如图 7-41 所示。

1. 工作原理

设电源刚接通时电容器上的电压为零，即 $u_C = 0$，$u_o = +U_z$，所以运算放大器同相端的电位

$$U_P' = \frac{R_2 U_z}{R_2 + R_3} \tag{7-62}$$

于是输出端的 $+U_z$ 经 R_1 向电容 C 充电，u_C 升高，如图 7-42 所示。当 $u_C = U_N \geqslant U_P'$ 时，$u_o = -U_z$。所以有

$$U_P'' = -\frac{R_2 U_z}{R_2 + R_3} \tag{7-63}$$

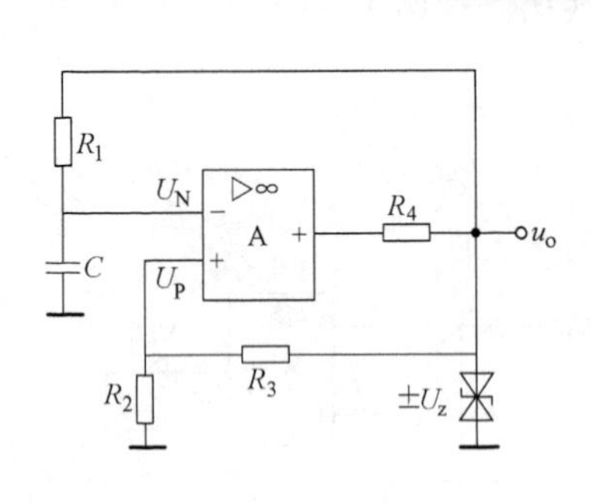

图 7-41　方波发生器

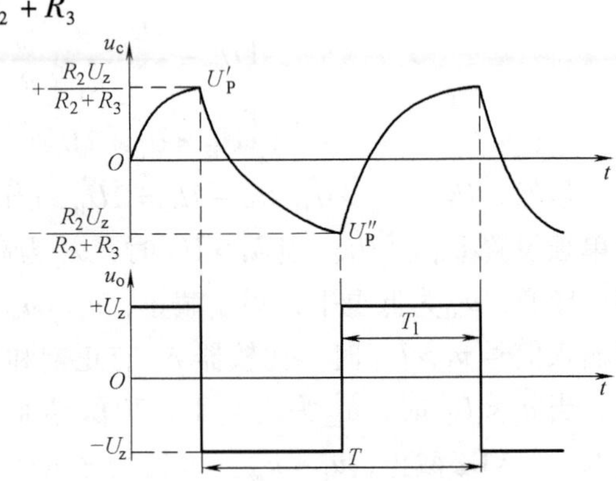

图 7-42　方波发生器波形

于是电容 C 经 R_1 向输出端 u_o 放电，u_C 下降。当 $u_C = U_N \leqslant U_P''$ 时，$u_o = +U_z$，返回初态。如此不断反复，产生振荡。

2. 振荡周期

方波的周期 $T = 2T$，可用 RC 电路过渡方程式方便地求出

$$u_C(t)=u_C(\infty)+[u_C(0)-u_C(\infty)]e^{-\frac{t}{\tau}}$$

式中

$$\tau=R_1C \qquad u_C(0)=-\frac{R_2U_z}{R_2+R_3} \qquad u_C(\infty)=+U_z$$

当 $t=T_1$ 时

$$u_C(T_1)=+\frac{R_2U_z}{R_2+R_3}$$

于是可求出

$$T=2R_1C\ln\left(1+\frac{2R_2}{R_3}\right) \tag{7-64}$$

3. 占空比可调的方波电路

显然，为了改变输出方波的占空比，必须改变电容 C 的充电和放电时间常数 τ_1 和 τ_2。占空比可调的方波发生器如图7-43所示。

C 充电时，充电电流经电位器滑动端到上半部的电阻 R'_{RP}、二极管 VD_1、R_1；C 放电时，放电电流经 R_1、二极管 VD_2、电位器滑动端到下半部的电阻 R''_{RP}。占空比 q 为

$$q=\frac{T_1}{T}=\frac{\tau_1}{\tau_1+\tau_2}$$

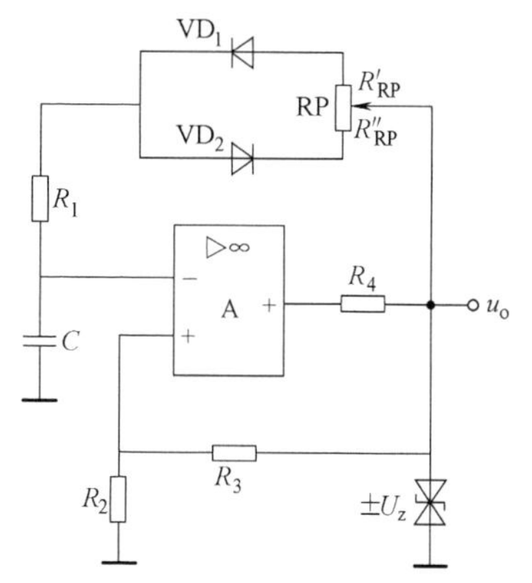

图7-43　占空比可调的方波发生器

式中

$$\tau_1=(R'_{RP}+r_{d1}+R_1)C$$

$$\tau_2=(R_{RP}-R'_{RP}+r_{d2}+R_1)C$$

r_{d1}是二极管 VD_1 导通电阻，r_{d2}是二极管 VD_2 导通电阻。可见，改变 R_{RP}滑动端的位置，即可改变占空比的大小。

7.7.3　三角波发生器

有了方波，通过积分器就可以获得三角波。但是，如果方波正半周和负半周幅度有一些差异，或宽度有差异，积分的输出就不会得到好的三角波。所以，一般三角波发生器采用的电路如图7-44所示。它由滞回比较器和积分器闭环组合而成。图中，积分器 A_2 的输出反馈给滞回比较器 A_1，作为滞回比较器的输入。

当 $u_{o1}=+U_z$ 时，给积分电容 C 充电，同时 u_o 即 u_C 按线性规律下降，同时拉动运算放大器 A_1 的同相输入端电位 U_P 下降，当使运算放大器 A_1 的同相端电位 U_P 略低于反相端电位 $U_N=0$ 时，u_{o1}从 $+U_z$ 跳变为 $-U_z$，波形如图7-45所示。

在 $u_{o1}=-U_z$ 后，电容 C 开始放电，u_o 按线性规律上升，u_o 拉动 U_P 上升，当使运算放大器 A_1 的 U_P 略大于零时，u_{o1}从 $-U_z$ 跳变为 $+U_z$，如此周而复始，产生振荡。只要 $+U_z$ 和 $-U_z$ 绝对值相等，积分时间常数相等，u_o 的上升、下降时间就相等，斜率的绝对值也相等，故 u_o 为三角波。

当输出达到正向峰值 U_{om}时，此时 $u_{o1}=-U_z$，$U_P=0V$，所以有

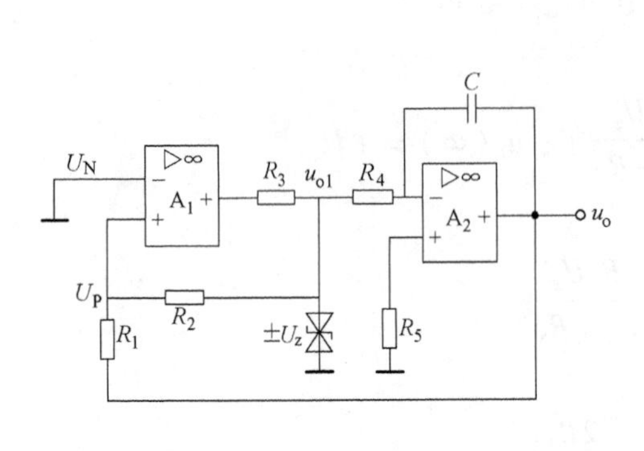

图 7-44　三角波发生器

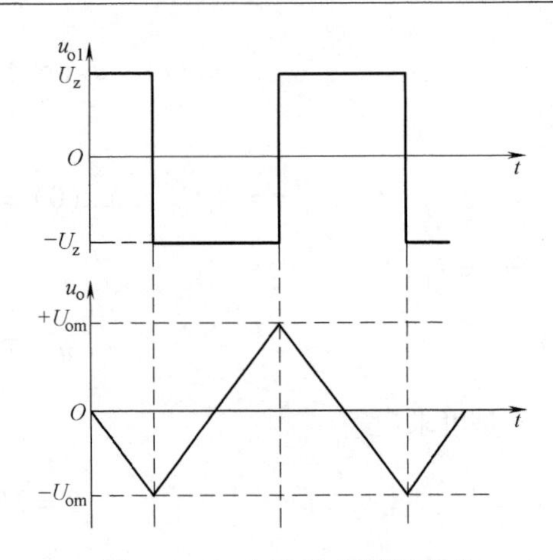

图 7-45　三角波发生器的波形

$$U_{\mathrm{P}}=\frac{U_{\mathrm{om}}R_2}{R_1+R_2}-\frac{U_{\mathrm{z}}R_1}{R_1+R_2}=0$$

解出正向峰值

$$U_{\mathrm{om}}=\frac{R_1}{R_2}U_{\mathrm{z}}$$

同理，负向峰值

$$-U_{\mathrm{om}}=\frac{R_1}{R_2}U_{\mathrm{z}}$$

解出振荡周期 T

$$\frac{1}{C}\int_0^{T/2}\frac{U_{\mathrm{z}}}{R_4}\mathrm{d}t = 2U_{\mathrm{om}}$$

$$T=4R_4C\frac{U_{\mathrm{om}}}{U_{\mathrm{z}}}=\frac{4R_4R_1C}{R_2} \tag{7-65}$$

7.7.4　锯齿波发生器

锯齿波发生器是由同相输入迟滞比较器（C_1）和充放电时间常数不等的积分器（A_2）两部分组成，如图 7-46a 所示。

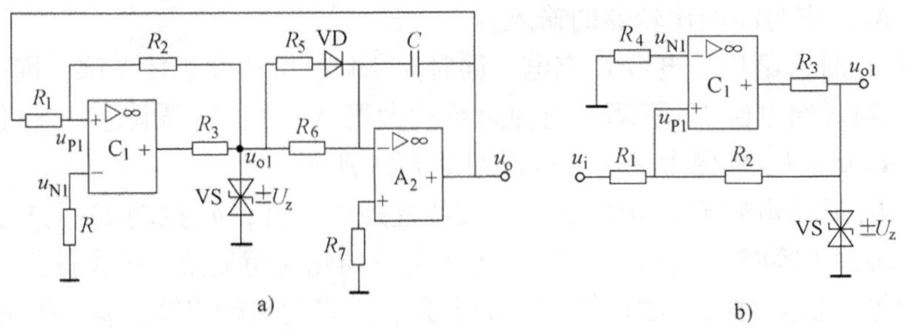

图 7-46　锯齿波电压产生电路

a）电路　b）同相输入迟滞比较器

1. 门限电压的估算

为便于讨论，单独画出图7-46a中由C_1组成的同相输入迟滞比较器，如图7-46b所示。图7-46b中的u_i就是图7-46a中的u_o。由图7-46b有

$$u_{P1}=u_i-\frac{u_i-u_{o1}}{R_1+R_2}R_1 \tag{7-66}$$

考虑到电路翻转时，有$u_{N1}\approx u_{P1}=0$，即得

$$u_i=U_T=-\frac{R_1}{R_2}u_{o1} \tag{7-67}$$

由于$u_{o1}=\pm U_z$，由式（7-67），可分别求出上、下门限电压和门限宽度为

$$U_{T+}=\frac{R_1}{R_2}U_z \tag{7-68}$$

$$U_{T-}=-\frac{R_1}{R_2}U_z \tag{7-69}$$

$$\Delta U_T=U_{T+}-U_{T-}=2\frac{R_1}{R_2}U_z \tag{7-70}$$

2. 工作原理

设$t=0$时接通电源，有$u_{o1}=-U_z$，则$-U_z$经R_6向C充电，使输出电压按线性规律增长。当u_o上升到门限电压U_{T+}使$u_{P1}=u_{N1}=0$时，比较器输出u_{o1}由$-U_z$上跳到$+U_z$，同时门限电压下跳到U_{T-}值。以后$u_{o1}=+U_z$经R_6和VD、R_5两支路向C反向充电，由于时间常数减小，u_o迅速下降到负值。当u_o下降到门限电压U_{T-}使$u_{P1}=u_{N1}=0$，比较器输出u_{o1}又由$+U_z$下跳到$-U_z$。如此周而复始，产生振荡。由于电容C的正向与反向充电时间常数不相等，输出波形u_o为锯齿波电压，u_{o1}为方波电压，如图7-47所示。可以证明，设忽略二极管的正向电阻，其振荡周期为

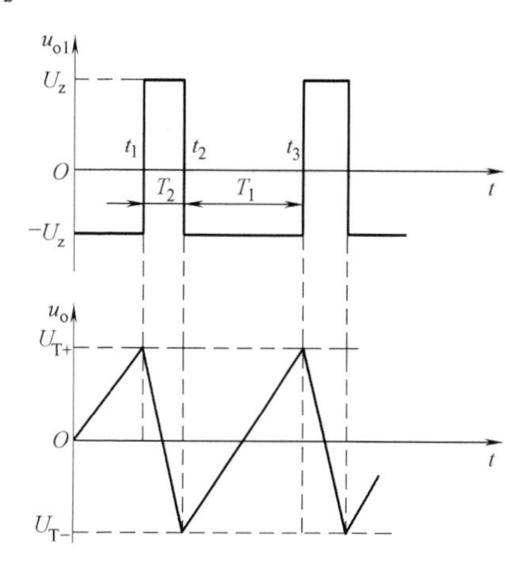

图7-47 图7-46a电路的波形

$$T=T_1+T_2=\frac{2R_1R_6C}{R_2}+\frac{2R_1(R_6/\!/R_5)C}{R_2}$$

$$=\frac{2R_1R_6C(R_6+2R_5)}{R_2(R_5+R_6)} \tag{7-71}$$

显然，图7-46a所示电路，当R_5、VD支路开路，电容C的正、反向充电时间常数相等时，此时锯齿波就变成三角波，图7-46a所示电路就变成方波（u_{o1}）—三角波（u_o）产生电路，其振荡周期为

$$T=\frac{4R_1R_6C}{R_2} \tag{7-72}$$

小　结

1. 有源滤波电路由集成运算放大器和 RC 网络构成，按幅频特性可分为低通、高通、带通、带阻滤波器，应用时根据信号和干扰所占频段来选择合适的频率响应类型。

2. 在有源滤波电路中均引入负反馈，属运算放大器的线性应用电路，对其进行分析时可用虚短和虚断等特性。通常用传递函数或频率响应函数来描述有源滤波电路输出和输入之间的关系，并通过频率特性曲线形象地给出。表征有源滤波电路频率响应的主要参数有通带增益、通带截止频率、过渡带衰减速率、品质因数等。

3. 采用正反馈可以使放大电路在没有外加输入的条件下得到振荡输出，正弦波振荡电路由放大电路、正反馈网络、选频网络和稳幅电路组成。不过有时一个电路可能兼有两种功能，如正反馈网络和选频网络是由一个电路实现的。

4. 要获得正弦波，主要的方法是采用选频网络，或通过非线性网络将三角波改造为正弦波。

5. 正反馈振荡电路的振荡条件为 $\dot{A}\dot{F}=1$，它又分为幅度平衡条件 $|\dot{A}\dot{F}|=1$ 和相位平衡条件 $\varphi_a+\varphi_f=\pm 2n\pi$。但为便于起振，通常要求 $|\dot{A}\dot{F}|>1$，称为起振条件。

6. 正反馈振荡电路中，选频网络由 RC 构成的，称为 RC 正弦波振荡电路；选频网络由 LC 构成的，则是 LC 正弦波振荡电路。可以采用瞬时极性法来判断电路是否满足相位平衡条件。对于三点式 LC 正弦波振荡电路，可有两个结论来判断是否满足正反馈条件，判断前应画出振荡电路的交流通路。

7. 典型的 RC 正弦波振荡电路是文氏桥 RC 正弦波振荡电路，作为正反馈支路的 RC 串并联网络和负反馈支路构成文氏桥。当 $R_1=R_2=R$，$C_1=C_2=C$ 时，它的反馈系数 $F=1/3$，振荡频率 $f_0=\dfrac{1}{2\pi RC}$。调节 R 或 C 可改变振荡频率，此时由于反馈系数与频率无关，所以调节频率不会影响输出幅度。

8. 典型的 LC 正弦波振荡电路是变压器反馈正弦波振荡电路和三点式 LC 正弦波振荡电路。它们的振荡频率由 LC 并联谐振网络决定，且 Q 值越高，振荡频率的稳定性越好。

9. 石英晶体具有极高的 Q 值，在 LC 正弦波振荡电路中采用石英晶体可以获得很高的频率稳定度。振荡电路中石英晶体不是工作在串联谐振频率点用于传输信号，就是工作在串联谐振点和并联谐振点之间，此时石英晶体用来代替电感。

习　题

7-1　现有电路如下：

A. RC 桥式正弦波振荡电路

B. LC 正弦波振荡电路

C. 石英晶体正弦波振荡电路

选择合适答案填入空内，只需填入 A、B 或 C。

（1）制作频率为 20Hz ~ 20kHz 的音频信号发生电路，应选用________；

（2）制作频率为 2 ~ 20MHz 的接收机的本机振荡器，应选用________；

（3）制作频率非常稳定的测试用信号源，应选用________。

7-2 设电路如图7-48所示，$R=10\text{k}\Omega$，$C=0.1\mu\text{F}$。

（1）求振荡器的振荡频率；

（2）为保证电路起振，对$\frac{R_f}{R_1}$的比值有何要求？

（3）试提出稳幅措施。

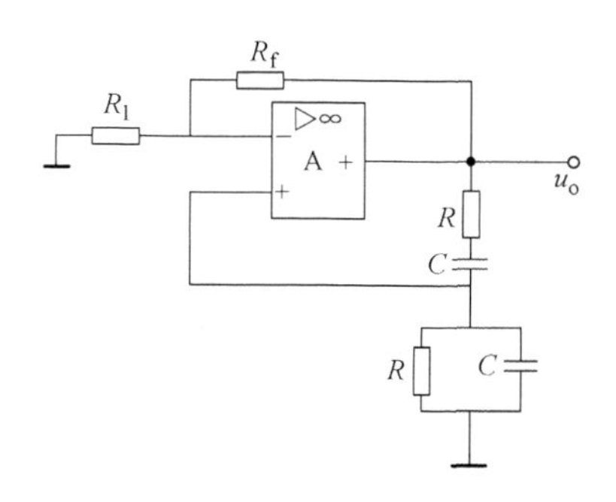

图7-48 题7-2图

7-3 对图7-49所示的各个三点式LC正弦波振荡电路的交流通路，试用相位平衡条件判断哪个可能振荡，哪个不能，指出可能振荡的电路属于什么类型。

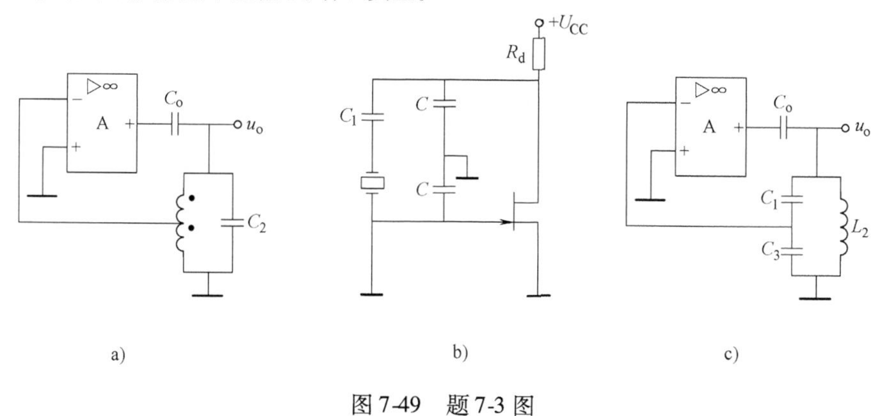

图7-49 题7-3图

7-4 已知振荡电路分别如图7-50a、b所示，试判断它们能否振荡，若不能，如何修改电路使其满足相位平衡振荡条件。

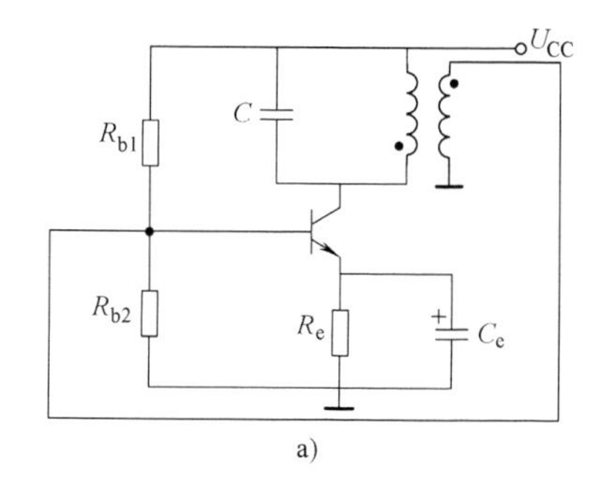

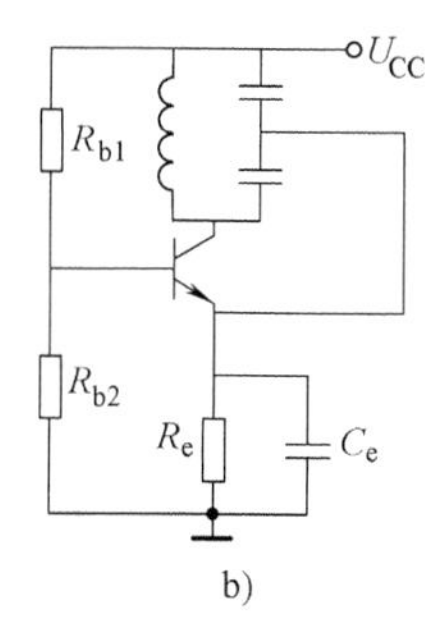

图7-50 题7-4图

7-5 三点式 LC 正弦波振荡电路的交流通路如图 7-51 所示。试用相位平衡条件判断哪个能振荡？哪个不能？并指出能振荡的电路属于什么类型的振荡电路。

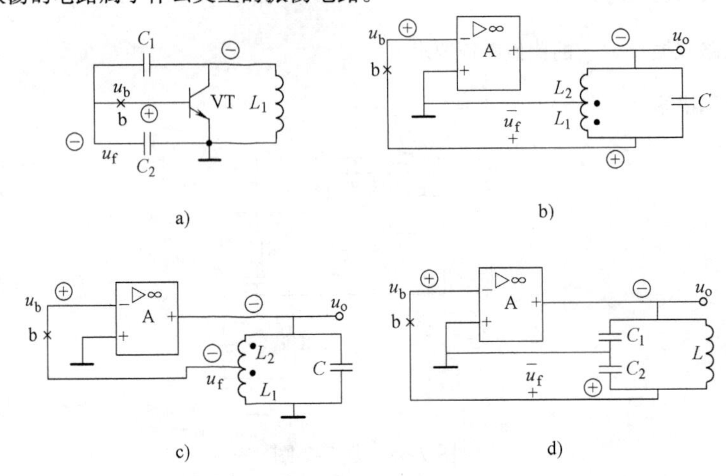

图 7-51 题 7-5 图

7-6 分别标出图 7-52 所示各电路中变压器的同名端，使之满足正弦波振荡的相位条件。

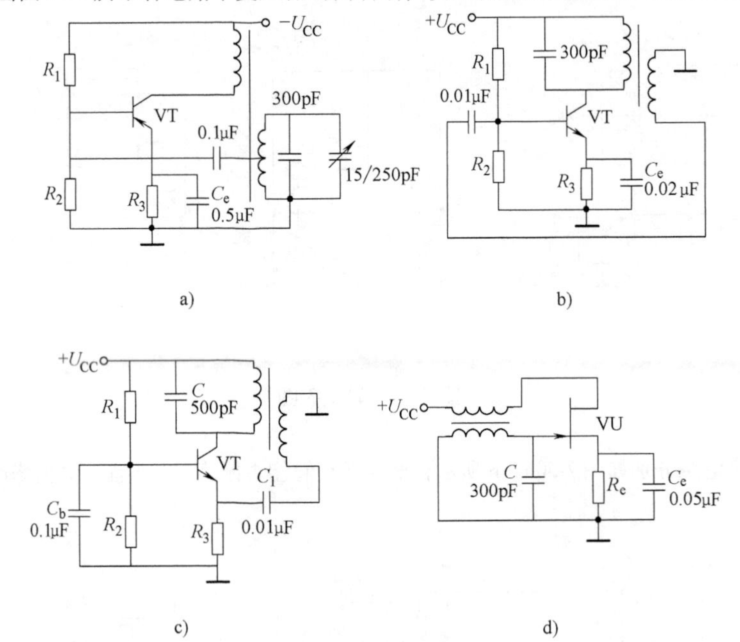

图 7-52 题 7-6 图

7-7 电路如图 7-53 所示。

（1）为使电路产生正弦波振荡，标出集成运算放大器的“+”和“-”；并说明电路是哪种正弦波振荡电路；

（2）若 R_1 短路，则电路将产生什么现象？

（3）若 R_1 断路，则电路将产生什么现象？

（4）若 R_f 短路，则电路将产生什么现象？

（5）若 R_f 断路，则电路将产生什么现象？

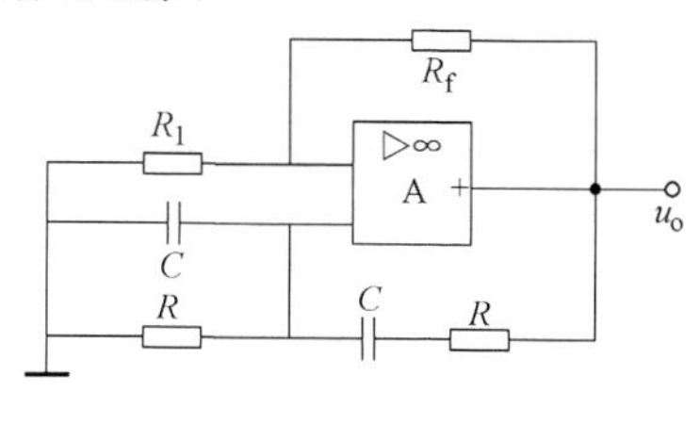

图 7-53　题 7-7 图

7-8　试改正图 7-54 所示两电路的错误，使之有可能产生正弦波振荡。

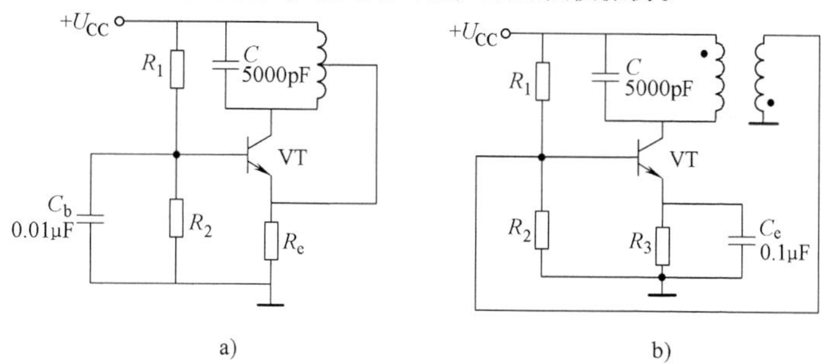

图 7-54　题 7-8 图

7-9　电路如图 7-55 所示，稳压管 VS 起稳幅作用，其稳定电压 $\pm U_z = \pm 6\text{V}$。试估算：

（1）输出电压不失真情况下的有效值；

（2）振荡频率。

7-10　试判断图 7-56 所示交流通路中，哪些能产生振荡，哪些不能产生振荡。若能产生振荡，则说明属于哪种振荡电路。

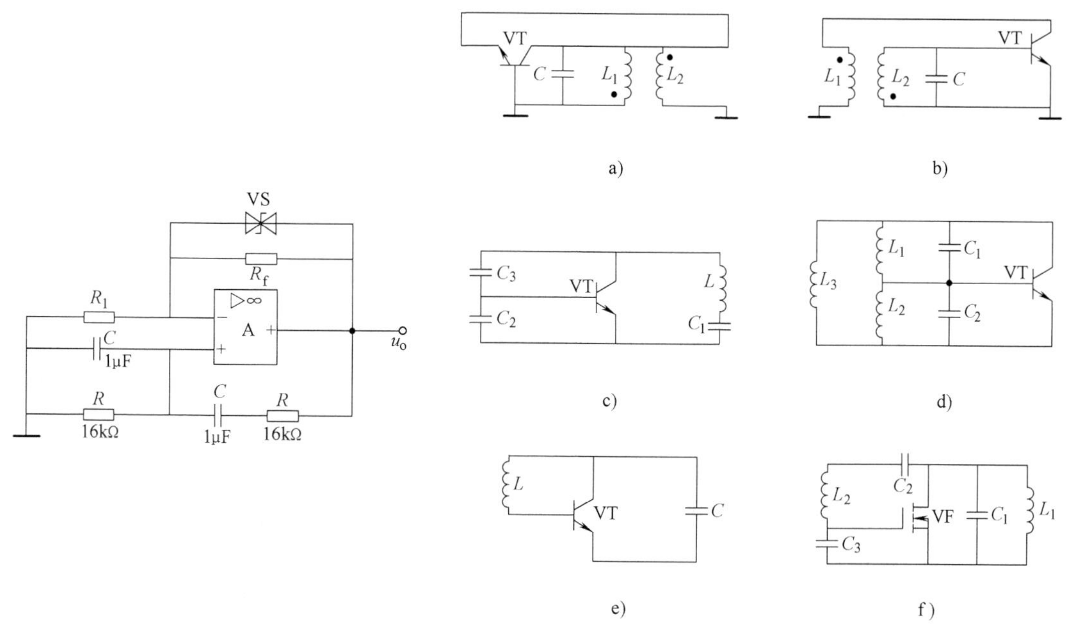

图 7-55　题 7-9 图

图 7-56　题 7-10 图

第 8 章　功率放大电路

引言

一个实用的多级放大电路，其输出级总是与负载相连的。实际负载可以是不同类型的装置，如收音机中扬声器的音圈、使光点随信号而偏转的显示器偏转线圈等。要使实际负载动作，输出级就要向其提供足够大功率的信号，这类主要用于向负载提供功率的放大电路称为功率放大电路。

在电路方面，以乙类双电源互补对称功率放大电路为重点进行较详细的分析与计算。最后，对功率放大电路的应用、VMOS 和 DMOS 场效应晶体管、集成功率放大器、功率器件的散热问题和功率晶体管二次击穿问题等予以介绍。

8.1　功率放大电路概述

8.1.1　功率放大电路的特点及主要研究对象

放大电路实质上都是能量转换电路。从能量控制的观点来看，功率放大电路和电压放大电路没有本质的区别。但是，功率放大电路和电压放大电路所要完成的任务是不同的。对电压放大电路的主要要求是，使其输出端得到不失真的电压信号，讨论的主要指标是电压放大倍数、输入和输出电阻等，输出的功率并不一定大。而对功率放大电路则不同，主要要求获得一定的不失真（或失真较小）的输出功率，因此功率放大电路包含着一系列在电压放大电路中没有出现过的特殊问题。功率放大电路的特点及主要研究对象如下：

1. 主要技术指标

功率放大电路的主要技术指标为最大输出功率、不失真输出功率和转换效率。

1）最大输出功率 P_{om}：功率放大电路提供给负载的信号功率称为输出功率。在输入为正弦波且输出基本不失真条件下，功率放大电路的输出功率是交流功率，表达式为

$$P_o = U_o I_o = \frac{U_{om}}{\sqrt{2}} \frac{I_{om}}{\sqrt{2}} = \frac{1}{2} U_{om} I_{om} \tag{8-1}$$

式中，U_o 和 I_o 分别表示输出电压和输出电流的有效值；U_{om}和 I_{om}分别表示输出电压和输出电流的幅值。

最大输出功率 P_{om}是在电路参数确定的情况下负载上可能获得的最大交流功率。

2）不失真输出功率：不失真输出功率是指非线性失真不大于 10% 的情况下，功率放大电路实际能够输出的功率。

3）转换效率：功率放大电路的输出功率 P_o 与电源所提供的功率 P_E 之比称为转换效率。电源提供的功率是直流功率，其值等于电源输出电流平均值及其电压之积。转换效率用 η 表示，表达式为

$$\eta = \frac{P_o}{P_E} \times 100\% \tag{8-2}$$

通常功率放大电路的输出功率越大，电源消耗的直流功率也就越多。因此，在一定的输出功率下，减小直流电源的功耗，就可以提高电路的效率。

2. 功率放大电路中的晶体管

在功率放大电路中，为使输出功率尽可能大，要求晶体管工作在接近极限应用状态，即晶体管集电极电流最大时接近 I_{CM}，管压降最大时接近 $U_{(BR)CEO}$，耗散功率最大时接近 P_{CM}。I_{CM}、$U_{(BR)CEO}$和 P_{CM}分别是晶体管的最大集电极电流、集射极间能承受的最大管压降和集电极最大耗散功率。因此，在选择功放管时，要特别注意极限参数的选择，以保证管子安全工作。

应当指出，功放管通常为大功率晶体管，查阅手册时要特别注意其散热条件，使用时必须安装合适的散热片，有时还要采取各种保护措施。

3. 功率放大电路的分析方法

因为功率放大电路的输出电压和输出电流幅值均很大，功放管特性的非线性不可忽略，所以在分析功率放大电路时，不能采用仅适用于小信号的交流等效电路法，而应采用图解法。

此外，由于功率放大电路的输入信号较大、输出波形容易产生非线性失真，电路中应采用适当方法改善输出波形，如引入交流负反馈等。

8.1.2　功率放大电路的类型

1. 按电路形式分类

1）OCL 功率放大电路：OCL 是英文 Output Capacitor Less 的缩写，意为无输出电容电路。OCL 电路采用正、负双电源供电，末级输出端可直接连接负载，省掉了耦合电容。

2）OTL 功率放大电路：OTL 是英文 Output Transformer Less 的缩写，意为无输出变压器电路。OTL 采用一组电源供电，末级输出端对地直流电位约为 $U_{CC}/2$，故末级输出与负载之间必须有一个大容量的隔直耦合电容，这个电容会使功率放大电路频率特性变差。

3）BTL 功率放大电路：BTL 是英文 Balanced Transformer Less 的缩写，意为桥式推挽功率放大电路。BTL 功率放大电路由两组 OTL（或 OCL）功率放大电路组成，负载接在两组功率放大电路的输出端之间，它的输出功率在同样电源电压下可达到 OTL（或 OCL）电路的 2～3 倍，电路保真度好。

2. 按末级功率晶体管的静态工作点分类

1）甲类功率放大电路：在以前讨论的放大电路中，静态工作点位于放大区，如图 8-1 所示。由图可知，在输入信号的整个周期内都有电流流过晶体管（即导通角 $\theta = 2\pi$），这类放大电路称为甲类放大电路。甲类放大电路的电源始终向电路供电，在无输入信号时，电源供给的功率消

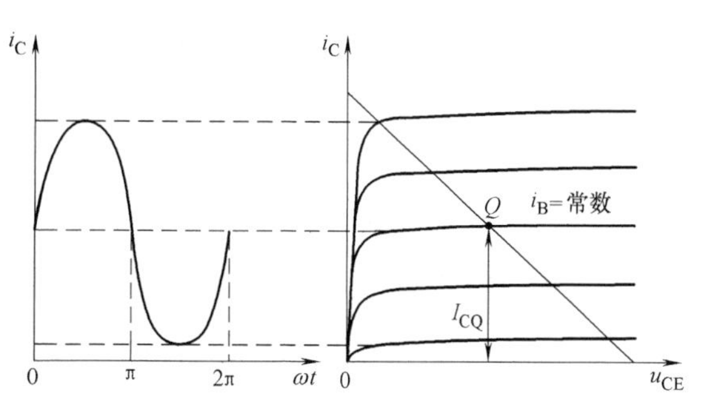

图 8-1　甲类功率放大电路

耗在电路内部，并转换成热量散发出去；当有信号输入时，电源部分能量转换成有用的输出功率给负载，部分能量转换成热量散发出去。电路工作在静态和动态时电源供给电路的能量不变。

由于甲类放大电路存在较大的静态功耗，所以这类电路的能量转换效率很低，并且信号越小，效率越低。

2）乙类功率放大电路：如果将静态工作点下移至截止区，则静态电流为零，静态功耗也为零，能量转换效率将会提高。在输入信号的整个周期内，放大管只在半个周期内导通，而另外半个周期内截止（即导通角 $\theta=\pi$）的放大电路称为乙类放大电路。该电路静态工作点的位置和电流波形如图 8-2 所示。

3）甲乙类功率放大电路：当静态工作点略高于截止区时，静态电流很小，静态功耗接近于零，能量转换效率与乙类放大电路接近。在输入信号的整个周期内，放大管导通时间大于半个周期（即导通角 $\pi<\theta<2\pi$），这类放大电路称为甲乙类放大电路。该电路静态工作点的位置和电流波形如图 8-3 所示。

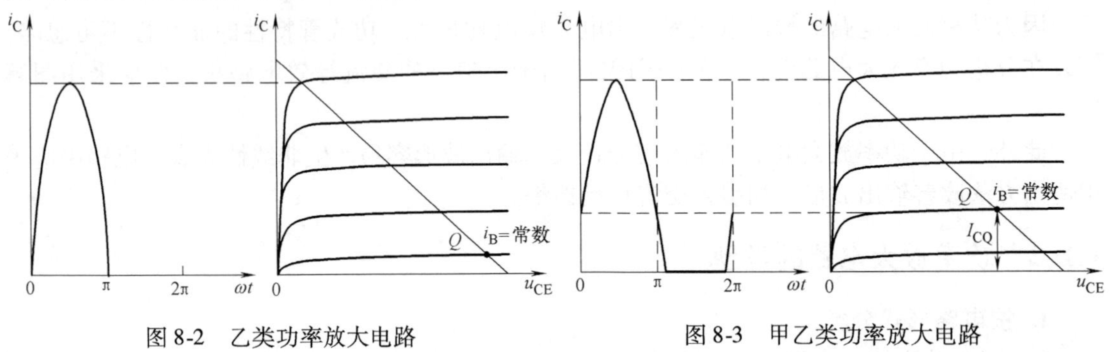

图 8-2　乙类功率放大电路　　　　图 8-3　甲乙类功率放大电路

乙类和甲乙类放大，虽然减小了静态功耗，提高了效率，但都出现了严重的波形失真。因此，既要保持静态功耗小，又要使失真不太严重，这就需要在电路结构上采取措施。

8.2 乙类双电源互补对称功率放大电路

工作在乙类的放大电路，虽然静态功耗小，有利于提高效率，但使得输入信号的半个波形被削掉了，存在严重的失真。如果用两个管子，使之都工作在乙类放大状态，但一个在正半周工作，而另一个在负半周工作，同时使这两个输出波形都能加到负载上，从而在负载上得到一个完整的波形，这样就能解决效率与失真的矛盾。乙类双电源互补对称功率放大电路（OCL 电路）能实现上述设想，如图 8-4 所示。

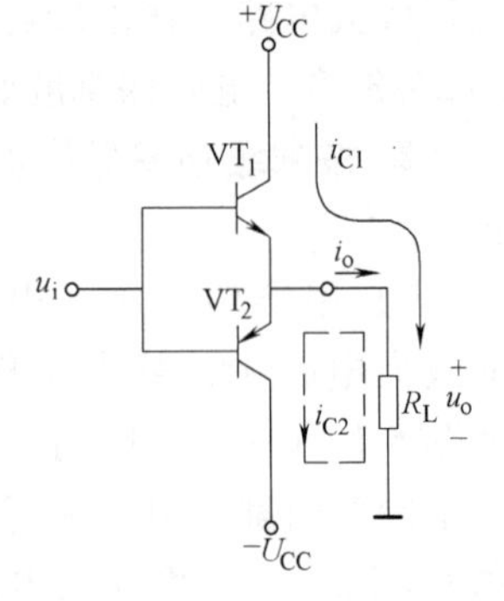

图 8-4　乙类双电源互补对称功率放大电路

8.2.1 乙类双电源互补对称功率放大电路的组成及工作原理

1. 电路的组成

1）电路由 NPN 型和 PNP 型晶体管构成的对称的射极输出器

对接而成，两管特性一致。信号从基极输入，从发射极输出，R_L 为负载。

2）电路由双电源供电。

2. 工作原理

由于 VT_1 和 VT_2 的参数互补对称，故其所组成的电路称为互补对称电路。

静态分析如下：

$u_i=0$ 时，VT_1 和 VT_2 都截止，输出 $u_o=0$，故电路中不需要隔直电容，电路不消耗功率。

动态分析如下：

$u_i>0$ 时，VT_1 导通，VT_2 截止，i_{C1}从 $+U_{CC}$流出，经 VT_1 后流过负载电阻 R_L，在 R_L 上得到正半周电压输出，有 $i_o=i_{C1}$，$u_o=i_{C1}R_L$。

$u_i<0$ 时，VT_1 截止，VT_2 导通，i_{C2}由输出端流经 VT_2 和 $-U_{CC}$再经过地到负载电阻 R_L，在 R_L 上得到负半周电压输出，有 $i_o=-i_{C2}$，$u_o=-i_{C2}R_L$。

由上面的分析可见，VT_1 和 VT_2 都只在半个周期内工作，两管交替导通。该电路有两个特点：一是静态电流 I_{CQ}、I_{BQ}等于零，两管均不导电；二是每个晶体管导通时间等于半个周期，交替工作，组成推挽式电路。由于两个晶体管互补对方缺少的另一个半周，工作性能互相对称，故称为乙类互补对称功率放大电路。

8.2.2　乙类双电源互补对称功率放大电路的输出功率及效率

当输入电压足够大，且又不产生饱和失真时，乙类双电源互补对称功率放大电路的图解分析如图 8-5 所示。

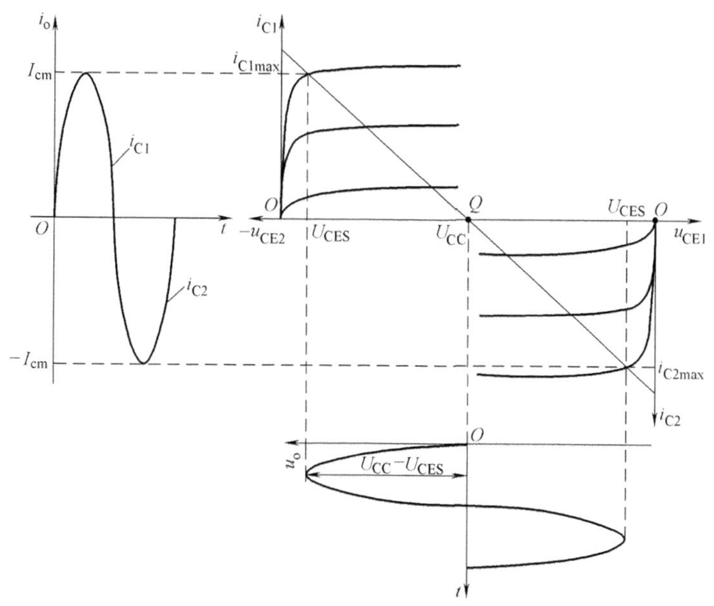

图 8-5　乙类双电源互补对称功率放大电路的图解分析

1. 输出功率 P_o

图 8-5 中，静态工作点为 Q。负载电阻为 R_L 时，输出的平均功率为

$$P_o = U_o I_o = \frac{U_{om}}{\sqrt{2}} \frac{I_{om}}{\sqrt{2}} = \frac{1}{2} U_{om} I_{om} = \frac{U_{om}^2}{2R_L} \tag{8-3}$$

当输入信号足够大时，最大的输出电压和输出电流幅值分别为

$$U_{om} = U_{CC} - U_{CES} \tag{8-4}$$

$$I_{om} = \frac{U_{CC} - U_{CES}}{R_L} \tag{8-5}$$

式中，U_{CES}为晶体管饱和导通时的管压降。

此时电路可能输出的最大平均功率为

$$P_{om} = \frac{U_{om} I_{om}}{2} = \frac{(U_{CC} - U_{CES})^2}{2R_L} \tag{8-6}$$

如果略去晶体管的饱和电压，则为

$$P_{om} \approx \frac{U_{CC}^2}{2R_L} \tag{8-7}$$

2. 电源提供的功率 P_E

每个电源提供的功率为

$$P_{E1} = P_{E2} = U_{CC} I_{C(AV)} \tag{8-8}$$

式中，$I_{C(AV)}$为电源提供电流的平均值。

每一个电源提供的$I_{C(AV)}$为

$$I_{C(AV)} = \frac{1}{2\pi}\int_0^{\pi} I_{cm}\sin\omega t\mathrm{d}\omega t = \frac{1}{2\pi}\int_0^{\pi} I_{om}\sin\omega t\mathrm{d}\omega t = \frac{1}{2\pi}\int_0^{\pi} \frac{U_{om}}{R_L}\sin\omega t\mathrm{d}\omega t = \frac{U_{om}}{\pi R_L}$$

两个电源提供的总功率为

$$P_E = 2U_{CC} I_{C(AV)} = \frac{2U_{CC} U_{om}}{\pi R_L} \tag{8-9}$$

3. 能量转换效率 η

电源提供的直流功率转换成有用的交流信号功率的效率为

$$\eta = \frac{P_o}{P_E} = \frac{U_{om}^2}{2R_L} \bigg/ \frac{2U_{CC} U_{om}}{\pi R_L} = \frac{\pi U_{om}}{4U_{CC}} \tag{8-10}$$

由式（8-10）可知，效率与输出电压的大小U_{om}有关，当信号足够大时，$U_{om} \approx U_{CC}$，此时电路效率达最大值η_{max}为

$$\eta_{max} = \frac{\pi}{4} = 78.5\% \tag{8-11}$$

4. 管子耗散功率 P_T

电源提供的功率除了有用的输出功率外，剩下的则消耗在两个晶体管上。管子耗散功率P_T为

$$P_T = P_E - P_o = \frac{2U_{CC} U_{om}}{\pi R_L} - \frac{U_{om}^2}{2R_L} \tag{8-12}$$

由式（8-12）可知，管耗P_T与U_{om}有关，但并不是U_{om}越大，P_T越大。令

$$\frac{\mathrm{d}P_T}{\mathrm{d}U_{om}} = \frac{1}{R_L}\left(\frac{2U_{CC}}{\pi} - U_{om}\right) = 0$$

可求得在 $U_{om}=2U_{CC}/\pi$ 时，管子的耗散功率达最大值 P_{Tm}，将 $U_{om}=2U_{CC}/\pi$ 代入式（8-12）得此时两管总耗散功率为

$$P_{Tm}=\frac{2U_{CC}^2}{\pi^2 R_L}\approx 0.4P_{om} \tag{8-13}$$

每个管子的耗散功率为

$$P_{T1m}=P_{T2m}\approx 0.2P_{om} \tag{8-14}$$

根据式（8-14）选择晶体管的极限参数 P_{CM}。

8.2.3　乙类双电源互补对称功率放大电路中功率晶体管的选择

1）集电极最大允许耗散功率 P_{CM}：由以上分析，每只功率晶体管的最大允许耗散功率 P_{CM}必须大于 $0.2P_{om}$。

2）集射极间的反向击穿电压 $U_{(BR)CEO}$：静态时，管子的集射极间的电压等于电源电压 U_{CC}。有信号输入时，截止管的集射极间的电压 U_{CE}等于电源电压 U_{CC}与导通管输出电压最大值 U_{om}之和。当 $U_{om}=U_{CC}$时，截止管集射极间的电压 U_{CE}等于 $2U_{CC}$。故功率晶体管的参数 $U_{(BR)CEO}$的选择应满足 $|U_{(BR)CEO}|>2U_{CC}$。

因此，功率晶体管的耐压必须大于每管电源电压的 2 倍。

3）集电极最大允许电流 I_{CM}：功率晶体管处于导通状态时，流过管子的最大电流为 $U_{om}/R_L\approx U_{CC}/R_L$，所以功率晶体管的集电极最大允许电流必须大于该值，即 $I_{CM}>U_{CC}/R_L$。

综合以上，为了确保功率晶体管的安全工作，功率晶体管的极限参数必须满足下列三个条件：

1）$P_{CM}>0.2P_{om}$。

2）$|U_{(BR)CEO}|>2U_{CC}$。

3）$I_{CM}>\dfrac{U_{CC}}{R_L}$。

例 8-1　功率放大电路如图 8-4 所示，设 $U_{CC}=12V$，$R_L=8\Omega$，功率晶体管的极限参数为 $I_{CM}=2A$，$|U_{(BR)CEO}|=30V$，$P_{CM}=5W$。试求：

（1）最大输出功率 P_{om}值，并检验所给功率晶体管是否能安全工作？

（2）放大电路在 $\eta=0.6$ 时的输出功率 P_o 值。

解：（1）求 P_{om}，并检验功率晶体管的安全工作情况。由式（8-7）可求出

$$P_{om}\approx\frac{U_{CC}^2}{2R_L}=\frac{12^2}{2\times 8}W=9W$$

通过晶体管的最大集电极电流、集射极间的最大压降和它的最大管耗分别为

$$i_{CM}=\frac{U_{CC}}{R_L}=\frac{12}{8}A=1.5A$$

$$U_{CEM}=2U_{CC}=2\times 12V=24V$$

$$P_{T1m}=P_{T2m}\approx 0.2P_{om}=0.2\times 9W=1.8W$$

所求 i_{CM}、U_{CEM}和 P_{T1m}，均分别小于极限参数 I_{CM}、$|U_{(BR)CEO}|$和 P_{CM}，故功率晶体管能安全工作。

（2）求 $\eta=0.6$ 时的 P_o 值。由式（8-10）可求出

$$U_{om}=\eta\frac{4U_{CC}}{\pi}=\frac{0.6\times4\times12}{\pi}\text{V}=9.2\text{V}$$

将 U_{om} 代入式（8-3）得

$$P_o=\frac{U_{om}^2}{2R_L}=\frac{9.2^2}{2\times8}\text{W}=5.3\text{W}$$

8.2.4 乙类互补对称功率放大电路的交越失真

乙类互补对称功率放大电路由于管子工作在乙类状态，当输入信号小于晶体管的死区电压时，管子处于截止状态，输出电压和输入电压之间不存在线性关系，产生失真。由于这种失真出现在输入电压过零处（两管交接班时），故称为交越失真，如图 8-6 所示。为了减小和克服交越失真，通常为两管设置很低的静态工作点，使它们在静态时处于微导通状态，即电路处于甲乙类状态，这就是后面要讲到的甲乙类互补对称功率放大电路。

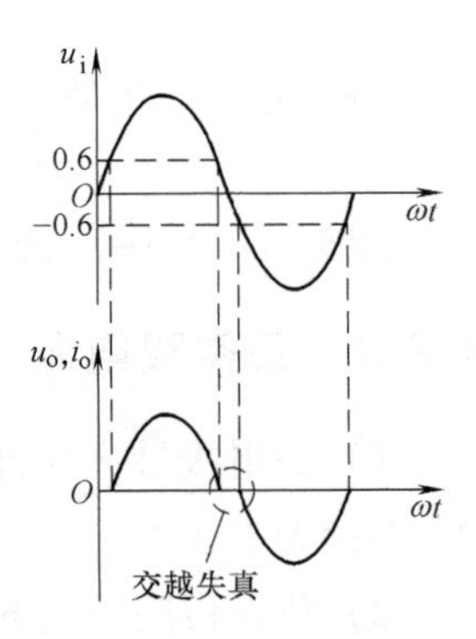

图 8-6 乙类互补对称功率放大电路的交越失真

【思考题】

1. 由于功率放大电路中的功率晶体管常处于接近极限应用状态，因此，在选择晶体管时必须特别注意哪三个参数？

2. 乙类互补对称功率放大电路的效率在理想情况下可达到多少？

8.3 甲乙类互补对称功率放大电路

甲乙类互补对称功率放大电路消除了乙类电路中的交越失真，本节将分析几种不同类型的甲乙类互补对称功率放大电路。

8.3.1 甲乙类双电源互补对称功率放大电路

1. 具有二极管偏置的甲乙类互补对称功率放大电路

具有二极管偏置的甲乙类互补对称功率放大电路（OCL 电路）如图 8-7 所示。由图可见，VT_3 组成前置放大级，VT_1 和 VT_2 组成互补输出级。静态时，在 VD_1、VD_2 上产生的压降为 VT_1、VT_2 提供了一个适当的偏压，使之处于微导通状态。为 VT_1、VT_2 提供的需要的偏压分别为 $U_{BE1}=U_{D1}$，$U_{EB2}=U_{D2}$。

由于电路对称，因此静态时 $i_{C1}=i_{C2}$，$i_o=0$，$u_o=0$。有信号时，由于电路工作在甲乙类，因此即使 u_i 很小（VD_1 和 VD_2 的交流电阻也小），基本上也可进行线性的放大。

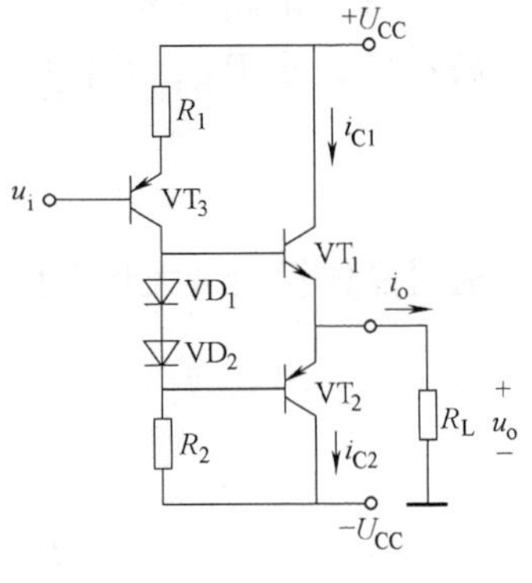

图 8-7 具有二极管偏置的甲乙类互补对称功率放大电路

2. 利用U_{BE}倍增器提供偏置的甲乙类互补对称功率放大电路

上述偏置方法的缺点是，其偏置电压不易调整。而在图8-8所示利用U_{BE}倍增器提供偏置的甲乙类互补对称功率放大电路（OCL电路）中，由VT及R_3、R_4为输出级提供偏置电压U_{CE}。由于流入VT的基极电流远小于流过R_3、R_4的电流，VT的集射极间电压$U_{CE}=U_{BE}(R_3+R_4)/R_4$，而且$U_{BE}$基本为一固定值，因此，只要适当调节$R_3$、$R_4$的比值，就可改变$VT_1$、$VT_2$的偏压值，即可得任意$U_{BE}$倍数的$U_{CE}$。通常，称该电路为$U_{BE}$倍增器。这种方法，在集成电路中经常用到。

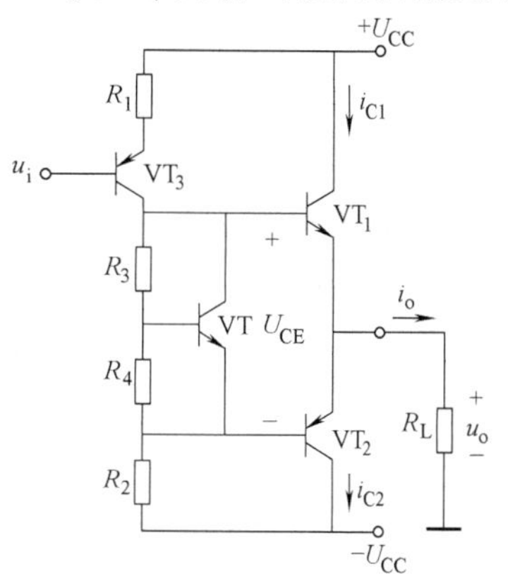

图8-8 利用倍增器提供偏置的甲乙类互补对称功率放大电路

3. 利用电阻上的压降提供偏置的甲乙类互补对称功率放大电路

利用电阻上的压降提供偏置的甲乙类互补对称功率放大电路（OTL电路）如图8-9所示，VT_3组成前置放大级，VT_1和VT_2组成互补输出级。RP_2为VT_1和VT_2提供静态偏置，以减小交越失真。C_3使加至VT_1和VT_2两管基极上的交流信号相等，保证u_o正、负半周对称。

8.3.2 甲乙类单电源互补对称功率放大电路

1. 电路组成

图8-9所示为甲乙类单电源互补对称功率放大电路（OTL电路）。由图可见，在输入信号$u_i=0$时，由于电路对称，$i_{C1}=i_{C2}$，$i_o=i_{C1}-i_{C2}=0$，$u_o=0$。RP_1通过直流负反馈的方式为VT_3提供偏置且稳定静态工作点，调节RP_1可使A点电位$U_A=U_{CC}/2$。因此，大电容C_2上静态电压也为$U_{CC}/2$，起着OCL电路中负电源$-U_{CC}$的作用，充当了电源角色，使两管$|U_{CE}|$都为$U_{CC}/2$。只要电容C_2的容量足够大（使时间常数$\tau=R_LC_2$比信号的最大周期还大得多），此电路就相当于具有$\pm U_{CC}/2$的双电源互补对称电路。另外从A点到VT_3基极引入交、直流负反馈，不仅稳定了工作点，还稳定了u_o。

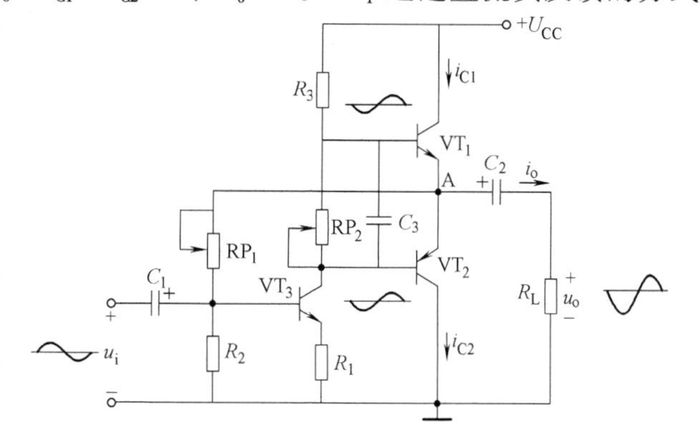

图8-9 甲乙类单电源互补对称功率放大电路

2. 指标估算

指标可按乙类互补对称功率放大电路的状态估算，只是用$U_{CC}/2$代替原来公式中的U_{CC}即可。

3. 电路存在的问题

当有信号u_i时，在信号的正半周，VT_3集电极电位为负，VT_2饱和导通，C_2通过VT_2经过地向负载R_L放电，负载上获得负半周信号为

$$U_{om}\approx-(U_{CC}/2-U_{CES})$$

在信号的负半周，VT_3 集电极电位为正，VT_1 基极电位为 $U_{CC}-U_{R_3}$，小于 U_{CC}，使 VT_1 远离饱和导通，电源既通过 VT_1 经过 C_2 向负载 R_L 提供电流，又同时向电容 C_2 充电，负载上获得正半周信号为

$$U_{om}\approx U_{CC}/2-U_{CE1}$$

因为 $U_{CE1}>U_{CES}$，使得负半周幅度大于正半周幅度，所以造成输出电压波形正、负半周幅度不对称。

4. 接入自举电路，提高输出信号正半周幅度

若在图 8-9 所示电路的基础上增设由电阻 R_Z 和大电容 C_Z 组成的自举电路，就构成自举功率放大电路，如图 8-10 所示。

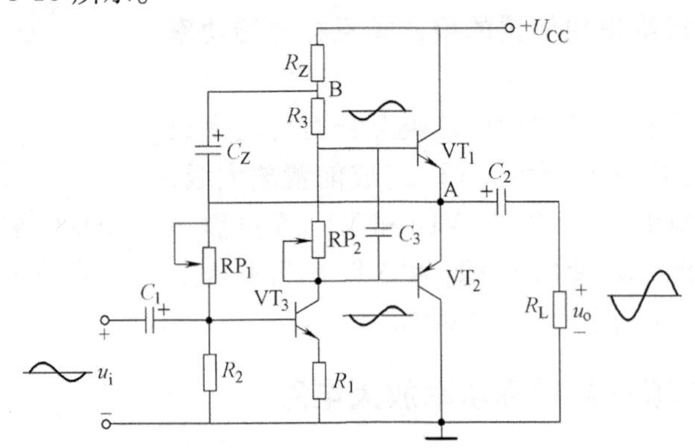

图 8-10 带自举的甲乙类单电源互补对称功率放大电路

在静态时，$U_B=U_{CC}-I_{C1}R_Z$，而 $U_A=U_{CC}/2$，故电容 C_Z 两端的电压 $U_{C_Z}=U_B-U_A=U_{CC}/2-I_{C1}R_Z\approx U_{CC}/2$，且当时间常数 R_ZC_Z 足够大时，C_Z 两端的电压基本保持不变。

在动态时，且在信号的负半周，由于 VT_1 导通，向电容 C_2 充电，A 点电位将由 $U_{CC}/2$ 向增大方向变化，即随着信号幅度增加 $U_A>U_{CC}/2$。由 $u_B=u_{C_Z}+u_A=U_{C_Z}+u_A$ 可知，B 点电位 u_B 也随之升高。在 R_Z 对电源隔离下，B 点电位始终高于 A 点电位 $U_{CC}/2$，使 VT_1 有足够大的基极电流充分导通，并达到饱和状态，即 $U_{om}\approx U_{CC}/2-U_{CES}$。这种工作方式称为自举，即电路本身把动态电位 u_B 自动抬高了，好像自己把自己的电位抬举起来了，并称 R_Z 和 C_Z 组成的电路称为自举电路。

例 8-2 带自举的甲乙类单电源互补对称电路如图 8-10 所示。试求：

（1）电路中 R_Z 和 C_Z 的作用是什么？

（2）RP_1、RP_2、C_3 的作用是什么？

（3）如果 $U_{CC}=15V$，$R_L=8\Omega$，$U_{CES}=1V$，电路的 P_{om} 为多大？

解：（1）电路中 R_Z 和 C_Z 组成自举电路，其中 R_Z 为隔离电阻，C_Z 为自举电容。

（2）RP_1 通过直流负反馈的方式为 VT_3 提供偏置且稳定静态工作点，调节 RP_1 可使 A 点电位 $U_A=U_{CC}/2$。RP_2 为 VT_1 和 VT_2 提供静态偏置，以减小交越失真。C_3 使加至 VT_1 和 VT_2 两管基极上的交流信号相等，保证 u_o 正、负半周对称。

（3）$$P_{om}=\frac{\left(\frac{U_{CC}}{2}-U_{CES}\right)^2}{2R_L}=\frac{\left(\frac{15}{2}-1\right)^2}{2\times8}W=2.64W$$

8.3.3　使用复合管的甲乙类互补对称功率放大电路

当需要较大的输出功率时，必须选择大功率的 NPN、PNP 型晶体管，但是特性相同的大功率晶体管很难匹配，而特性相同的同型号小功率晶体管易挑选。为此，可采用复合管，也就是用易配对的小功率晶体管去推动大功率晶体管工作。

由复合管构成的准互补对称功率放大电路如图 8-11 所示，VT_1 和 VT_3 等效为 NPN 型晶体管，VT_2 和 VT_4 等效为 PNP 型晶体管。VT_3 和 VT_4 是同型号的晶体管，不具互补性，互补作用是靠 VT_1 和 VT_2 实现的，故这种电路也称为准互补对称功率放大电路。R_3 和 R_4 是泄漏电阻，可以减小复合管总的穿透电流。

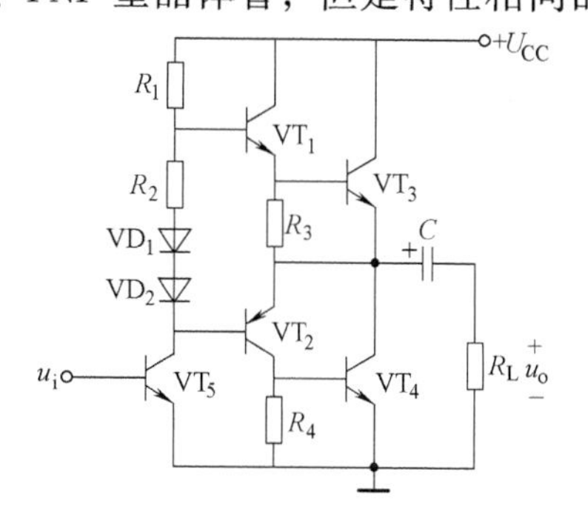

图 8-11　准互补对称功率放大电路

＊8.4　功率放大电路的应用

8.4.1　变压器耦合单管功率放大电路

1. 电路组成

图 8-12 所示是变压器耦合单管功率放大电路。在图 8-12a 中，R_1 和 R_2 为基极偏置电阻，以供给基极足够的偏流，保证放大管 VT 工作在甲类状态。R_3 为负反馈电阻，用来稳定静态工作点。C_2 为旁路电容。输出端采用变压器耦合方式，变压器的一次绕组接在集电极，代替集电极电阻。变压器的一、二次绕组匝数分别为 N_1 和 N_2。

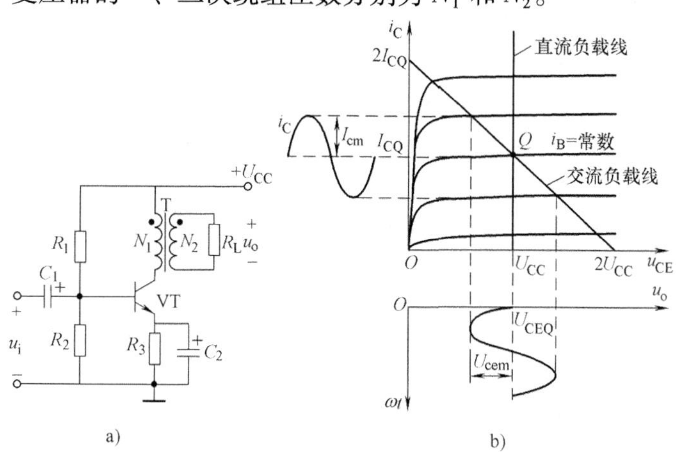

图 8-12　变压器耦合单管功率放大电路
a）电路　b）工作原理

变压器在电路中有两个作用：

1）隔断直流并耦合交流；

2）起阻抗变换的作用，将负载电阻 R_L 折算到变压器的一次侧。在不考虑变压器损耗

的理想情况下，折算到一次侧的等效电阻为

$$R_L' = n^2 R_L \tag{8-15}$$

式中，n 为变压器的电压比，$n = N_1/N_2$。

这样利用变压器阻抗变换的作用就可以把交流负载电阻变换成所需要的电阻值。

2. 最大输出功率和效率

变压器的一次绕组的直流电阻很小，在发射极电阻 R_3 也很小时，放大电路的直流负载线应是一条几乎垂直于横轴并交于 $u_{CE} = U_{CC}$ 点的直线，如图 8-12b 所示。

静态工作点 Q 的确定取决于输出功率的要求，调整 R_1 和 R_2 的分压以改变 I_{BQ}，从而定出（I_{CQ}、U_{CEQ}）。可将 Q 提高到接近 P_{CM} 线，获得尽可能大的输出功率。在理想情况下，即忽略晶体管的 U_{CES}、I_{CEO}，并使其近极限应用，则 $U_{cem} = U_{CC}$，$I_{cm} = I_{CQ}$，交流负载线与横轴交于 $2U_{CC}$，与纵轴交于 $2I_{CQ}$，此时最大输出功率为

$$P_{om} = \frac{1}{2}U_{om}I_{om} = \frac{1}{2}U_{CC}I_{CQ} \tag{8-16}$$

输出最大输出功率时电路的最大效率为

$$\eta_m = \frac{P_{om}}{P_E} = \frac{\frac{1}{2}U_{CC}I_{CQ}}{U_{CC}I_{CQ}} = \frac{1}{2} = 50\% \tag{8-17}$$

由式（8-17）可见，变压器耦合单管功率放大电路理想效率为 50%。在实际电路中，如果考虑变压器的损耗，以及晶体管饱和压降和 R_3 上的压降等因素，实际效率还低得多。设变压器的效率为 η_T，则放大电路的最大输出效率为

$$\eta_m' = \eta_m \eta_T \tag{8-18}$$

8.4.2 变压器耦合乙类推挽功率放大电路

在甲类功率放大电路中，即使是最理想的情况下，输出效率也只有 50%，也就是说，电源供电功率至少有一半消耗在放大电路内部。为了既能提高放大电路的功率，又能减少信号的波形失真，通常采用工作于乙类或甲乙类的推挽功率放大电路。

1. 电路组成

图 8-13 所示是变压器耦合乙类推挽功率放大电路，它由 VT_1 和 VT_2 及输入变压器 T_1、输出变压器 T_2 组成。要求 VT_1 和 VT_2 的型号及参数尽可能一致，输入变压器二次侧两个绕组的匝数相同，输出变压器一次侧两个绕组的匝数相同。

2. 电路的工作原理

当输入信号为正弦波的正半周时，VT_1 导通，VT_2 截止，电流 i_{c1} 流过 T_2 一次绕组 N_1 部分，在负载输出半个正弦波。当输入信号为正弦波的负半周时，VT_1 截止，VT_2 导通，电流 i_{c2} 流过 T_2 一次绕组 N_2 部分，在负载输出另外半个正弦波。由此可见，虽然 VT_1 和 VT_2 交替导通，两管集电极电流按相反方向交替流过输出变压器一次侧的半个绕组，但负载仍将获得完整的正弦波

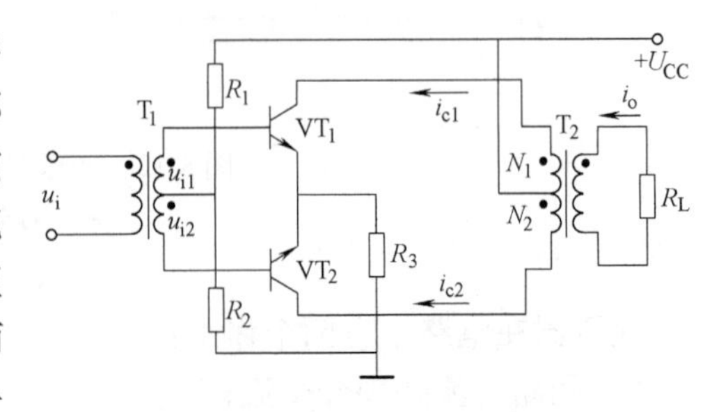

图 8-13 变压器耦合乙类推挽功率放大电路

信号。这种两管交替导通的工作方式称为推挽工作方式。VT_1 和 VT_2 的偏置电压为零，因而 VT_1 和 VT_2 的静态电流为零，所以变压器耦合乙类推挽功率放大电路的效率很高。

变压器耦合的功率放大电路的优点是可以实现阻抗变换，但是其体积庞大、笨重，消耗有色金属，高频和低频特性差。因此，目前广泛应用的是无输出变压器的功率放大电路（OTL 电路）。

*8.5　功率 VMOSFET 和 DMOSFET

为了适应大功率的要求，20 世纪 70 年代末出现了一种 V 形开槽的纵向 MOS 场效应晶体管，称为 VMOSFET。由于它的许多优良特性，受到人们的重视。20 世纪 80 年代末又出现了一种更新型的双扩散 MOS 场效应晶体管，称为 DMOSFET。下面对这两种纵向 MOS 场效应晶体管的结构和特性作简要的介绍。

8.5.1　VMOSFET 功率放大器

VMOSFET 的结构剖面图如图 8-14 所示。VMOSFET 管以高浓度的 N^+ 型硅衬底作漏极，在其上生长一层低浓度的 N^- 型外延层。在外延层上掺杂受主杂质形成一个 P 型层。然后再进行施主杂质扩散，形成 N^+ 源极区。N^+ 源极区与 P 型层之间用金属短接起来，作为源极。最后利用光刻的方法沿垂直方向刻出一个 V 形槽。它穿过 N^+ 源极区、P 型层到 N^- 型外延层，并在 V 形槽表面生长一层二氧化硅，再覆盖一层金属铝，形成栅极。当栅极加正电压，且 $u_{GS} > U_T$ 时，靠近栅极 V 形槽下面的 P 型半导体将形成一个反型层 N 型导电沟道。可见，自由电子沿导电沟道由源极到漏极的运动是纵向的，这与一般 MOSFET 的横向运动不同。所以，这种器件被称为 VMOS（Vertical）FET。

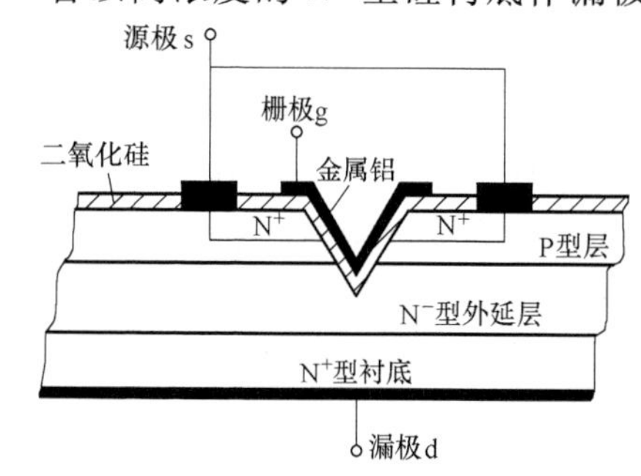

图 8-14　VMOSFET 的结构剖面图

8.5.2　DMOSFET 功率放大器

DMOSFET 是 20 世纪 80 年代末出现的一种新型短沟道功率 MOSFET，结构剖面图如图 8-15 所示。它以轻掺杂的 N^- 作为衬底，其底部做成一层重掺杂的 N^+ 层，以便与漏极接触。衬底的上部进行两次扩散，一次扩散生成重掺杂的 P^+ 沟道体，另一次扩散生成重掺杂的 N^+ 源极区。表面形成 SiO_2 氧化层，并覆盖一层金属作栅极，源极区与 P^+ 区也通过金属短接。

DMOSFET 的工作原理如下：当 $u_{GS} > U_T$ 时，在 P^+ 型沟道体靠近栅极的氧化层下面形成反型层 N 沟道，沟道长度 L 为 1 ~ 2μm，很短，如图 8-15 中所示。这样，当外加电压 u_{DS} 时，电子将从源极出发，经过沟道进入 N^- 区，然后垂直向下到达漏极。可见，DMOSFET 的沟道虽是横向的，但电流却是纵向的。

DMOSFET 的沟道虽然很短，但其击穿电压可达 600V 以上，这是因为衬底和沟道体之间的耗尽层主要出现在低掺杂的衬底上。此外，其电流容量也很大，可达 50A 以上。

与一般的 MOS 场效应晶体管和大功率晶体管相比，VMOSFET 和 DMOSFET 有以下优点：

1）VMOSFET 和 DMOSFET 可以承受高电压和大电流，并采用多种工艺措施，使得其耐压能力和承受大电流的能力大大增强。目前的 VMOSFET 和 DMOSFET 可以承受 1000V 以上的高压和 200A 以上的电流。

2）VMOSFET 和 DMOSFET 是电压控制电流器件，输入阻抗高，功率增益高，所需驱动电流小，对驱动电路的要求较为简单。

3）当漏极电流 $i_D \geq 0.4A$ 时，i_D 随 u_{GS} 的变化是线性的。因此，器件的线性范围宽，可组成非线性失真较小的大功率输出电路。

4）漏源电阻具有正的温度系数。当器件温度升高时，漏源电阻增大，漏极电流受到限制，不会大幅度提高。因此，VMOSFET 和 DMOSFET 温度稳定性高，不存在二次击穿问题。

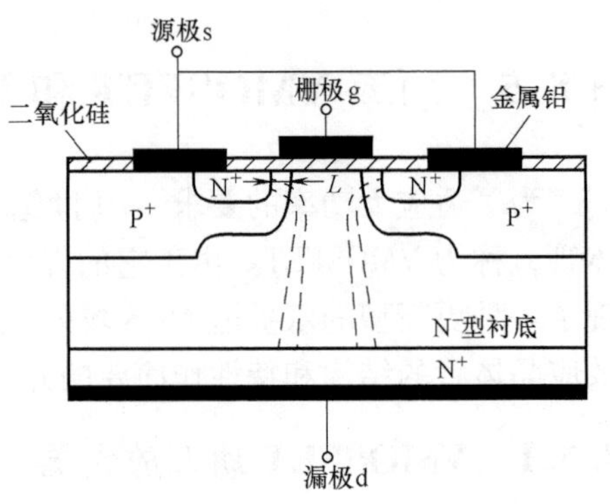

图 8-15　DMOSFET 的结构剖面图

5）VMOSFET 和 DMOSFET 依靠多数载流子导电，不存在少数载流子的存储效应。所以可用于高频电路或开关型稳压电源等。

值得指出的是，VMOSFET 和 DMOSFET 等 MOS 场效应晶体管存在一个突出矛盾：高耐压和低导通电阻之间的矛盾，这不利于它作为耐压大于 500V 的器件。这一矛盾虽可用增加芯片面积来解决，但又导致开关速度变慢及成本提高。为解决此矛盾，出现了一种新型器件：绝缘栅双极型晶体管 IGBT。这种器件一方面保留了 MOS 场效应晶体管的高输入阻抗、高速的特点，同时又引入了低饱和压降的晶体管，因此 IGBT 就具有它们共同的优点。

【思考题】

1. 与功率晶体管相比，VMOSFET 和 DMOSFET 突出的优点是什么？

2. IGBT 有什么优点？

8.6　TDA2030A 音频集成功率放大器

1. TDA2030A 音频集成功率放大器芯片的介绍

TDA2030A 是目前使用较为广泛的一种大功率音频集成功率放大器，使用时所需的外围元件很少。

TDA2030A 的电气性能稳定，并在内部集成了过载和过热保护电路，能适应长时间连续工作。由于其金属外壳与负电源引脚相连，因而在单电源使用时，金属外壳可直接固定在散热片上并与地线（金属机箱）相接，无需绝缘，使用很方便。

TDA2030A 不仅用作录音机和有源音箱中的音频功率放大器，而且在自动控制装置中也得到广泛应用。因其内部采用的是直接耦合，也可以用于直流放大。TDA2030A 的主要参数见表 8-1。

表 8-1　TDA2030A 的主要参数

名　称	参　数	名　称	参　数
电源电压 U_{CC}	±（3～22）V	总谐波失真 THD	0.08%
输出峰值电流	3.5A	信噪比	106dB
输入电阻	5MΩ	电源电压抑制率	54dB
静态电流	50mA	开环电压增益	80dB
输出功率	18W	带宽	0～140kHz

在电源为 ±15V、$R_L = 4\Omega$ 时，输出功率为 14W。TDA2030A 采用 5 脚单边双列直插式封装结构，其引脚排列如图 8-16 所示。1 脚是信号输入端（也称同相输入端）；2 脚是负反馈输入端（也称反相输入端）；3 脚是整个集成电路的接地端，在作双电源使用时，是负电源（$-U_{CC}$）端；4 脚是功率放大器的输出端；5 脚是整个集成电路的正电源（$+U_{CC}$）端。

2. TDA2030A 音频集成功率放大器的典型应用

（1）双电源（OCL）应用电路

图 8-17 所示电路是双电源使用时 TDA2030A 的典型应用电路。输入信号 u_i 经耦合电容 C_1 由 1 脚输入，经功率放大后的音频信号由 4 脚输出。电阻 R_4 和电容 C_5 是校正网络，用来改善音响效果。R_1、R_2、C_2 构成交流电压串联负反馈。闭环电压放大倍数为

$$A_{uf} = 1 + \frac{R_1}{R_2} \approx 33$$

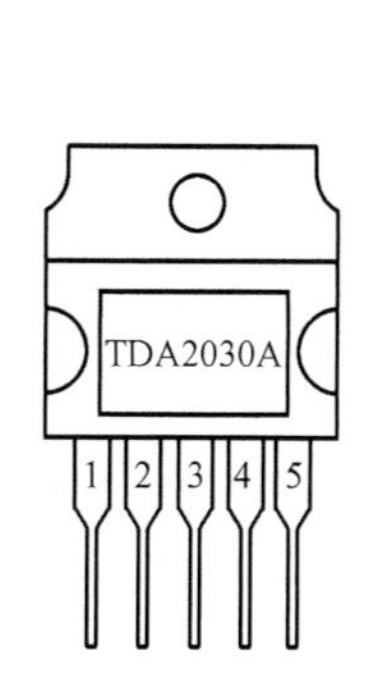

图 8-16　TDA2030A 引脚排列
1—信号输入端　2—负反馈输入端　3—负电源端　4—输出端　5—正电源端

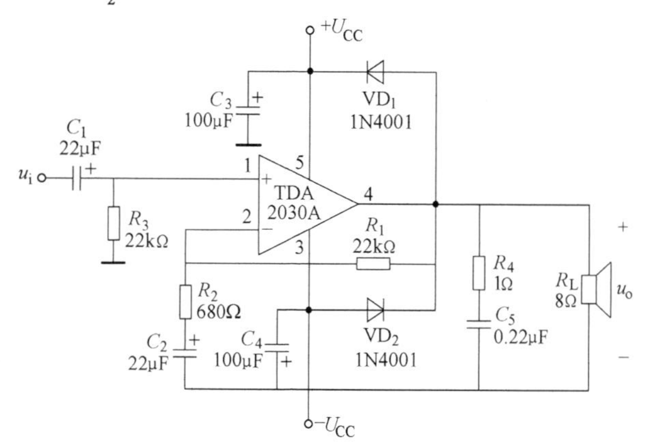

图 8-17　TDA2030A 双电源使用时的典型应用电路

为了保持两个输入端直流时电阻平衡，使输入级偏置电流相等，选择 $R_3 = R_1$。VD_1、VD_2 起保护作用，用来泄放 R_L 产生的感应电压，将输出端的最大电压钳位在（$+U_{CC}$ + 0.7V）和（$-U_{CC}$ - 0.7V）上。C_3、C_4 为去耦电容，用于减少电源内阻对交流信号的影响。C_1、C_2 为耦合电容。

（2）单电源（OTL）应用电路

对仅有一组电源的中、小型收、录音机的音响系统，可采用单电源连接方式，典型应用

电路如图 8-18 所示。由于采用单电源供电，故用阻值相同的 R_1、R_3 组成分压电路，使 K 点电位为 $U_{CC}/2$，经 R_2 加至 1 脚。在静态时，1 脚、2 脚和 4 脚电位均为 $U_{CC}/2$。音频信号 u_i 经耦合电容 C_3 由 1 脚输入，经功率放大后的音频信号经大电容 C_7 送入扬声器。其他元件作用与双电源电路相同。

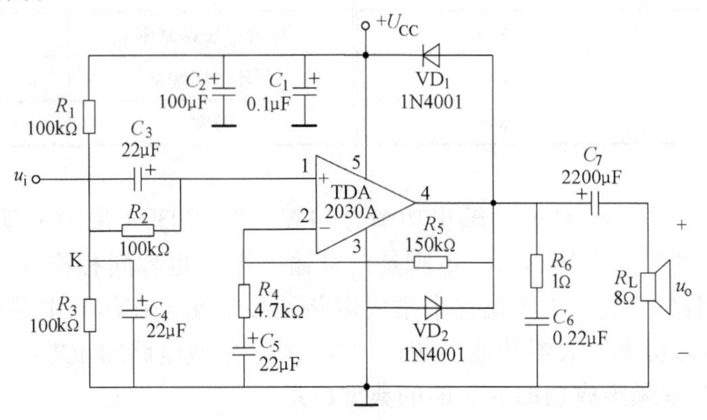

图 8-18 TDA2030A 单电源使用时的典型应用电路

＊8.7 功率器件的散热和功率晶体管的二次击穿问题

8.7.1 功率器件的散热

在功率放大电路中，有相当大的功率消耗在功率管集电结上，使结温和壳温升高。一般最高允许结温，硅管为 150℃，锗管为 90℃，当结温超过此温度时会损坏管子。为了保证在功率晶体管正常工作情况下，电路输出最大功率，散热就成为功率放大电路需要考虑的一个重要问题。为了使热传导达到理想情况，晶体管的集电极衬底与它的金属外壳应该保持良好的接触。

对于功率器件的散热分析通常用电-热模拟方法，即用导电回路来模拟功率器件的散热回路，用电参数来模拟热量的传递。导电回路和散热回路参数对照见表 8-2。可以将热量的传导阻力用热阻来表示，例如，真空不易传热，即热阻大；金属的传热性好，即热阻小。

表 8-2 导电回路和散热回路参数对照

导电回路（电路）			散热回路（热路）		
参量	符号	单位	参量	符号	单位
电压	U	V	温差	ΔT	℃
电流	I	A	最大允许功耗	P_{CM}	W
电阻	R	Ω	热阻	R_T	℃/W

对照导电回路得出散热回路的公式如下：

电阻：$R=\dfrac{U_1-U_2}{I}$　　单位：Ω

热阻：$R_{\mathrm{T}}=\dfrac{T_1-T_2}{P}$　　单位：℃/W

为了改善功率晶体管的散热情况，一般给功率晶体管加装散热装置，其效果十分明显。以 3AD6 型双极型晶体管为例，不加散热装置时，允许的功耗 P_{CM}仅为 1W，加装 120mm × 120mm × 4mm 的散热板后可以达到 10W。

功率晶体管的散热示意如图 8-19 所示，散热等效热路如图 8-20 所示。图中，T_{j} 是集电结的结温，T_{c} 是功率管的壳温，T_{s} 是散热器温度，T_{a} 是环境温度；集电结到管壳的热阻为 R_{jc}（可从手册查出），管壳至散热片的热阻为 R_{cs}（与是否有绝缘层、接触面积和紧固程度有关），散热片至周围环境的热阻为 R_{sa}（与散热片的形式、材料和面积有关）。

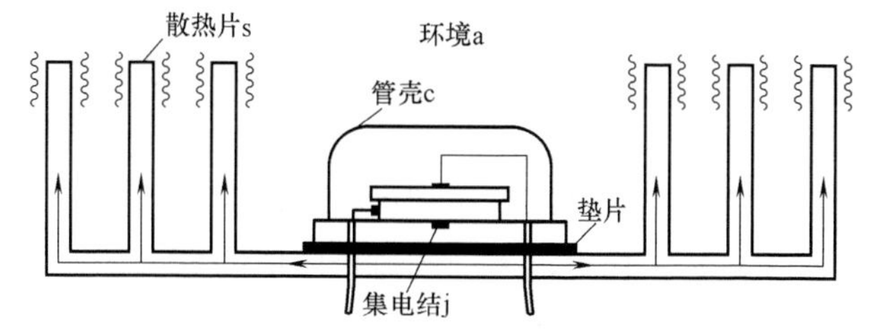

图 8-19　功率晶体管的散热示意图

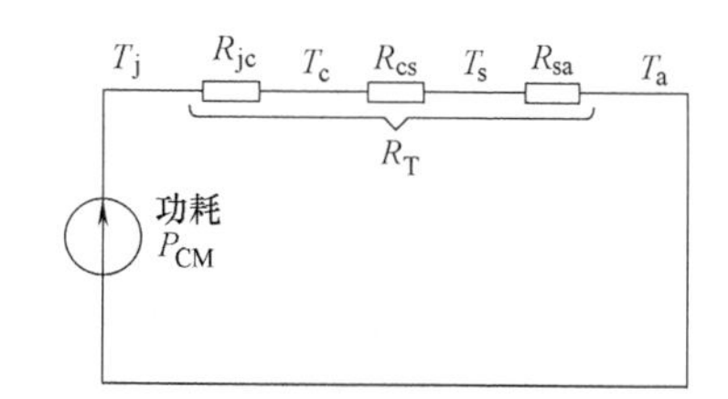

图 8-20　散热等效热路

由图 8-20 可求出散热回路的总热阻为

$$R_{\mathrm{T}}=R_{\mathrm{jc}}+R_{\mathrm{cs}}+R_{\mathrm{sa}} \tag{8-19}$$

最大允许耗散功率为

$$P_{\mathrm{CM}}=\frac{T_{\mathrm{j}}-T_{\mathrm{a}}}{R_{\mathrm{T}}} \tag{8-20}$$

例 8-3　某功率放大电路中采用功率晶体管，其允许功耗为 10W。若最高结温不允许超过 120℃，最高环境温度大约是 40℃。已知 $R_{\mathrm{jc}}=2$℃/W，$R_{\mathrm{cs}}=1$℃/W，试求应选用热阻为多大的散热片？

解：由式（8-20）可得总热阻为

$$R_{\mathrm{T}}=\frac{T_{\mathrm{jmax}}-T_{\mathrm{amax}}}{P_{\mathrm{CM}}}=8℃/\mathrm{W}$$

代入式（8-19），可得

$$R_{\mathrm{sa}}=R_{\mathrm{T}}-R_{\mathrm{jc}}-R_{\mathrm{cs}}=5℃/\mathrm{W}$$

因此，应选用热阻不大于 5℃/W 的散热片。

8.7.2　功率晶体管的二次击穿问题

1. 功率晶体管工作不应进入二次击穿区

前面讨论了功率晶体管的散热问题，在实际工作中，常发现功率晶体管的功耗并未超过允许的 P_{CM}值，管身也并不烫，但功率晶体管却突然失效或者性能显著下降。这种损坏的原因，不少是由于二次击穿所造成的。

一般说来，二次击穿是一种与电流、电压、功率和结温都有关系的效应。它的物理过程多数认为是由于流过晶体管结面的电流不均匀，造成结面局部高温（称为热斑），因而产生热击穿所致。这与晶体管的制造工艺有关。

晶体管的二次击穿特性对功率晶体管，特别是外延型功率晶体管，在运用性能的恶化和损坏方面起着重要影响。为了保证功率晶体管安全工作，必须考虑二次击穿的因素。因此，功率晶体管的安全工作区，不仅受集电极允许的最大电流 I_{CM}、集射极间允许的最大击穿电压 $U_{(BR)CEO}$ 和集电极允许的最大功耗 P_{CM} 所限制，而且还受二次击穿临界曲线所限制，其安全工作区如图 8-21 虚线内所示。显然，考虑了二次击穿以后，功率晶体管的安全工作范围变小了。

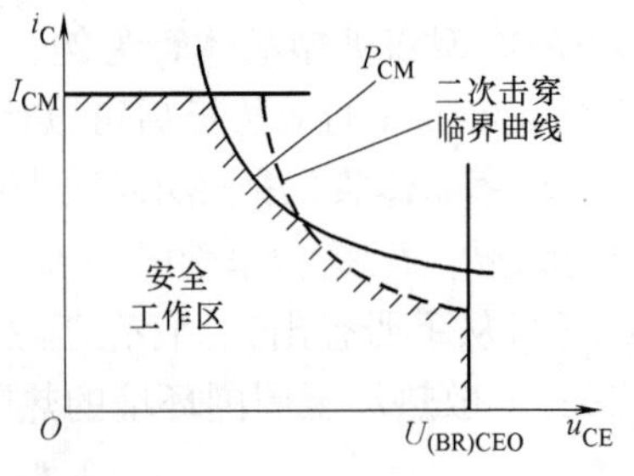

图 8-21 功率晶体管安全工作区

2. 提高功率晶体管可靠性的主要途径是使用时要降低额定值

从可靠性和节约的角度来看，推荐使用下面几种方法来降低额定值：

1） 在最坏的条件下（包括冲击电压在内），工作电压不应超过极限值的 80%。

2） 在最坏的条件下（包括冲击电流在内），工作电流不应超过极限值的 80%。

3） 在最坏的条件下（包括冲击功耗在内），工作功耗不应超过器件最大工作环境温度下的最大允许功耗的 50%。

4） 工作时，器件的结温不应超过器件允许的最大结温的 70% ~80%。

对于开关电路中使用的功率器件，考虑到降低额定值使用能提高可靠性，这就要考虑平均损耗。其工作电压、功耗、电流和结温（包括波动值在内）都不得超过极限值。

3. 为保证器件正常运行，可采取适当保护措施

例如，为了防止由于感性负载而使管子产生过电压或过电流，可在负载两端并联二极管（或二极管和电容）；此外，也可对功率晶体管加以保护。保护的方法很多，例如，可以用 U_z 值适当的稳压管并联在功率管的集电极、发射极两端，以吸收瞬时的过电压等。

【思考题】

1. 什么叫热阻？说明功率放大器件为什么要用散热片？
2. 从功率器件的安全运行考虑，可以从哪几方面采取措施？

小　　结

1. 功率放大电路是在大信号下工作，通常采用图解法进行分析。研究的重点是如何在允许失真的范围内，尽可能提高输出功率和效率。

2. 与甲类功率放大电路相比，乙类互补对称功率放大电路的主要优点是效率高，在理想情况下，其最大效率约为 78.5%。为保证晶体管安全工作，双电源互补对称电路工作在乙类时，器件的极限参数必须满足：$P_{CM}>0.2P_{om}$，$|U_{(BR)CEO}|>2U_{CC}$，$I_{CM}>U_{CC}/R_L$。

3. 由于功率晶体管输入特性存在死区电压，工作在乙类的互补对称电路将出现交越失真，克服交越失真的方法是采用甲乙类互补对称电路。通常可利用二极管或 U_{BE} 倍增电路进行偏置。

4. 在单电源互补对称电路中，计算输出功率、效率、管耗和电源供给的功率，可借用双电源互补对称电路的计算公式，但要用 $U_{CC}/2$ 代替原公式中的 U_{CC}。

5. 在集成功率放大器日益发展并获得广泛应用的同时，大功率器件也发展迅速，主要有 VMOSFET 和 DMOSFET。为了保证器件的安全运行，可从功率管的散热、防止功率晶体管二次击穿、降低使用定额和外加保护措施等方面来考虑。

习　题

8-1　图 8-22 所示为一双电源互补对称电路，已知 $U_{CC}=12V$，$R_L=8\Omega$，u_i 为正弦波。试求：

（1）在晶体管的饱和压降 U_{CES} 可以忽略不计的条件下，负载可能得到的最大输出功率 P_{om} 和效率 η；

（2）每个管子允许的耗散功率 P_{CM} 至少是多少？

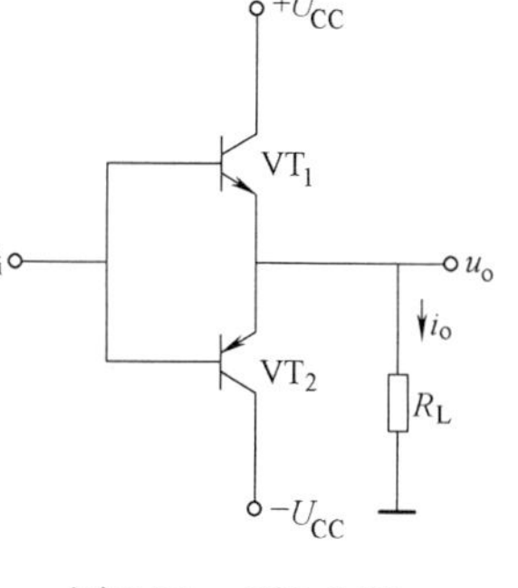

图 8-22　题 8-1 图

8-2　在图 8-22 中，设 u_i 为正弦波，$R_L=16\Omega$，要求最大输出功率 $P_{om}=10W$。在晶体管的饱和压降 U_{CES} 可以忽略不计的条件下，试求：

（1）正、负电源 U_{CC} 的最小值（计算结果取整数）；

（2）根据所求 U_{CC} 的最小值，计算相应的 I_{CM}、$|U_{(BR)CEO}|$ 的最小值；

（3）输出功率最大时，电源供给的功率 P_E；

（4）每个管子允许的耗散功率 P_{CM} 的最小值；

（5）当输出功率最大时的输入电压有效值。

8-3　在图 8-23 所示电路中，已知 $U_{CC}=16V$，$R_L=4\Omega$，VT_1 和 VT_2 的饱和管压降 $|U_{CES}|=2V$，输入电压足够大。试问：

（1）最大输出功率 P_{om} 和效率 η 各为多少？

（2）晶体管的最大功耗 P_{Tmax} 为多少？

（3）为了使输出功率达到 P_{om}，输入电压的有效值约为多少？

8-4　在图 8-23 所示电路中。出现下列故障时，分别会产生什么现象。

（1）R_1 开路；

（2）VD_1 开路；

（3）R_2 开路；

（4）VT_1 集电极开路；

（5）R_1 短路；

（6）VD_1 短路。

8-5　在图 8-24 所示电路中，已知 $U_{CC}=15V$，VT_1 和 VT_2 的饱和管压降 $|U_{CES}|=2V$，输入电压足够大。求解：

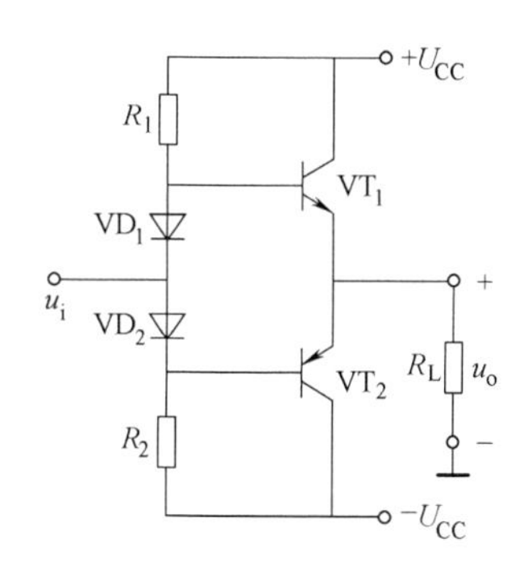

图 8-23　题 8-3 图

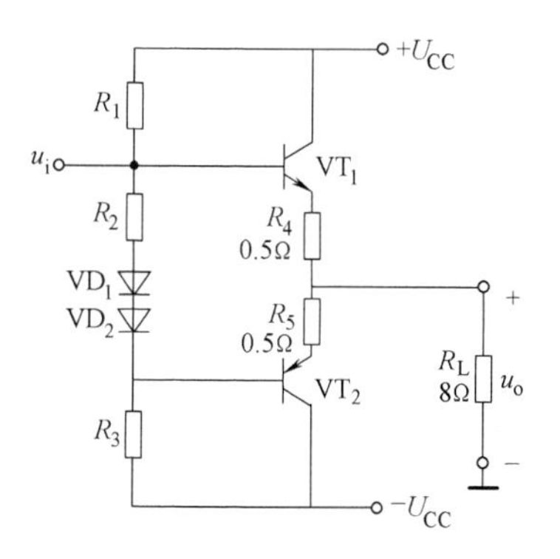

图 8-24　题 8-5 图

（1）最大不失真输出电压的有效值；

（2）负载电阻 R_L 上电流的最大值；

（3）最大输出功率 P_{om} 和效率 η。

8-6 在图 8-24 所示电路中，R_4 和 R_5 可起短路保护作用。试问：当输出因故障而短路时，晶体管的最大集电极电流和功耗各为多少？

8-7 在图 8-25 所示电路中，已知 VT_2 和 VT_4 的饱和管压降 $|U_{CES}|=2V$，静态时电源电流可忽略不计。试问负载上可能获得的最大输出功率 P_{om} 和效率 η 各为多少？

8-8 在图 8-25 所示电路中。出现下列故障时，分别会产生什么现象。

（1）R_2 开路；

（2）VD_1 开路；

（3）R_2 短路；

（4）VT_1 集电极开路；

（5）R_3 短路。

8-9 估算图 8-25 所示电路中 VT_2 和 VT_4 的最大集电极电流、最大管压降和最大功耗。

8-10 图 8-26 所示电路为 OTL 电路。

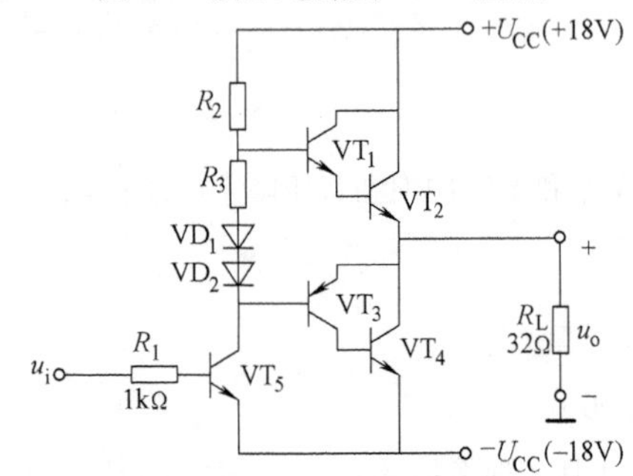

图 8-25 题 8-7 图

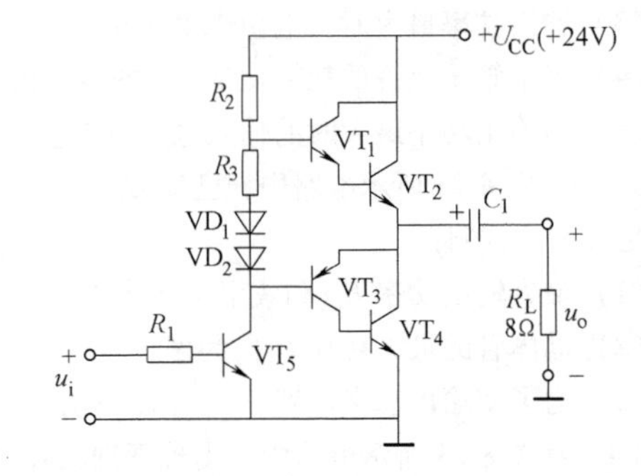

图 8-26 题 8-10 图

（1）为了使得最大不失真输出电压幅值最大，静态时 VT_2 和 VT_4 的发射极电位应为多少？若不合适，则一般应调节哪个元件参数？

（2）若 VT_2 和 VT_4 的饱和管压降 $|U_{CES}|=3V$，输入电压足够大，则电路的最大输出功率 P_{om} 和效率 η 各为多少？

（3）VT_2 和 VT_4 的 I_{CM}、$U_{(BR)CEO}$ 和 P_{CM} 应如何选择？

8-11 为了稳定输出电压，减小非线性失真，请通过电阻 R_f 在图 8-27 所示电路中引入合适的负反馈；并估算在电压放大倍数数值约为 10 的情况下，R_f 的取值。

8-12 在图 8-28 所示电路中，VT_1 和 VT_2 的饱和管压降 $|U_{CES}|=2V$，导通时的 $|U_{BE}|=0.7V$，输入电压足够大。

（1）A、B、C、D 点的静态电位各为多少？

（2）为了保证 VT_2 和 VT_4 工作在放大状态，管压降 $|U_{CE}|\geqslant 3V$，电路的最大输出功率 P_{om} 和效率 η 各为多少？

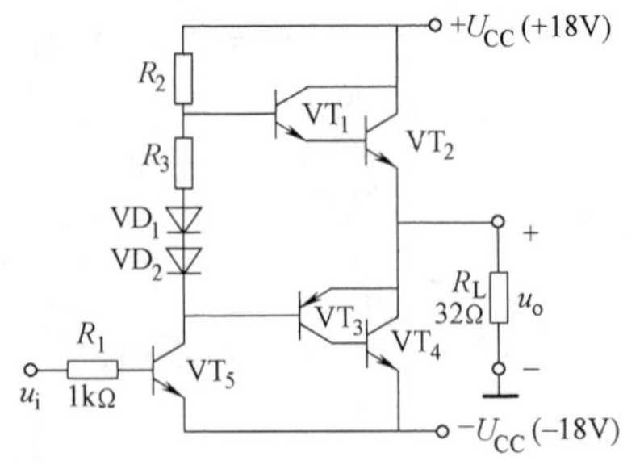

图 8-27 题 8-11 图

8-13 在图 8-29 所示电路中，已知 VT_1 和 VT_2 的饱和管压降 $|U_{CES}|=2V$，直流功耗可忽略不计。

回答下列问题：

（1）R_3、R_4 和 VT_3 的作用是什么？

（2）负载上可能获得的最大输出功率 P_{om} 和电路的转换效率 η 各为多少？

（3）设最大输入电压的有效值为1V。为了使电路的最大不失真输出电压的峰值达到16V，电阻 R_6 至少应取多少千欧？

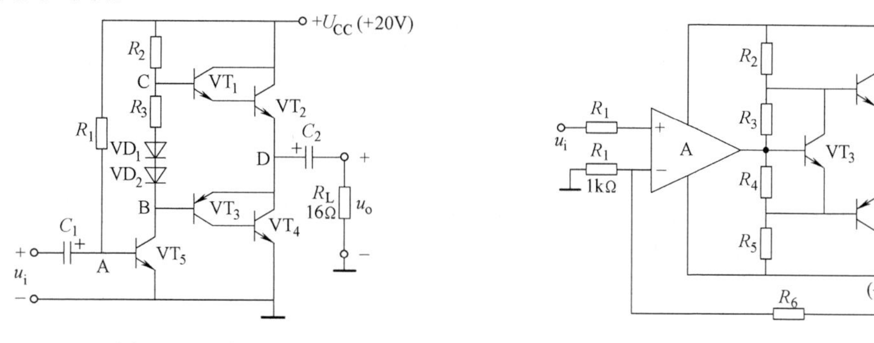

图8-28　题8-12图　　　　图8-29　题8-13图

8-14　LM1877N-9为2通道低频功率放大电路，单电源供电，最大不失真输出电压的峰-峰值 $U_{OPP}=(U_{CC}-6)$V，开环电压增益为70dB。图8-30所示为LM1877N-9中一个通道组成的实用电路，电源电压为24V，$C_1\sim C_3$ 对交流信号可视为短路；R_3 和 C_4 起相位补偿作用，可以认为负载为8Ω。

（1）静态时 u_P、u_N、u_o'、u_o 各为多少？

（2）设输入电压足够大，电路的最大输出功率 P_{om} 和效率 η 各为多少？

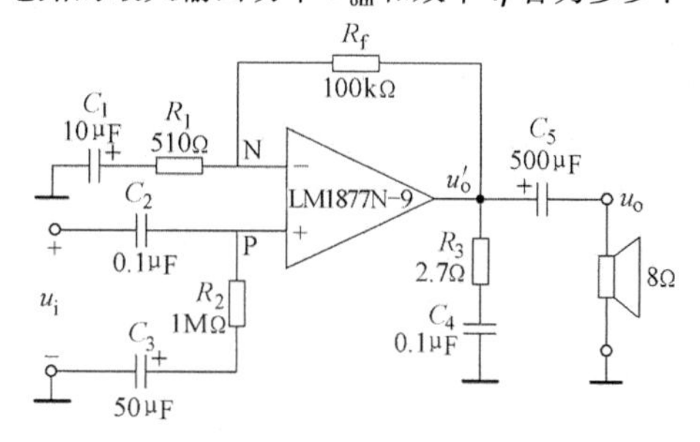

图8-30　题8-14图

第 9 章　直流稳压电源

引言

在电子电路和自动控制装置中，通常都需要电压稳定的直流电源供电。小功率直流稳压电源的组成可以用图 9-1 表示，它是由变压、整流、滤波和稳压四部分组成。

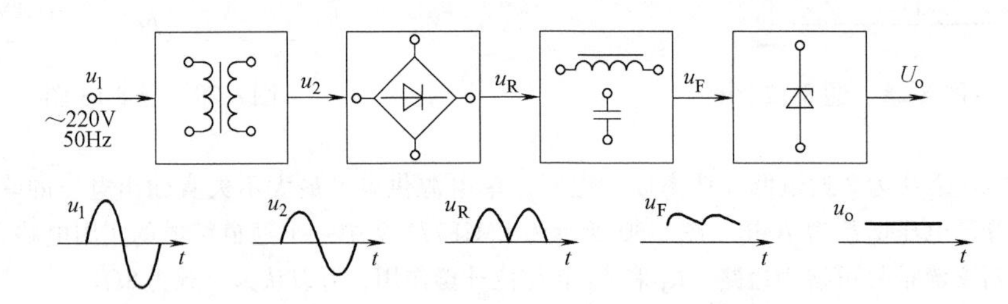

图 9-1　直流稳压电源的组成和稳压过程

图 9-1 中各个环节的功能如下：

1）变压：将 220V 或 380V 的电网电压变换成符合整流所需的电压值。小功率电源以单相交流电作为输入，大功率电源以三相交流电作为输入。

2）整流：利用二极管的单向导电性，将变压器二次侧的交流电压变换成脉动的直流电压。

3）滤波：将整流电路输出的脉动直流电压中的交流成分滤掉,使之成为平滑的直流电压。

4）稳压：利用负反馈对滤波后的直流电压进行稳压，使得输出电压在电网电压波动和负载电流变化时仍然保持稳定。当负载要求功率较大、效率较高时，稳态电路常采用开关型稳压电路。

本章首先讨论小功率整流电路、滤波电路和稳压电路，然后介绍三端集成稳压器和开关型稳压电路的工作原理。

9.1　单相整流电路

把交流电转换成直流电的电路称为整流电路。单相整流电路分为半波整流、全波整流、桥式整流和倍压整流电路等。在二极管整流的过程中，由于交流电压通常远大于二极管的正向导通电压，故认为二极管的正向导通电阻为零，反向电阻为无穷大。

9.1.1　单相半波整流电路

1. 电路的组成及工作原理

单相半波整流电路如图 9-2a 所示。它由变压器 T 和整流二极管 VD 组成。如果变压器的一次侧输入正弦波电压 u_1，则在二次侧可得同频的交流电压 $u_2=\sqrt{2}U_2\sin\omega t$。

当 u_2 为正半周时，VD 正向导通，电流由 A→VD→R_L→B，在负载 R_L 上得到上正下负的电压 u_o；当 u_2 为负半周时，VD 反向截止，电路中无电流，负载 R_L 上电压为零。所以，在负载 R_L 两端得到的输出电压 u_o 是单方向的、近似为半个周期的正弦波，故称为半波整流，波形如图 9-2b 所示。

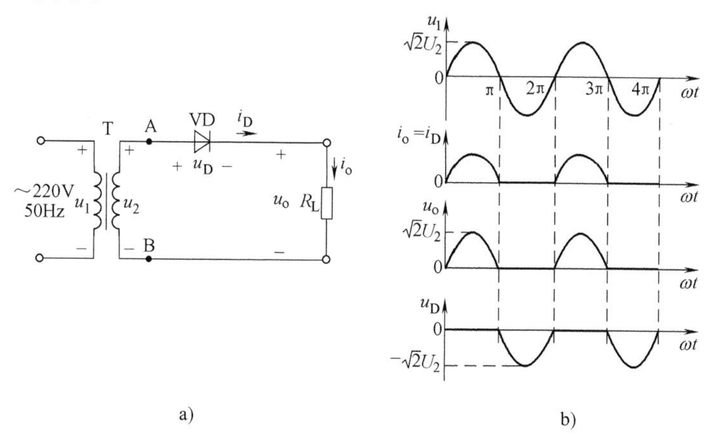

图 9-2 单相半波整流电路及其工作波形

a）电路 b）波形

2. 输出直流电压和直流电流

输出直流电压是指负载两端脉动电压的平均值。即

$$U_o = \frac{1}{2\pi}\int_0^{\pi}\sqrt{2}U_2\sin\omega t\mathrm{d}\omega t = \frac{\sqrt{2}}{\pi}U_2 \approx 0.45U_2 \tag{9-1}$$

流过负载 R_L 上的直流电流为

$$I_o = \frac{U_o}{R_L} \approx \frac{0.45U_2}{R_L} \tag{9-2}$$

3. 整流二极管的参数选择

在整流电路中，流过整流二极管的平均电流 I_D 与流过负载 R_L 的电流 I_o 相等。考虑到电网电压的波动范围为 ±10%，所以二极管的最大整流平均电流 I_F 的选择依据为

$$I_F > 1.1I_D = 1.1I_o = 1.1 \times \frac{0.45U_2}{R_L} \tag{9-3}$$

二极管承受的最高反向峰值电压 U_{Rmax} 就是变压器二次电压的最大值，所以二极管的最高反向工作电压 U_{RM} 的选择依据为

$$U_{RM} > 1.1 \times \sqrt{2}U_2 \tag{9-4}$$

半波整流电路结构简单，使用元器件少。但存在较大的缺点：输出直流电压低，波形脉动大，输出功率小，且工作时只利用了电源的半个周期，变压器利用率低，含有的直流成分使铁心易于饱和。因此，半波整流电路只适合小功率整流且对整流性能指标要求不高的场合。

例 9-1 在图 9-2a 所示的单相半波整流电路中，已知变压器二次电压有效值 $U_2 = 20\text{V}$，负载电阻 $R_L = 150\Omega$，试求：

（1）输出电压平均值 U_o 和输出电流平均值 I_o；

（2）流过二极管电流的平均值 I_D 和二极管所承受的最大反向电压 U_{Rmax}。

解：（1）输出电压平均值 U_o 为

$$U_o \approx 0.45U_2 = 0.45 \times 20V = 9V$$

输出电流平均值 I_o 为

$$I_o = \frac{U_o}{R_L} = \frac{9}{150}A = 60mA$$

（2）流过二极管电流的平均值 I_D 为

$$I_D = I_o = 60mA$$

二极管所承受的最大反向电压 U_{Rmax} 为

$$U_{Rmax} = \sqrt{2}U_2 = \sqrt{2} \times 20V = 28.3V$$

9.1.2 单相桥式整流电路

为了提高变压器的利用率，减小输出电压的脉动，在小功率电源中，应用最多的是单相桥式整流电路。

1. 电路的组成及工作原理

单相桥式整流电路如图9-3a、b所示，它由变压器和四个二极管组成。四个二极管组成电桥形式，故称桥式整流电路。图9-3c是它的简化画法。

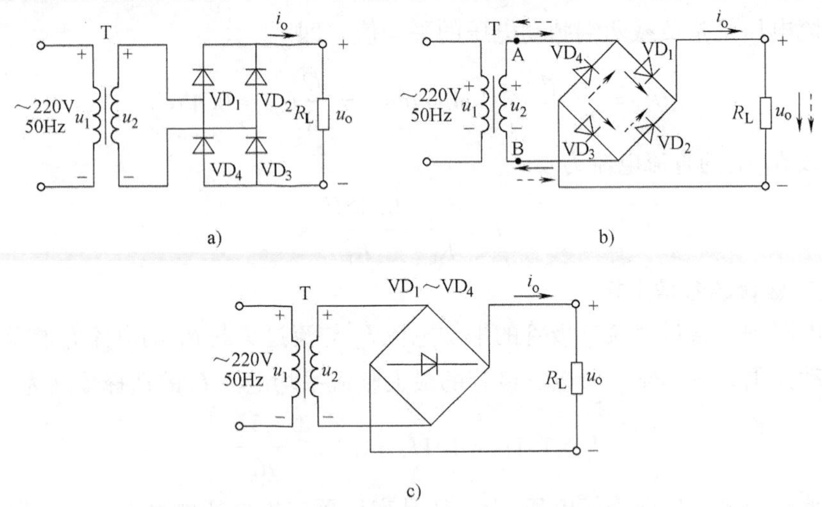

图9-3 单相桥式整流电路
a）电路结构 b）习惯画法 c）简化画法

单相桥式整流电路的工作原理如下：

当 u_2 为正半周时，VD_1 和 VD_3 导通，VD_2 和 VD_4 截止，将有电流从上到下流过负载 R_L，在负载 R_L 上得到上正下负的电压 u_o。电流通路可表示为

$$A \rightarrow VD_1 \rightarrow R_L \rightarrow VD_3 \rightarrow B$$

当 u_2 为负半周时，VD_2 和 VD_4 导通，VD_1 和 VD_3 截止，将有电流从上到下流过负载

R_L，在负载 R_L 上得到上正下负的电压 u_o。电流通路可表示为

$$B \to VD_2 \to R_L \to VD_4 \to A$$

这样，在 u_2 的整个周期，负载 R_L 两端都有脉动的直流电压输出，故称为全波整流，波形如图9-4所示。

2. 输出直流电压和直流电流

桥式整流输出的负载直流电压和直流电流是半波整流的2倍。即

$$U_o = \frac{1}{2\pi}\int_0^{2\pi} |\sqrt{2}U_2 \sin\omega t| \, d\omega t = \frac{2\sqrt{2}}{\pi}U_2 \approx 0.9U_2 \quad (9\text{-}5)$$

流过负载 R_L 上的直流电流为

$$I_o = \frac{U_o}{R_L} \approx \frac{0.9U_2}{R_L} \quad (9\text{-}6)$$

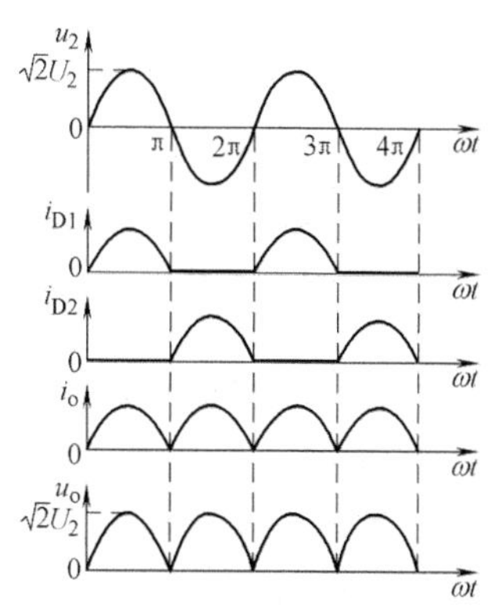

图9-4　单相桥式整流电路波形

3. 整流二极管的参数选择

在整流电路中，因为 VD_1、VD_3 和 VD_2、VD_4 轮流导通，因而每只二极管流过的平均电流 I_D 仅为输出电流 I_o 一半。考虑到电网电压的波动范围为±10%，所以二极管的最大整流平均电流 I_F 的选择依据为

$$I_F > 1.1I_D = 1.1 \times \frac{I_o}{2} = 1.1 \times \frac{0.45U_2}{R_L} \quad (9\text{-}7)$$

二极管的最高反向工作电压 U_{RM} 的选择依据为

$$U_{RM} > 1.1 \times \sqrt{2}U_2 \quad (9\text{-}8)$$

例9-2　在图9-3所示的单相桥式整流电路中，已知变压器二次电压有效值 $U_2 = 20V$，负载电阻 $R_L = 150\Omega$，试求：

（1）输出电压平均值 U_o 和输出电流平均值 I_o；

（2）流过二极管电流的平均值 I_D 和二极管所承受的最大反向电压 U_{Rmax}；

（3）当电网电压的波动范围为±10%时，整流二极管的最大整流平均电流 I_F 和最高反向工作电压 U_{RM} 至少为多少？

解：（1）输出电压平均值 U_o 为

$$U_o \approx 0.9U_2 = 0.9 \times 20V = 18V$$

输出电流平均值 I_o 为

$$I_o = \frac{U_o}{R_L} = \frac{18}{150}A = 120mA$$

（2）流过二极管电流的平均值 I_D 为

$$I_D = \frac{I_o}{2} = \frac{120}{2}mA = 60mA$$

二极管所承受的最大反向电压 U_{Rmax} 为

$$U_{Rmax} = \sqrt{2}U_2 = \sqrt{2} \times 20V = 28.3V$$

（3）当电网电压的波动范围为±10%时，所选择的整流二极管的参数应满足

$$I_F > 1.1I_D = 1.1 \times 60mA = 66mA$$

$$U_{RM} > 1.1 \times \sqrt{2}U_2 = 1.1U_{Rmax} = 1.1 \times 28.3V = 31.1V$$

可见，在桥式整流电路中，二极管极限参数的选择原则与半波整流电路相同。虽然所用二极管的数量多，但是在 u_2 相同的情况下，其输出直流电压和直流电流均为半波整流电路的2倍，输出电压波动小，所以桥式整流电路得到了广泛的应用。目前市场上有集成桥式整流电路，称为整流堆。

*9.1.3 倍压整流电路

1. 电路的组成

利用滤波电容的存储作用，由多个电容和二极管构成倍压整流电路，可以获得几倍于变压器二次电压的输出电压，故称为倍压整流电路，如图9-5所示。

2. 电路的工作原理

设电容两端初始电压为零。

1）当 u_2 为正半周时，VD_1 正偏导通。u_2 通过 VD_1 对电容 C_1 充电，在理想情况下，充电至 $U_{C1} \approx \sqrt{2}U_2$，极性左负右正。

2）当 u_2 为负半周时，VD_1 反偏截止，VD_2 正偏导通。由于 U_{C1} 和 u_2 极性相同，则 $U_{C2} = U_{C1} + \sqrt{2}U_2 = \sqrt{2}U_2 + \sqrt{2}U_2 = 2\sqrt{2}U_2$，极性左负右正。

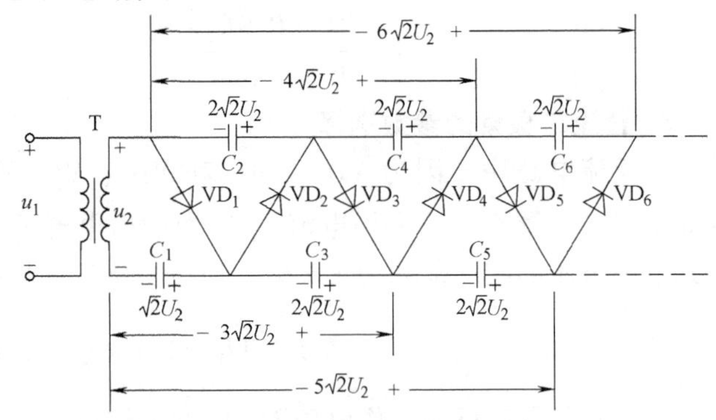

图9-5 倍压整流电路

3）当 u_2 再次为正半周时，VD_1、VD_2 反偏截止，VD_3 正偏导通。则 $U_{C3} = U_{C2} - U_{C1} + \sqrt{2}U_2 = 2\sqrt{2}U_2 - \sqrt{2}U_2 + \sqrt{2}U_2 = 2\sqrt{2}U_2$，极性左负右正。

……

在空载情况下，根据上述分析可得，C_1 两端的电压为$\sqrt{2}U_2$，$C_2 \sim C_6$ 两端的电压均为 $2\sqrt{2}U_2$。因此，若以 C_1 两端为输出端，则输出电压值为$\sqrt{2}U_2$，若以 C_2 两端为输出端，则输出电压为 $2\sqrt{2}U_2$，若 C_1 和 C_3 上的电压相加为输出端，则输出电压为 $3\sqrt{2}U_2$，……，依次类推，从不同位置输出，可获得$\sqrt{2}U_2$ 的4倍、5倍及6倍的电压输出。可见，倍压整流是通过二极管导引，电容充、放电来实现的。

当电路接上负载后，输出电压将不可能达到 u_2 峰值的倍数。倍压整流电路的主要缺点是输出特性极差，仅适用于小电流负载的场合。

【思考题】

1. 整流二极管的反向电阻不够大，而正向电阻较大时，对整流效果会产生什么影响？
2. 为什么桥式整流电路得到了广泛的应用？

9.2 滤波电路

整流电路虽然将交流电压变为直流电压，但输出电压含有较大的交流分量，不能直接用作电子电路的直流电源。利用电容和电感对直流分量和交流分量呈现不同电抗的特点，可滤除整流电路输出电压中的交流成分，保留其直流成分，使之波形变得平滑，接近理想的直流电压。

9.2.1　电容滤波电路

1. 电路的组成及工作原理

桥式整流电容滤波电路如图9-6a所示。它将滤波电容 C 并联在负载电阻 R_L 两端，滤波电容两端的电压就是负载两端的电压。

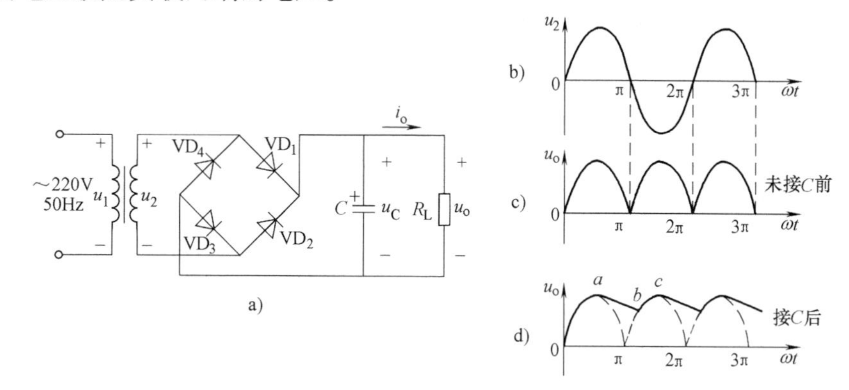

图9-6　桥式整流电容滤波电路及其工作波形

a）电路　b）~d）工作波形

在没有加入滤波环节以前，整流电路输出的电压波形如图9-6c所示。假设电容 C 两端初始电压为零，在 $\omega t=0$ 时接通电源。在电源正半周期时 VD_1 和 VD_3 导通，电源除通过 VD_1 和 VD_3 对负载 R_L 供电外，还对电容 C 充电。由于二极管的正向电阻和变压器二次绕组的直流电阻都很小，因此 u_o 将按 u_2 的变化规律充电至峰值电压，对应于图9-6d中的原点至 a 点段。

电源电压在经过最大值后开始下降，此时电容器两端的电压 u_C 大于电源电压 u_2，所有二极管均截止。电容 C 开始对负载 R_L 放电，放电时间常数为 R_LC，u_o 按指数规律下降，其波形对应于图9-6d中的 ab 段。在电源进入负半周，且数值增加到大于 u_C 时，VD_2 和 VD_4 导通，u_2 又在对负载 R_L 供电的同时也对电容 C 充电，输出电压 u_o 波形对应于图9-6d中的 bc 段。以后的过程周而复始，形成了电容周期性的充、放电过程。

2. 电容滤波电路的效果

为了更好地说明问题，将电容滤波电路的输出电压波形（见图9-6d）改画为图9-7所示。图9-7表明，当 R_LC 较大时，电容 C 放电缓慢，这将使输出电压纹波起伏较小，直流分量较高；反之，电容 C 放电较快，直流分量降低。显然，为了获得较好的滤波效果，总是希望 R_LC 越大越好。在实际电路中，一般选择

$$R_LC\geqslant(3\sim5)\frac{T}{2} \tag{9-9}$$

式中，T 为电网电压的周期。

3. 主要参数

1）输出电压平均值 U_o：输出电压平均值 U_o 的计算一般采用近似估算法。为了便于估算，常用图 9-8 中的锯齿波近似描述图 9-6d 所示的输出电压波形。设整流电路内阻较小而 R_LC 较大，电容每次充电均可达到 u_2 的峰值 U_{omax}，然后按 R_LC 放电的起始斜率直线下降，经 R_LC 交于横轴，且每次放电完毕数值为最小值 U_{omin}。

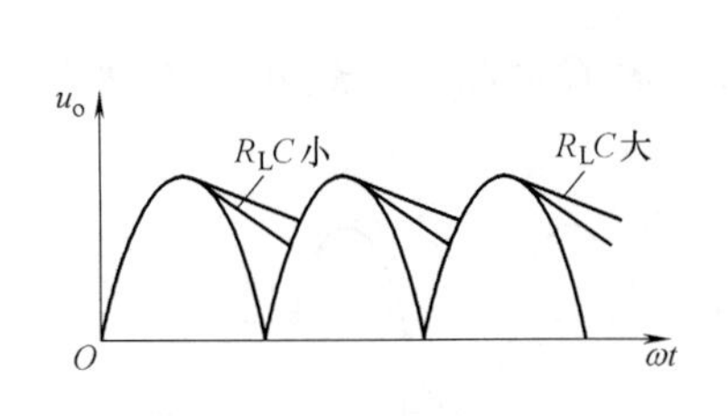

图 9-7 放电时间常数对输出电压的影响

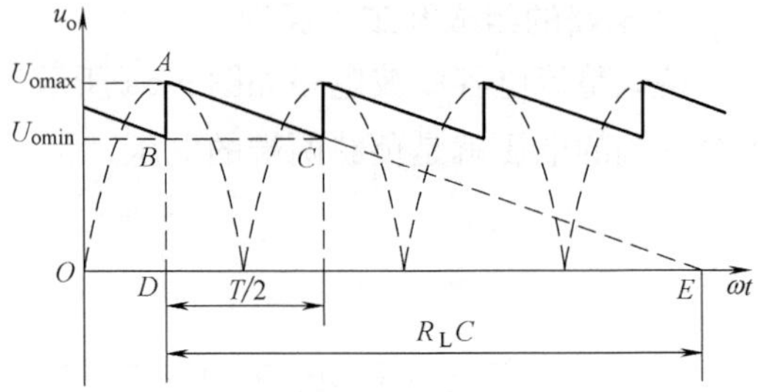

图 9-8 用锯齿波近似描述图 9-6d 的波形

图 9-8 中，△ABC 和△ADE 是相似三角形，根据相似三角形的关系可得

$$\frac{U_{omax}-U_{omin}}{U_{omax}}=\frac{T/2}{R_LC}$$

则输出电压平均值为

$$U_o=\frac{U_{omax}+U_{omin}}{2}=U_{omax}-\frac{U_{omax}-U_{omin}}{2}=\left(1-\frac{T}{4R_LC}\right)U_{omax} \tag{9-10}$$

将 $U_{omax}=\sqrt{2}U_2$ 和 $R_LC=(3\sim5)\dfrac{T}{2}$代入式（9-10）得

$$U_o=\sqrt{2}U_2\left(1-\frac{1}{6\sim10}\right)=(1.18\sim1.27)U_2 \tag{9-11}$$

通常取 $U_o\approx1.2U_2$。

由于采用电解电容，考虑到电网电压的波动范围为 ±10%，电容的耐压值应大于 $1.1\sqrt{2}U_2$。在半波整流电路中，为了获得较好的滤波效果，电容容量应选得更大些。

2）输出电流平均值 I_o：输出电流平均值 I_o 为

$$I_o=\frac{U_o}{R_L} \tag{9-12}$$

3）最大整流平均电流 I_F：在选择整流二极管时，应使最大整流平均电流 I_F 大于输出电流平均值 I_o 的 2～3 倍，即

$$I_F>(2\sim3)I_o \tag{9-13}$$

4. 输出特性

当滤波电容 C 选定后，输出电压平均值 U_o 和输出电流平均值 I_o 的关系曲线称为输出特性。桥式整流电容滤波电路的输出特性如图 9-9 所示。

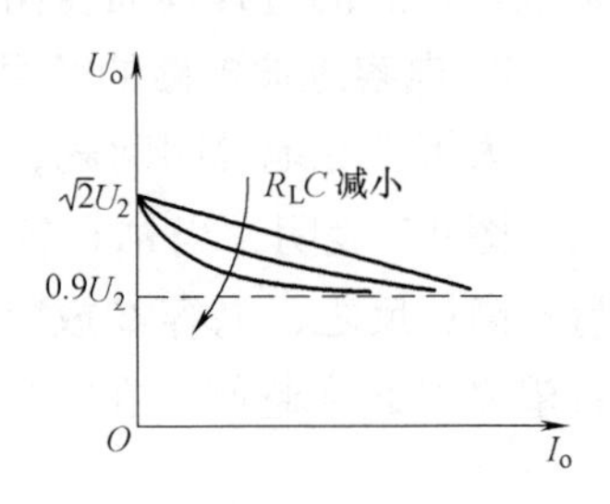

图 9-9 桥式整流电容滤波电路的输出特性

由输出特性可见，该电路随着输出电流的增大，输出电压明显降低，外特性较软，带负载能力差。所以，电容滤波电路

适合于固定负载或负载电流变化小的场合。

例 9-3　在图 9-6a 所示电路中，要求输出电压平均值 $U_o = 15V$，负载电流平均值 $I_o = 100mA$，$U_o \approx 1.2U_2$。求：

（1）滤波电容的大小；

（2）考虑到电网电压的波动范围为 ±10%，求滤波电容的耐压值。

解：（1）根据 $U_o \approx 1.2U_2$ 可知，C 的取值满足 $R_L C = (3 \sim 5)\frac{T}{2}$的条件。有

$$R_L = \frac{U_o}{I_o} = \frac{15}{100 \times 10^{-3}}\Omega = 150\Omega$$

电网电压的周期为 0.02s，则电容的容量为

$$C = (3 \sim 5)\frac{0.02}{2} \times \frac{1}{150}F \approx 200 \sim 333\mu F$$

（2）变压器二次电压有效值为

$$U_2 \approx \frac{U_o}{1.2} = \frac{15}{1.2}V = 12.5V$$

滤波电容的耐压值

$$U > 1.1\sqrt{2}U_2 = 1.1\sqrt{2} \times 12.5V \approx 19.44V$$

实际滤波电容可选取容量为 300μF、耐压值为 25V 的电容。

9.2.2　电感滤波电路

在桥式整流电路和负载电阻 R_L 之间串入一个电感 L，即构成电感滤波电路，如图 9-10 所示。当通过电感线圈的电流增加时，电感线圈产生左“+”右“-”的自感电动势，阻止电流增加，同时将一部分电能转化为磁场能量储存于电感中；当电流减小时，左“-”右“+”的自感电动势阻止电流减小，同时将电感中的磁场能量释放出来，以补偿电流的减小。此时，整流二极管依然导电，导电角 θ 增大，使 $\theta = \pi$。利用电感的储能作用可以减小输出电压和电流的纹波，从而得到比较平滑的直流。当忽略电感 L 的电阻时，负载上输出的平均电压和纯电阻负载相同，即 $U_o = 0.9U_2$。

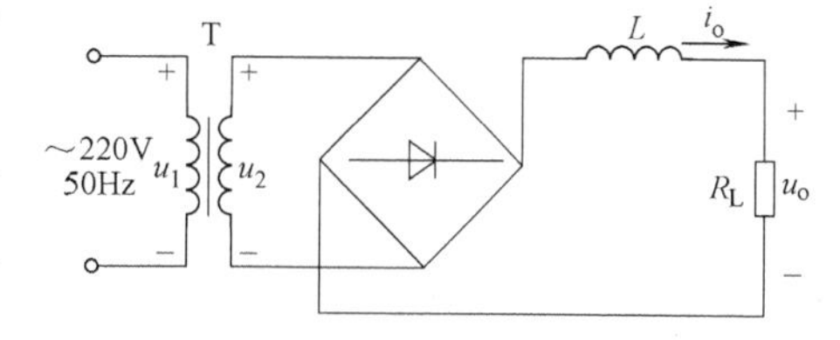

图 9-10　电感滤波电路

电感滤波的优点是，整流管的导电角较大，无峰值电流，输出特性比较平坦；其缺点是，由于铁心的存在，使滤波器的体积大、笨重，易引起电磁干扰。电感滤波一般只适用于低电压、大电流的场合。

9.2.3　复式滤波电路

为了进一步减小输出电压的脉动，引入由电容和电感组成的复式滤波电路。

1. *LC* 滤波电路

为了减小电容滤波电路对整流二极管的瞬时冲击电流，可在滤波电容之前串联一个额定功率较大的电感线圈 L，就构成了 LC 滤波电路，如图 9-11 所示。

当通过电感线圈的电流发生变化时，电感线圈中产生的自感电动势会阻碍电流的变化，因而有效地限制流过整流二极管的瞬时电流，同时也使负载电压的脉动大为降低。频率越高，电感越大，滤波效果就越好。

对于经过整流后的直流脉动电压中所含有的高频交流分量，电感的串入使整流电路输出电阻的高频阻抗升高，同时，电容使负载的交流阻抗降低，如此进一步使信号中的交流成分加在输出电阻和电容上了。而对于其中的直流分量，电感的低频电阻很小，所以，整流后的直流分量大部分降落在 R_L 上。这样，在输出端的负载上就得到了较为平坦的直流输出电压。

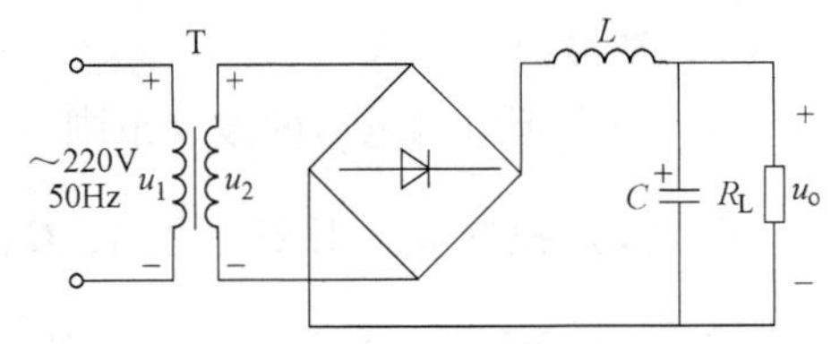

图 9-11　*LC* 滤波电路

LC 滤波电路适用于电流较大、要求输出电压脉动很小的电路，尤其是高频应用场合。

2. π 形滤波电路

如果要求输出电压脉动更小，可采用 *LC*-π 形滤波或 *RC*-π 形滤波电路，如图 9-12a、b 所示。

LC-π 形滤波电路比 *LC* 滤波电路滤波效果更好，但 C_1 的充电对整流二极管的冲击电流较大。

因电感线圈体积大且笨重，成本较高，所以在负载电流很小的场合也可用电阻 *R* 代替 *LC*-π 形滤波电路中的电感线圈，构成 *RC*-π 形滤波电路。电阻 *R* 与电容 C_2 及 R_L 配合以后，使交流分量较多地降落在电阻 *R* 两端，而较少地降落在负载 R_L 上，从而起到滤波作用。*R* 越大，C_2 越大，交流滤波效果就越好。但是，电阻 *R* 对交、直流电压分量均有同样的电压降作用，*R* 太大，将使直流压降增大，所以这种滤波电路中的 *R* 取得不能太大。π 形滤波电路适用于负载电流较小而又要求输出电压脉动较小的场合。

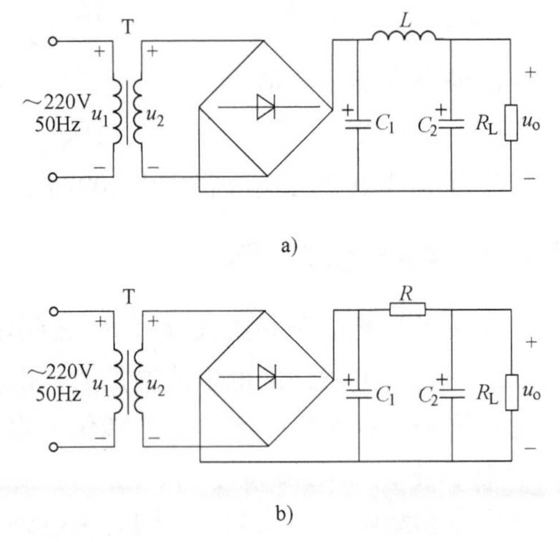

图 9-12　*LC*-π 形和 *RC*-π 形滤波电路
a）*LC*-π 形滤波电路　b）*RC*-π 形滤波电路

常用滤波电路滤波特性的比较见表 9-1。

表 9-1　常用滤波电路滤波特性的比较

类　型	滤波效果	对整流管的冲击作用	带负载的能力
电容滤波电路	小电流较好	大	差
RC-π 形滤波电路	小电流较好	大	很差
LC-π 形滤波电路	适应性较强	大	较差
电感滤波电路	大电流较好	小	强
LC 滤波电路	适应性较强	小	强

由表 9-1 可见，滤波效果好的，带负载能力却不一定好，而带负载能力好的，滤波效果又不一定好，因此交流信号经过整流和滤波后，并不能为系统提供稳定的输出直流电压，这就需要在滤波电路之后接入稳压电路，以改善输出直流电压的稳定性。

9.3　稳压电路

经整流滤波后的电压往往会随着电源电压的波动和负载的变化而变化。为了得到稳定的直流电压，必须在整流滤波电路之后接入稳压电路。在小功率设备中常用的稳压电路有并联型稳压电路、串联反馈型稳压电路、集成稳压器和开关型稳压电路。

9.3.1　并联型稳压电路的组成

最简单的并联型稳压电路是由稳压管 VS 和限流电阻 R 构成的。并联型稳压电路如图 9-13 所示，该电路由变压、整流、滤波和稳压电路组成。U_i 是经整流、滤波后的电压，R 起限流作用，负载 R_L 与稳压管 VS 并联，故称为并联型稳压电路。

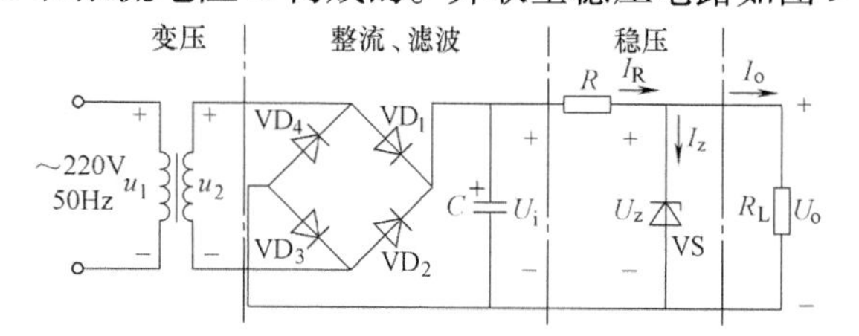

图 9-13　并联型稳压电路

9.3.2　并联型稳压电路的稳压原理

并联型稳压电路的稳压原理如下：

1. 负载不变（即 R_L 不变），**电网电压变化时的稳压过程**

假设电网电压升高时，经整流滤波后的 U_i 也随之上升，引起输出电压 U_o 升高；由稳压管的伏安特性可知 I_z 将大幅度上升（↑↑表示急剧增大），迫使 I_R 升高，随之引起限流电阻 R 上的压降 $U_R=I_RR=(I_z+I_o)R$ 升高，迫使 U_o 下降，最终使 U_o 基本不变。上述稳压过程可表述如下：

$$U_i\uparrow\rightarrow U_o(U_z)\uparrow\rightarrow I_z\uparrow\uparrow\rightarrow I_R\uparrow\rightarrow I_RR\uparrow\rightarrow U_o\downarrow$$

反之，当 U_i 下降时，限流电阻上的压降下降，最终使 U_o 也基本不变。

2. 当电网电压不变（即 U_i 不变），**负载变化时的稳压过程**

假设负载 R_L 减小，立刻引起 I_o 和 I_R 的升高，使 U_o 下降；由于稳压管的端电压略有下降，则 I_z 大大减小，迫使 I_R 下降，随之引起限流电阻 R 上的压降 $U_R=I_RR=(I_z+I_o)R$ 下降，U_o 上升，最终使 U_o 基本不变。上述稳压过程可表述如下：

$$R_L\downarrow\rightarrow I_o\uparrow\rightarrow I_R\uparrow\rightarrow U_R\uparrow\rightarrow U_o(U_z)\downarrow\rightarrow I_z\downarrow\downarrow\rightarrow I_R\downarrow\rightarrow U_R\downarrow\rightarrow U_o\uparrow$$

可见，并联型稳压电路使输出电压保持稳定，是基于稳压管的非线性伏安特性：电流在一定的范围内变化时，U_z 基本保持不变。为使稳压管电流合适，必须接入限流电阻 R，R 起调节电压的作用。

9.3.3　稳压电路的性能指标

稳压电路的性能通常用下述指标来衡量。

1. 稳压系数 S_r

S_r 反映了电网电压的波动对直流输出电压的影响，通常定义为负载和环境温度不变时，

直流输出电压 U_o 的相对变化量与稳压电路输入电压 U_i 的相对变化量之比，即

$$S_r = \left.\frac{\Delta U_o/U_o}{\Delta U_i/U_i}\right|_{R_L=常数,t=常数} = \left.\frac{\Delta U_o}{\Delta U_i}\frac{U_i}{U_o}\right|_{R_L=常数,t=常数} \tag{9-14}$$

根据稳压管工作在稳压状态时的特性，对于动态电压可等效成一个电阻 r_z；因而图 9-13 所示并联型稳压电路对于输入电压的变化量 ΔU_i 的等效电路如图 9-14 所示，称为稳压管稳压电路的交流等效电路。

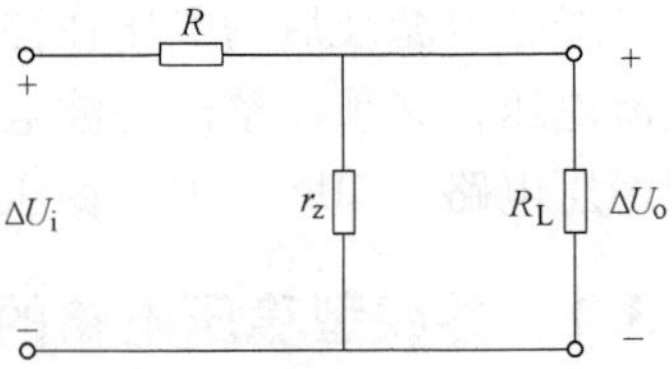

图 9-14　稳压管稳压电路的交流等效电路

由图 9-14 可知，式（9-14）中

$$\frac{\Delta U_o}{\Delta U_i} = \frac{r_z /\!/ R_L}{R + r_z /\!/ R_L} \tag{9-15}$$

通常 $r_z \ll R_L$ 且 $r_z \ll R$，因而上式可简化为

$$\frac{\Delta U_o}{\Delta U_i} \approx \frac{r_z}{R} \tag{9-16}$$

式（9-16）代入式（9-14）可得

$$S_r \approx \frac{r_z}{R}\frac{U_i}{U_o} \tag{9-17}$$

由式（9-17）可知，r_z 越小，R 越大，则 S_r 越小，在输入电压变化时的稳压性能越好；但是，实际上 R 越大，U_i 取值越大，S_r 将越大；因此只有在 R 和 U_i 相互匹配时，稳压性能才能做到最好。

2. 内阻 R_o

在直流输入电压 U_i 不变的情况下，输出电压 U_o 的变化量和输出电流 I_o 的变化量之比称为稳压电路的内阻 R_o，即

$$R_o = \left.\frac{\Delta U_o}{\Delta I_o}\right|_{U_i=常数,t=常数} \tag{9-18}$$

在图 9-14 所示交流等效电路中，令 $\Delta U_i = 0$（即表明 U_i 不变），从输出端看进去的等效电阻即为内阻。因而

$$R_o = \frac{\Delta U_o}{\Delta I_o} = r_z /\!/ R \tag{9-19}$$

当 $r_z \ll R$ 时，式（9-19）近似为

$$R_o \approx r_z \tag{9-20}$$

3. 最大纹波电压

最大纹波电压是指稳压电路输出端的交流分量（通常频率为 100Hz），用有效值或幅值表示。

【思考题】

1. 衡量稳压电路的性能指标有哪几项，其含义如何？
2. 并联型稳压电路由哪几部分组成？各部分有什么作用？

9.4　串联反馈型稳压电路

串联反馈型稳压电路的特点是，以并联型稳压电路为基础，利用晶体管的电流放大作用，增大负载电流；在电路中引入深度电压负反馈使输出电压稳定；通过改变反馈网络参数使输出电压可调节。目前这种稳压电源已经制成单片集成电路，广泛应用在各种电子仪器和电子电路之中。串联反馈型稳压电路的缺点是损耗较大、效率低。

9.4.1　串联反馈型稳压电路的设计思想

可以设想，用一可变电阻 R 和负载电阻 R_L 串联，调节 R 就可达到稳定输出电压 U_o 的目的，如图 9-15a 所示。但是，由于电网电压和负载的变化都是十分复杂的，而且往往带有很大的偶然性，所以用人工去调节可变电阻 R 使 U_o 维持不变的做法是不现实的。因此，就有了用晶体管 VT 代替可变电阻 R 的想法，如图 9-15b 所示。

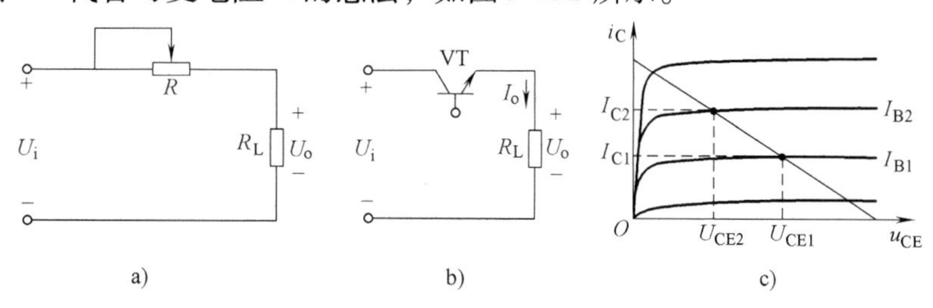

图 9-15　串联反馈型稳压电路的设计思想

a）可变电阻控制输出电压　b）晶体管控制输出电压　c）晶体管输出特性曲线

这一点可从图 9-15c 所示的晶体管输出特性曲线中找到答案。当基极电流 I_{B1} 较小时，此时的管压降 U_{CE1} 较大；反之，U_{CE2} 较小。由此可见，工作在放大区的晶体管可视为一个可变电阻，并且它的直流电阻 $R_{CE}=U_{CE}/(\beta I_B)$ 的大小受基极电流 I_B 控制。当 U_i 和 I_o 的变化使 U_o 增大时，减小基极电流 I_B，使 U_{CE} 增大，也就是使 R_{CE} 增大，就可以维持 U_o 基本不变。反之亦然，只要使 I_B 随 U_o 作相反的变化，就可以保证 U_o 基本稳定不变。

9.4.2　串联反馈型稳压电路的组成

图 9-16 所示为串联反馈型稳压电路的一般结构。图中，U_i 是整流滤波电路的输出电压；VT 为调整管；A 为比较放大电路；U_{REF} 为基准电压，它由稳压管 VS 与限流电阻 R 串联所构成的简单稳压电路获得；R_1、RP 与 R_2 组成反馈网络，是用来反映输出电压变化的取样电路。在这种稳压电路中，起调整作用的晶体管 VT 是与负载串联，故称为串联反馈型稳压电路。

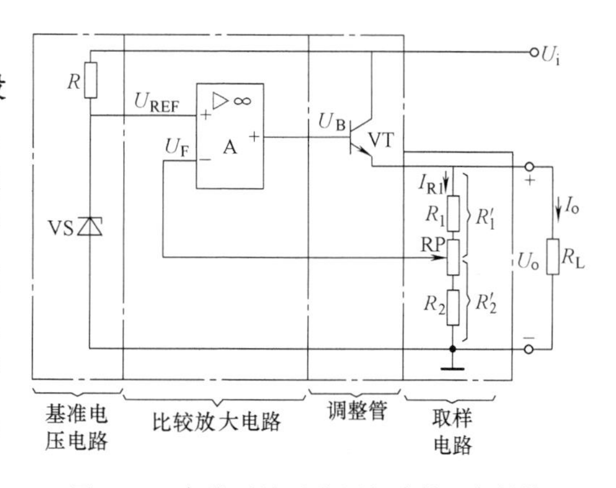

图 9-16　串联反馈型稳压电路的一般结构

基准电压电路、比较放大电路、调整管和

取样电路是串联反馈型稳压电路的基本组成部分。其中，调整管是电路的核心，U_{CE}随 U_i 和负载的变化而产生变化以稳定 U_o。基准电压是衡量电源输出电压是否稳定的标准，要求严格保持恒定，不受输入电压、负载电流和温度等因素的影响。

9.4.3 串联反馈型稳压电路的稳压原理

1. 电路的稳压原理

比较放大电路将 U_o 的取样电压 U_F 与基准电压 U_{REF} 比较、放大后去控制调整管 VT 的集射极间的电压降，从而达到稳定输出电压 U_o 的目的。稳压原理可简述如下：当输入电压 U_i 增加时，导致输出电压 U_o 增加，随之反馈电压 $U_F = R_2'U_o/(R_1' + R_2') = F_U U_o$ 也增加（F_U 为反馈系数）。U_F 与基准电压 U_{REF} 相比较，其差值电压经比较放大电路放大后使 $U_B = A_{uo}(U_{REF} - U_F)$ 和 I_B 减小，调整管 VT 的集射极间电压 U_{CE}增大，使 $U_o = U_i - U_{CE}$下降，从而维持 U_o 基本恒定。其稳定过程可简单表示如下：

$$U_i\uparrow \rightarrow U_o\uparrow \rightarrow U_F\uparrow \rightarrow U_B\downarrow \rightarrow I_B\downarrow \rightarrow U_{CE}\uparrow \rightarrow U_o\downarrow$$

同理，当输入电压 U_i 减小时，输出电压 U_o 也将基本保持不变。

从反馈放大电路的角度来看，这种电路属于电压串联负反馈电路。调整管 VT 连接成电压跟随器。由于集成运算放大器开环电压增益可达 80dB 以上，电路引入深度电压负反馈，输出电阻趋近于零，因而输出电压相当稳定。

值得注意的是，调整管 VT 的调整作用是依靠 U_F 和 U_{REF}之间的偏差来实现的，必须有偏差才能调整。如果 U_o 绝对不变，调整管的 U_{CE}也绝对不变，那么电路也就不能起调整作用了。所以 U_o 不可能达到绝对稳定，只能是基本稳定。因此，图 9-16 所示的系统是一个闭环有差自动调整系统。

2. 输出电压的确定及调节范围

（1）输出电压的确定

基准电压 U_{REF}、调整管 VT 和比较放大电路 A 组成同相放大电路，输出电压

$$U_o = U_{REF}\left(1 + \frac{R_1'}{R_2'}\right) = \frac{U_{REF}}{F_U} \tag{9-21}$$

式（9-21）表明，输出电压 U_o 与基准电压 U_{REF} 近似成正比，与反馈系数 F_U 成反比。当 U_{REF}及 F_U 一定时，U_o 也就确定了，因此它是设计稳压电路的基本关系式。

（2）输出电压的调节范围

RP 动端在最上端时，输出电压最小

$$U_{omin} = \frac{R_1 + RP + R_2}{R_2 + RP}U_{REF} \tag{9-22}$$

RP 动端在最下端时，输出电压最大

$$U_{omax} = \frac{R_1 + RP + R_2}{R_2}U_{REF} \tag{9-23}$$

因此，调节电位器 RP 的滑动端显然可以改变输出电压。

3. 调整管 VT 极限参数的确定

调整管是串联反馈型稳压电路中的核心器件，承担了全部负载电流和相当的管压降，因

此晶体管的功耗较大。调整管一般为大功率晶体管，因而选用原则与功率放大电路中的功放管相同，主要考虑极限参数 I_{CM}、$U_{(BR)CEO}$ 和 P_{CM}。调整管极限参数的确定，必须考虑输入电压 U_i 由于电网电压波动而产生的变化、输出电压 U_o 的调节和负载电流变化所产生的影响。

从图 9-16 所示电路可知，调整管 VT 的集电极最大允许电流应为

$$I_{CM} > I_{omax}$$

当电网电压最高，即输入电压最高，同时输出电压又最低时，VT 承受的管压降最大，即

$$U_{CEmax} = U_{imax} - U_{omin}$$

故要求集射极间的反向击穿电压

$$U_{(BR)CEO} > U_{imax} - U_{omin}$$

当 VT 通过的集电极电流最大，且承受的管压降最大时，VT 的功率损耗最大，即

$$P_{Cmax} = I_{Cmax} U_{CEmax}$$

故要求集电极最大允许耗散功率

$$P_{CM} \geqslant I_{omax}\ (U_{imax} - U_{omin})$$

实际选用时，一般要考虑一定的裕量，同时还应按手册上的规定采取散热措施。

另外，当负载电流较大时，要求调整管有很大的集电极电流，这时单靠一个晶体管很难达到要求，可以采用复合管代替单个晶体管作为调整管。

4. 过电流保护电路

稳压电路使用中常发生负荷超载和输出短路的情况，输出电流超出额定值，输出电压可降为零，这时由于调整管的电流过大，将使晶体管发热而损坏。因此，实用电路都必须加有保护电路。常见的保护电路有过电流保护电路、调整管安全区保护电路和过热保护电路。下面介绍一种最简单的限流型过电流保护电路。

限流型过电流保护电路如图 9-17 所示。图中，VT_1 是需要保护的调整管；VT_2 是起保护作用的晶体管；R_0 是电流取样电阻，它串接在 VT_1 的发射极回路中，其阻值大小视额定负载电流值而定，通常很小，如 1Ω。

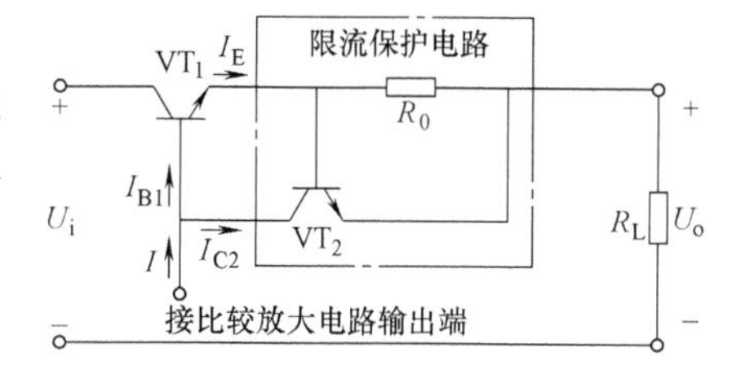

图 9-17 限流型过电流保护电路

在正常情况下，VT_1 输出电流在额定范围内，电阻 R_0 上电压不足以使 VT_2 发射结导通，VT_2 处于截止状态。当输出电流超过额定值时，R_0 上电压使 VT_2 导通，I_{C2} 对 I 分流，使 I_{B1} 减小，I_{C1} 也随之减小，由此限制了 I_E，对 VT_1 起到了保护作用。当过电流保护电路起作用时，VT_1 的发射极电流被限制在

$$I_{Emax} \approx \frac{U_{BE2}}{R_0}$$

故称图 9-17 所示电路为限流型过电流保护电路。保护电路动作以后虽然限制了过大的输出电流，但仍然有较大的电流流过调整管；若此时管压降较大，则调整管功耗将很大。

例 9-4 串联反馈型稳压电源如图 9-18 所示。已知：输入电压 U_i 的波动范围为 ±10%；调整管 VT_1 的饱和管压降 $U_{CES} = 3V$，$\beta_1 = 30$，$\beta_2 = 50$；VT_3 导通时 U_{BE3} 约为 0.7V；$R_1 = 1k\Omega$，$R_3 = 500\Omega$；要求输出电压的调节范围为 5 ~ 15V。回答下列问题：

（1）标出集成运算放大器的同相输入端（+）和反相输入端（-）；

（2）电位器的阻值和稳压管的稳定电压各约为多少？

（3）输入电压 U_i 至少取多少伏？

（4）若额定负载电流为1A，则集成运算放大器输出电流约为多少？电流采样电阻 R_0 约为多少？

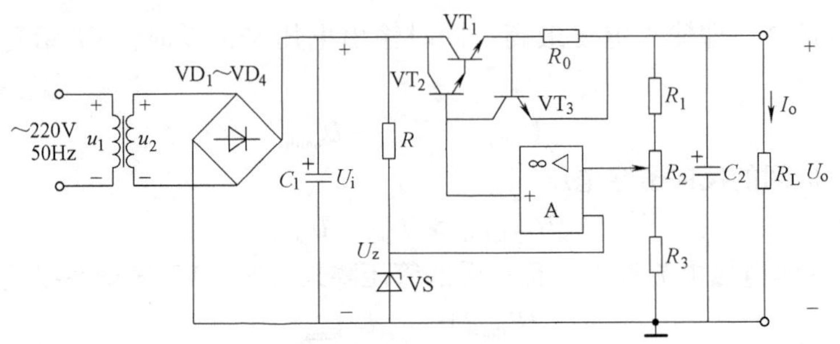

图 9-18　例 9-4 图

解：（1）串联反馈型稳压电源应引入电压负反馈，故集成运算放大器的两个输入端上为“-”下为“+”。

（2）根据电路可知，输出电压应满足

$$\frac{R_1+R_2+R_3}{R_2+R_3}U_z \leqslant U_o \leqslant \frac{R_1+R_2+R_3}{R_3}U_z$$

将已知数据代入上式计算，可得 U_z 为 3V，R_2 为 1kΩ。

（3）串联反馈型稳压电源是电压负反馈电路，因而只有调整管始终工作在放大区，负反馈才可能起作用，输出电压才会稳定。

为了保证在输入电压 U_i 的波动范围内使输出电压 U_o 的可调范围均为 5～15V，则应在 U_i 最低且 U_o 最大时调整管不饱和，即

$$0.9U_i > U_{omax} + U_{CES} = (15+3)\text{V} = 18\text{V}$$

得出 $U_i > 20\text{V}$，所以输入电压 U_i 至少取 20V。

（4）由于调整管为复合管，其电流放大倍数约为 VT_1、VT_2 电流放大倍数之积，即 $\beta \approx \beta_1\beta_2$；当负载电流为 1A 时，集成运算放大器的输出电流

$$I_o' \approx \frac{I_{omax}}{\beta_1\beta_2} = \frac{1}{30\times 50}\text{A} \approx 0.67\text{mA}$$

当负载电流超出额定值时，采样电阻 R_0 上的电压应使过电流保护电路中的晶体管 VT_3 导通，故

$$R_0 \approx \frac{U_{BE3}}{I_{omax}} = 0.7\Omega$$

【思考题】

1. 串联反馈型稳压电路由哪几部分组成，各部分的功能如何？
2. 为什么串联反馈型稳压电路中调整管的调整作用必须有偏差才能调整？

9.5 集成稳压器

随着半导体工艺的发展，现在已生产并广泛应用的单片集成稳压器，具有体积小、可靠性高、使用灵活、价格低廉等优点。目前，集成稳压器已发展到几百个品种，类型也很多。集成稳压器，按结构形式可分为串联型、并联型和开关型；按引脚的连接方式可分为三端集成稳压器和多端稳压器；按制造工艺可分为半导体集成稳压器、薄膜混合集成稳压器；按电路的工作方式可分为线性串联型集成稳压器和开关集成稳压器；按功能可分为固定式集成稳压器和可调式集成稳压器，固定式集成稳压器的输出电压不能调节，为固定值，可调式集成稳压器可通过外接元件使输出电压得到很宽的调节范围。本节首先对型号为W7800的固定式集成稳压器加以简要分析，然后介绍型号为W117的可调式集成稳压器的特点。

从外形上看，集成串联型稳压电路有三个引脚，分别为输入端、输出端和公共端（或调整端），因而称为三端稳压器。W7800系列三端稳压器和W117系列三端稳压器的外形和图形符号如图9-19所示。

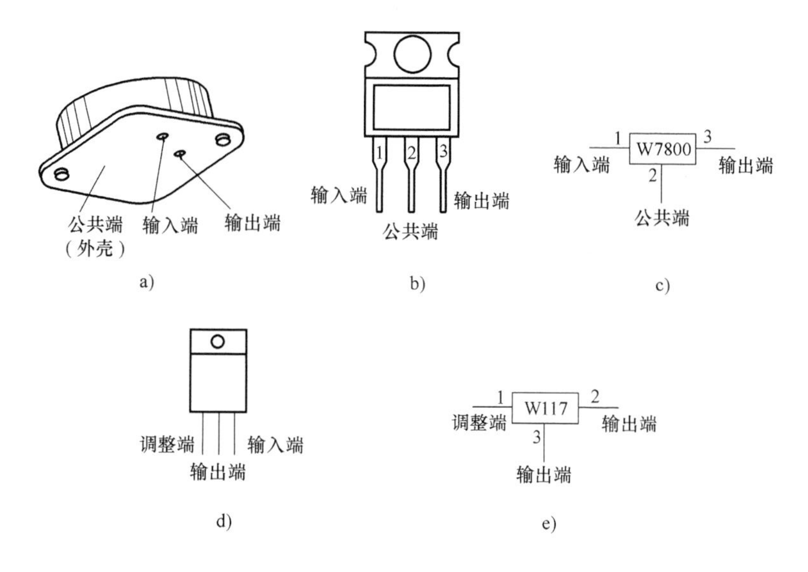

图9-19　三端稳压器的外形和图形符号

a）W7800金属封装外形　b）W7800塑料封装外形　c）W7800图形符号
d）W117塑料封装外形　e）W117图形符号

9.5.1 W7800系列三端稳压器

1. 输出电压和输出电流

W7800系列三端稳压器的输出电压有5V、6V、9V、12V、15V、18V和24V七个档次，型号后面的两个数字表示输出电压值。输出电流分1.5A（W7800）、0.5A（W78M00）、0.1A（W78L00）三个档次。例如，W7805表示输出电压为5V、最大输出电流为1.5A；W78M05表示输出电压为5V、最大输出电流为0.5A；W78L05表示输出电压为5V、最大输出电流为0.1A。W7800系列三端稳压器因性能稳定、价格低廉而得到广泛的应用。

2. 主要参数

在温度为25℃条件下 W7805 的主要参数见表 9-2。

表 9-2 W7805 的主要参数

参数名称	符号	单位	W7805（典型值）	参数名称	符号	单位	W7805（典型值）
输入电压	U_i	V	10	电流调整率	S_I	%	25
输出电压	U_o	V	5	输出电压温度变化率	S_r	mV/℃	1
最小输入电压	U_{imin}	V	7	输出噪声电压	U_{no}	μV	40
电压调整率	S_U	%	7				

9.5.2 W117 系列三端稳压器

1. 原理图

W117 的原理图如图 9-20 所示。W117 为可调式三端集成稳压器，它有三个引出端，分别为输入端、输出端和调整端。调整端是基准电压电路的公共端。VT_1 和 VT_2 组成的复合管为调整管；基准电压电路为能隙基准电压电路；比较放大电路是共集-共射放大电路；保护电路包括过电流保护、调整管安全区保护和过热保护三部分。R_1 和 R_2 为外接的取样电阻，调整端接在它们的连接点上。

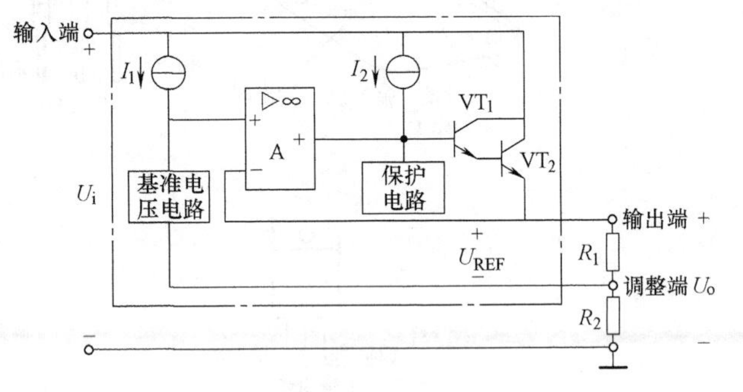

图 9-20 W117 的原理图

当输出电压 U_o 因某种原因（如电网电压波动或负载电阻变化）而增大时，比较放大电路的反向输入端电位（即采样电压）随之升高，使得放大电路输出端电位下降，U_o 势必随之减小；当输出电压 U_o 因某种原因而减小时，各部分的变化与上述过程相反，因而输出电压稳定。可见，与一般串联型稳压电路一样，由于 W117 电路中引入了电压负反馈，使得输出电压稳定。由于调整端的电流很小，约为 50μA，所以输出电压为

$$U_o = U_{REF}\left(1 + \frac{R_2}{R_1}\right)$$

式中，U_{REF}的典型值为 1.25V。

2. 主要参数

与 W7800 系列产品一样，W117、W117M 和 W117L 的最大输出电流分别为 1.5A、0.5A、0.1A。W117、W217 和 W317 具有相同的引出端、相同的基准电压和相似的内部电路，它们的工作温度范围依次为 −55 ~ 150℃、−25 ~ 150℃、0 ~ 125℃。它们在 25℃时主要参数见表 9-3。

对表 9-3 作以下说明：

1）对于特定的稳压器，基准电压 U_{REF}是 1.2 ~ 1.3V 中的某一个值，在一般分析计算时

可取典型值1.25V。

2）W117、W217和W317的输出端和输入端电压之差为3～40V，过低时不能保证调整管工作在放大区，从而使稳压电路不能稳压；过高时调整管可能因管压降过大而击穿。

表9-3　W117/W217/W317的主要参数

参数名称	符号	单位	W117/W217			W317		
			最小值	典型值	最大值	最小值	典型值	最大值
输出电压	U_o	V	1.2～37					
电压调整率	S_U	%		0.01	0.02		0.01	0.04
电流调整率	S_I	%		0.1	0.3		0.1	0.5
调整端电流	I_{adj}	μA		50	100		50	100
调整端电流变化	ΔI_{adj}	μA		0.2	5		0.2	5
基准电压	U_{REF}	V	1.2	1.25	1.30	1.2	1.25	1.30
最小负载电流	I_{omin}	mA		3.5	5		3.5	10

3）外接取样电阻必不可少，根据最小输出电流I_{omin}可以求出R_1的最大值。

4）调整端电流很小，且变化也很小。

5）与W7800系列产品一样，W117、W217和W317在电网电压波动和负载电阻变化时，输出电压非常稳定。

9.5.3　三端稳压器的应用

1. W7800系列三端稳压器的应用

（1）输出为固定电压电路

W7800基本应用电路如图9-21所示。输出电压和最大输出电流决定于所选三端稳压器。图中，电容C_i容量较小，一般小于1μF，用于抵消输入线较长时的电感效应，以防止电路产生自激振荡。电容C_o用于消除输出电压中的高频噪声，可取小于1μF的电容，也可取几微法甚至几十微法的电容，以便输出较大的脉冲电流。但是若C_o容量较大，一旦输入端断开，C_o将从稳压器输出端向稳压器放电，易使稳压器损坏。因此，可在稳压器的输入端和输出端之间跨接一个二极管，如图9-21中虚线所示，起保护作用。

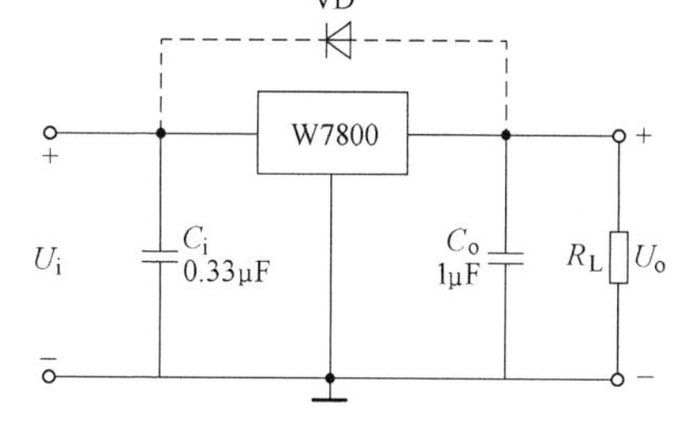

图9-21　W7800基本应用电路

（2）输出正、负电压的稳压电路

W7900系列三端稳压器是一种输出负电压的固定式三端稳压器，输出电压有－5V、－6V、－9V、－12V、－15V、－18V和－24V七个档次，输出电流也分1.5A、0.5A和0.1A三个档次。使用方法与W7800系列稳压器相同。W7800与W7900相配合，共用一个接地端，可以得到同时输出正、负电压的稳压电路，如图9-22所示。

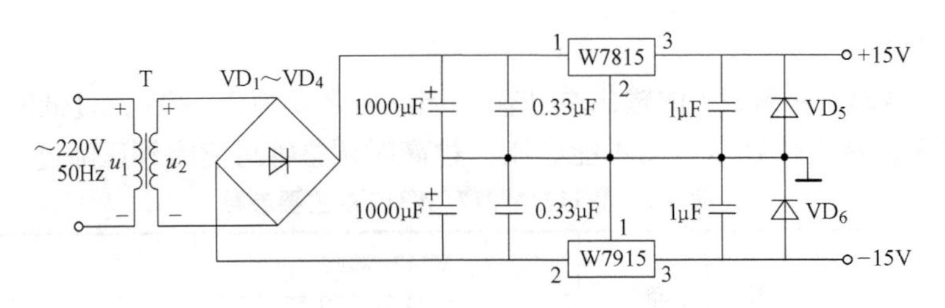

图 9-22 同时输出正、负电压的电路

图 9-22 中，两只二极管 VD_5、VD_6 起保护作用，正常工作时均处于截止状态。

（3）输出电压可调的稳压电路

图 9-23 所示电路为利用三端稳压器构成的输出电压可调的稳压电路。图中，电阻 R_2 中流过的电流为 I_{R2}，R_1 中的电流为 I_{R1}，稳压器公共端的电流为 I_W，因而

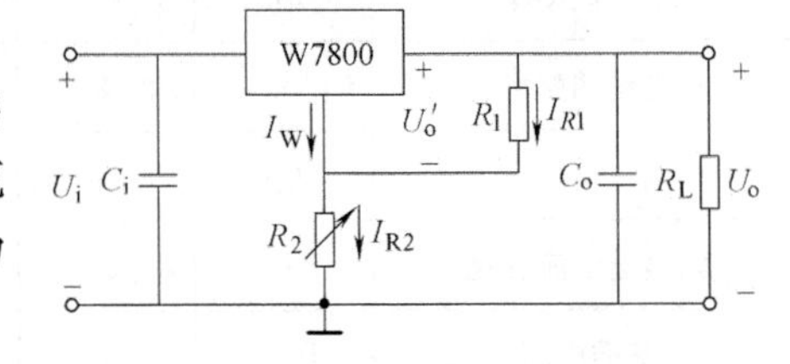

图 9-23 输出电压可调的稳压电路

$$I_{R2} = I_{R1} + I_W$$

由于电阻 R_1 上的电压为稳压器的输出电压 U_o'，$I_{R1} = U_o'/R_1$，输出电压 U_o 等于 R_1 上电压与 R_2 上电压之和，所以输出电压为

$$U_o = U_o' + \left(\frac{U_o'}{R_1} + I_W\right)R_2$$

即

$$U_o = \left(1 + \frac{R_2}{R_1}\right)U_o' + I_W R_2$$

改变 R_2 滑动端位置，可以调节 U_o 的大小。三端稳压器既作为稳压器件，又为电路提供基准电压。由于公共端电流 I_W 的变化将影响输出电压，实用电路中常加电压跟随器将稳压器与取样电阻隔离，如图 9-24 所示。

（4）扩大输出电压的稳压电路

因为固定式三端集成稳压器的最大输出电压为 24V，当需要更大的输出电压时，可采用图 9-24 所示的扩大输出电压的稳压电路。

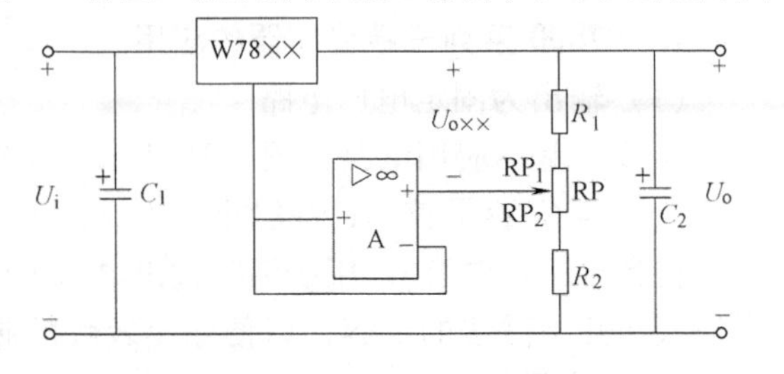

图 9-24 扩大输出电压的稳压电路

图 9-24 所示的电路利用电压跟随器实现输出电压的可调。由图 9-24 可见，$U_o = U_{o\times\times} + U_+$，并且运算放大器同相输入端电压为

$$U_+ = \frac{RP_2 + R_2}{R_1 + RP + R_2}U_o$$

所以

$$U_o = \frac{R_1 + RP + R_2}{RP_1 + R_1}U_{o\times\times}$$

（5）扩大输出电流的接法

因为固定式三端集成稳压器的最大输出电流为 1.5A，当需要更大的输出电流时，可采

用图9-25所示的扩大输出电流的稳压电路。

图9-25中，VT_1是外接的功率晶体管，起扩大输出电流的作用。VT_2与电阻R_0组成功率晶体管的保护电路。扩大后的输出电流为$I_o = I_{C1} + I_{o\times\times}$。

2. W117三端稳压器的应用

（1）基准电压源电路

图9-26所示是由W117组成的基准电压源电路，输出端和调整端之间的电压是非常稳定的电压，其值为1.25V，输出电流可达1.5A。图中，R为泄放电阻，根据表9-3，最小负载电流取5mA，可以计算出$R_{max} = 1.25/0.05\Omega = 250\Omega$，实际取值可略小于250Ω，如取240Ω。

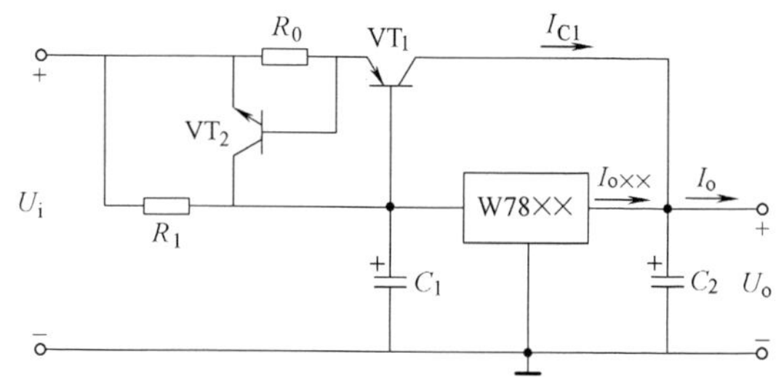

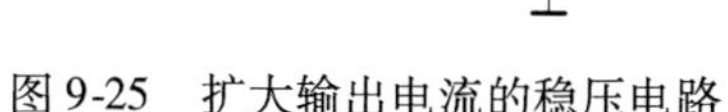
图9-25 扩大输出电流的稳压电路

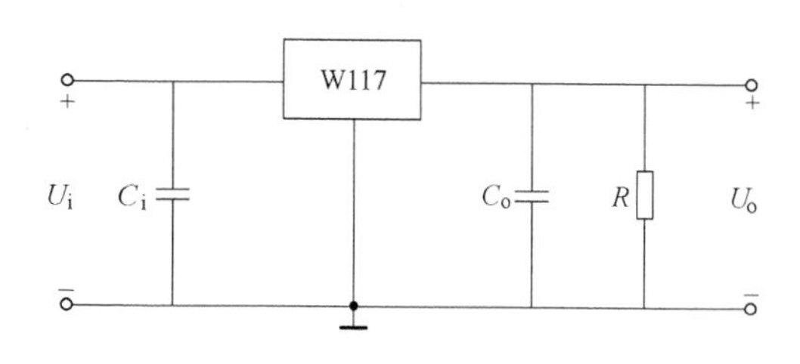

图9-26 由W117组成的基准电压源电路

（2）典型应用电路

可调式三端集成稳压器的主要应用是要实现输出电压可调的稳压电路。W117的典型应用电路如图9-27所示。

输出电压为

$$U_o = 1.25 \times \left(1 + \frac{R_2}{R_1}\right)$$

图9-27中，R_1可取240Ω。为了减小R_2上的纹波电压，可在其上并联一个10μF的电容C。但是，在输出短路时，C将向稳压器调整端放电，并使调整管发射结反偏，为了保护稳压器，可加二极管VD_2，提供一个放电回路，如图9-28所示。VD_1在输入端开路时，起保护作用。

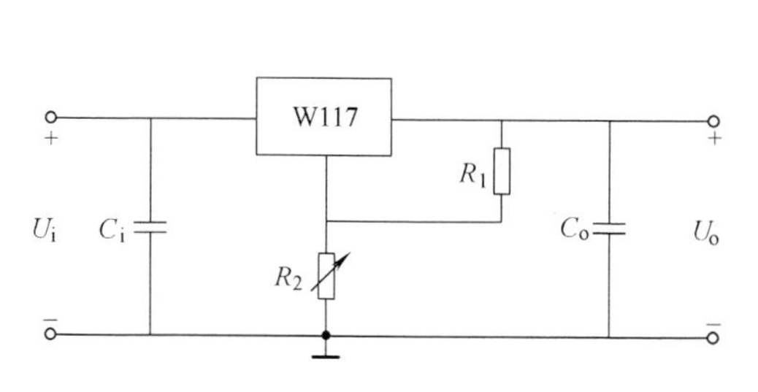

图9-27 W117的典型应用电路

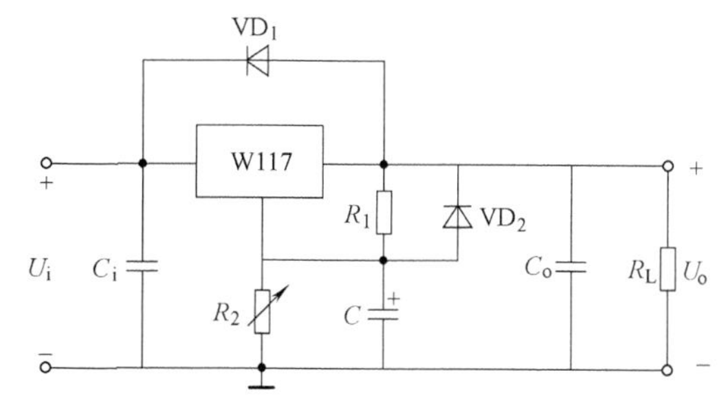

图9-28 W117外加保护电路的应用电路

（3）程序控制稳压电路

在调整端加控制电路可以实现程序控制稳压电路，如图9-29a所示。图中，晶体管为电子开关，当基极加高电平时，晶体管饱和导通，相当于开关闭合；当基极加低电平时，晶体管截止，相当于开关断开。因此，图 9-29a 所示电路可等效为图 9-29b 所示电路。

四路控制信号从全部为低电平到全部为高电平，共有 16 种组合；VT_0 ~ VT_3 也就有从全截止到全饱和导通，共有 16 种不同的状态；因而 R_2 将与不同阻值的电阻并联，并联电阻值用 R_2' 表示。输出电压在不同控制信号下有 16 个不同的数值，其表达式为

$$U_o = 1.25 \times \left(1 + \frac{R_2'}{R_1}\right)$$

W137/W237/W337 与 W7900 相类似，能够提供负的基准电压，可以构成负输出电压稳压电路，也可与 W117/W217/W317 一起组成正、负输出电压的稳压电路。

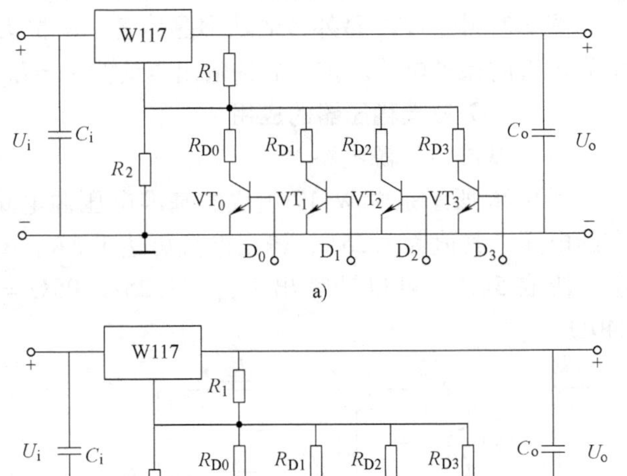

图 9-29 程序控制稳压电路及其等效电路

a）程序控制稳压电路 b）等效电路

9.6 开关型稳压电路

由于串联反馈型稳压电路中的调整管工作在线性放大区，因此在负载电流较大时，调整管的集电极损耗相当大，电源效率较低，一般为 30% ~40%，有时还要配备庞大的散热装置。为了克服上述缺点，可采用开关型稳压电路。开关型稳压电路中的调整管工作在开关状态，即调整管主要工作在饱和导通和截止两种状态，由于管子饱和导通时管压降 U_{CES} 和截止时管子的电流 I_{CEO} 都很小，管耗主要发生在状态开与关的转换过程中，因此电源效率可提高到 70% ~95%。因为省去了电源变压器和调整管的散热装置，所以开关型稳压电路体积小、重量轻。因为调整管工作在开关状态，故称其为开关型稳压电路。

9.6.1 串联开关型稳压电路

1. 电路的组成

串联开关型稳压电路的原理图如图 9-30 所示。它由调整管电路、比较放大电路 A_1、开关驱动电路（电压比较器）A_2、三角波发生电路、基准电压电路、滤波电路和取样电路组成。

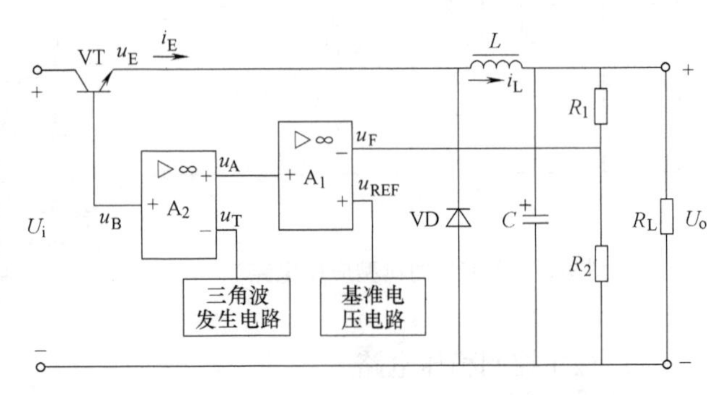

图 9-30 串联开关型稳压电路的原理图

2. 电路的工作原理

比较放大电路 A_1 将输出电压 U_o

的采样电压 u_F 与基准电压 u_{REF} 之间的偏差放大后，输出 u_A 加至开关驱动电路 A_2 的同相输入端；随后 A_2 把 u_A 与来自三角波发生电路的信号 u_T 进行比较：当 $u_T < u_A$ 时，开关驱动电路输出高电平，即 u_B 为高电平；当 $u_T > u_A$ 时，开关驱动电路输出低电平，即 u_B 为低电平。显见，调整管 VT 的基极电压 u_B 成为高、低电平交替的矩形波。

当开关驱动电路的输出 u_B 为高电平时，调整管 VT 饱和导通，发射极电压 $u_E = U_i - U_{CES} \approx U_i$。$u_E$ 经电感 L 加在滤波电容 C 和负载 R_L 两端；同时发射极电流 i_E 对电感 L 充电，感应电动势方向为左正右负。VD 因承受反压而截止。

当 u_B 为低电平时，调整管 VT 截止，电感上产生的感应电动势方向为右正左负。一方面，二极管 VD 处于导通状态，使不能突变的电感电流 i_L 经 R_L 和二极管 VD 释放能量，同时滤波电容 C 也向 R_L 放电，因而 R_L 两端仍能获得连续的输出电压，负载电流方向不变；另一方面，由于 VD 的导通而使 VT 发射极电压 $u_E = -U_D \approx 0$。u_A、u_T、u_B、u_E、i_L 和 u_o 的波形如图 9-31 所示。

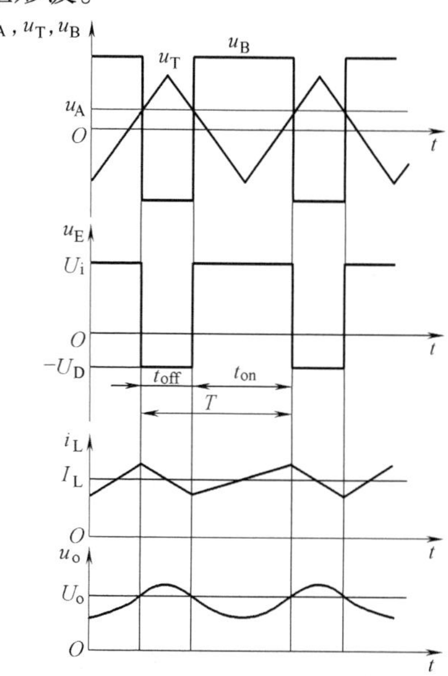

图 9-31　串联开关型稳压电路的电压、电流波形

由图 9-31 可见，u_E 也随着调整管的开关呈现高、低电平交替的矩形波。当矩形波 u_E 经过 LC 滤波电路后，在负载上可得到比较平滑的输出电压 u_o。若将 u_E 视为直流分量和交流分量之和，则输出电压的平均值等于 u_E 的直流分量，即

$$U_o = \frac{t_{on}}{T}(U_i - U_{CES}) + \frac{t_{off}}{T}(-U_D) \approx \frac{t_{on}}{T}U_i = qU_i \tag{9-24}$$

式中，T 为调整管开关转换周期，$T = t_{on} + t_{off}$；q 为矩形波的占空比，$q = t_{on}/T$。

式（9-24）表明，当 U_i 一定时，占空比 q 值越大，则输出电压越高。

3. 串联开关型稳压电路的稳压过程

当输出电压发生波动时，稳压电路要自动进行闭环调整，使输出电压保持稳定。

假设由于电网电压或负载电流的变化使输出电压 U_o 增大，则经过取样电阻得到的取样电压 u_F 也随之增大，此电压与基准电压 u_{REF} 比较后再放大得到的电压 u_A 将减小，u_A 加至开关驱动电路 A_2 的同相输入端。由图 9-31 所示的波形可见，当 u_A 减小时，将使控制调整管的基极电压 u_B 波形中的高电平的时间缩短，而低电平时间增长，表明调整管在一个周期中饱和导通时间减少，截止时间增大，则其发射极电压 u_E 波形的占空比 q 减小，从而使输出电压的平均值减小，最终保持输出电压基本不变。稳定过程如下：

$$U_o\uparrow \rightarrow u_F\uparrow \xrightarrow{\text{基准电压一定}} u_A\downarrow \xrightarrow{\text{三角波一定}} t_{on}\downarrow \rightarrow q\downarrow$$
$$U_o\downarrow \leftarrow\!\!-\!\!\rfloor$$

如果输出电压因某种原因减小，则会向相反的方向调整，以保持输出电压基本稳定。

由于负载电阻变化时影响 LC 滤波电路的滤波效果，因而串联开关型稳压电路不适用于

负载变化较大的场合。

对图 9-30 所示电路工作原理的分析可知，控制过程是在保持调整管开关转换周期 T 不变的情况下，通过改变调整管导通时间 t_{on} 来调节脉冲占空比，从而实现稳压，故称之为脉宽调制型（Pulse Width Modulation，PWM）开关电源。目前有多种脉宽调制型开关电源的控制器芯片，有的还将调整管也集成于芯片之中，且含有多种保护电路，使图 9-30 所示电路简化成图 9-32 所示电路。

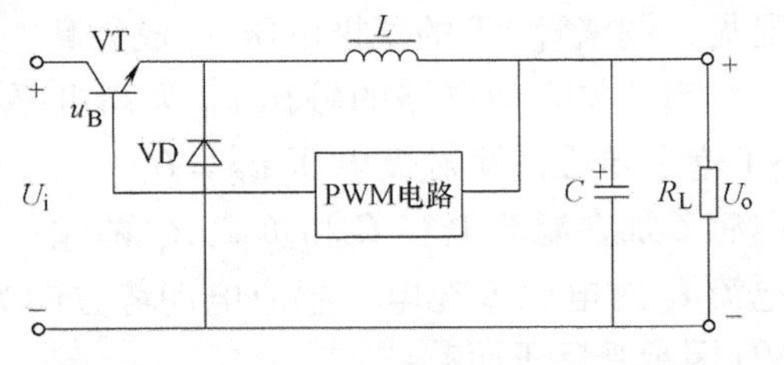

图 9-32 串联开关型稳压电路的简化电路

另外，调节脉冲占空比的方式还有两种，一种是固定开关调整管的导通时间 t_{on}，通过改变振荡频率 f（即周期 T）调节调整管的截止时间 t_{off} 以实现稳压的方式，称为频率调制型开关电源。另一种是同时调整导通时间 t_{on} 和截止时间 t_{off} 来稳定输出电压的方式，称为混合调制型开关电源。

*9.6.2 并联开关型稳压电路

串联开关型稳压电路调整管与负载串联，输出电压总是小于输入电压，故称为降压型稳压电路。在实际应用中，还需要将输入直流电源经稳压电路转换成大于输入电压的稳定的输出电压，称为升压型稳压电路。在这类电路中，开关管常与负载并联，故称为并联开关型稳压电路，它通过电感的储能作用，将感应电动势与输入电压相叠加后作用于负载，因而 $U_o > U_i$。

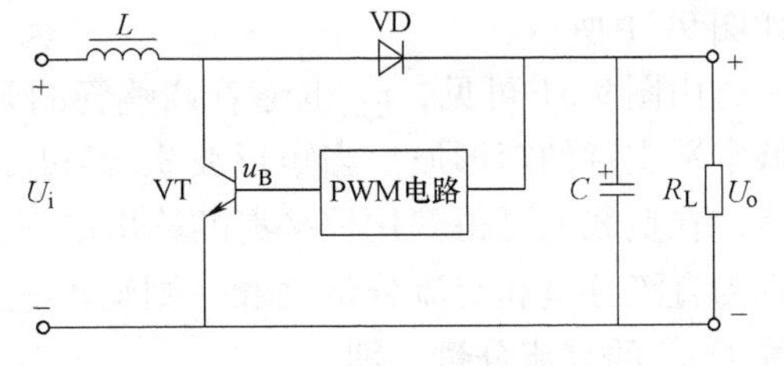

图 9-33 并联开关型稳压电路的原理图

1. 电路的组成

并联开关型稳压电路的原理图如图 9-33 所示。输入电压 U_i 为直流供电电压，晶体管 VT 为调整管，u_B 为矩形波，电感 L 和电容 C 组成滤波电路，VD 为续流二极管。

2. 电路的工作原理

调整管 VT 的工作状态受 u_B 的控制。当 u_B 为高电平时，VT 饱和导通，U_i 通过 VT 给电感 L 充电储能，充电电流几乎线性增大；VD 因承受反压而截止；滤波电容 C（电容已充电）向负载电阻放电。当 u_B 为低电平时，调整管 VT 截止，L 产生感应电动势，其方向阻止电流的变化，因而与 U_i 同方向，两个电压相加后通过二极管 VD 对电容 C 充电。因此，无论 VT 和 VD 的状态如何，负载电流方向始终不变。u_B、u_L 和 u_o 的波形如图 9-34 所示。

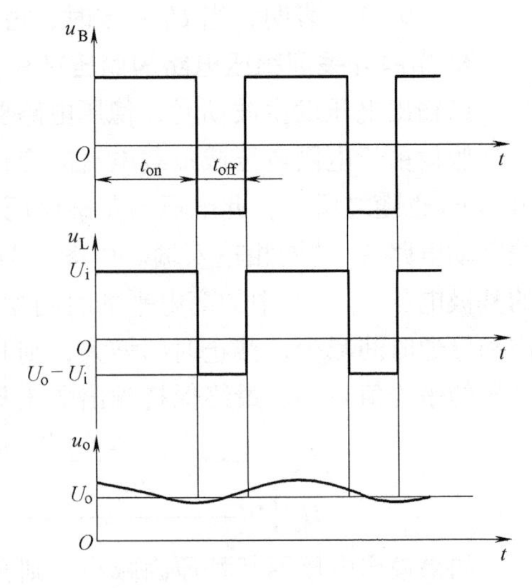

图 9-34 并联开关型稳压电路的电压波形

从波形分析可知，只有当 L 足够大时，才能升压；并且只有当 C 足够大时，输出电压的脉动才可能足够小；当 u_B 的周期不变时，其占空比越大，输出电压将越高。

目前，随着集成工艺水平的提高，已将整流、滤波、稳压等功能电路全部集成在一起，加环氧树脂实体封装，利用其外壳散热做成了多种一体化稳压电源，有线性的、开关式、大功率直流变换器、小功率调压型和专用型等十多种类型，从电压和功率等级分有几百种之多，根据性能指标即可选用，使用十分方便。

由以上分析可以得出开关型稳压电路具有如下特点：

1）调整管工作在开关状态，功耗大大降低，电源效率大为提高。

2）调整管在开关状态下工作，为得到直流输出，必须在输出端加滤波电路。

3）可通过脉冲宽度的控制方便地改变输出电压值。

4）在许多场合可以省去电源变压器。

5）由于开关频率较高，滤波电容和滤波电感的体积可大大减小。

小　　结

1. 在电子系统中，经常需要将交流电网电压转换为稳定的直流电压，为此要用整流、滤波和稳压等环节来实现。

2. 在整流电路中，是利用二极管的单向导电性将交流电转变为脉动的直流电。为抑制输出直流电压中的纹波，通常在整流电路后接有滤波环节。

3. 为了保证输出电压不受电网电压、负载和温度的变化而产生波动，可再接入稳压电路。

4. 串联反馈型稳压电路的调整管是工作在线性放大区，利用控制调整管的管压降来调整输出电压，它是一个带负反馈的闭环有差调节系统；开关型稳压电路的调整管是工作在开关状态，利用控制调整管导通与截止时间的比例来稳定输出电压，它也是一个带负反馈的闭环有差调节系统。

习　　题

9-1　在图9-35所示电路中，已知变压器的二次电压有效值为$2U_2$。

（1）画出二极管VD_1上电压u_{D1}和输出u_o的波形；

（2）如果变压器中心抽头脱落，会出现什么故障?

（3）如果两个二极管中的任意一个反接，会发生什么问题，如果两个二极管都反接，又会如何?

9-2　图9-36所示电路为单相桥式整流电路，现测得输出直流电压$U_o=36V$，流过负载的直流电流$I_o=1.5A$，试选择整流二极管。

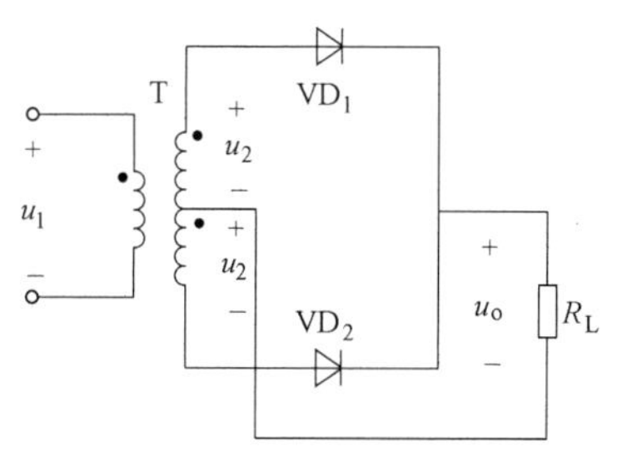

图9-35　题9-1图

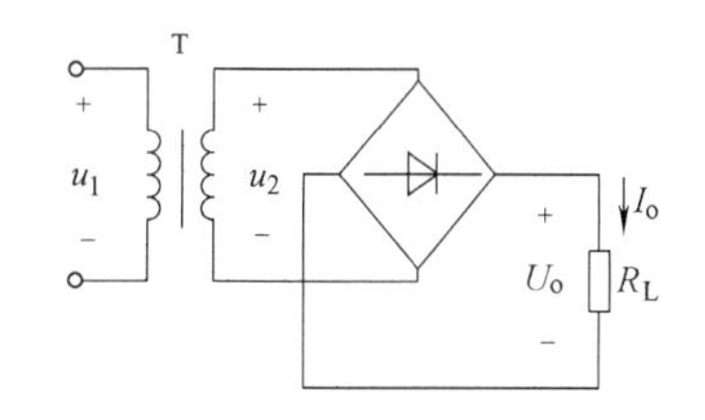

图9-36　题9-2图

9-3 单相桥式整流电路如图 9-36 所示电路，已知二次电压 $U_2=56\text{V}$，负载 $R_L=300\Omega$。

（1）试计算二极管的平均电流 I_D 和承受的最高反向工作电压 U_{RM}。

（2）如果某个整流二极管出现断路、反接，会出现什么状况？

9-4 设有一个不加滤波的整流电路，负载为 R_L，如果使用单相半波整流方式和使用单相桥式整流方式其输出电压平均值均为 U_o，两种方式下电路中流过整流二极管的平均电流 I_D 是否相同？二极管承受的最大反向电压是否相同？

9-5 试比较电容滤波电路和电感滤波电路的特点以及适用场合。

9-6 试分析图 9-37 所示电路是否可以实现稳压功能？此电路最可能会出现什么故障？

9-7 试对稳压管稳压电路和串联型稳压电路做个比较，分析一下这两种电路适用的场合。

9-8 图 9-38 所示电路为串联型稳压电路，试找出图中存在的错误并改正。

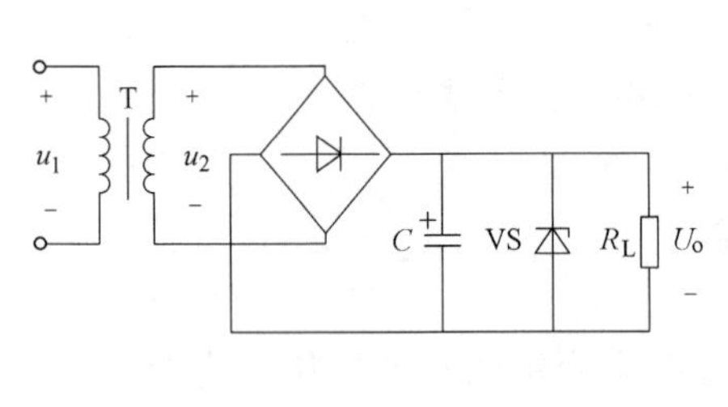

图 9-37 题 9-6 图

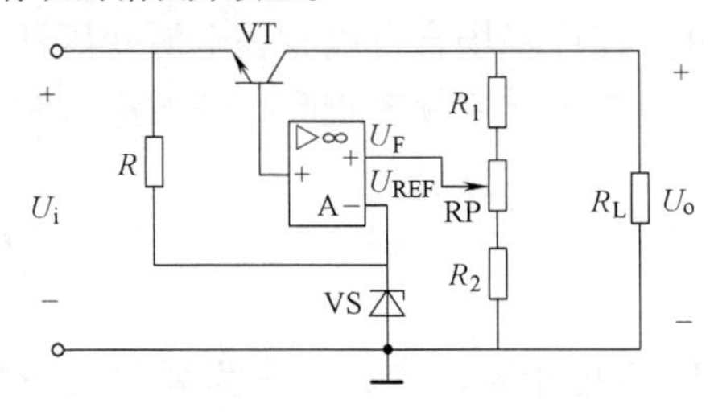

图 9-38 题 9-8 图

9-9 在图 9-39 所示串联型稳压电源电路中，已知稳压管 VS 的稳定电压 $U_z=5.3\text{V}$，晶体管的 $U_{BE}=0.7\text{V}$。

（1）当 RP 的滑动端在最下端时 $U_o=15\text{V}$，求解 RP 的值；

（2）当 RP 的滑动端在最上端时求解 U_o 的值。

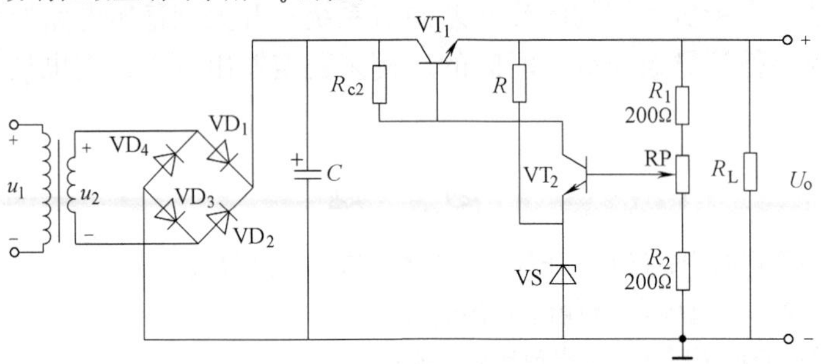

图 9-39 题 9-9 图

9-10 要获得固定的 +15V 输出的直流稳压电源，应选用什么型号的三端集成稳压器？试画出应用电路。

9-11 固定式三端集成稳压器 CW7912 构成的电路如图 9-40 所示，请分析是否能在负载上得到 −12V 的电压。

9-12 在图 9-41 所示电路中，$R_1=240\Omega$，$R_2=3\text{k}\Omega$；W117 输入端和输出端电压允许范围为 3～40V，输出端和调整端之间的电压 U_R 为 1.25V。试求解：

（1）输出电压的调节范围；

（2）输入电压允许的范围。

9-13 试将 CW317 可调式三端集成稳压器接入图 9-42 所示的电路中。

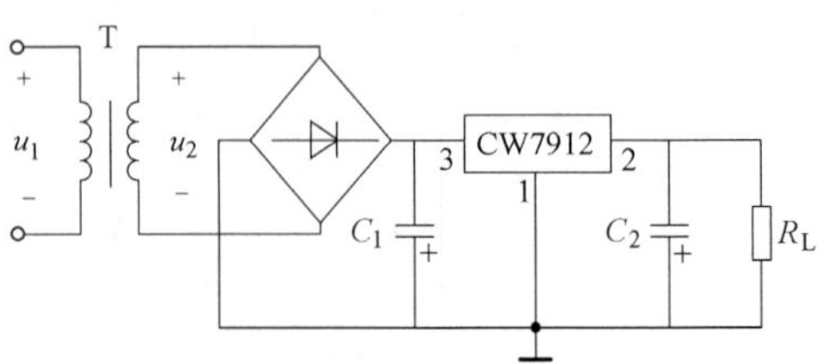

图 9-40 题 9-11 图

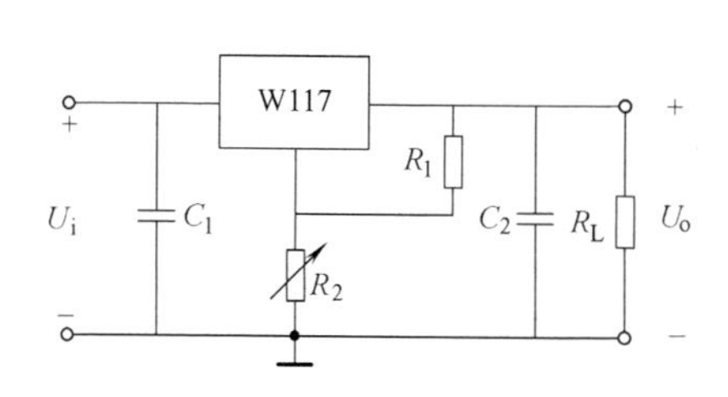

图9-41 题9-12图

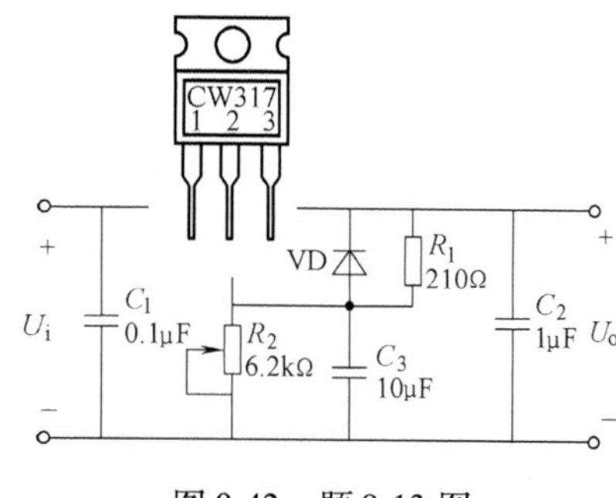

图9-42 题9-13图

9-14 试说明开关型稳压电路的特点，并判断下面哪种情况下适宜用线性稳压电路，哪种情况下适宜用开关型稳压电路?

（1）效率要能达到85% ~90%；

（2）输出电压的纹波和噪声尽量小；

（3）电路结构简单，稳压性能要好；

（4）输入电压在180 ~250V范围内波动。

附录　PSpice 简介

1. 学习目标

PSpice 的学习目标如下：

熟悉 PSpiceV9.2 的仿真功能，熟练掌握各种仿真参数的设置方法，综合观测并分析仿真结果，熟练输出分析结果，能够综合运用各种仿真对电路进行分析，学会修改模型参数。

在 PSpice 中，可以分析的类型及定义如下：

直流分析：当电路中某一参数（称为自变量）在一定范围内变化时，对自变量的每一个取值，计算电路的直流偏置特性（称为输出变量）。

交流分析：计算电路的交流小信号频率响应。

噪声分析：计算电路中各个元、器件对选定的输出点产生的噪声等效到选定的输入源（独立的电压或电流源）上，即计算输入源上的等效输入噪声。

瞬态分析：在给定输入激励信号作用下，计算电路输出端的瞬态响应。

基本工作点分析：计算电路的直流偏置状态。

参数扫描分析：在指定参数值的变化情况下，分析相对应的电路特性。

温度分析：分析在特定温度下的电路特性。

对电路的不同要求，可以通过各种不同类型仿真的相互结合来实现。

2. 典型实例

设计与仿真一个单级共发射极放大电路（提供的参考电路如附图 1 所示）。

要求：

放大电路有合适静态工作点、电压放大倍数为 30 左右、输入阻抗大于 1kΩ、输出阻抗小于 5.1kΩ，通带大于 1MHz。请参照下列方法及步骤，完成此典型实例。

分析：

第一步：启动 PSpice9.2，进入 Capture，在主页下创建一个工程项目 eng1。

1）选择菜单中 File→New→Project；

2）建立一个子目录 Create Dir，并双击、打开子目录；

3）选中 Analog or Mixed-Signal Circuit；

4）键入工程项目名 eng1；

5）在设计项目创建方式选择对话下，选中 Create a blank pro；

6）将建立空白的图形文件（eng1.sch）存盘。

第二步：画电路图（以单级共发射极放大电路为例，电路如附图 1 所示）。

1）打开库浏览器选择菜单 Place→Part，选择 Add Library。

提取：晶体管 Q2N2222（bipolar 库）、电阻 R、电容 C（analog 库）、电源 VDC（source 库）、模拟地 0/Source、信号源 VSIN。

2）移动元、器件。鼠标选中元、器件并单击（元、器件符号变为红色），然后压住鼠标左键拖到合适位置，放开鼠标左键即可。

3）删除某一元、器件。鼠标选中该元、器件并单击（元、器件符号变为红色），选择菜单中 Edit→delete。

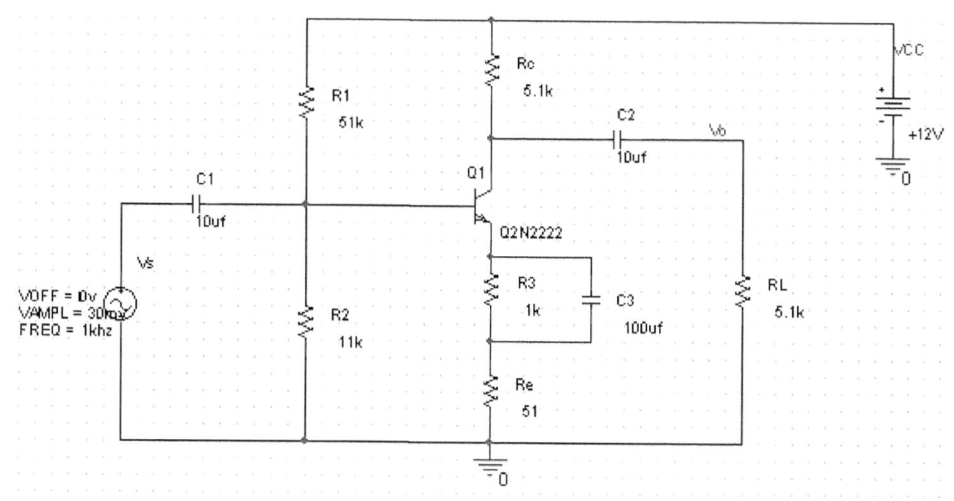

附图 1　单级共射放大电路

4）翻转或旋转某一元、器件符号。鼠标选中该元、器件并单击（元、器件符号变为红色），按组合键 Ctrl + R 即可。

5）画电路连线。选择菜单中 Place→wire，此时将鼠标箭头变成为一支笔（自己体会）。

6）为了突出输出端，需要键入标注 Vo 字符，选择菜单 Place→Net Alias，选择 Vo。

第三步：修改元、器件的标号和参数。

1）用鼠标箭头双击该元件符号（R 或 C），此时出现修改框，即可进入标号和参数的设置。

2）VSIN 信号源的设置：①鼠标选中 VSIN 信号源的 FREQ，用鼠标箭头单击（符号变为红色），然后双击，键入 FREQ = 1kHz、同样方法即键入 V_{OEF} = 0V、VAMPL = 30mV。②鼠标选中 VSIN 信号源并单击（符号变为红色），然后，用鼠标箭头双击该元件符号，此时出现修改框，即可进入参数的设置，AC = 5mV，鼠标选中 Apply 并单击。退出。

3）晶体管参数设置：鼠标选中晶体管并单击（符号变为红色）。然后，选择菜单中 Edit→PSpice Model。打开模型编辑框 Edit→PSpice Model，修改 B_f 为 50，保存，即设置 Q2N2222—X 的 β 为 50。

4）说明：输入信号源和输出信号的习惯标法。

Vs、Vi 和 Vo（鼠标选择菜单中 Place →NetAlias）。

第四步：设置分析功能。

在设置仿真参数之前，必须先建立一个仿真参数描述文件，单击 [图标] 或选择 PSpice→New simulation profile，系统弹出如附图 2 所示对话框。

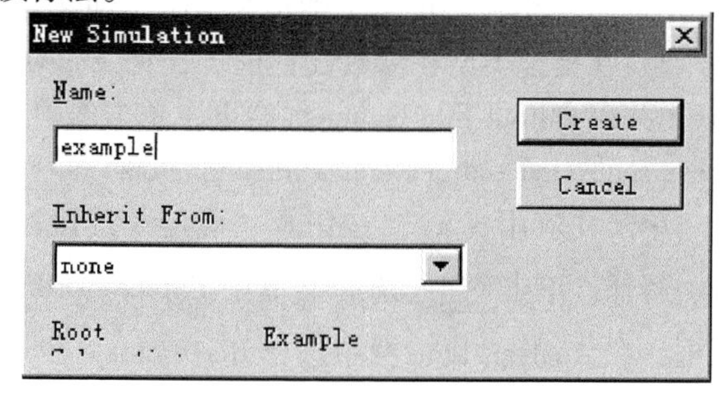

附图 2　New Simulation 对话框

在附图 2 所示对话框中输入 Name，即

example，单击“Create”按钮，系统将接着弹出附图3所示对话框。

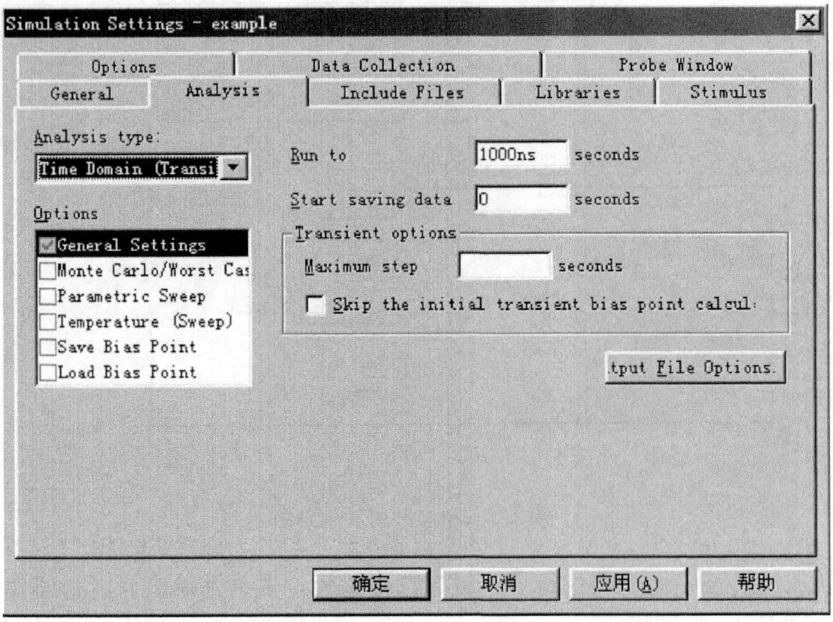

附图3 Simulation Settings-example对话框

在Analysis type中，可以有以下四种选择：

Time Domain（Transient）：（瞬态时域）分析；

DC Sweep：直流分析；

AC Sweep/Noise：交流分析/噪声分析；

Bias point：基本工作点分析。

在Options选项中可以选择在每种基本分析类型上要附加进行的分析，其中General Setting是最基本的必选项（系统默认已选）。

（1）Bias Point Detail（基本工作点分析，即静态分析）

设置方法：

1）选择菜单中PSpice→New Simulation Profile，在New Simulation对话框下，键入Bias，单击Create，然后在屏幕上弹出模拟类型和参数设置框。

2）在模拟类型和参数设置框下，见Analysis type栏，用鼠标选中及单击Bias Point Detail；并在Output File Optiongs栏下，单击选中“include detailed bias point information for nonlinear controlled sources and semiconductors”。

单击“应用（A）”按钮及“确定”按钮，返回！

解释：单击或选择菜单中PSpice→Edit Simulation profile，调出Simulation Setting对话框，在Analysis type栏中选择Bias Point，在Options栏中选中General Settings，如附图4所示。

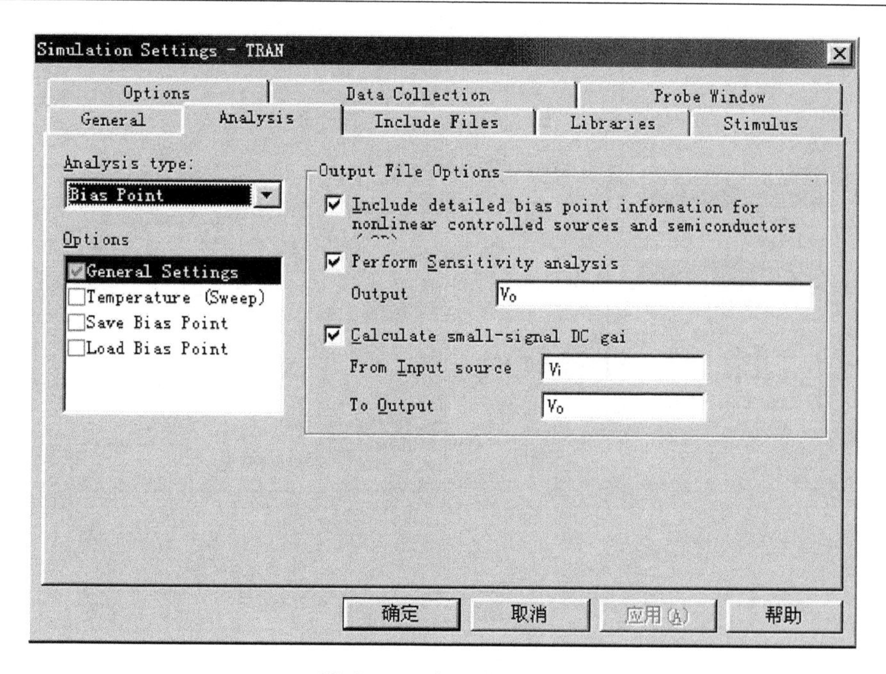

附图 4 基本工作点设置

电路图及参数如附图 5 所示。

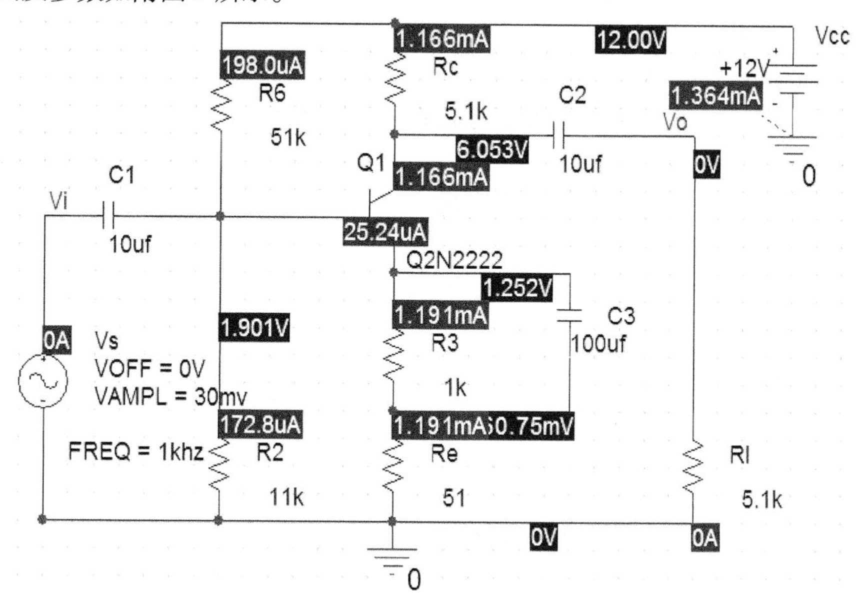

附图 5 电路图及参数

（2）DC Sweep（直流分析）

单击 或选择菜单中 PSpice→Edit Simulation profile，调出 Simulation Setting 对话框，在 Analysis type 中选择 DC Sweep，在 Options 中选中 Primary Sweep，如附图 6 所示。

附图 6 中的各项设置如下：

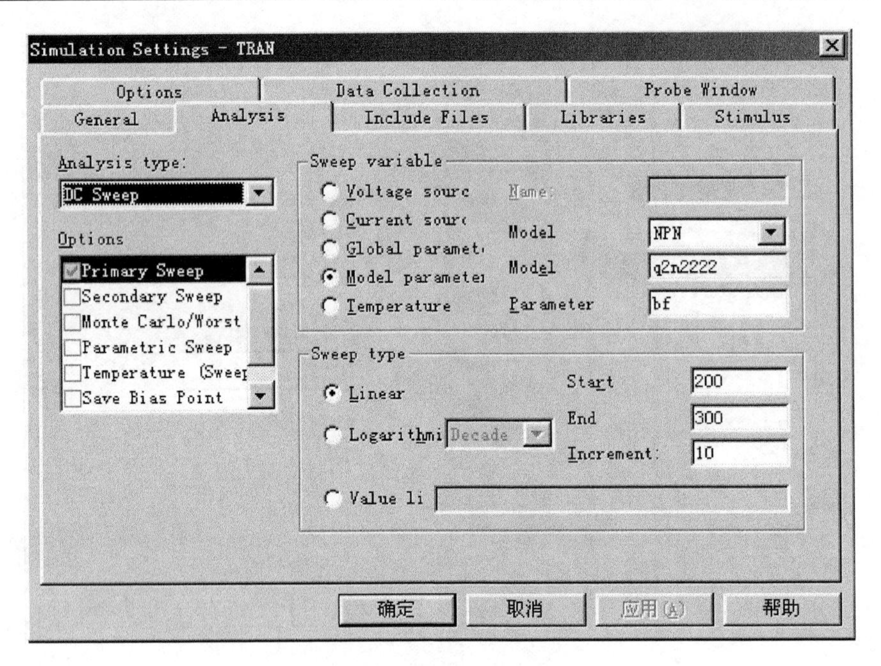

附图 6　直流分析设置

Sweep variable：直流扫描自变量类型。

● Voltage source：电压源。

● Current source：电流源。

必须在 Name 里输入电压源或电流源的 Reference，如“V1”、“I2”。

● Global parameter：全局参数变量。

● Model parameter：以模型参数为自变量。

● Temperature：以温度为自变量。

● Parameter：使用 Global parameter 或 Model parameter 时的参数名称。

Sweep type：扫描方式。

● Linear：参数以线性变化。

● Logarithmic：参数以对数变化。

● Value list：只分析列表中的值。

● Start：参数线性变化或以对数变化时分析的起始值。

● End：参数线性变化或以对数变化时分析的终止值。

● Increment、Points/Decade、Points/Octave：参数线性变化时的增量，以对数变化时倍频的采样点。

在 Simulation Setting 中按“确定”按钮，退出并保存设置参数。单击或选择菜单中 PSpice→Markers→Voltage Level，放置探针应该在原理图上放置，位置如附图所示。单击或选择菜单中 PSpice→Run 运行 PSpice，自动调用 Probe 模块。分析完成后，将看到附图 7 所示波形。

附图 7 所示波形显示出输出 Vo 与模型 Q2N2222 的 BF 参数变化关系。

对于使用 Global parameter 参数，必须在原理图中调用一个器件：Capture \ Library \ PSpice \ Special 库中的 PARAM 器件。然后对 PARAM 器件添加新属性，新属性即为一个 Global parameter 参数。例如，新建一个 RES 属性，调用 Global parameter 参数，采用在 PART 的 VALUE 属性值中输入 {RES} 进行调用。

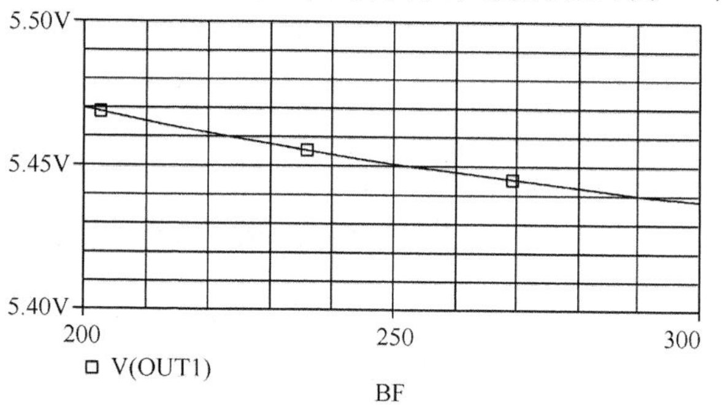

附图 7 分析完成后显示的波形

（3）Transient（瞬态分析，即时域分析）

设置方法：

1）选择菜单中 PSpice→New Simulation Profile，在 New Simulation 对话框下，键入 TRAN，单击“Create”按钮，然后在屏幕上弹出模拟类型和参数设置框。

2）在模拟类型和参数设置框下，见 Analysis type 栏，用鼠标选中及单击 Time Domain (Transient)，再键入下列数据：

Run to　10us

Start saving data　0ms

Maximum step　0.1ns

单击“应用（A）”按钮及“确定”按钮，返回！

解释：单击图标或选择菜单中 PSpice→Edit Simulation profile，调出 Simulation Setting 对话框，在 Analysis type 中选择 Time Domain（Transient），在 Options 中选中 General Settings，如附图 8 所示。

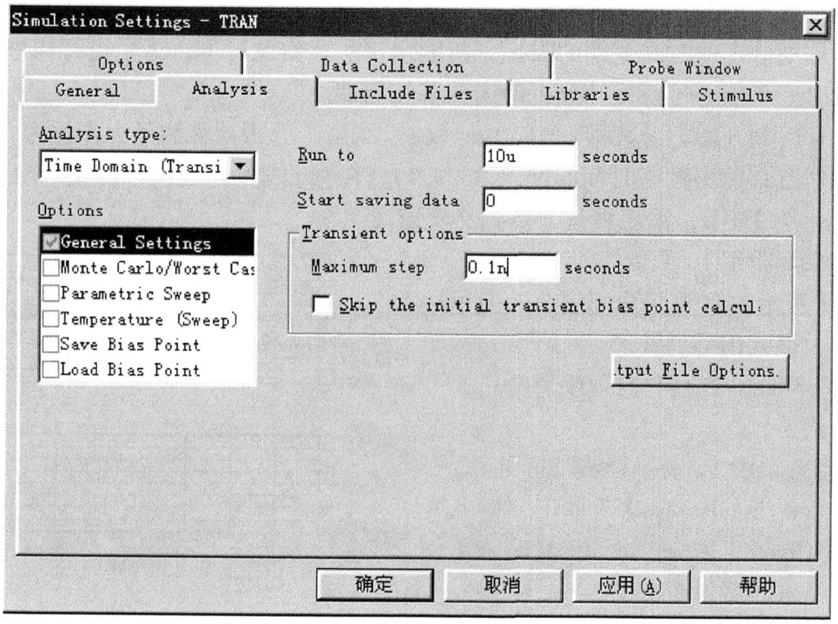

Simulation Settings - TRAN

Options | Data Collection | Probe Window
General | Analysis | Include Files | Libraries | Stimulus

Analysis type: Time Domain (Transi

Options: General Settings; Monte Carlo/Worst Cas; Parametric Sweep; Temperature (Sweep); Save Bias Point; Load Bias Point

Run to 10u seconds

Start saving data 0 seconds

Transient options: Maximum step 0.1n seconds; Skip the initial transient bias point calcul

tput File Options.

确定 取消 应用(A) 帮助

附图 8 瞬态分析设置

附图 8 中的各项设置如下：

Run to：瞬态分析终止的时间。

Start saving data：开始保存分析数据的时刻。

Maximum step：允许的最大时间计算间隔。

Skip the initial transient bias point calculation：是否进行基本工作点运算。

Output file Options：控制输出文件内容按钮，单击后弹出附图 9 所示对话框。

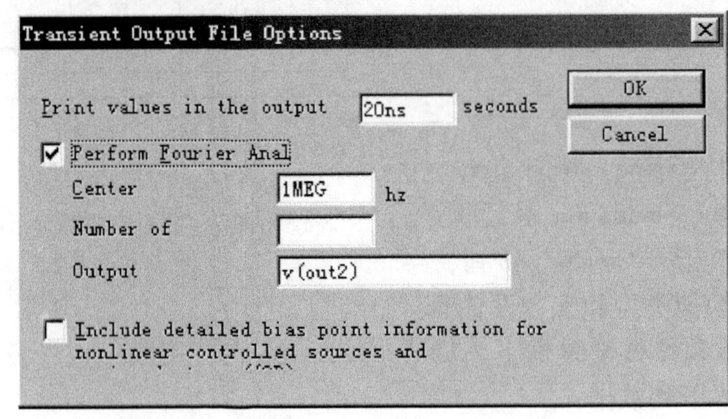

附图 9　Transient Output File Options 对话框

附图 9 中的各项设置如下：

Output：用于确定需对其进行傅里叶分析的输出变量名。

Number of Harmonics：用于确定傅里叶分析时要计算到多少次谐波。PSpice 的内定值是计算直流分量和从基波一直到 9 次谐波。

Center：用于指定傅里叶分析中采用的基波频率，其倒数即为基波周期。在傅里叶分析中，并非对指定输出变量的全部瞬态分析结果均进行分析。实际采用的只是瞬态分析结束前由上述基波周期确定的时间范围的瞬态分析输出信号。由此可见，为了进行傅里叶分析，瞬态分析结束时间不能小于傅里叶分析确定的基波周期。

上例从 0 时刻开始记录数据，到 10μs（us）结束，分析计算的最大步长为 0.1ns，允许计算基本工作点；输出数据时间间隔为 20ns，允许进行傅里叶分析，傅里叶分析的对象为 Vo，基波频率为 1MHz，采用默认计算到 9 次谐波。

分析结果如附图 10 所示。

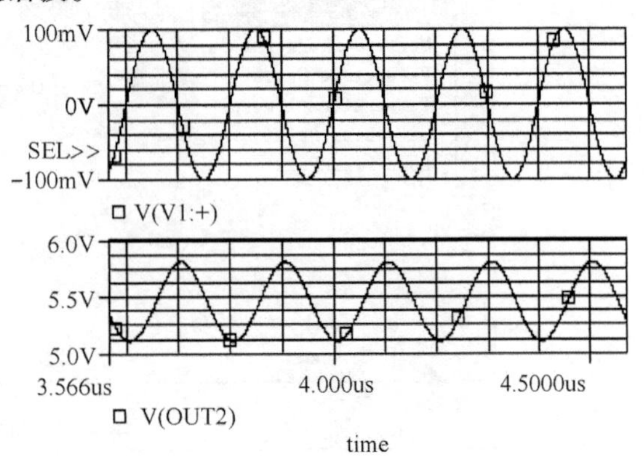

附图 10　分析完成后显示的波形

附图 10 所示波形显示出节点 Vo 的电压输出波形与输入信号的波形。

（4）AC Sweep（交流分析/噪声分析）

设置方法：

1）选择菜单中 PSpice→New Simulation Profile，在 New Simulation 对话框下，键入 AC，单击“Create”按钮，然后在屏幕上弹出模拟类型和参数设置框。

2）在模拟类型和参数设置框下，见 Analysis type 栏，用鼠标选中及单击 AC

Sweep/Noise，然后，在 AC Sweep Type 栏下键入下列数据：

Start 1hz

End 1ghz

Points/Decade = 101

对于 Logarithmic 项选中“·Decade”（十倍频，取半对数坐标）。

单击“应用（A）”按钮及“确定”按钮，返回！

解释：单击▣或选择菜单中 PSpice→Edit Simulation profile，调出 Simulation Setting 对话框，在 Analysis type 中选择 AC Sweep/Noise，在 Options 中选中 General Settings，如附图 11 所示。

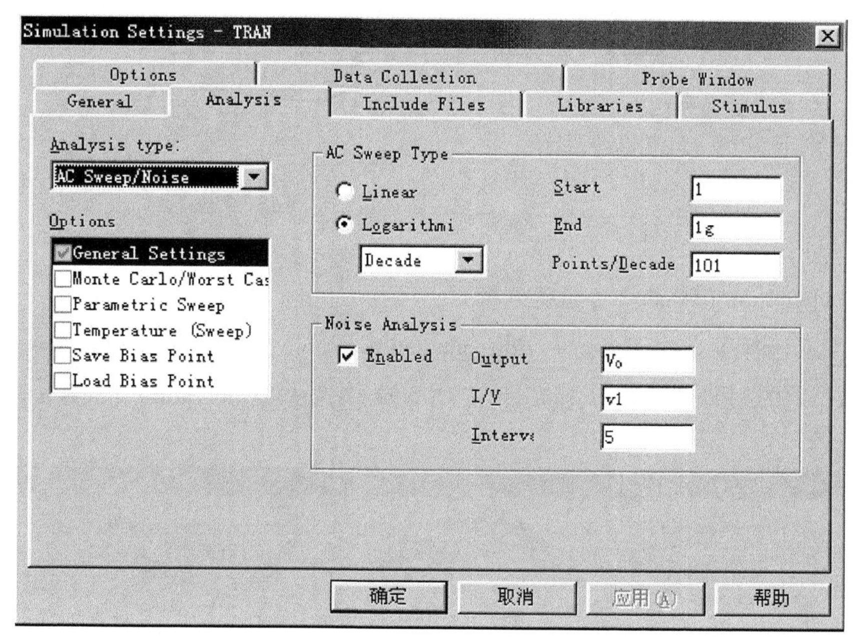

附图 11 交流分析/噪声分析设置

附图 11 中的各项设置如下：

AC Sweep Type：其中参数的含义与 DC Sweep 的 Sweep Type 中的参数含义一样。

Noise Analysis：噪声分析。

- Enabled：在 AC Sweep 的同时是否进行 Noise Analysis。
- Output：选定的输出节点。
- I/V：选定的等效输入噪声源的位置。
- Interval：输出结果的点频间隔。

注意：

对于 AC Sweep，必须具有 AC 激励源。产生 AC 激励源的方法有以下两种：①调用 VAC 或 IAC 激励源；②在已有的激励源（如 VSIN）的属性中加入属性“AC”，并输入它的幅值。

对于 Noise Analysis，选定的等效输入噪声源必须是独立的电压源或电流源。分析的结果只存入 OUT 输出文件，查看结果只能采用文本的形式进行观测。

AC Sweep 的分析频率从 1Hz～1GHz，采用十倍频增量进行递增，每倍频采样点 101。等效噪声源的输入源为 V_1，每隔 5 个频率采样点输出一次噪声分析结果。

AC 分析结果及在 10.23kHz 时的噪声分析结果如附图 12 所示。

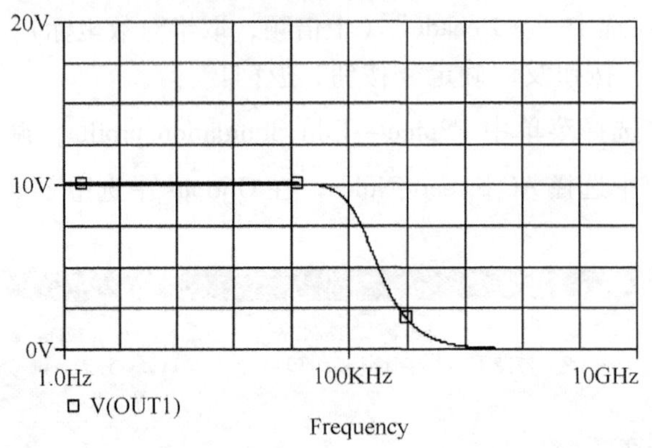

附图 12　分析完成后显示的波形

（5）Temperature（Sweep）（温度分析）

单击或选择菜单中 PSpice→Edit Simulation profile，调出 Simulation Setting 对话框，在 Analysis type 中选择 AC Sweep/Noise，在 Options 中选中 Temperature（Sweep），如附图 13 所示。

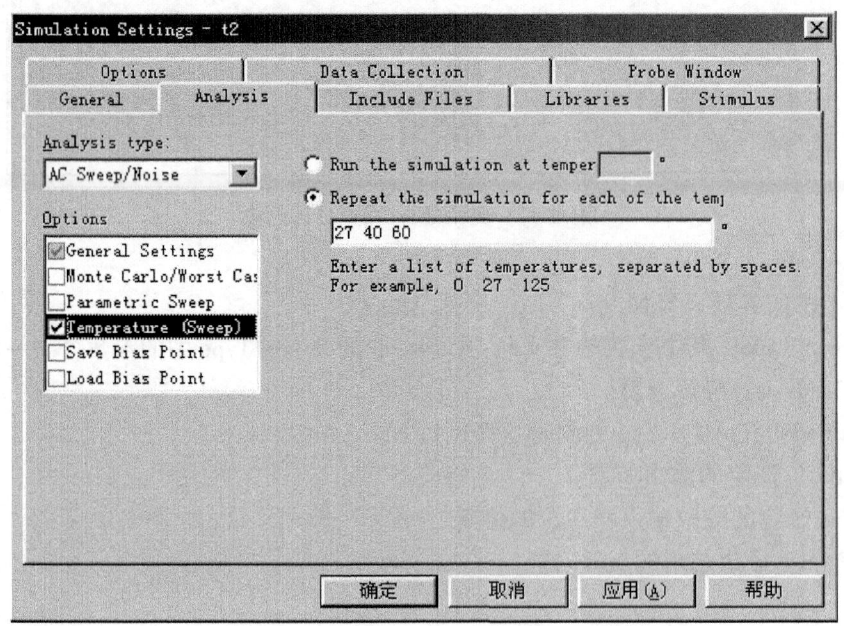

附图 13　温度分析设置

对附图 1 所示放大电路进行温度分析。分析电路在 27℃、40℃、60℃下的频率响应。AC Sweep 的频率从 1～1GHz，倍频采样点为 101。

分析结果如附图 14 所示。

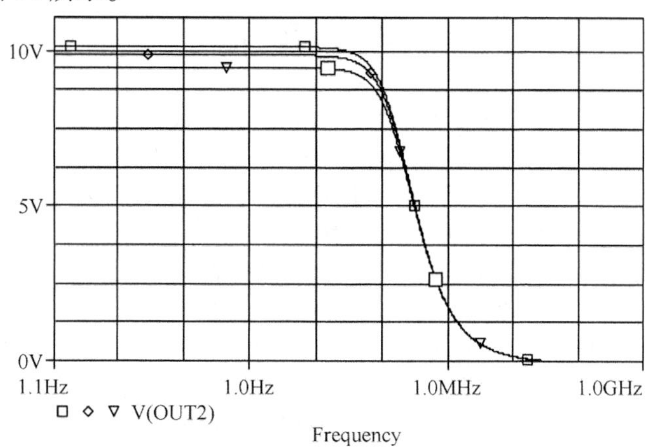

附图 14　分析完成后显示的波形

附图 14 中，三条波形对应于三个不同的温度下电路对 Vo 节点的增益。

至此，在 OrCAD/PSpice9. 2 平台上，完成了单级共发射极放大电路的设计与仿真。

参考文献

[1] 庄效恒，李燕民．模拟电子技术［M］．北京：机械工业出版社，1998.

[2] 许开君，李忠波．模拟电子技术［M］．北京：机械工业出版社，1994.

[3] 华成英，《模拟电子技术基本教程》［M］．北京：清华大学出版社，2006.

[4] 蔡惟铮．基础电子技术［M］．北京：高等教育出版社，2004.

[5] 蔡惟铮．集成电子技术［M］．北京：高等教育出版社，2004.

[6] 赵元康．模拟电子学［M］．北京：航空工业出版社，1994.

[7] 童诗白，华成英．模拟电子技术基础［M］．3 版．北京：高等教育出版社，2000.

[8] 罗桂娥．模拟电子技术基础（电类）［M］．长沙：中南大学出版社，2005.

[9] 张英全，刘云，樊爱华．模拟电子技术［M］．北京：机械工业出版社，2000.

[10] 王远．模拟电子技术［M］．北京：北京理工大学出版社，1997.

[11] 成立，杨建宇．模拟电子技术［M］．南京：东南大学出版社，2010.

[12] 袁光德，李文林．电子技术及应用基础［M］．北京：国防工业出版社，2007.

[13] 徐晓夏，陈泉林，邹文潇，等．模拟电子技术基础［M］．北京：清华大学出版社，2008

[14] 姚娅川，罗毅．模拟电子技术［M］．北京：化学工业出版社，2010.

[15] 林红，周鑫霞．模拟电路基础［M］．北京：清华大学出版社，2007.

[16] 陆秀令，韩清涛．模拟电子技术［M］．北京：北京大学出版社，2008.

[17] 辛巍，温鹏俊．模拟电子技术习题与解析［M］．北京：科学出版社，2008.

[18] 王英．模拟电子技术基础［M］．2 版．成都：西南交通大学出版社，2008.

[19] 张虹．电路与模拟电子技术［M］．北京：电子工业出版社，2008.

[20] 马积勋．模拟电子技术重点难点及典型题精解［M］．西安：西安交通大学出版社，2000.

[21] 金凤莲．电子技术基础（模拟部分）习题精解及典型试题［M］．北京：国防工业出版社，2006.

[22] 范立南，恩莉，代红艳，等．模拟电子技术［M］．北京：中国水利水电出版社，2006.

[23] 赵桂钦．模拟电子技术教程与实验［M］．北京：清华大学出版社，2008.

[24] 康华光，陈大钦．模拟电子技术基础［M］．北京：高等教育出版社，2006.